제2판

대학수학

| 김주목 · 김창한 · 전명진 |

Calculus

KM 경문사

머리말

인류 역사를 통하여 수학적 지식과 사고 방법은 과학 문명을 발전시키는 데에 기본적이고 핵심적인 역할을 담당해 왔으며, 수학적 모델링을 이용하여 불확실한 상황에서 정보를 추출하고 분석하며 새로운 사실을 유도하거나 예측하는 시스템을 만드는 데 기여해 왔습니다.

특히 요즘의 4차 산업 혁명을 주도하는 인공지능(AI), 빅데이터(Big data), 사물인터넷(IoT), 무인 자동차(Autonomous car) 및 로봇공학(Robotics) 등에 사용되는 진화된 최신 알고리즘은 과학 기술자들에 의한 수학적 사고의 힘과 수학 이론의 응용에 의해서 더욱더 발전되고 있습니다.

대학에서 많이 활용되는 수학의 분야는 집합론과 미적분학, 선형대수학이라 할 수 있는데, 본 저서에서는 논리와 집합, 함수론, 극한과 연속, 미분과 적분법, 다변수 함수, 수열 및 선형대수학의 기본적인 내용에 대하여 다루고 있습니다. 저자 일동은 엄밀한 수학적 이론 진개보다는 직관적인 실명을 동하여 수학 이론을 쉽게 이해하여 응용력을 키울 수 있도록 서술하려고 노력하였습니다.

이 책이 나오기까지 수고해 주신 모든 분께 감사드리며, 독자 여러분들이 수학에 대한 흥미를 가지고 다양한 분야에서의 활발한 연구에 도움이 되길 기대합니다.

2020년 02월 08일
저자 일동

차 례

제1장 집합과 수 체계 1

1.1 집합 2
1.2 명제와 술어 9
1.3 수 체계 16

제2장 함수 31

2.1 함수의 정의 32
2.2 함수의 연산 37
2.3 전단사함수 43
2.4 초월함수 48

제3장 극한과 연속 67

3.1 극한의 개념 68
3.2 극한의 정의 76
3.3 극한에 관한 정리 82
3.4 연속 90
3.5 연속에 대한 기본 정리 99

제4장 도함수와 미분의 응용 103

4.1 도함수 104
4.2 곱과 몫의 미분법 111
4.3 음함수의 미분법 120
4.4 지수와 로그함수의 도함수 124
4.5 삼각함수의 미분법 129
4.6 삼각함수의 역함수 미분법 136
4.7 미분의 응용 144

제5장 도함수의 응용 151

5.1 평균값 정리와 로피탈의 정리 152
5.2 함수의 극댓값, 극솟값 165
5.3 함수의 그래프 179

제6장 부정적분 189

6.1 부정적분의 소개 190
6.2 부정적분의 응용 198
6.3 치환적분법 203
6.4 부분적분법 206
6.5 유형 $\dfrac{B(x)}{A(x)}$ 의 부정적분 210

제7장 정적분 219

7.1 정적분의 정의 220
7.2 정적분의 기본정리 223
7.3 정적분에서의 치환적분 232
7.4 정적분에서의 부분적분법 233
7.5 이상적분 236
7.6 평면도형의 면적 245
7.7 회전체의 부피 250
7.8 곡선의 길이 255
7.9 회전체의 표면적 260

제8장 공간과 벡터 265

8.1 3차원 공간 좌표계 266
8.2 벡터의 정의와 연산 271
8.3 벡터의 내적 280
8.4 외적 285
8.5 직선과 평면의 방정식 289

제9장 행렬과 선형변환 295

9.1 행렬의 정의와 연산 296
9.2 역행렬과 행렬식 311
9.3 선형변환 321
9.4 여러 가지 선형변환 329

제10장 다변수 함수의 미분과 적분 337

10.1 다변수 함수 338
10.2 편도함수 345
10.3 연쇄법칙 351
10.4 방향도함수와 그래디언트 벡터 355
10.5 이중적분 362

제11장 수열과 급수 371

11.1 수열 372
11.2 급수 380
11.3 멱급수 390

찾아보기 395

제1장

집합과 수 체계

1.1 집합
1.2 명제와 술어
1.3 수 체계

직관 또는 사고의 대상으로서 서로 유사하고 내용 규정이 명확한 것들의 모임을 집합이라고 하며, 집합의 기본 성질과 집합과 관련된 기본 개념들을 정리해 본다.

또한 집합으로서의 수를 자연수, 정수, 유리수, 실수 및 복소수로 확장해 보며, 지금까지 사용해 온 사칙연산의 의미를 생각해 보고, 수의 활용을 예제를 통하여 살펴본다.

1.1 집합

수학의 모든 분야에서 기본 개념은 집합이다. 집합의 정의와 집합의 연산 및 간단한 법칙에 대하여 알아보자.

집합의 정의

정의 1.1 집합(Set)

직관 또는 사고의 대상들로서 서로 유사하고 내용 규정이 명확한 것들의 모임

즉, 명확하게 정의되는 어떤 대상들의 모임을 뜻한다. 집합의 대상은 어떤 물건 즉 수, 사람, 문자, 강 등일 수 있다. a가 집합 A의 원소(element)임을 간단히

$$a \in A$$

로 표시한다.

정의 1.2 집합의 포함관계(Subset) $A \subseteq B$

집합 A의 모든 원소가 B의 원소가 됨을 의미하며, 기호로는 다음과 같다.

$$x \in A \;\Rightarrow\; x \in B$$

예제 1.1.1 다음의 집합 A와 B에 대하여, 포함관계 $B \subseteq A$이 성립한다.

(1) $A = \{x : x$는 정수$\}$와 $B = \{x : x$는 홀수$\}$

(2) $A = \{x : x$는 사람$\}$와 $B = \{x : x$는 남자$\}$

(3) $A = \{x : x$는 짝수$\}$와 $B = \{x : x$는 2^n , 여기서 n은 자연수$\}$

정의 1.3 집합의 상등(Equality) $A = B$

$A \subseteq B$와 $B \subseteq A$이 동시에 성립함을 의미하며, 기호로는 다음과 같다.

$$x \in A \quad \Leftrightarrow \quad x \in B$$

예제 1.1.2 다음의 집합 A, B와 C에 대하여, $A = B = C$이 성립한다.

$$A = \{x : x^2 = x,\ x\text{는 정수}\},\ B = \{0, 1\},\ C = \{0, 1, 1\}$$

집합의 연산

두 집합 A, B에 의하여 유용한 새로운 집합을 생성하기 위하여, 집합들 간의 다음과 같은 연산을 정의하자.

정의 1.4 집합의 연산(Operation)

합집합(Union)

$$A \cup B = \{x \mid x \in A \vee x \in B\},\ \text{여기서 } \vee\text{는 '또는'을 의미}$$

교집합(Intersection)

$$A \cap B = \{x \mid x \in A \wedge x \in B\},\ \text{여기서 } \wedge\text{는 '그리고'를 의미}$$

차집합(Difference)

$$A - B = \{x \mid x \in A \wedge x \not\in B\} = A \cap B^c$$

여집합(Complement)

$$A^c = U - A = \{x \mid x \not\in A\},\ \text{여기서 } U\text{는 전체집합}$$

대칭차(Symmetric difference)

$$A \triangle B = A \cup B - A \cap B = (A - B) \cup (B - A)$$

곱집합(Cartesian Product)

$$A \times B = \{(x, y) \mid x \in A \wedge y \in B\}$$

예제 1.1.3 차집합 $A-B=A\cap B^c$와 대칭차 $A\triangle B=(A-B)\cup(B-A)$를 벤 다이어그램으로 표현해 보자.

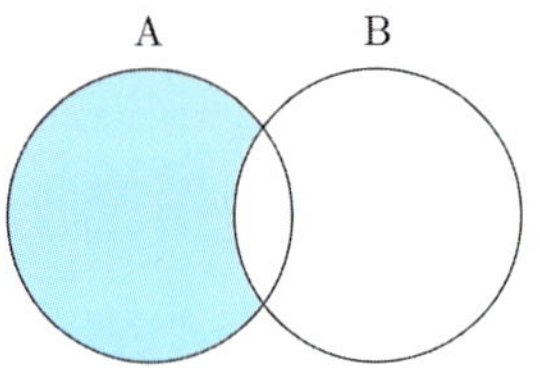

그림 1.1 $A-B=A\cap B^c$

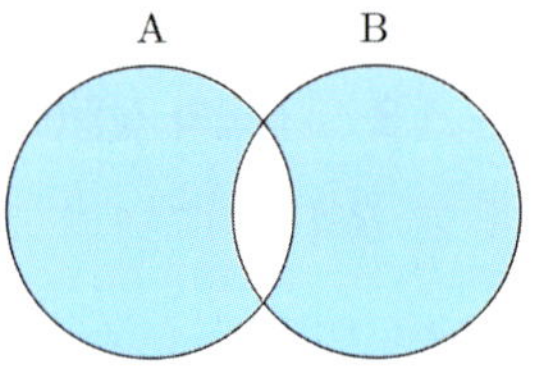

그림 1.2 $A\triangle B=(A-B)\cup(B-A)$

예제 1.1.4 $U=\{a,b,c,d,e,f\}$, $A=\{a,b,c,d\}$, $B=\{c,d,e\}$일 때,

$A\cup B=\{a,b,c,d,e\}$, $A\cap B=\{c,d\}$, $A-B=\{a,b\}$, $A^c=\{e,f\}$

$A\triangle B=(A-B)\cup(B-A)=\{a,b\}\cup\{e\}=\{a,b,e\}$

$A\times B=\{(a,c),(a,d),(a,e),(b,c),(b,d),(b,e),(c,c),(c,d),(c,e),(d,c),$
$(d,d),(d,e)\}$

예제 1.1.5 $A=\{x\mid x^2-3x+2=0\}$, $B=\{x\mid x^2=x\}$일 때, $A\cup B=\{0,1,2\}$이고 $A\cap B=\{1\}$이며 $A\cap B$는 두 연립방정식의 해이다.

예제 1.1.6 $A=\{(x,y)\mid x=0\}$, $B=\{(x,y)\mid y=0\}$일 때,

$A\cup B=\{(x,y)\mid x=0\vee y=0\}=\{(x,y)\mid xy=0\}$이고

$A\cap B=\{(x,y)\mid x=0\wedge y=0\}=\{(0,0)\}$이다.

한편, 집합 A와 B 모두에 공통으로 속하는 원소가 없을 때, 즉

$$A\cap B=\phi$$

인 경우, 집합 A와 B는 서로소(disjoint)라고 한다.

예제 1.1.7 다음의 집합 A와 B는 서로소이다.

(1) A와 B는 각각 양수와 음수의 집합

(2) $A=\{$(월, 1교시), (월, 2교시), (수, 5교시), (수, 6교시)$\}$와
$B=\{$(월, 3교시), (월, 4교시), (목, 3교시), (목, 4교시)$\}$는 서로소이다.

집합 A와 B가 서로소가 아니라는 것은 집합 A와 B의 공통부분이 존재하는 것이고

$$A \cap B \neq \phi$$

으로 표현된다. 다음 예제는 집합의 포함관계와 서로소 간의 관계를 보여준다.

예제 1.1.8 (1) $A \subseteq B \Leftrightarrow A \cap B^c = \phi$

(2) $A \subseteq B$이 아님 $\Leftrightarrow A \cap B^c \neq \phi$

예제 1.1.8 (2)에서 $A \cap B^c \neq \phi$는

$$\exists x,\ x \in A \wedge x \notin B$$

를 의미한다. 예제 1.1.8의 증명은 연습문제로 남긴다.

집합의 법칙

집합의 연산에 대한 간단한 성질들을 알아보자.

정리 1.1 집합의 법칙

A, B, C가 임의의 집합이라 할 때 다음의 법칙이 성립한다.

교환법칙(commutative law)

$$A \cup B = B \cup A,\ A \cap B = B \cap A$$

결합법칙(associative law)

$$A \cup (B \cup C) = (A \cup B) \cup C,\ A \cap (B \cap C) = (A \cap B) \cap C$$

분배법칙(distributive law)

$$A \cup (B \cap C) = (A \cup B) \cap (A \cup C),\ A \cap (B \cup C) = (A \cap B) \cup (A \cap C)$$

드모르간 법칙(De Morgan law)

$$(A \cup B)^c = A^c \cap B^c,\ (A \cap B)^c = A^c \cup B^c$$

이외에도 자명한 여러 법칙이 있다.

항등법칙 $A \cup \varnothing = A$, $A \cap U = A$, $A \cup U = U$, $A \cap \varnothing = \varnothing$

역원법칙 $A \cup A^c = U$, $A \cap A^c = \varnothing$, $(A^c)^c = A$, $U^c = \varnothing$, $\varnothing^c = U$

흡수법칙 $A \cup (A \cap B) = A$, $A \cap (A \cup B) = A$

또한, A의 모든 부분집합들로 이루어진 집합, 즉

$$\wp(A) = \{B | B \subseteq A\}$$

를 집합 A의 멱집합(Power set)이라 한다. 이를 사용하여 다음 절에서 집합의 분할에 대하여 알아본다.

예제 1.1.9 $A = \{v, w, z\}$의 멱집합을 구하여라.

풀이

$$\wp(A) = \{B | B \subseteq A\} = \{\phi, \{v\}, \{w\}, \{z\}, \{v, w\}, \cdots, \{v, w, z\}\}$$ ■

예제 1.1.10 다음 곱집합

$$\{0, 1\}^{10} = \{0,1\} \times \{0,1\} \times \cdots \times \{0,1\}$$

을 구하고, 이의 원소의 개수를 구하여라.

풀이 $\{0, 1\}^{10} = \{(x_1, x_2, x_3, \cdots, x_{10}) | x_i \in \{0,1\}\}$이며, 원소의 개수는

$$2 \times 2 \times \cdots \times 2 = 2^{10}$$

이다. ■

같은 생각으로, 멱집합의 개수를 다음과 같이 구할 수 있다.

예제 1.1.11 K의 원소의 개수가 n개일 때, 멱집합 $\wp(K)$의 개수를 구하여라.

풀이 $K = \{k_1, k_2, \cdots, k_n\}$이라 하자. 부분집합에 속하면 1을 속하지 않으면 0을 할당하면, 모든 부분집합의 개수는

$$2 \times 2 \times \cdots \times 2 = 2^n$$

이다. ■

집합의 분할

분할은 집합을 종류별로 분류하는데 중요한 개념이다. 분류된 집합을 합하였을 때 전체가 되어야 하며 공통된 원소가 없어야 한다.

정의 1.6 집합의 분할(Partition)

다음의 성질을 만족할 때, $\{A_1, A_2, \cdots, A_n\}$를 A의 분할이라 한다.

(1) $A = A_1 \cup A_2 \cup \ \cdots \ \cup A_n$

(2) $A_i \cap A_j = \phi \ (i \neq j)$

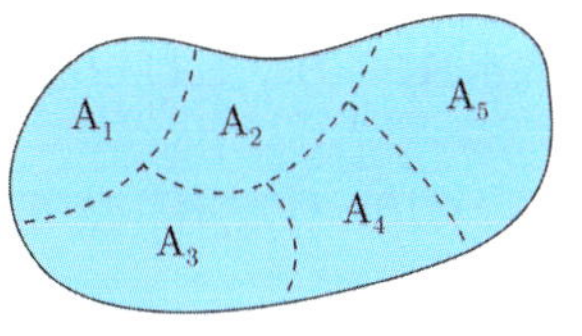

그림 1.3 집합의 분할

예제 1.1.12 $A = \{a, b, c, d, e\}$를 분할하여라.

풀이 $\{\{a,b\},\{c,d\}.\{e\}\}$, $\{\{a,b,c\},\{d,e\}\}$ 등 ■

예제 1.1.13 자연수의 집합 N에서, 홀수들의 집합을 N_1, 짝수들의 집합을 N_2라 놓으면, N_1과 N_2는 N의 분할이다.

예제 1.1.14 다음은 자연수 집합의 분할이다.

$$A_i = \{x \mid x \text{는 } 7\text{로 나누어 } i \text{가 남는다}\}\text{이고, 여기서 } i = 0, 1, 2, \cdots, 6.$$

이는 달력의 일, 월, 화, 수, 목, 금, 토의 분할을 생각할 수 있다.

1.1 연습문제

(1~8) $U = \{a, b, c, d, e\}$, $A = \{a, b, d\}$, $B = \{b, c, e\}$이라 하자. 다음 각각을 구하여라.

01 $A \cup B$

02 $A \cap B$

03 A^c

04 $B - A$

05 $A^c \cap B$

06 $B^c - A^c$

07 $(A \cap B)^c$

08 $(A \cup B)^c$

09 드모르간 법칙(De Morgan law)을 증명하여라.

$$(A \cup B)^c = A^c \cap B^c,\ (A \cap B)^c = A^c \cup B^c$$

10 $A - (B \cup C) = (A - B) \cap (A - C)$이 성립함을 보여라.

(11~14) $A = \{a, b, c, d, e\}$, $B = \{1, 2\}$, $C = \{x, y\}$이라 할 때, 다음 구하여라.

11 $A \times B$

12 $B \times A$

13 $(A \cup B) \times C$

14 $(A \times C) \cup (B \times C)$

(15~18) 다음을 증명하여라.

15 $A \subset A \cup B$

16 $A \cap B \subset A$

17 $A \subset B \Leftrightarrow A \cap B = A$

18 $A \subset B \Leftrightarrow A \cup B = B$

(19~20) 다음을 증명하여라.

19 $A \subset B \Leftrightarrow A \cap B^c = \phi$

20 $A \subseteq B$이 아님 $\Leftrightarrow A \cap B^c \neq \phi$

(21~24) 다음을 증명하라.

21 $(A \cup B) \cap (A \cup B^c) = A$

22 $(B \cup C) \cap A = (B \cap A) \cup (C \cap A)$

23 $A \subset B \wedge B \subset C \Rightarrow A \subset C$

24 $A \cup B = U \Rightarrow A^c \subset B$

(25~29) 대칭차 $A \triangle B = (A - B) \cup (B - A)$에 대하여, 다음 각각을 증명하라.

25 $A \triangle A = \varnothing$

26 $A \triangle \varnothing = A$

27 $A \triangle B = B \triangle A$

28 $A \triangle (B \triangle C) = (A \triangle B) \triangle C$

29 $A \cap (B \triangle C) = (A \cap B) \triangle (A \cap C)$

1.2 명제와 술어

명제는 참과 거짓을 판정할 수 있는 문장을 의미한다. 지식은 명제로 이루어져 있다.

예제 1.2.1 다음 명제의 참과 거짓을 판별하여라.

(1) $2+5=7$ (참)

(2) 모든 삼각형의 내각의 합은 180° 이다. (참)

(3) 모든 자연수 n에 대하여, $1+2+3+\cdots+n=n(n+1)/2$이다. (참)

(4) 모든 자연수 n에 대하여, n^2+n+41은 소수이다. (거짓)

$n=1,2,\ \cdots,40$까지는 $43, 47, 53, 61, 71,\ \cdots$로서 소수이다.

그러나 $n=41$일 때 $1763=41\cdot 43$이므로 소수가 아니다.

예제 1.2.1 (4)의 소수를 발생하는 식 n^2+n+41는 오일러(1707~1783, 스위스)에 의하여, 1772년에 발견되었으며, 이를 소수생성방정식이라 한다.

술어는 명제와 비슷하지만 술어는 변수에 따라 값이 달라진다. 다음은 변수를 갖는 술어의 예들이다. 술어를 명제함수라고도 부른다.

(1) $P(x)$: x는 소수

(2) $Q(x)$: $x>2$

(3) $R(x)$: x는 홀수

와 같이 술어를 정의하면, 변수 x에 따라 참이 될 수도 있고 거짓이 될 수도 있으므로 위의 술어는 명제가 아니지만, 변수에 값을 넣으면 명제가 된다.

(1) $P(2)$는 참

(2) $R(2)$는 거짓

(3) $P(4)\wedge R(3)$는 참

(4) $Q(3)\wedge R(4)$는 거짓

명제함수의 참과 거짓을 판별하려면, 논의 영역의 범위를 정의해야 한다. 이때, 우리는 한정자(Quantifier)를 사용하게 된다.

정의 1.6 전체한정자(Universal Quantifier) $\forall$ 와 존재한정자(Existential Quantifier) $\exists$

$\forall$ 는 모든(All의 A)을 의미하며
$\exists$ 는 존재한다(Exist의 E)를 의미한다.

이에,

$\forall x \in A,\ P(x)$: A에 속하는 모든 x에 대하여, $P(x)$
$\exists x \in A,\ P(x)$: $P(x)$를 만족하는 x가 A에 존재한다.

예를 들어 설명해 보자.
A를 "A반 학생들", $P(x)$를 "x는 멋지다"라고 놓으면

$\forall x \in A,\ P(x)$: A 반에 속하는 모든 학생은 멋지다

이며, 이것의 부정은

$\exists x \in A,\ \neg P(x)$: 멋지지 않은 학생이 A반에 존재한다

이다. 여기서 $\neg$는 부정을 의미한다. 한편,

$\exists x \in A, P(x)$: 멋진 학생이 A반에 존재한다

이며, 이것의 부정은

$\forall x \in A, \neg P(x)$: A반에 속하는 모든 학생은 멋지지 않다

예제 1.2.2 (1) $\forall x \in R$에 대하여, $(x+1)^2 = x^2 + 2x + 1$이 성립한다.
(2) $x^2 - 4x + 3 = 0$를 만족하는 x는 1과 3이다. 즉,
$\exists 1, 3$: $x^2 - 4x + 3 = 0$를 만족한다.

이제, $\forall$ 와 $\exists$ 가 섞여 있으며, x와 y를 동시에 포함하는 문장 $P(x,y)$에 관련된

$$\forall x \in A,\ \exists y \in B,\ P(x,y)$$
$$\exists y \in B,\ \forall x \in A,\ P(x,y)$$

에 대하여 알아보자.

예제 1.2.3 A를 남자들의 집합, B를 여자들의 집합, $P(x,y)$를 "x는 y를 좋아 한다"라고 놓을 때,

$$\forall x \in A,\ \exists y \in B,\ P(x,y)$$

와 이의 부정을 한정기호를 사용하여 표현하고 의미를 설명하여라.

풀이

$$\forall x \in A,\ \exists y \in B,\ P(x,y)$$

의 의미는

"모든 남자는 좋아하는 여자가 있다"

이며, 이의 부정은 다음과 같으며,

$$\exists x \in A,\ \forall y \in B,\ \neg P(x,y)$$

이의 의미는

"어떤 남자는 모든 여자를 좋아하지 않는다"

이다.

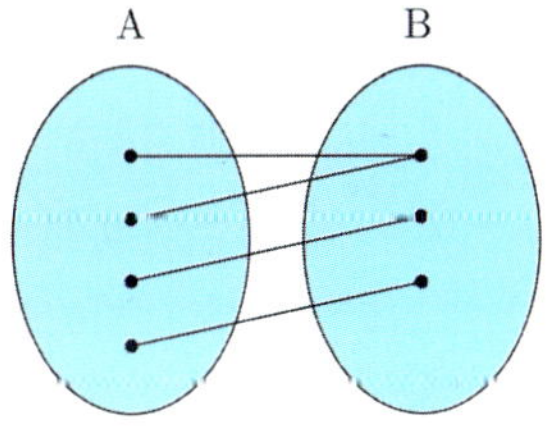

그림 1.4 $\forall x \in A, \exists y \in B, P(x,y)$

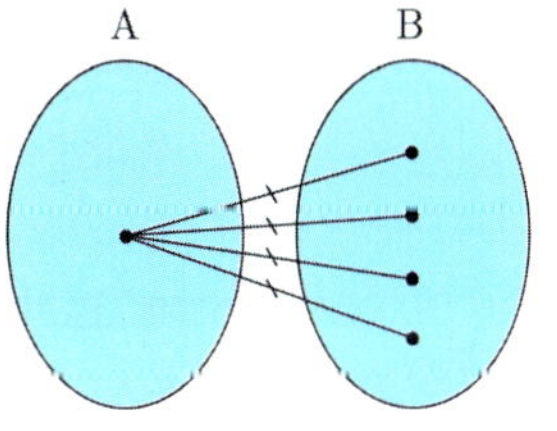

그림 1.5 $\exists x \in A, \forall y \in B, \neg P(x,y)$ ■

예제 1.2.4 A를 남자들의 집합, B를 여자들의 집합, $P(x,y)$를 "x는 y를 좋아 한다"라고 놓을 때,

$$\exists y \in B,\ \forall x \in A,\ P(x,y)$$

와 이의 부정을 한정기호를 사용하여 표현하고 의미를 설명하여라.

풀이

$$\exists y \in B,\ \forall x \in A,\ P(x,y)$$

의 의미는

"어떤 여자가 있어서, 모든 남자들은 그 여자를 좋아한다"

이며, 이의 부정은 다음과 같으며,

$$\forall\, y \in B,\ \exists\, x \in A,\ \neg P(x,y)$$

이의 의미는

"모든 여자들은 자기를 좋아하지 않는 어떤 남자가 존재한다"

이다.

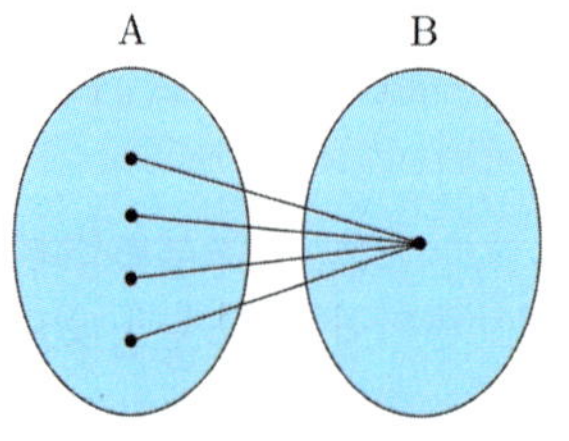

그림 1.6 $\exists y \in B, \forall x \in A, P(x,y)$

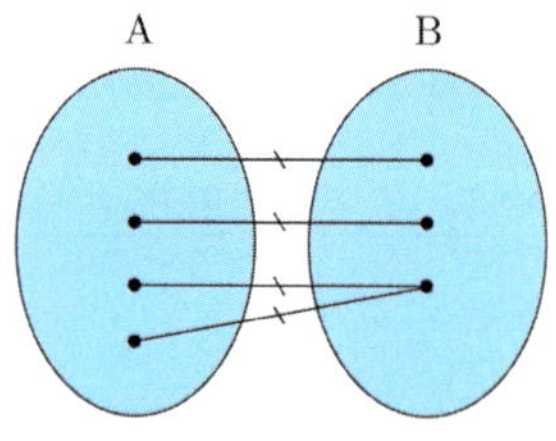

그림 1.7 $\forall y \in B, \exists x \in A, \neg P(x,y)$ ■

예제 1.2.5 $S(x,y)$를 "학생 x는 y시간에 잔다"라고 할 때, $\forall\, y, \exists\, x, S(x,y)$와 $\exists\, x, \forall\, y, S(x,y)$를 설명하여라.

풀이 $\forall\, y, \exists\, x, S(x,y)$: 모든 수업시간에는 자는 학생이 있다.
$\exists\, x, \forall\, y, S(x,y)$: 어떤 학생이 있어서, 그 학생은 모든 수업시간에 잔다. ■

예제 1.2.6 "모든 $x \in R$ 에 대하여, $x^2 - y = 0$이 성립하는 y가 존재한다"를 한정자를 사용하여 표현하여라.

풀이

$$\forall\, x \in R,\ \exists\, y \in R,\ x^2 - y = 0$$

■

예제 1.2.7 실수 구간에서의 유계(bounded)와 무한(infinite)에 대하여 알아보자.

풀이 유계는 $[0, a)$이며, 한정자로 표현하면

$$\exists\, M(\geq a), \forall\, x \in [0, a), x \leq M$$

이며, 무한은 $(0, \infty)$이며, 한정자로 표현하면 다음과 같다.

$$\forall\, x \in (0, \infty), \exists\, y \in (0, \infty), x < y$$

그림 1.8 유계

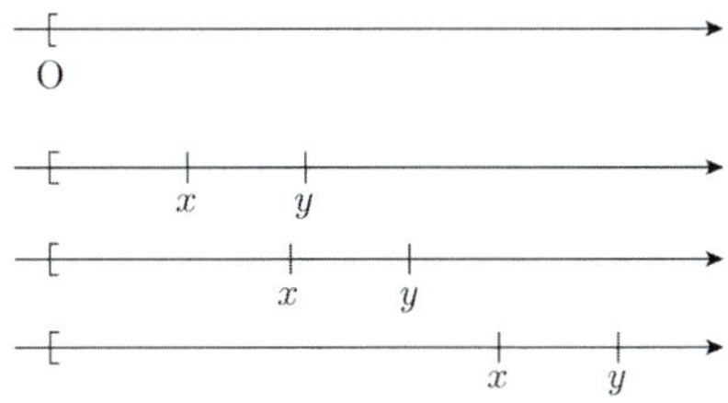

그림 1.9 무한 ■

함수와 항등원, 역원의 개념도 전체한정자와 존재한정자에 의하여 명확히 표현된다(다음 절에서 살펴보자).

수학의 논리에서 자주 사용되는 명제의 함축(implication)에 대하여 알아보자. 명제 p가 조건이 되고, 명제 q가 결론으로 제시되는 명제 $p \to q$를 의미하며, "p는 q를 함축한다" 또는 "p이면 q이다"라고 읽는다. 명제 p가 참이고 명제 q가 거짓인 상황에서만 $p \to q$는 거짓이고, 그 외의 상황에서는 모두 참이다. 한편, $\forall x, p(x) \to q(x)$와 $\neg p(x) \vee q(x)$는 진리값이 같으므로 동치이다. 즉, 다음과 같이 정리할 수 있다.

정리 1.2 $\forall x, p(x) \to q(x)$와 이의 부정

(1) $\forall x, p(x) \to q(x) \cong \neg p(x) \vee q(x)$, 여기서는 $\cong$ '동치'를 의미

(2) $\forall x, p(x) \to q(x)$의 부정은 $\exists x, p(x) \wedge \neg q(x)$이다.

예제 1.2.8 "사람은 남자이다"가 거짓인 이유를 쓰시오.

풀이 여자가 존재하기 때문이다. ■

예제 1.2.9 "$x > 3$이면 $x > 5$이다"가 거짓인 이유를 쓰시오.

풀이 $x > 3$를 만족하고 $x > 5$를 만족하지 않은 4가 존재하기 때문이다. ■

예제 1.2.10 모든 연속함수는 미분가능하다.

풀이 아닌 이유는 연속인데 미분가능하지 않은 $f(x) = |x|$가 존재하기 때문이다. ■

항상 참인 경우에 기호 "$p \Rightarrow q$"를 사용한다.

예제 1.2.11 다음은 성립한다.

$$p \Rightarrow p \vee q, \ p \wedge q \Rightarrow p$$

반면, $p \to p \wedge q$와 $p \vee q \to p$는 항상 참이 아니다.

1.2 연습문제

(1~2) 다음 표현을 문장으로 서술하여라.

01 $\exists x(\forall y P(x,y))$

02 $\forall y(\exists x P(x,y))$

(3~4) 다음 표현을 문장으로 서술하여라.

03 $\neg(\forall x P(x))$

04 $\exists x(\neg P(x))$

(5~6) 실수 x, y 에 대하여, 명제함수 $P(x,y)$가 'x likes y'일 때, 다음 명제와 그의 부정을 서술하여라.

05 $\forall x \in A, \exists y \in B, P(x,y)$

06 $\exists y \in B, \forall x \in A, P(x,y)$

07 $\forall x, p(x) \rightarrow q(x) \cong \neg p(x) \vee q(x)$를 진리표를 사용하여 동치임을 증명하여라.

1.3 수 체계

수 체계를 알아보기 위하여 정수부터 유리수, 실수 및 복소수로 확장해 보며, 지금까지 사용해 온 사칙연산의 의미를 생각해 보고, 수의 여러 가지 활용을 예제를 통하여 알아보자. 이를 위하여, 닫혀있다라는 개념과 항등원, 역원에 대하여 정의한다.

정의 1.7 $(A, *)$가 닫혀있다(closed)

다음을 만족할 때, "집합 A가 연산 $*$에 대하여 닫혀있다"라고 한다. 임의의 두 원소 $x, y \in A$에 대하여,

$$x * y \in A$$

즉,

$$\forall x, y \in A,\ x * y \in A$$

정의 1.8 항등원(identity)

다음을 만족할 때, e는 집합 A에서 항등원이다. 임의의 $x \in A$에 대하여,

$$x * e = e * x = x$$

즉,

$$\exists e \in A,\ \forall x \in A,\ x * e = e * x = x$$

정의 1.9 역원(inverse)

다음을 만족할 때, 집합 A에서 y가 x의 역원이다.

$$x * y = y * x = e$$

즉,

$$\forall x \in A,\ \exists y \in A,\ x * y = y * x = e$$

정수 Z

정수는 양의 정수(자연수), 0, 음의 정수로 구성된 수 체계이다. 정수는 덧셈, 뺄셈, 곱셈에 대하여 닫혀있으며, 정수의 덧셈에 대한 항등원은 0이며, 임의의 정수 a의 덧셈에 대한 역원은 $-a$이다. 또한, 정수의 집합에서, 곱셈에 대한 항등원은 1이며, 임의의 정수 a의 곱셈에 대한 역원은 존재하지 않는다. 즉, 정수에서는 나눗셈이 자유롭지 못하다. 이에, 곱셈에 대한 역원 $\frac{1}{a}$을 정의하여 나눗셈을 자유롭게 하기 위하여, 다음 절에서 수를 유리수로 확장한다.

예제 1.3.1 $x+3=2$를 만족하는 x를 구하여라.

풀이 양변에 -3를 더한다. 즉,

$$(x+3)+(-3)=2+(-3)$$

이고, 덧셈은 결합법칙이 성립하므로

$$x+(3+(-3))=2+(-3)$$

를 얻는다. 그러므로

$$x+0=2-3=-1$$

한편, 덧셈에 대한 항등원이 0이므로

$$x=-1$$

이다. ■

유리수 Q

정수 $a, b\ (a \neq 0)$에 대하여,

$$\frac{a}{b}\ (\text{단, } a\text{와 } b\text{는 서로소})$$

인 수 체계를 유리수(rational number)라 한다. 유리수는 다음과 같이 곱셈에 관한 역원이 존재한다.

정리 1.3 Q에서의 곱셈에 대한 역원(inverse)

임의의 유리수 $a\,(\neq 0)$에 대하여

$$ab = ba = 1$$

를 만족하는 유리수 b가 존재한다.

그러므로 유리수는 사칙연산에 대하여 닫혀 있으며, 소수로 나타내었을 때, 실수부가 유한(유한소수, finite decimal)하거나 동일한 숫자군이 반복된다(순환소수, recurring decimal). 예를 들면, 유리수는

$$\frac{1}{2} = 0.5\,,\quad \frac{1}{8} = 0.125$$

와 같은 유한소수와

$$\frac{1}{3} = 0.\dot{3}\,,\quad \frac{1}{7} = 0.142857142857\cdots = 0.\dot{1}4285\dot{7}$$

들과 같은 순환소수들로 이뤄진다.

유리수의 기원에 대하여 알아보기로 하자. 기원전 500년경의 피타고라스(B.C. 582경 ~ B.C. 497경, 그리스 사모스 섬)는 유리수를 알았으며, 이를 이용하여 피타고라스 음계를 만들었다. 전체의

$$\frac{2}{3}$$

는 원래 음의 5도 높은 음임을, 전체의

$$\frac{1}{2}$$

은 원래 음의 한 옥타브 높은 음임을 발견하여, 악기를 만들어 아름다운 음악(피타고라스 음계)을 연주하였다.

예제 1.3.2 피타고라스 음계를 사용하여, 길이 a의 음이 도일 때, 솔과 레음을 만드시오.

풀이 길이 a가 '도'이므로, 이의 $\frac{2}{3}$인 $\frac{2}{3}a$는 '솔'음이며, '레'음을 만들기 위하여는, '솔'의 $\frac{2}{3}$인 $\left(\frac{2}{3}\right)^2 a$가 되어야 한다. 이는 한 옥타브 위의 '레'음이므로, 2배 늘려야 한다. 즉, $\left(\frac{2}{3}\right)^2 a \times 2 = \frac{8}{9}a$가 '레'음이 된다.

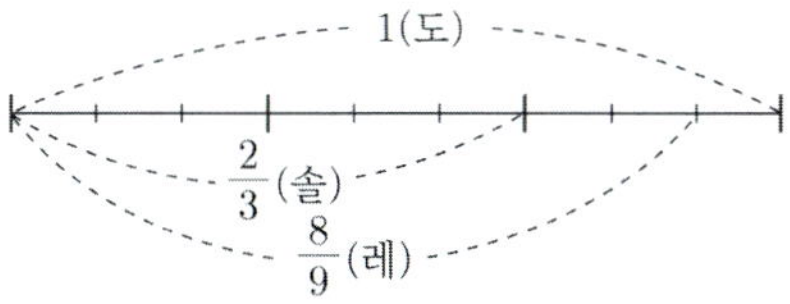

그림 1.10 도와 솔 ■

예제 1.3.3 전체 α의 반인 유리수 $\frac{1}{2}\alpha$을 생각하여, 무한의 개념과 극한의 개념을 생각해 보자.

풀이 $\alpha, \frac{1}{2}\alpha, \left(\frac{1}{2}\right)^2\alpha, \left(\frac{1}{2}\right)^3\alpha, \cdots$ 처럼 무한이 반복되며, 이의 극한값이 0임을 추측할 수 있다. ■

실수 $\mathbb{R}$

정수 a, b $(a \neq 0)$에 대하여, $\frac{a}{b}$(단, a와 b는 서로소)로 표현될 수 없는 수 체계를 무리수(irrational number)라 한다. 소수로 표현할 때, 실수부가 무한히 반복된다. 예로서,

$$\sqrt{2} = 1.41421356237\cdots$$
$$\pi = 3.1415\cdots$$

피타고라스학파의 히파수스(Hippasos, B.C. 500년경)는 한변의 길이가 1인 정사각형의 대각선의 길이가 유리수가 아님을 발견하였으나, 모든 만물이 정수의 비인 유리수로 구성되어 있다고 주장하는 피타고라스학파에 의해 추방당하였다. 그 후, 19세기 말에 칸토어(Cantor), 데데킨트(Dedekind) 등에 의하여 순환하지 않는 무한소수의 존재성이 증명되었다.

이제, $\sqrt{2}$가 유리수가 아님을 증명하여 보고, 주위에서 발견할 수 있는 무리수를 예제로 다뤄보자.

예제 1.3.4 $\sqrt{2}$가 유리수가 아님을 보여라.

풀이 $\sqrt{2}$가 유리수라 가정하자. 즉

$$\sqrt{2} = \frac{a}{b}$$

로 표현될 수 있다. 여기서, a와 b는 서로소이다. 양변을 제곱하여 정리하면, $a^2 = 2b^2$이다. a^2이 2의 배수이므로 a는 2의 배수이다($\because$ a가 홀수이면 a^2이 홀수). 한편, $a = 2k$라 놓으면, $4k^2 = 2b^2$이므로 $b^2 = 2k^2$이다. 마찬가지 방법으로, b^2이 2의 배수이므로 b도 2의 배수이다. 따라서 a와 b는 서로소라는 가정에 모순된다. 그러므로 $\sqrt{2}$가 유리수가 아니다. ■

실생활에 유용하게 적용되는 무리수 중에 A_4 용지의 비율을 생각해보자.

예제 1.3.5 A_4 용지의 가로와 서로의 비는 $1 : \sqrt{2}$이다.

풀이 A_4 용지는 A_0 용지를 4번 접어 만들며, 이들은 모두 가로와 세로의 비가 일정하다. 즉,

$$1 : x = \frac{x}{2} : 1$$

를 만족한다. 그러므로 $x = \sqrt{2}$임을 알 수 있다. ■

A_0 용지의 전체 면적은 $1\,m^2$이며, 이에 의하여 만들어진 A_4 용지의 가로와 세로는 $210\,mm$와 $297\,mm$이며, 비율은 $1 : \sqrt{2}$이다. 한편, B_0 용지의 전체 면적은 $1.5\,m^2$이며, 비율은 마찬가지로 $1 : \sqrt{2}$이다.

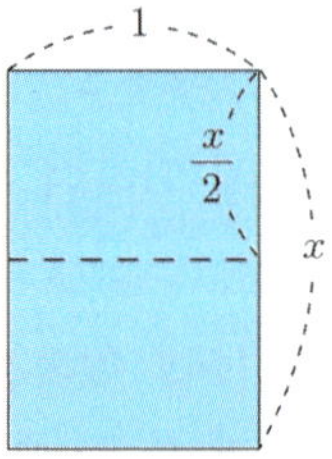

그림 1.11 A_4 용지

무리수의 다른 예제로 황금비를 생각해보자. 기원전 3세기경, 고대 그리스에서는 가장 조화로운 비를 생각하게 되는데, 즉 직선에서

$$\text{전체 : 긴 선분 = 긴 선분 : 짧은 선분}$$

라는 외중비(황금비)를 발견하게 된다. 다음 예제에서 알아보자.

예제 1.3.6 그림 1.12에서 $x+1 : x = x : 1$를 만족하는 비율을 구하여라.

풀이 $x+1 : x = x : 1$에서 $x^2 = x+1$이다. 이 방정식의 근은 $x = \dfrac{1 \pm \sqrt{5}}{2}$이다. ■

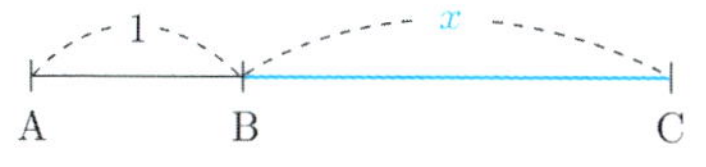

그림 1.12 황금비율

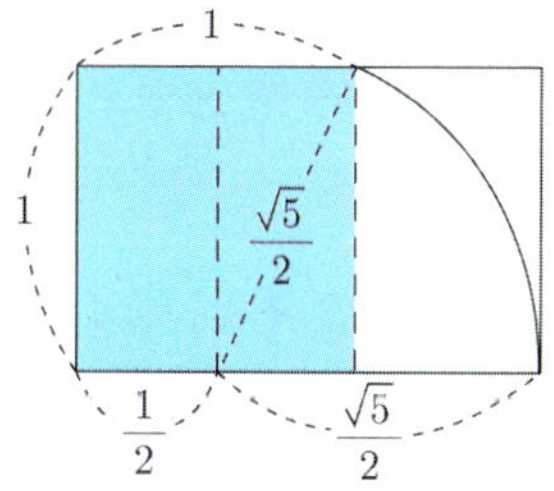

그림 1.13 황금 사각형

예제 1.3.6에서 $\dfrac{1 \pm \sqrt{5}}{2}$의 양수 값을 택하면, $x = \dfrac{1+\sqrt{5}}{2} = 1.618 \cdots$ 이며, 이 비율을

황금비율(golden ratio)

이라 부른다. 황금 사각형은 그림 1.13과 같이 작도할 수 있다.

또한, $x^2 = x+1$와 이를 x로 나눈 $x = 1 + \dfrac{1}{x}$의 근이 황금비 1.618이므로, 대입하면

$$1.618^2 = 2.618, \quad \frac{1}{1.618} = 0.618$$

이다. 즉

$$1 : 1.618 = 1.618 : 2.618 = 0.618 : 1.618$$

를 만족한다. 이를 사용하면, 피타고라스 별이 황금비로 이루어졌음을 알 수 있다(연습문제로 남긴다).

이는 다음과 같은 방법으로도 유도된다. 앞의 두 수를 더하여 얻는 수열인 피보나치 수열

$$1, 1, 2, 3, 5, 8, 13, 21, 34, 55, \cdots$$

의 일반항 a_n에 대한 비율

$$\frac{a_{n+1}}{a_n}$$

의 극한값

$$\frac{1+\sqrt{5}}{2} = 1.618 \cdots$$

과도 같은 수이다.

유리수와 무리수를 합하여 실수(real number)라 하며, 유리수는 서로 떨어져서 나타나지만 실수는 연속적으로 나타나며, 실수의 체계를 정리하면 다음과 같다.

- 실수
  - 유리수
    - 정수
      - 자연수
      - 0
      - 음의 정수
    - 정수가 아닌 유리수
      - 유한소수
      - 순환소수
  - 무리수(순환하지 않는 무한소수)

다음은 실수의 성질에 대하여 알아보자.

정리 1.4 실수의 성질

(A1) ($\mathbb{R}$은 덧셈에 대하여 닫혀 있다) 임의의 $a, b \in \mathbb{R}$에 대하여

$$a + b \in \mathbb{R}$$

(A2) (덧셈에 대한 결합법칙) 임의의 $a, b, c \in \mathbb{R}$에 대하여

$$(a+b)+c = a+(b+c)$$

(A3) (덧셈에 대한 교환법칙) 임의의 $a, b \in \mathbb{R}$에 대하여

$$a+b = b+a$$

(A4) (덧셈에 대한 항등원) 어떤 원 $0 \in \mathbb{R}$이 존재하여 모든 $a \in \mathbb{R}$에 대하여

$$a+0 = 0+a$$

(A5) (덧셈에 대한 역원) 임의의 $a \in \mathbb{R}$에 대하여 꼭 하나의 $b \in \mathbb{R}$가 존재하여

$$a+b = 0 = b+a$$

이때 b를 a의 덧셈에 대한 역원이라 하고 기호 "$-a$"로 쓴다.

(M1) ($\mathbb{R}$은 곱셈에 대하여 닫혀 있다) 임의의 $a, b \in \mathbb{R}$에 대하여

$$ab \in \mathbb{R}$$

(M2) (곱셈에 대한 결합법칙) 임의의 $a, b, c \in \mathbb{R}$에 대하여

$$(ab)c = a(bc)$$

(M3) (곱셈에 대한 교환법칙) 임의의 $a, b \in \mathbb{R}$에 대하여

$$ab = ba$$

(M4) (곱셈에 대한 항등원) 어떤 원 $1 \in \mathbb{R}$이 존재하여 모든 $a \in \mathbb{R}$에 대하여

$$a1 = 1a$$

(M5) (곱셈에 대한 역원) 임의의 $a \in \mathbb{R}$ $(a \neq 0)$에 대하여, 꼭 하나의 $b \in \mathbb{R}$가 존재하여

$$ab = 1 = ba$$

이때 b를 a의 곱셈에 대한 역원이라 하고 기호 "a^{-1}"로 쓴다.

(D) (분배법칙) 임의의 $a, b, c \in \mathbb{R}$에 대하여

$$a(b+c) = ab + ac,\ (a+b)c = ac + bc$$

위의 여러 성질을 사용하여 다음의 방정식을 풀어보자.

예제 1.3.7 $3x + 5 = 2$를 만족하는 x를 구하여라.

풀이 양변에 5의 덧셈에 대한 역원인 -5를 더하여 준다. 즉

$$\begin{aligned} (3x+5)+(-5) &= 2+(-5) \\ 3x+(5+(-5)) &= 2-5 \\ 3x &= -3 \end{aligned}$$

양변에 $\frac{1}{3}$를 곱한다. 즉,

$$\frac{1}{3}(3x) = \frac{1}{3}(-3)$$

곱셈은 결합법칙이 성립하므로

$$\left(\frac{1}{3}3\right)x = -1$$

를 얻는다. 그러므로

$$1x = -1$$

한편 곱셈에 대한 항등원이 1이므로

$$x = -1$$

이다. ■

복소수 $\mathbb{C}$

$x^2 = -1$인 실수는 존재하는가? 모든 실수는 제곱하면 양수이기에 그런 실수는 없다. 그래서 제곱(실수에서의 제곱의 의미가 아니고 정의 1.10에서 정의하는 곱의 의미)하여 -1가 되는 새로운 수를 i로 나타내고, 실수 a, b에 대하여,

$$z = a + bi$$

인 수를 복소수(complex number)라 한다. a를 z의 실수 부분, b를 z의 허수 부분이라 한다.

복소수의 집합 $\mathbb{C}$에서 덧셈과 곱셈을 다음과 같이 정의한다.

정의 1.10 복소수의 연산

두 복소수 $a+bi$와 $c+di$에 대하여,

$$(a+bi)+(c+di) = (a+c)+(b+d)i$$
$$(a+bi)(c+di) = (ac-bd)+(ad+bc)i$$

복소수는 덧셈과 곱셈에 대하여 교환법칙과 결합법칙이 성립하고, 덧셈과 곱셈 사이의 분배법칙도 성립한다. 또한, 덧셈에 대한 항등원은 0이고, $a+bi$의 덧셈에 대한 역원은

$$-(a+bi) = -a-bi$$

이며, 곱셈에 대한 항등원은 1이고, $a+bi$의 곱셈에 대한 역원은 다음과 같다.

$$(a+bi)^{-1} = \frac{a-bi}{a^2+b^2}$$

예제 1.3.8 다음 식을 계산하여라.

(1) $(1+i)+(3-2i)$　　(2) $(1+i)(4-5i)$

(3) $(5+2i)^2$　　(4) $\dfrac{(1-2i)}{(2+3i)}$

풀이

(1) $(1+i)+(3-2i) = (1+3)+(1-2)i = 4-i$

(2) $(1+i)(4-5i) = (4+5)+(-5+4)i = 9-i$

(3) $(5+2i)^2 = (25-4)+(10+10)i = 21+20i$

(4) $\dfrac{(1-2i)}{(2+3i)}=\dfrac{(1-2i)(2-3i)}{2^2+3^2}=\dfrac{(2-6)+(-3-4)i}{13}=\dfrac{-4-7i}{13}$ ■

예제 1.3.9 두 복소수 $z_1=3+2i$와 $z_2=2-i$에 대하여 다음을 구하여라.

(1) z_1+z_2　　(2) $z_1 z_2$

(3) $\dfrac{z_1}{z_2}$　　(4) $z_1\overline{z_2}$

풀이 (1) $5+i$　(2) $8+i$　(3) $\dfrac{4+7i}{5}$

(4) $z_1\overline{z_1}=(3+2i)\overline{(3+2i)}=(3+2i)(3-2i)=9+4=13$ ■

예제 1.3.9의 (4)의 $\overline{z}$를 z의 켤레복소수라 하며, 이들은 실수축에 대하여 대칭이며,

$$z\overline{z}=|z|^2,\ \overline{z_1\pm z_2}=\overline{z_1}\pm\overline{z_2}\ ,\ \overline{z_1z_2}=\overline{z_1}\,\overline{z_2}\ ,\ \overline{\left(\frac{z_1}{z_2}\right)}=\frac{\overline{z_1}}{\overline{z_2}}$$

이 성립한다.

복소수 $z=a+bi$의 길이는 $|z|$로 표시하며,

$$|z|=\sqrt{a^2+b^2}$$

이다.

예제 1.3.10 두 복소수 $z_1=1+2i$와 $z_2=3-i$에 대하여 다음을 구하여라.

(1) $|z_1|$　　(2) $|z_2|$

(3) $|z_1+z_2|$　　(4) $|z_1 z_2|$

풀이 (1) $|z_1|=\sqrt{1^2+2^2}=\sqrt{5}$

(2) $|z_2|=\sqrt{3^2+(-1)^2}=\sqrt{10}$

(3) $z_1+z_2=4+i$ 이므로 $|z_1+z_2|=\sqrt{17}$

(4) $|z_1 z_2|=|z_1||z_2|=5\sqrt{2}$ ■

복소평면과 극형식 표현 및 복소수의 합과 곱의 기하학적 의미를 알아보자.

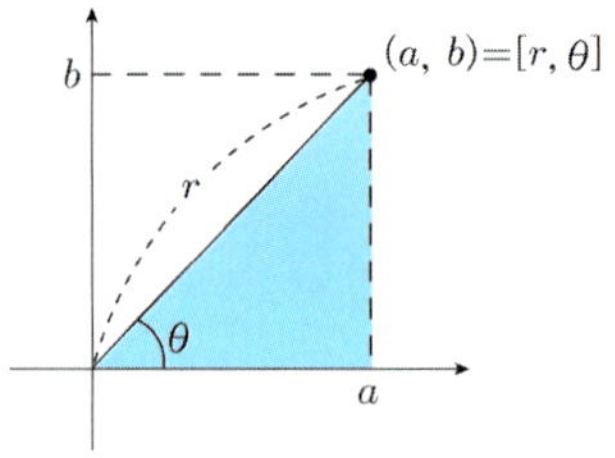

그림 1.14 복소평면과 극형식

$z=a+bi$를 극좌표를 이용하여 표현하면 $[r, \theta]$이다. 여기서

$$r=\sqrt{a^2+b^2},\ \theta=\tan^{-1}(b/a).$$

이고, 한편

$$a=r\cos\theta, \quad b=r\sin\theta$$

이므로, 극좌표 $[r, \theta]$를 직교좌표로 표현하면,

$$z=r(\cos\theta+i\sin\theta)$$

이다. 이런 표기를 직교좌표의 극형식 표현이라 한다.

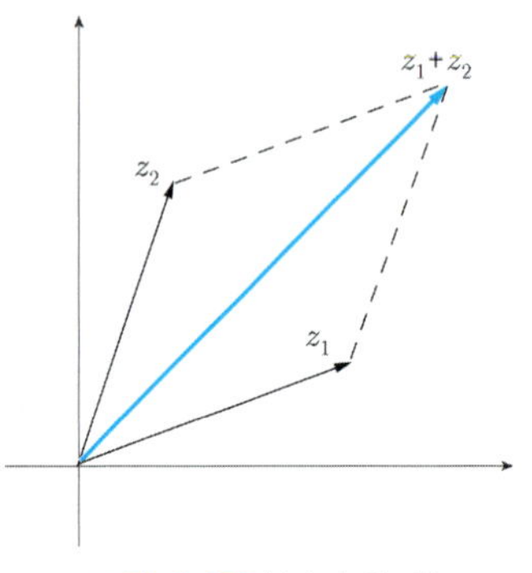

그림 1.15 복소수의 합

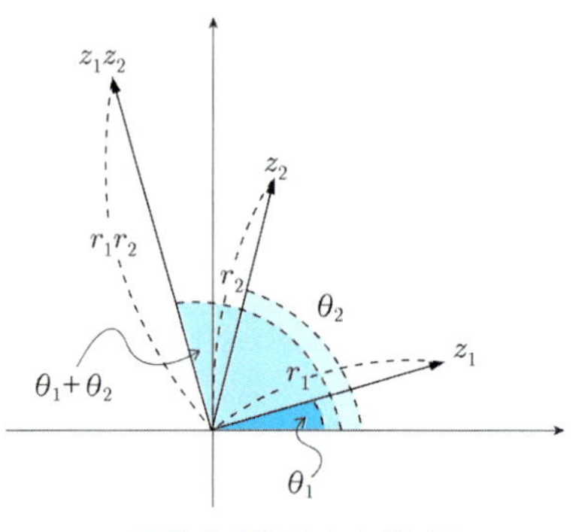

그림 1.16 복소수의 곱

복소수의 $z_1=r_1(\cos\theta_1+i\sin\theta_1)$, $z_2=r_2(\cos\theta_2+i\sin\theta_2)$ 곱을 극형식으로 표현하면 z_1z_2는 다음과 같이 유도된다.

$$\begin{aligned}z_1z_2&=r_1r_2(\cos\theta_1+i\sin\theta_1)(\cos\theta_2+i\sin\theta_2)\\&=r_1r_2\{(\cos\theta_1\cos\theta_2-\sin\theta_1\sin\theta_2)+(\sin\theta_1\cos\theta_2+\cos\theta_1\sin\theta_2)i\}\\&=r_1r_2\{\cos(\theta_1+\theta_2)+i\sin(\theta_1+\theta_2)\}\end{aligned}$$

즉, z_1과 z_2의 원점으로부터의 거리 r_1과 r_2는 곱하고, x축을 기준으로 이루어진 각 θ_1과 θ_2는 합하면 된다. $z_1 = [r_{1,}\ \theta_1]$와 $z_2 = [r_{2,}\ \theta_2]$에 대하여, 극좌표로 표시하면 다음과 같다.

$$z_1 z_2 = [r_1 r_2\,,\ \theta_1 + \theta_2]$$

예제 1.3.11 다음 복소수를 극형식으로 나타내어라.

(1) i (2) $1+i$

(3) $\sqrt{3}-i$ (4) $(1+\sqrt{3}\,i)^4$

풀이 (1) $i = \cos\dfrac{\pi}{2} + i\sin\dfrac{\pi}{2}$

(2) $1+i = \sqrt{2}\left(\cos\dfrac{\pi}{4} + i\sin\dfrac{\pi}{4}\right)$

(3) $\sqrt{3}-i = 2\left(\cos\dfrac{11\pi}{6} + i\sin\dfrac{11\pi}{6}\right)$

(4) $(1+\sqrt{3}\,i)^3 = \left\{2\left(\cos\dfrac{\pi}{3} + i\sin\dfrac{\pi}{3}\right)\right\}^3 = 2^3\left(\cos 3\cdot\dfrac{\pi}{3} + i\sin 3\cdot\dfrac{\pi}{3}\right)$

$= 8(\cos\pi + i\sin\pi) = -8$ ■

예제 1.3.12 $z^3 = 1$를 만족하는 복소수 근을 모두 구하여라.

풀이 $z = r(\cos\theta + i\sin\theta)$에서 $z^3 = r^3(\cos 3\theta + i\sin 3\theta)$가 유도된다. 또한,

$$1 = \cos 0 + i\sin 0 = \cos 2\pi + i\sin 2\pi = \cos 4\pi + i\sin 4\pi$$

이므로 복소수 근은 다음과 같다.

$$z = 1,\quad \cos\frac{2\pi}{3} + i\sin\frac{2\pi}{3},\quad \cos\frac{4\pi}{3} + i\sin\frac{4\pi}{3}$$ ■

예제 1.3.13 $z^4 = i$를 만족하는 복소수 근을 모두 구하여라.

풀이 $z = r(\cos\theta + i\sin\theta)$에서 $z^3 = r^4(\cos 4\theta + i\sin 4\theta)$가 유도된다. 또한,

$$i = \cos\frac{\pi}{2} + i\sin\frac{\pi}{2}$$

이므로

$$z = \cos\frac{\pi}{8} + i\sin\frac{\pi}{8}$$

가 하나의 근이다. 위의 예제와 같이 나머지 세 개의 근도 구할 수 있지만 $\frac{2\pi}{4} = \frac{\pi}{2}$ 씩 더하여도 나머지 근을 구할 수 있다. 즉, $z^4 = i$의 네 개의 근은 다음과 같다.

$$z = \cos\frac{\pi}{8} + i\sin\frac{\pi}{8},\ \cos\left(\frac{\pi}{8} + \frac{\pi}{2}\right) + i\sin\left(\frac{\pi}{8} + \frac{\pi}{2}\right),$$

$$\cos\left(\frac{\pi}{8} + \pi\right) + i\sin\left(\frac{\pi}{8} + \pi\right),\ \cos\left(\frac{\pi}{8} + \frac{3\pi}{2}\right) + i\sin\left(\frac{\pi}{8} + \frac{3\pi}{2}\right)$$

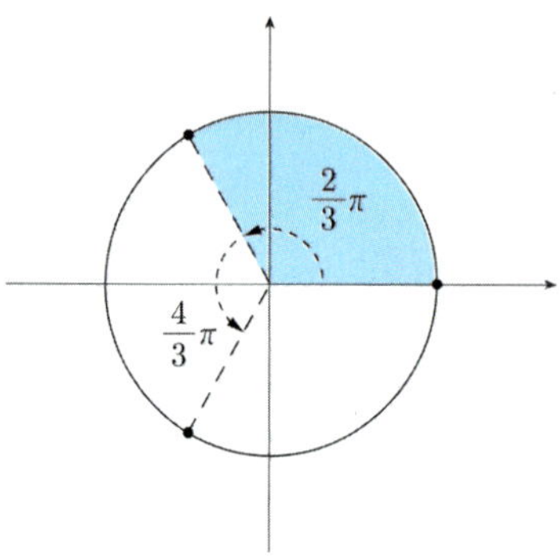

그림 1.17 $z^3 = 1$

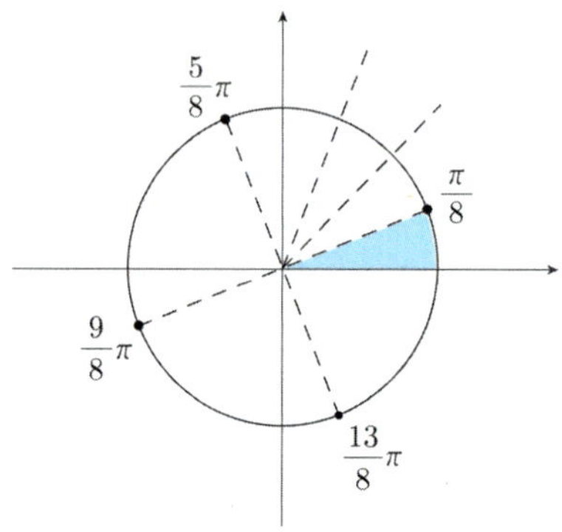

그림 1.18 $z^4 = i$

■

1.3 연습문제

01 짝수의 집합 $S=\{2n \mid n\in Z\}$은 덧셈에 대하여 닫혀있는지, 항등원, 역원이 존재하는지 살펴보아라.

02 실수의 집합 R에서, 임의의 두 실수 $a,b\in\mathbb{R}$에 대하여

$$a*b=2(a-b)$$

로 정의하면, 이 연산에 대하여 교환법칙과 결합법칙이 성립하는가?

03 실수의 성질을 활용하여, $5x-7=2$를 만족하는 x를 구하여라.

04 $\sqrt{5}$ 가 유리수가 아님을 보여라.

05 B_4 용지의 가로와 세로의 비는 $1:\sqrt{2}$ 임을 보이고, 실제 길이를 구하여라.

06 피타고라스 별을 그려보고, 어느 선분의 비가 황금비로 이루어졌는지 찾아보아라.

(7~10) 다음 식을 계산하여라.

07 $(5+i)+(3-5i)$

08 $(2+i)(4-5i)$

09 $(5-2i)^2$

10 $(5\quad 2i)/(2+3i)$

(11~14) 다음 식을 간단히 하여라.

11 $\dfrac{1-2i}{2+5i}$

12 $\dfrac{1+2i}{2-3i}$

13 $\left(\dfrac{1+i}{1-i}\right)^{40}$

14 $(1+\sqrt{3}\,i)^4$

(15~22) 복소수 $z_1=3+2i$와 $z_2=3-2i$에 대하여 다음을 구하고, 복소평면에 그려라.

15 z_1+z_2

16 z_1-z_2

17 z_1-3z_2

18 z_1z_2

19 $\overline{z_1}$

20 $|z_1|$

21 $|z_1+z_2|$

22 $|z_1z_2|$

(23~26) 다음 복소수를 극형식으로 표시하여라.

23 $\sqrt{3}+i$

24 $1+i$

25 $-2i$

26 $(1+\sqrt{3}\,i)^4$

(27~30) 다음 극좌표를 직교좌표로 표시하여라.

27 $\left[1, \frac{\pi}{4}\right]$

28 $\left[3, \frac{\pi}{6}\right]$

29 $\left[2, \frac{2}{3}\pi\right]$

30 $\left[5, \frac{3}{2}\pi\right]$

(31~34) 다음의 근을 구하여라.

31 $z^2=-1$

32 $z^4=i$

33 $z^3=1+i$

34 $z^5=1$

제2장

함수

2.1 함수의 정의
2.2 함수의 연산
2.3 전단사함수
2.4 초월함수

사회 현상의 많은 부분은 규칙에 의하여 다른 값에 영향을 미친다. 주위의 환경이 물가에 영향을 미친다거나, 어떤 자극에 따라 자극 전후의 혈압의 관련성이라든지, 압력이 온도에 미치는 관계 등 여러 사회 현상 간의 관련성을 알아보고 새로운 정보를 얻어내는 과정에 함수의 개념이 적용된다. 즉, 사회 현상을 수학적인 함수로 모델링하고 입력 값에 대해 자동으로 출력 값을 할당하는 시스템에 적용하여, 사회 현상에 대한 새로운 사실을 알아내고 추정하게 된다.

2.1 함수의 정의

두 집합 X와 Y에 대하여, 집합 X의 원소와 집합 Y의 원소를 짝지어 주는 것을 대응(correspondence) 혹은 관계(relation)라 하며, 다음과 같이 어떤 규칙에 의하여 대응되는 관계를 함수라 한다.

정의 2.1 함수(function)

두 집합 X와 Y에 대하여, X의 임의의 원소 x에 대하여 Y의 원소 하나씩을 대응시키는 관계를 X에서 Y로의 함수(function)라 하고 $f: X \to Y$로 나타낸다. 이를 수학 기호로 간단히 표현하면 다음과 같다.

$$\forall x \in X,\ \exists^1 y \in Y,\quad y = f(x)$$

여기서, $\exists^1$은 유일하게 존재함을 의미한다.

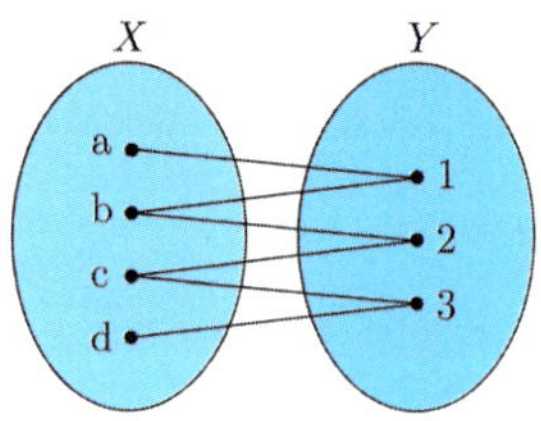

그림 2.1 대응

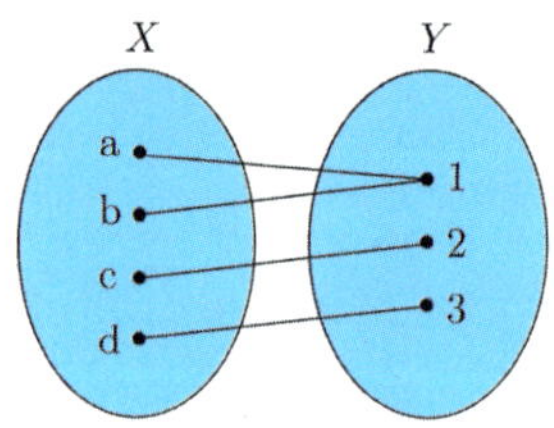

그림 2.2 함수

이때, X를 f의 정의역(domain)이라 하고 dom(f)라 쓰며, Y를 f의 공변역(co-domain)이라 한다. 또한, X의 원소 x에 대응하는 Y의 원소 y를 f에 의한 x의 상(image) 또는

함숫값이라 하며, $y = f(x)$로 표현한다.

함수 $f : X \to Y$가 주어졌다고 하자. X의 부분집합 A에 대하여

$$f(A) = \{f(x) \mid x \in X\}$$

로 정의하고, 이 집합을 f에 의한 A의 상(image)이라 한다, 특히, $X = A$이면

$$f(X) = \{f(x) \mid x \in X\}$$

이고, 이 집합을 f의 치역(range)이라 하고 ran(f)라 쓴다.

함수의 정의 2.1을 다시 살펴보자.

$$\forall x \in X,\ \exists^1 y \in Y,\quad y = f(x)$$

는 다음과 같이 두 부분으로 나누어서 다루어 보자.

(1) $\forall x \in X,\ \exists y \in Y,\quad y = f(x)$

(2) 함수의 유일성, 즉

$$\forall x_{1,}\ x_2\text{에 대하여},\ x_1 = x_2 \Rightarrow f(x_1) = f(x_2)$$

다음 예제를 통하여, 함수의 정의의 의미를 살펴보자. 즉, 모든 값에 대하여

"함숫값이 존재하는지?"

와

"함숫값이 유일하게 존재하는지?"

를 알아보자.

예제 2.1.1 $f : R \to R$에서 $f(x) = x^2$는 함수인가?

풀이 (1) $\forall x \in R$에 대하여, x^2이 R에 존재한다. 왜냐하면 실수는 곱셈에 대하여 닫혀 있기 때문이다.

(2) $f(x) = x^2$의 유일성:

$$\forall x_{1,}\ x_2\text{에 대하여},\ x_1 = x_2 \Rightarrow x_1^2 = x_2^2$$

임을 증명하면 된다. 가정의 $x_1 = x_2$를 적용하면

$$x_1^2 - x_2^2 = (x_1 + x_2)(x_1 - x_2) = (x_1 + x_2)0 = 0$$

즉, $x_1^2 = x_2^2$이다. ■

이제, 함숫값을 구하는 문제를 생각해보자.

예제 2.1.2 $f(x) = 2x^2 + x$로 정의되는 함수 f에 대하여, 다음 각각의 값을 구하여라.

(1) $f(3)$　　(2) $f(x) + f(3)$

(3) $f(x+3)$　　(4) $f(3x)$

(5) $-f(x)$　　(6) $f(-x)$

풀이 (1) $f(x)$의 식에 x 대신 3을 대입하면

$$f(3) = 2(3)^2 + 3 = 18 + 3 = 21$$

(2) $f(x) + f(3) = (2x^2 + x) + (21) = 2x^2 + x + 21$

(3) $f(x+3) = 2(x+3)^2 + (x+3) = 2(x^2 + 6x + 9) + x + 3$

$= 2x^2 + 12x + 18 + x + 3$

$= 2x^2 + 13x + 21$

(4) $f(3x) = 2(3x)^2 + 3x = 18x^2 + 3x$

(5) $-f(x) = -(2x^2 + x) = -2x^2 - x$

(6) $f(x)$의 식에 x 대신 $-x$를 대입하면

$$f(-x) = 2(-x)^2 + (-x) = 2x^2 - x$$

■

위의 예제에서 알 수 있듯이 일반적으로 다음이 항상 성립하는 것은 아니다.

$$f(3x) = 3f(x)$$
$$f(x+3) = f(x) + f(3)$$
$$f(x) = f(-x)$$
$$f(-x) = -f(x)$$

일차함수인 경우에만

$$f(ax + by) = af(x) + bf(y)$$

를 만족한다. 한편,

$$f(-x) = -f(x)$$

를 만족하는 함수를 기함수(odd fuction)라 하며,

$$f(-x) = f(x)$$

를 만족하는 함수를 우함수(even fuction)라 한다.

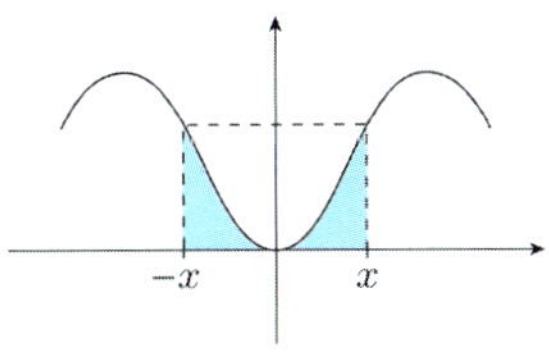

그림 2.3 우함수

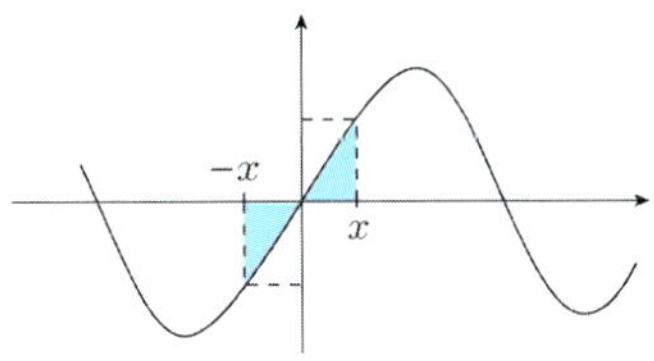

그림 2.4 기함수

예제 2.1.3 우함수와 기함수를 예제로 들어보아라.

풀이 우함수 : $f(x) = x^2$, $g(x) = x^4 - 3x^2 + 2$, $h(x) = \cos x$ 등

기함수 : $f(x) = x^3$, $g(x) = x^5 - 3x^3 + 2x - 1$, $h(x) = \sin x$ 등 ■

$f : R \to R$에서 $f(xy) = f(x) + f(y)$나 $f(x+y) = f(x)f(y)$를 만족하는 함수들도 생각해보자. 연습문제에서 다루기로 한다.

이제, $f(ax+by) = af(x) + bf(y)$를 만족하는 함수를 다뤄보자.

예제 2.1.4 $f : R \to R$에서 함수 $f(x) = 3x$는

$$f(ax+by) = af(x) + bf(y)$$

를 만족한다.

풀이

$$\begin{aligned} f(ax+by) &= 3(ax+by) = 3(ax) + 3(by) \\ &= (3a)x + (3b)y = (a3)x + (b3)y \\ &= a(3x) + b(3y) = af(x) + bf(y) \end{aligned}$$ ■

위의 일차함수의 정의역과 공변역을 R^2로 확장하여 생각해보자.

정의 2.2 선형변환(linear transformation)

$f: R^2 \to R^2$에서

$$f(a(x_1, y_1) + b(x_2, y_2)) = af(x_1, y_1) + bf(x_2, y_2)$$

를 만족하는 함수를 선형변환(linear transformation)이라 한다.

예제 2.1.5 $f: R^2 \to R^2$에서 $f(x, y) = (x + 3y, 2x - y)$는 선형변환임을 보여라.

풀이 연습문제로 남긴다. ■

선형변환은 R^2에서 기본 축을 변환시킴으로써 도형을 변환하는데 기본이 되는 이론이다. 다음 예제를 통하여 축의 변환에 따른 함수를 찾아보자. 이는 10.3절과 10.4절에서 자세히 다룬다.

예제 2.1.6 선형변환 $f: R^2 \to R^2$에서 $f(1, 0) = (3, 1)$이고 $f(0, 1) = (1, 2)$일 때, $f(x, y)$를 구하여라.

풀이 f가 선형변환이므로 다음의 등식이 성립한다.

$$f(x, y) = f(x(1,0) + y(0,1)) = xf(1,0) + yf(0,1) = x(3,1) + y(1,2)$$

그러므로 선형변환 $f(x, y) = (3x + y,\ x + 2y)$를 얻는다.

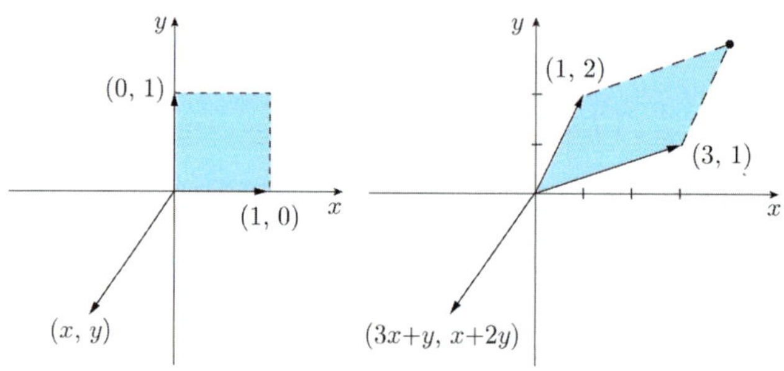

그림 2.5 선형변환 ■

두 점에 대한 상(image)만 알면 나머지 모든 값, 즉 함수를 찾아낼 수 있음을 알 수 있다. 이는 0을 지나는 일차함수 $f: R \to R$에서 $f(1) = 3$일 때 $f(x) = 3x$를 유추하는 것과 비교하며 생각해볼 수 있다.

2.2 함수의 연산

이 절에서는 함수가 같다는 것의 의미, 함수 간의 사칙연산과 함수의 합성에 대하여 알아보자.

함수의 상등

두 함수 f와 g의 정의역이 같고, 정의역에 있는 모든 x에 대하여,

$$f(x)=g(x)$$

이면 두 함수 f와 g는 같다고 한다. 즉,

정의 2.3 함수의 상등 $f=g$

$f:X\to Y$와 $g:X\to Y$가 함수일 때,

$$f=g \Leftrightarrow f(x)=g(x),\ \forall x\in X$$

예제 2.2.1 $f(x)=x^2\ (x\in\mathbb{R})$이고, $g(x)=x^2\ (x\in N)$라 하자. f와 g의 정의역이 다르므로 $f\neq g$이다.

예제 2.2.2 $f(x)=\dfrac{x^2-9}{x-3}$와 $g(x)=x+3$을 비교하여 설명하여라.

풀이 $x\neq 3$이면

$$\frac{x^2-9}{x-3}=\frac{(x+3)(x-3)}{(x-3)}=x+3$$

이 성립한다. 한편 정의역이 $R-\{3\}$이면

$$f=g$$

이다. ■

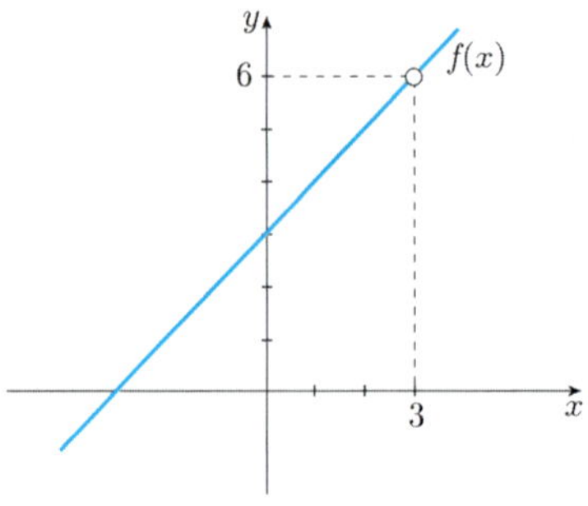

그림 2.6 $f(x)=\dfrac{x^2-9}{x-3}$

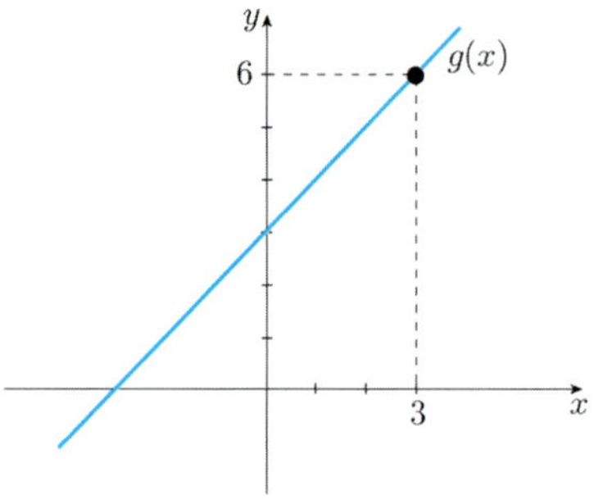

그림 2.7 $g(x)=x+3$

함수의 사칙연산

함수의 대수적 결합인 $f+g$, $f-g$, fg, f/g를 정의하자.

정의 2.4 함수의 사칙연산

두 함수 $f: X \to Y$와 $g: X \to Y$에 대하여, $f+g$, $f-g$, fg, f/g는 다음과 같이 정의된다.

$$\begin{aligned}(f+g)(x)&=f(x)+g(x)\\(f-g)(x)&=f(x)-g(x)\\(fg)(x)&=f(x)g(x)\\(f/g)(x)&=f(x)/g(x),\quad (g(x)\neq 0)\end{aligned}$$

위의 정의에서 $\mathrm{dom}(f+g)=\mathrm{dom}(f-g)=\mathrm{dom}(f\cdot g)$는

$$\mathrm{dom}(f)\cap\mathrm{dom}(g)$$

이며, $\mathrm{dom}(f/g)$는

$$\mathrm{dom}(f)\cap(\mathrm{dom}(g)-\{x\mid g(x)=0\})$$

이다.

예제 2.2.3 f와 g는 각각 다음과 같이 정의되는 함수라 하자.

$$f(x)=\frac{1}{x+2},\quad g(x)=\frac{x}{x-1}$$

다음을 구하고 각 경우의 정의역을 구하여라.

(1) $(f+g)(x)$ (2) $(f-g)(x)$

(3) $(f\cdot g)(x)$ (4) $(f/g)(x)$

풀이 $\mathrm{dom}(f)$는 $\{x : x\neq -2\}$이고 $\mathrm{dom}(g)$는 $\{x : x\neq 1\}$이다.

(1) $(f+g)(x)=f(x)+g(x)=\dfrac{1}{x+2}+\dfrac{x}{x-1}$

$$=\frac{x-1}{(x+2)(x-1)}+\frac{x(x+2)}{(x+2)(x-1)}=\frac{x^2+3x-1}{(x+2)(x-1)}$$

$f+g$의 정의역은

$$\mathrm{dom}(f)\cap\mathrm{dom}(g)=\{x : x\neq -2,\ x\neq 1\}$$

(2) $(f-g)(x)=f(x)-g(x)=\dfrac{1}{x+2}-\dfrac{x}{x-1}$

$$=\frac{x-1}{(x+2)(x-1)}-\frac{x(x+2)}{(x+2)(x-1)}=\frac{-(x^2+x+1)}{(x+2)(x-1)}$$

$f-g$의 정의역은

$$\mathrm{dom}(f)\cap\mathrm{dom}(g)=\{x : x\neq -2,\ x\neq 1\}$$

(3) $(f\cdot g)(x)=f(x)\cdot g(x)=\dfrac{1}{x+2}\cdot\dfrac{x}{x-1}=\dfrac{x}{(x+2)(x-1)}$

$f\cdot g$의 정의역은

$$\mathrm{dom}(f)\cap\mathrm{dom}(g)=\{x : x\neq -2,\ x\neq 1\}$$

이다.

(4) $(f/g)(x)=\dfrac{f(x)}{g(x)}=\dfrac{\frac{1}{x+2}}{\frac{x}{x-1}}=\dfrac{1}{x+2}\cdot\dfrac{x-1}{x}=\dfrac{x-1}{x(x+2)}$

f/g의 정의역은

$$\mathrm{dom}(f)\cap(\mathrm{dom}(g)-\{x\mid g(x)=0\})=\{x : x\neq -2,\ x\neq 0,\ x\neq 1\}$$ ■

함수에 대한 스칼라(scalar multiple)와 일차결합(linear combination)에 대하여 알아보자.

정의 2.5 스칼라곱 αf과 일차결합(linear combination) $\alpha f+\beta g$

실수 α와 함수 f에 대하여, 스칼라곱 αf는 다음과 같이 정의된다.

$$(\alpha f)(x)=\alpha f(x)$$

또한, 실수 α, β와 함수 f, g에 대하여 일차결합(linear combination) $\alpha f+\beta g$는 다음과 같이 정의된다.

$$(\alpha f+\beta g)(x)=\alpha f(x)+\beta g(x)$$

예제 2.2.4 $f(x)=x^3+x-1$, $g(x)=3x^2+4$일 때, $6f$와 $6f-5g$를 구하여라.

풀이

$$\begin{aligned}(6f)(x)&=6f(x)=6(x^3+x-1)\\(6f-5g)(x)&=6f(x)-5g(x)=6(x^3+x-1)-5(3x^2+4)\\&=6x^3-15x^2+6x-26\end{aligned}$$

■

함수의 합성

앞 절에서 함수의 대수적 결합에 대하여 다루었다. 이 절에서는 합성이라 불리는 또 다른 결합을 생각해보자. 두 함수 $f : A \to B$와 $g : B \to C$에 대하여, f의 치역이 g의 정의역에 포함된다면, f의 정의역에 있는 모든 x에 대한 $g(f(x))$를 얻을 수 있다.

정의 2.6 함수의 합성(composition)

$f : A \to B$와 $g : B \to C$에 대하여, 함수의 합성 $g \circ f : A \to C$은 다음과 같이 정의된다.

$$(g \circ f)(x)=g(f(x))$$

여기서 $\operatorname{ran}(f) \subset \operatorname{dom}(g)$를 만족한다.

즉, $g \circ f$는 $\operatorname{dom}(f)$에 속하는 모든 x에 대하여, $g(f(x))$에 대응되는 함수이다.

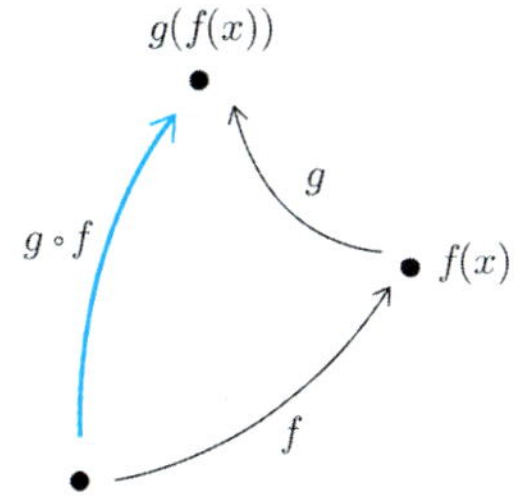

그림 2.8 합성함수

예제 2.2.5 함수 $f:\mathbb{R}\to\mathbb{R}$과 $g:\mathbb{R}\to\mathbb{R}$가 다음과 같을 때,

$$f(x)=x^2,\ g(x)=x-3$$

$f\circ g$와 $g\circ f$를 구하여라.

풀이 $(f\circ g)(x)=f(g(x))=f(x-3)=(x-3)^2=x^2-6x+9$

$(g\circ f)(x)=g(f(x))=g(x^2)=x^2-3$ ■

예제 2.2.5에서 볼 수 있는 바와 같이, 일반적으로 $f\circ g\neq g\circ f$는 성립하지 않는다. 한편, 함수 $f:A\to B$, $g:B\to C$, $h:C\to D$에 대하여, 다음의 결합법칙은 성립한다.

$$(h\circ g)\circ f=h\circ(g\circ f)$$

2.2 연습문제

(1~9) 함수 $f(x)=\dfrac{x^2-3}{x+2}$ 에 대하여 다음의 값을 구하여라.

01 $f(0)$

02 $5f(2)$

03 $-f(x)$

04 $f(-x)$

05 $f(x^2)$

06 $f(2x)$

07 $f(x+2)$

08 $f(x+h)$

09 $\dfrac{f(x+h)-f(x)}{h}$

(10~13) 주어진 함수 f 와 g 에 대하여 다음 함수를 구하고 각각의 정의역을 구하여라.

$$f(x)=\frac{x+1}{x-1},\ \ g(x)=\frac{x+1}{3x-1}$$

10 $f+g$

11 $5f+3g$

12 $f\cdot g$

13 $\dfrac{f}{g}$

(14~15) 다음을 만족하는 함수 $f:R\to R$를 찾아보아라.

14 $f(xy)=f(x)+f(y)$

15 $f(x+y)=f(x)f(y)$

16 $f:R^2\to R^2$에서 $f(x,y)=(x+3y,2x-y)$는 선형변환임을 보여라.

17 선형변환 $f:R^2\to R^2$에서 $f(1,0)=(3,1)$이고 $f(0,1)=(1,2)$일 때, $f(x,y)$를 구하여라.

18 선형변환 $f:R^2\to R^2$에서 $f(1,0)=(2,1)$이고 $f(1,1)=(5,2)$일 때, $f(x,y)$를 구하여라.

(19~22) 다음 함수들에 대한 합성함수 $f\circ g$와 $g\circ f$를 구하여라.

19 $f(x)=2x+3,\ g(x)=x^2$

20 $f(x)=x^2,\ g(x)=x^2+5$

21 $f(x)=x-1,\ g(x)=\dfrac{1}{x}$

22 $f(x)=\dfrac{1}{\sqrt{x}},\ g(x)=(x-3)^2$

2.3 전단사함수

함수의 연구에 중요한 역할을 하는 단사함수, 전사함수, 전단사함수와 일대일 대응관계에 대하여 다루어 보자.

정의 2.7 단사함수(injective function, one-to-one function)

함수 $f: A \to B$가 다음을 만족할 때

$$x_1 \neq x_2 \Rightarrow f(x_1) \neq f(x_2)$$

인 함수를 단사함수(injective function)라 한다.

이를 다르게 표현하면, $f: A \to B$가

$$f(x_1) = f(x_2) \Rightarrow x = x_2$$

를 만족하는 것과 동일하다.

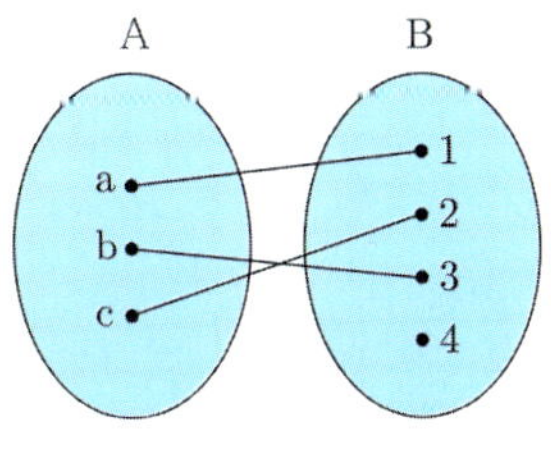

그림 2.9 단사

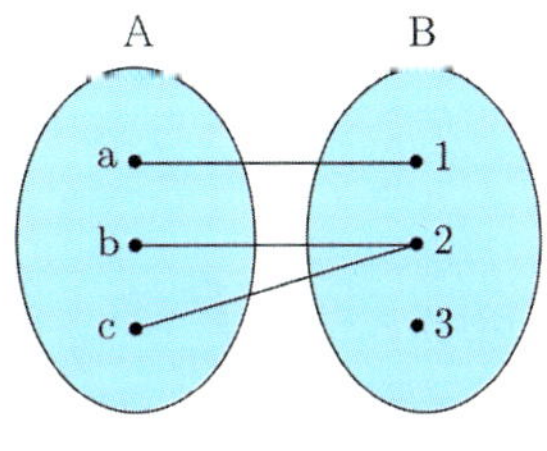

그림 2.10 단사 아님

예제 2.3.1 함수 $f: R \to R$에서 $f(x) = 3x$은 단사함수이다.

풀이 $\forall x_1, x_2 \in R$, $x_1 \neq x_2 \Rightarrow 3x_1 \neq 3x_2$를 증명하면 된다. 대우로 증명하자.

$3x_1 = 3x_2 \Rightarrow 3x_1 - 3x_2 = 0 \Rightarrow 3(x_1 - x_2) = 0 \Rightarrow x_1 - x_2 = 0 \Rightarrow x_1 = x_2$ ■

예제 2.3.2 함수 $f: R^+ \to R$에서 $f(x) = x^2$은 단사함수이다.

풀이 $\forall x_1, x_2 \in R^+,\ x_1 \neq x_2 \Rightarrow x_1^2 \neq x_2^2$를 증명하면 된다. 대우로 증명하자. $x_1^2 = x_2^2$를 가정하면

$$x_1^2 - x_2^2 = 0 \Rightarrow (x_1 + x_2)(x_1 - x_2) = 0$$

이다. $x_1, x_2 \in R^+$이므로 $x_1 + x_2 > 0$이다. 그러므로 $x_1 - x_2 = 0$, 즉 $x_1 = x_2$이다. ■

한편, 정의역을 R로 확장한 $f: R \to R$에서 $f(x) = x^2$은 단사함수가 아니다. 왜냐하면, $f(2) = 4 = f(-2)$를 만족하는 -2와 2가 존재하기 때문이다.

정의 2.8 전사함수(surjective function, onto function)

함수 $f: A \to B$가 다음을 만족할 때,

$$\text{ran}(f) = Y$$

이 함수를 전사함수(surjective function)라 한다.

이를 수학 기호로 표현하면 다음과 같다.

$$\forall y \in Y,\ \exists x \in X: f(x) = y$$

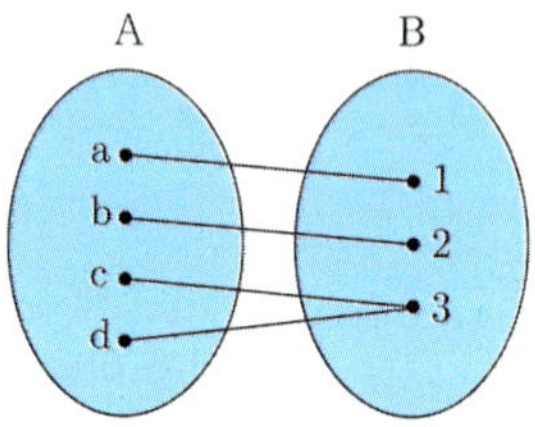

그림 2.11 전사

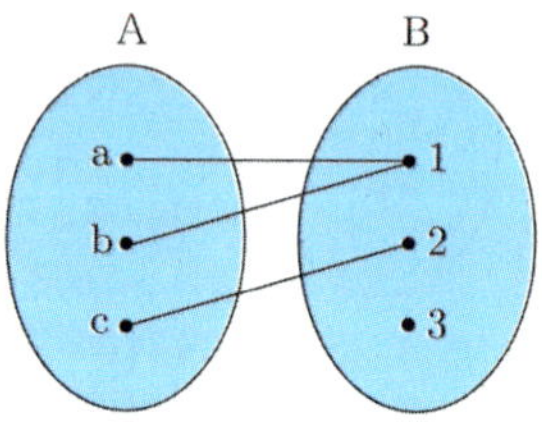

그림 2.12 전사가 아님

예제 2.3.3 함수 $f: R \to R$에서 $f(x) = x^2$은 전사함수가 아님을 설명하여라.

풀이 음의 실수 y에 대하여, $x^2 = y$가 되는 x가 R에서 존재하지 않는다. ■

위의 예제에서 공변역을 R^+로 축소하면 전사함수가 된다.

예제 2.3.4 함수 $f: R \to R^+$에서 $f(x) = x^2$은 전사함수임을 설명하여라.

풀이 $\forall x \in R^+$에 대하여, $\sqrt{x}$와 $-\sqrt{x}$가 R에 존재한다. 즉,

$$\forall x \in R^+,\ \exists \sqrt{x}, -\sqrt{x} \in R;\ (\sqrt{x})^2 = (-\sqrt{x})^2 = x$$

이므로, $f(x) = x^2$은 전사함수이다. ■

정의 2.9 전단사함수(bijective function)

함수 $f: A \to B$가 단사함수이고 전사함수일 때, f를 전단사함수(bijective function)라 한다.

예제 2.3.5 함수 $f: R^+ \to R^+$에서 $f(x) = x^2$은 전단사함수이다.

풀이 위의 예제 2.3.2와 예제 2.3.4를 참고하면 된다. ■

이제, 두 집합이 일대일 대응관계에 있음을 설명하자.

정의 2.10 일대일 대응(one-to-one correspondence)

두 집합 A와 B에 대하여, 전단사함수 $f: A \to B$가 존재할 때, A와 B는 일대일 대응관계(one-to-one correspondence)에 있다고 한다.

예제 2.3.6 자연수 N과 짝수 N_2는 일대일 대응관계에 있음을 설명하여라.

풀이 자연수 N에서 짝수 N_2으로 가는 전단사함수 $f(x) = 2x$가 존재한다. 그러므로 N과 N_2는 일대일 대응관계에 있다.

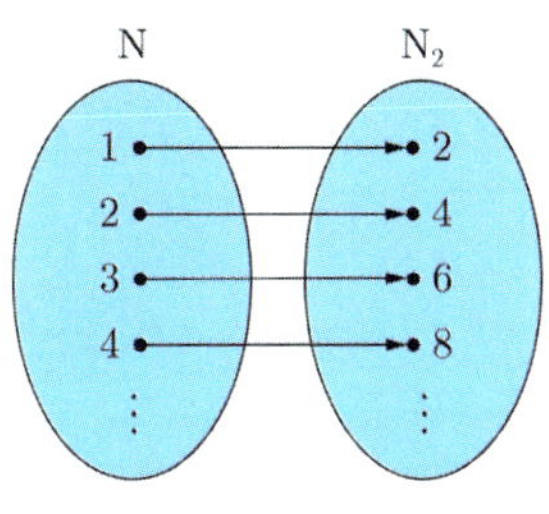

그림 2.13 N과 N_2는 일대일 대응 ■

예제 2.3.7 실수 R과 양의 실수 R^+는 일대일 대응관계에 있음을 설명하여라.

풀이 실수 R과 양의 실수 R^+로 가는 전단사함수 $f(x)=2^x$가 존재한다. 그러므로 R과 R^+는 일대일 대응관계에 있다.

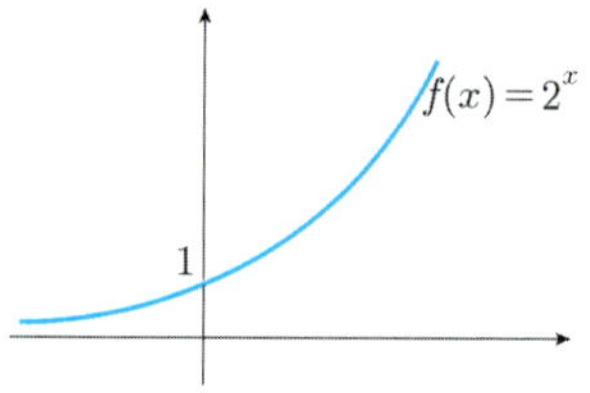

그림 2.14 R과 R^+는 일대일대응 ■

이제, 전단사함수 $f: X \to Y$에 대하여 역함수를 정의하여 보자.

정의 2.11 역함수(inverse function)

전단사함수 $f: X \to Y$에서 $x \mapsto y$에 대하여 $y \mapsto x$로 역대응하는 함수 $g: Y \to X$를 f의 역함수라 하고, $g=f^{-1}$로 나타낸다.

두 함수 $f: X \to Y$와 $g: X \to Y$가 역함수 관계를 갖는다면, 그래프로 표현하면

$$y = x$$

에 대하여 대칭이다.

함수 $y=f(x)$와 역함수 $x=f^{-1}(y)$에 대하여 다음의 합성관계가 성립한다.

$$(f \circ f^{-1})(y) = f(f^{-1}(y)) = f(x) = y$$
$$(f^{-1} \circ f)(x) = f^{-1}(f(x)) = f^{-1}(y) = x$$

그러므로 $f^{-1} \circ f: X \to Y$와 $f \circ f^{-1}: Y \to X$는 각각 집합 X와 Y에서 정의되는 항등함수이다. 즉,

$$f^{-1} \circ f = I_X, \; f \circ f^{-1} = I_Y$$

이다.

한편, 임의의 두 함수 $f: A \to B$와 $g: B \to C$가 전단사함수일 때,

$$(g \circ f)^{-1} = f^{-1} \circ g^{-1}$$

가 성립한다(연습문제로 남긴다).

2.3 연습문제

(1~4) 다음 함수 $f : R \to R$가 전단사함수인지를 판별하고, 아닌 경우 전단사함수가 되도록 정의역과 공변역을 조정하여라.

01 $f(x) = 2x$

02 $f(x) = x^2 - 3x + 2$

03 $f(x) = \dfrac{1}{x-1}$

04 $f(x) = x + \dfrac{1}{x}$

05 두 함수 $f : A \to B$와 $g : B \to C$가 전단사함수일 때, $g \circ f : A \to C$가 전단사함수임을 증명하여라.

06 두 함수 $f : A \to B$와 $g : B \to C$가 전단사함수일 때,

$$(g \circ f)^{-1} = f^{-1} \circ g^{-1}$$

임을 증명하여라.

(7~10) 함수 $f(x) = (x-1)^2$에 대하여, 다음을 구하여라.

07 $f(3)$

08 f의 역함수

09 $f^{-1}(5)$

10 $(f \circ f^{-1})(5)$

11 구간 $[0, 1]$와 구간 $[0, 5]$가 일대일대응 관계에 있음을 설명하여라.

12 반지름이 1인 원 S_1과 반지름이 5인 원 S_5가 일대일대응 관계에 있음을 설명하여라.

2.4 초월함수

다항함수에 사칙연산과 거듭제곱을 유한번 사용하여 얻은 함수를 대수적 함수(algebraic function)라 하고, 대수적 함수가 아닌 함수를 초월함수(transcendental function)라 한다. 한편, 대수적 함수의 함숫값은 사칙연산에 의한 대수적 연산에 의하여 구할 수 있지만 초월함수의 함숫값은 대부분 대수적 연산이 아닌 극한의 과정을 거쳐야 되며, 테일러 급수를 이용하여 근삿값을 구하게 된다.

지수함수

초월함수에는 지수함수, 로그함수, 삼각함수, 감마함수, 정규분포함수, 오차함수 등이 있다. 먼저, 지수함수의 정의와 성질에 대하여 알아보자.

정의 2.12 지수함수(exponential function)

모든 $x \in \mathbb{R}$에 대하여 $f : \mathbb{R} \to \mathbb{R}$에서

$$f(x) = a^x$$

를 지수함수(exponential function)라 한다. 여기서, a는 $a > 0$, $a \neq 1$이다.

지수함수는 $a \neq 0$일 때 $a^0 = 1$이므로, 모든 그래프는 같은 점 $(0, 1)$을 지난다. 또한, 아래 예제에서 볼 수 있는 바와 같이 a가 커질수록 지수함수는 더 급격하게 증가함을 알 수 있다.

예제 2.4.1 $y = 2^x$와 $y = 10^x$를 그래프로 그려 비교해보자.

풀이 $y = -a^x$의 그래프를 그려보자. $y = -a^x$는 $-y = a^x$이므로 $y = -a^x$의 그래프는 $y = a^x$의 그래프를 x축에 대하여 대칭이동한 것이다.

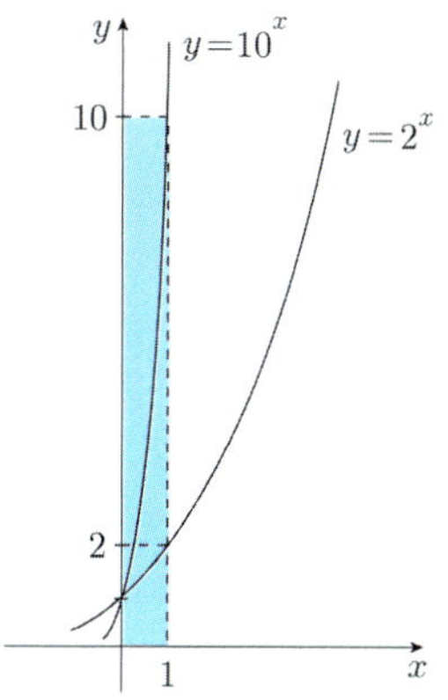

그림 2.15 $y=2^x$와 $y=10^x$ ■

예제 2.4.2 $y=3^x$와 $y=-3^x$를 그래프로 그려 비교해보자.

풀이 $y=-3^x$는 $-y=3^x$이므로 $y=-3^x$의 그래프는 $y=3^x$의 그래프를 x축에 대하여 대칭이동한 것이다.

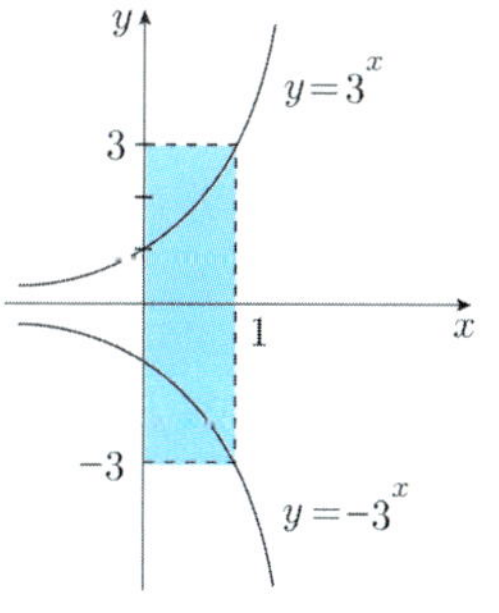

그림 2.16 $y=3^x$와 $y=-3^x$ ■

$y=\left(\frac{1}{a}\right)^x$의 그래프를 그려보자.

$$\left(\frac{1}{a}\right)^x=\frac{1}{a^x}=a^{-x}$$

이므로

$$y=\left(\frac{1}{a}\right)^x$$

의 그래프는 $y=a^x$의 그래프를 y축에 대하여 대칭이동한 것이다.

예제 2.4.3 $y=3^x$와 $y=\left(\frac{1}{3}\right)^x$를 그래프로 그려 비교해보자.

풀이

$$\left(\frac{1}{3}\right)^x=(3^{-1})^x=3^{-x}$$

이므로 $y=\left(\frac{1}{3}\right)^x$는 $y=3^x$를 y축에 대하여 대칭이동한 것이다.

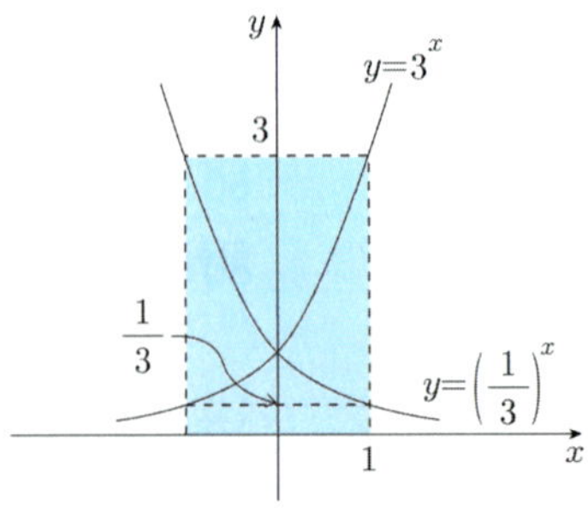

그림 2.17 $y=3^x$와 $y=\left(\frac{1}{3}\right)^x$ ■

지수의 성질을 요약하면 다음과 같다.

정리 2.1 지수법칙

a, b는 임의의 양수이고 x, y는 임의의 실수라 하자. 그러면 다음이 성립한다.

(1) $a^{x+y}=a^x a^y$ (2) $a^{x-y}=\dfrac{a^x}{a^y}$

(3) $(a^x)^y=a^{xy}$ (4) $(ab)^x=a^x b^x$

(5) $\left(\dfrac{a}{b}\right)^x=\dfrac{a^x}{b^x}$ (6) $\sqrt[n]{a^p}=a^{p/n}$

자연상수 e는 다음과 같은 극한으로 정의되며 무리수이다. 아래의 수열을 생각하자.

$$(1+1)^1,\ \left(1+\frac{1}{2}\right)^2,\ \left(1+\frac{1}{3}\right)^3,\ \cdots,\ \left(1+\frac{1}{n}\right)^n$$

즉

$$e=\lim_{n\to\infty}\left(1+\frac{1}{n}\right)^n=2.7183\cdots$$

이며, 다음 급수의 수렴 값과 같다. 즉,

$$\frac{1}{0!}+\frac{1}{1!}+\frac{1}{2!}+\cdots+\frac{1}{n!}$$

의 극한값도

$$e=\sum_{n=0}^{\infty}\frac{1}{n!}$$

이다.

지수함수 $y=a^x$에서 밑 a는 a^x의 변하는 속도에 영향을 주지만, $y=a^x$가 y축을 지날 때의 성질에도 영향을 준다. 특히, $y=e^x$의 점 $(0,1)$에서 접선의 기울기를 구하면 정확히 1이다. 따라서 미분적분학의 용도에 가장 적합한 지수함수의 밑으로 e가 자주 사용되며, 함수

$$f(x)=e^x$$

을 자연지수함수라 부른다.

예제 2.4.4 함수 $f:\mathbb{R}\to\mathbb{R}^+$에서 $f(x)=e^x$은 전단사함수이다.

풀이 단사 : $\forall x_1, x_2 \in R,\ x_1 \neq x_2 \Rightarrow e^{x_1} \neq e^{x_2}$를 증명하면 된다. 대우로 증명하자.

$$e^{x_1}=e^{x_2}\Rightarrow \frac{e^{x_1}}{e^{x_2}}=1 \Rightarrow e^{x_1-x_2}=1 \Rightarrow x_1-x_2=0 \Rightarrow x_1=x_2$$

전사 : $\forall y\in R^+,\ \exists \ln y = x:\ e^x = e^{\ln y}=y$ ■

위의 예제와 같이 $\mathbb{R}$에서 $\mathbb{R}^+$로의 전단사함수 $f(x)=e^x$이 존재하므로 $\mathbb{R}$과 $\mathbb{R}^+$는 일대일대응 관계에 있다.

로그함수

이제, 지수함수의 역함수인 로그함수에 관하여 살펴보자.

정의 2.13 로그함수(logarithmic function)

$a \neq 1$ $a > 0$, $x > 0$, y는 실수일 때,

$$y = \log_a x \Leftrightarrow a^y = x$$

를 만족하며, $y = \log_a x$를 a를 밑으로 하는 x의 로그함수(logarithmic function)라 한다.

또한, 밑 a가 커질수록 로그함수는 더 느리게 증가함을 다음 예제를 통하여 알 수 있다.

예제 2.4.5 $y = \log_2 x$와 $y = \log_{10} x$를 그래프로 그려 비교해보자.

풀이

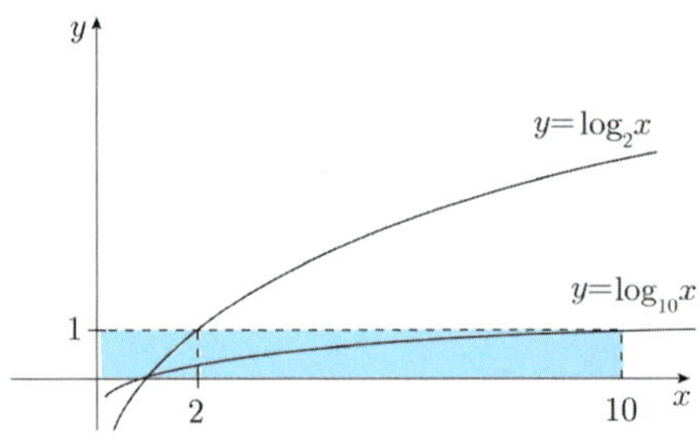

그림 2.18 $y = \log_2 x$와 $y = \log_{10} x$ ■

예제 2.4.6 로그함수와 지수함수는 역함수 관계에 있음을 그래프로 그려 알아보자.

풀이

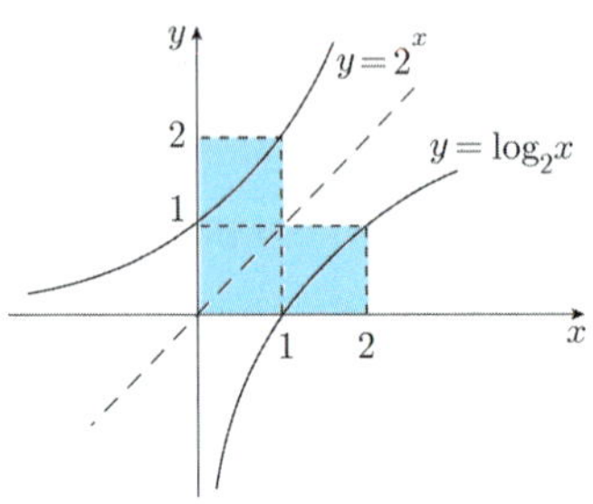

그림 2.19 $y = 2^x$와 $y = \log_2 x$

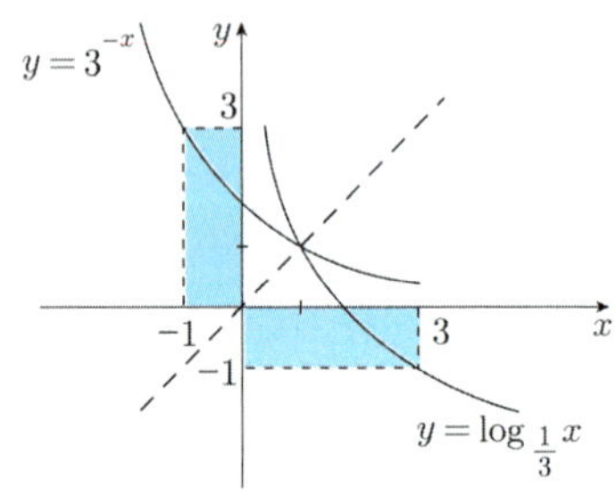

그림 2.20 $y = (1/3)^x$와 $y = \log_{1/3} x$ ■

예제 2.4.7 다음 식에서 x, y의 값을 구하여라.

(1) $4 = \log_2 x$ (2) $y = \log_3 81$

풀이 (1) $2^4 = x$를 만족하는 x를 구하면 된다. 즉, $x = 16$이다.

(2) $3^y = 81$를 만족하는 y를 구하면 된다. $3^y = 81 = 3^4$이므로 $y = 4$이다. ■

예제 2.4.8 다음의 값을 구하여라.

(1) $\log_2 32$ (2) $\log_3 \frac{1}{27}$

풀이 (1) $y = \log_2 32$ 라 하면 $2^y = 32 = 2^5$ 이다. 따라서 $y = 5$이므로 $\log_2 32 = 5$이다.

(2) $y = \log_3 \frac{1}{27}$ 이라 하면 $3^y = \frac{1}{27} = 3^{-3}$ 이다. 따라서 $y = -3$이므로 $\log_3 \frac{1}{27} = -3$이다. ■

위의 정의를 사용하여, 유용한 로그의 성질을 얻을 수 있다.

정리 2.2 로그의 성질 1

$a \neq 1$, $a > 0$ 이라 할 때,

(1) $\log_a 1 = 0$ (2) $\log_a a = 1$

증명

(1) $y = \log_a 1$ 라 놓으면 $a^y = 1 = a^0$이다. 즉 $y = 0$ 이므로 $\log_a 1 = 0$ 이다.

(2) $y = \log_a a$ 라 놓으면 $a^y = a = a^1$이다. 즉, $y = 1$ 이므로 $\log_a a = 1$ 이다.

정리 2.3 로그의 성질 2

$M > 0$, $N > 0$, $a > 0$, $a \neq 1$ 이고 r은 실수라 할 때,

(1) $\log_a MN = \log_a M + \log_a N$ (2) $\log_a \frac{M}{N} = \log_a M - \log_a N$

(3) $a^{\log_a M} = M$ (4) $\log_a M^r = r \log_a M$

증명

(1) $y_1 = \log_a M$, $y_2 = \log_a N$라 놓으면, $M = a^{y_1}$, $N = a^{y_2}$이다. 따라서

$$MN = a^{y_1} a^{y_2} = a^{y_1 + y_2}$$

이므로 $y_1 + y_2 = \log_a MN$이다. 그러므로 다음과 같다.

$$\log_a MN = \log_a M + \log_a N$$

(2) $y_1 = \log_a M$, $y_2 = \log_a N$라 놓으면, $M = a^{y_1}$, $N = a^{y_2}$이다. 따라서

$$\frac{M}{N} = \frac{a^{y_1}}{a^{y_2}} = a^{y_1 - y_2}$$

이므로 $y_1 - y_2 = \log_a \frac{M}{N}$ 이다. 그러므로 다음과 같다.

$$\log_a \frac{M}{N} = \log_a M - \log_a N$$

(3) $y = \log_a M$라 놓으면 다음과 같다.

$$M = a^y = a^{\log_a M}$$

(4) $y = \log_a M$라 놓으면 $M = a^y$이다. 따라서 $M^r = (a^y)^r = a^{ry}$이므로 $ry = \log_a M^r$이다. 그러므로 다음과 같다.

$$\log_a M^r = r \log_a M$$

예제 2.4.9 $\log_3 100 - \log_3 6 - \log_3 50$ 의 값을 구하여라.

풀이

$$\begin{aligned}\log_3 100 - \log_3 6 - \log_3 50 &= \log_3 100 - (\log_3 6 + \log_3 50) \\ &= \log_3 100 - \log_3 (6)(50) = \log_3 100 - \log_3 300 \\ &= \log_3 \frac{100}{300} = \log_3 3^{-1} = -1\end{aligned}$$

■

예제 2.4.10 $\log_5 x + \frac{1}{2}\log_5 y - \frac{1}{3}\log_5 z$ 를 간단히 하여라.

풀이

$$\begin{aligned}\log_5 x + \frac{1}{2}\log_5 y - \frac{1}{3}\log_5 z &= \log_5 x + \log_5 y^{\frac{1}{2}} + \log_5 z^{-\frac{1}{3}} \\ &= \log_5 x + \log_5 \sqrt{y} + \log_5 \frac{1}{\sqrt[3]{z}} \\ &= \log_5 \frac{x\sqrt{y}}{\sqrt[3]{z}}\end{aligned}$$

정리 2.4 밑변환 공식

a, b, c는 모두 양수이고 $a \neq 1$, $k \neq 1$이라 하면 다음과 같다.

$$\log_a b = \frac{\log_k b}{\log_k a}$$

증명

$y=\log_a b$ 라 하면 $b=a^y$ 이다. 양변에 밑이 k인 로그를 취하면

$$\log_k b=\log_k a^y=y\log_k a$$

이다. 그러므로

$$\log_a b = y = \frac{\log_k b}{\log_k a}$$

예제 2.4.11 다음 등식은 성립한다.

$$\log_2 3=\frac{\log_{10}3}{\log_{10}2}$$

밑수가 10인 로그함수 $\log_{10}x$ 를 상용로그라 하고 보통 밑수 10을 생략하여

$$\log x$$

로 쓴다. 앞에서 다룬 자연지수함수와 비슷하게 로그에서도 무리수 e 를 밑으로 하는 로그를 자연로그라 하고, 기호로는

$$\ln x=\log_e x$$

로 쓴다.

$\ln 1=0$과 $\ln e=1$이며, 정리 2.3과 마찬가지로 다음의 자연로그의 성질을 얻을 수 있다.

정리 2.5 자연로그의 성질

$M>0$, $N>0$ 이고 r은 실수라 할 때,

(1) $\ln MN=\ln M+\ln N$ (2) $\ln \dfrac{M}{N}=\ln M-\ln N$

(3) $e^{\ln M}=M$ (4) $\ln M^r=r\ln M$

예제 2.4.12 $\ln x=3$ 일 때, x를 구하여라.

풀이

$$\ln x=3 \Leftrightarrow x=e^3$$

■

예제 2.4.13 다음 등식은 성립한다.

$$\log_2 3 = \frac{\ln 3}{\ln 2} = \frac{\log 3}{\log 2}$$

예제 2.4.14 함수 $f : R^+ \to R$에서 $f(x) = \ln x$은 단사함수이다.

풀이 단사 : $\forall\, x_1, x_2 \in R,\ x_1 \neq x_2 \Rightarrow \ln x_1 \neq \ln x_2$

를 증명하면 된다. 대우로 증명하자.

$$\ln x_1 = \ln x_2 \Rightarrow \ln x_1 - \ln x_2 = 0 \ \Rightarrow \ln \frac{x_1}{x_2} = 0 \ \Rightarrow \frac{x_1}{x_2} = 1 \ \Rightarrow x_1 = x_2 \quad ■$$

예제 2.4.15 함수 $f : R^+ \to R$에서 $f(x) = \ln x$은 전사함수이다.

풀이 전사 : $\forall\, y \in R,\ \exists\, x = e^y > 0 :\ \ln x = \ln e^y = y$ ■

한편, 예제 2.4.14와 예제 2.4.15에 의하여 R^+와 R이 일대일 대응관계에 있음을 알 수 있다.

삼각함수

삼각함수를 다루기 전에 각을 나타내는 방법을 살펴보자. 직각의 90분의 1을 단위로 하는 각도법 외의 호도법에 관하여 살펴보자.

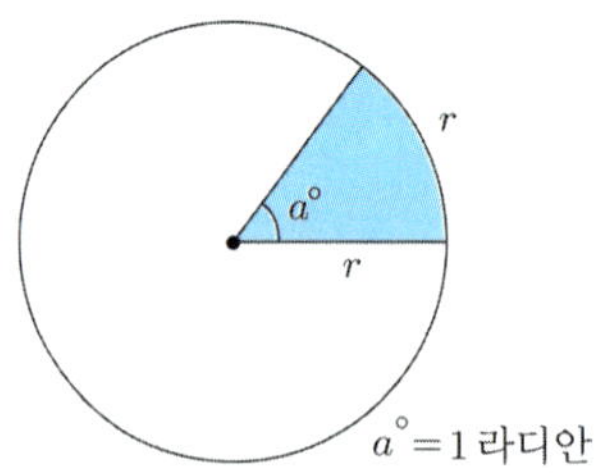

그림 2.21 호도법

그림과 같이 원에 있어서 호의 길이가 반지름의 길이와 같은 호에 대한 중심각의 크기를 1라디안(radian)이라 하고, 라디안을 단위로 각의 크기를 표시하는 방법을 호도법이라 한다. 먼저 1라디안이 몇 도인지 살펴보자. 그림에서 1라디안을 a° 라 놓으면

$$2\pi r : r = 360^\circ : a^\circ$$

이므로

$$a^\circ = \frac{180^\circ}{\pi} \approx 57^\circ 17'45''$$

이다. 즉,

$$1\text{라디안} = \frac{180^\circ}{\pi} \approx 57^\circ 17'45''$$

이고

$$\pi\text{라디안} = 180^\circ$$

이다.

한편, $180^\circ = \pi$라디안이므로 $1^\circ = \dfrac{\pi}{180}$라디안임을 얻는다. 이를 사용하여 도를 라디안으로 바꿔보자.

예제 2.4.16 도를 라디안으로 바꿔라.

(1) 60°　　(2) 90°

(3) -45°　　(4) 150°

풀이

(1) $60^\circ = 60\dfrac{\pi}{180}$ 라디안 $= \dfrac{\pi}{3}$라디안

(2) $90^\circ = 90\dfrac{\pi}{180}$ 라디안 $= \dfrac{\pi}{2}$라디안

(3) $-45^\circ = -45\dfrac{\pi}{180}$라디안 $= -\dfrac{\pi}{4}$라디안

(4) $150^\circ = 150\dfrac{\pi}{180}$ 라디안 $= \dfrac{5}{6}\pi$라디안 ■

다음 예제에서 $1\text{라디안} = \dfrac{180^\circ}{\pi}$를 사용하여 라디안을 도로 바꿔보자.

예제 2.4.17 다음 라디안을 도로 바꾸라.

(1) $\dfrac{\pi}{3}$ 라디안　　(2) $\dfrac{3\pi}{2}$ 라디안

(3) $-\dfrac{3\pi}{4}$ 라디안　　(4) $\dfrac{2\pi}{3}$ 라디안

풀이

(1) $\dfrac{\pi}{3}$ 라디안 $= \dfrac{\pi}{3}\,\dfrac{180^\circ}{\pi} = 60^\circ$

(2) $\dfrac{3\pi}{2}$ 라디안 $= \dfrac{3\pi}{2}\,\dfrac{180^\circ}{\pi} = 270^\circ$

(3) $-\frac{3\pi}{4}$ 라디안 $=-\frac{3\pi}{4}\frac{180^\circ}{\pi}=-135^\circ$

(4) $\frac{2\pi}{3}$ 라디안 $=\frac{2\pi}{3}\frac{180^\circ}{\pi}=120^\circ$ ■

호도법으로 각을 표현하여 부채꼴의 호의 길이와 면적을 구하면 도를 사용하는 것보다 간단히 구할 수 있음을 다음 예제에서 볼 수 있다.

예제 2.4.18 호도법을 이용하여 반지름의 길이가 r이고 중심각의 크기가 θ라디안인 부채꼴의 호의 길이 l은

$$l=r\theta$$

이고, 면적 S은

$$S=\frac{1}{2}r^2\theta=\frac{1}{2}rl$$

임을 유도하여라.

풀이 호의 길이 l과 면적 S는 중심각의 크기에 비례하므로, $2\pi r:l=2\pi:\theta$에 의하여

$$l=r\theta$$

이며, $\pi r^2:S=2\pi:\theta$에 의하여

$$S=\frac{1}{2}r^2\theta=\frac{1}{2}rl$$

임을 알 수 있다.

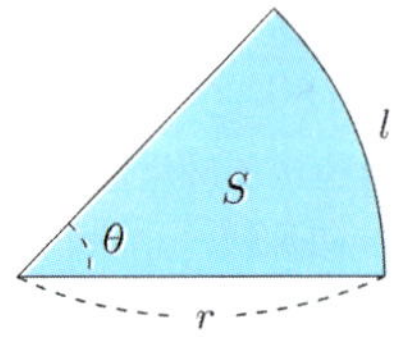

그림 2.22 호의 길이와 면적 ■

예제 2.4.19 중심각이 60°이고 반지름이 3인 부채꼴의 호의 길이와 넓이를 구하여라.

풀이 중심각 60°를 호도법으로 바꾸면 $\frac{\pi}{3}$이므로,

$$l=r\theta=3\left(\frac{\pi}{3}\right)=\pi \text{이고 } S=\frac{1}{2}rl=\frac{3\pi}{2}$$

이다. ■

정의

2.14 원 위에서 삼각함수(trigonometric function)

점 P의 좌표를 (x, y)라 하고 $r = \sqrt{x^2 + y^2}$ 라 하면 θ에 의하여 주어지는 x, y, r의 비를 다음과 같이 삼각함수로 표현한다.

$$\sin\theta = \frac{y}{r}, \qquad \cos\theta = \frac{x}{r}, \qquad \tan\theta = \frac{y}{x} \quad (x \neq 0)$$

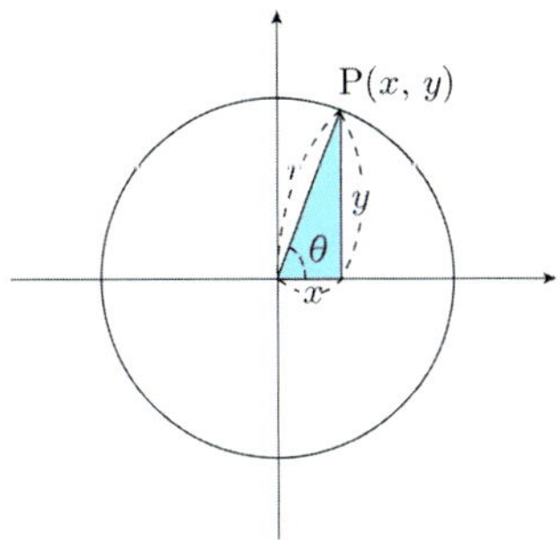

그림 2.23 원 위의 삼각함수

예제 2.4.20 점 $(3, 4)$에 대한 $\sin\theta$, $\cos\theta$, $\tan\theta$를 구하여라.

풀이 점 $(3, 4)$은 반지름이 $r = \sqrt{3^2 + 4^2} = \sqrt{9+16} = \sqrt{25} = 5$이고, $x = 3$이고 $y = 4$이므로

$$\sin\theta = \frac{y}{r} = \frac{4}{5}, \ \cos\theta = \frac{x}{r} = \frac{3}{5}, \ \tan\theta = \frac{y}{x} = \frac{4}{3}$$ ■

삼각함수의 그래프를 단위원을 사용하여 그려보자.

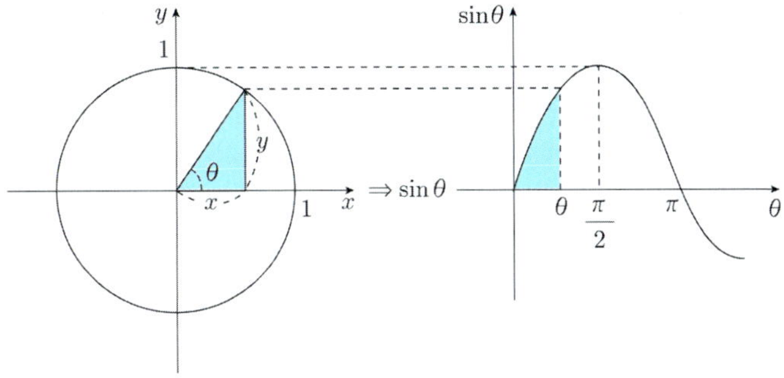

그림 2.24 단위원을 이용한 $f(\theta) = \sin\theta$의 그래프

단위원의 θ의 변화에 대한 높이가 $\sin\theta$이므로, 이 점들의 집합이 $f(\theta)=\sin\theta$가 된다. 한편, 삼각형의 밑변의 길이와 관련지어 $f(\theta)=\cos\theta$를 그릴 수 있으며, 빗면의 기울기와 관련지어 $f(\theta)=\tan\theta$의 그래프를 그릴 수 있다.

이제 $\sin\theta$, $\cos\theta$, $\tan\theta$값의 역수관계에 있는 $\csc\theta, \sec\theta, \cot\theta$를 정의하며, 그들의 그래프도 쉽게 그릴 수 있다(연습문제로 남긴다).

정의 2.15 $\csc\theta$, $\sec\theta$, $\cot\theta$

점 P의 좌표를 (x, y)라 하고 $r=\sqrt{x^2+y^2}$ 라 하면 θ에 의하여 주어지는 x, y, r의 비를 다음과 같이 역삼각함수로 표현한다.

$$\csc\theta=\frac{1}{\sin\theta}, \quad \sec\theta=\frac{1}{\cos\theta}, \quad \cot\theta=\frac{1}{\tan\theta}$$

예제 2.4.21 점 $(3, 4)$에 대한 $\csc\theta$, $\sec\theta$, $\cot\theta$의 값을 구하여라.

풀이 점 $(3, 4)$은 반지름이 $r=\sqrt{3^2+4^2}=\sqrt{9+16}=\sqrt{25}=5$이고, $x=3$이고 $y=4$이고, $\csc\theta$, $\sec\theta$, $\cot\theta$는 각각 $\sin\theta$, $\cos\theta$, $\tan\theta$의 역수이므로, 앞의 예제에 의하여

$$\csc\theta=\frac{5}{4}, \ \sec\theta=\frac{5}{3}, \ \cot\theta=\frac{3}{4}$$

이다. ■

정리 2.6 삼각함수의 기본항등식

$$\tan\theta=\frac{\sin\theta}{\cos\theta}, \ \cot\theta=\frac{\cos\theta}{\sin\theta}, \ \sin^2\theta+\cos^2\theta=1,$$

$$\tan^2\theta+1=\sec^2\theta, \ 1+\cot^2\theta=\csc^2\theta$$

증명

$$\tan\theta=\frac{y}{x}=\frac{y/r}{x/r}=\frac{\sin\theta}{\cos\theta}$$

$$\cot\theta=\frac{x}{y}=\frac{x/r}{y/r}=\frac{\cos\theta}{\sin\theta}$$

$$\sin^2\theta + \cos^2\theta = \left(\frac{y}{r}\right)^2 + \left(\frac{x}{r}\right)^2 = \frac{x^2 + y^2}{r^2} = \frac{r^2}{r^2} = 1$$

$$\tan^2\theta + 1 = \left(\frac{\sin\theta}{\cos\theta}\right)^2 + 1 = \frac{\sin^2\theta + \cos^2\theta}{\cos^2\theta} = \frac{1}{\cos^2\theta} = \sec^2\theta$$

$$\cot^2\theta + 1 = \left(\frac{\cos\theta}{\sin\theta}\right)^2 + 1 = \frac{\cos^2\theta + \sin^2\theta}{\sin^2\theta} = \frac{1}{\sin^2\theta} = \csc^2\theta$$

이제, 삼각함수의 배각 공식에 대한 정리를 다뤄보자. 정리 2.8의 덧셈정리에 대하여 쉽게 유도된다.

정리 2.7 배각 공식

$$\sin 2\theta = 2\sin\theta\cos\theta$$

$$\cos 2\theta = \cos^2\theta - \sin^2\theta = 1 - 2\sin^2\theta = 2\cos^2\theta - 1$$

$$\tan 2\theta = \frac{2\tan\theta}{1 - \tan^2\theta}$$

한편, 배각 공식의 두 번째 식을 정리하면, 다음의 등식을 얻는다.

$$\sin^2\theta = \frac{1 - \cos 2\theta}{2}, \ \cos^2\theta = \frac{1 + \cos 2\theta}{2}$$

이들은 짝수 지수를 갖는 삼각함수의 적분에 유용하게 사용되며, $\tan\theta$의 짝수 지수에 대한 적분은

$$\tan^2\theta + 1 = \sec^2\theta$$

을 사용하게 되며, $\tan^2\theta$은

$$\tan^2\theta = \frac{1 - \cos 2\theta}{1 + \cos 2\theta}$$

로도 표현된다.

각 α와 β의 합과 차에 대한 삼각함수 값을 구하는 공식을 소개한다(증명은 생략하기로 한다).

정리 2.8 삼각함수의 덧셈정리

$$\sin(\alpha+\beta)=\sin\alpha\cos\beta+\cos\alpha\sin\beta$$
$$\sin(\alpha-\beta)=\sin\alpha\cos\beta-\cos\alpha\sin\beta$$
$$\cos(\alpha+\beta)=\cos\alpha\cos\beta-\sin\alpha\sin\beta$$
$$\cos(\alpha-\beta)=\cos\alpha\cos\beta+\sin\alpha\sin\beta$$
$$\tan(\alpha+\beta)=\frac{\tan\alpha+\tan\beta}{1-\tan\alpha\tan\beta}$$
$$\tan(\alpha-\beta)=\frac{\tan\alpha-\tan\beta}{1+\tan\alpha\tan\beta}$$

정리 2.8에서 $\alpha=\theta$, $\beta=\theta$를 대입하면, 정리 2.7의 배각 공식은 쉽게 유도된다. 삼각함수의 곱을 합과 차로 표현하려면 다음의 정리 2.9를 사용하면 된다.

정리 2.9 곱-합 공식

$$\sin\alpha\cos\beta=\frac{1}{2}[\sin(\alpha+\beta)+\sin(\alpha-\beta)]$$
$$\sin\alpha\sin\beta=\frac{1}{2}[\cos(\alpha-\beta)-\cos(\alpha+\beta)]$$
$$\cos\alpha\cos\beta=\frac{1}{2}[\cos(\alpha+\beta)+\cos(\alpha-\beta)]$$

증명

사인함수의 덧셈정리를 이용하면

$$\sin(\alpha+\beta)=\sin\alpha\cos\beta+\cos\alpha\sin\beta$$
$$\sin(\alpha-\beta)=\sin\alpha\cos\beta-\cos\alpha\sin\beta$$

에서, 두 식을 더하면

$$\sin\alpha\cos\beta=\frac{1}{2}[\sin(\alpha+\beta)+\sin(\alpha-\beta)]$$

를 얻는다. 나머지 공식들도 비슷한 방법으로 증명된다.

삼각함수의 합 또는 차를 곱으로 표현하려면 다음의 정리 2.10을 사용하면 된다.

정리 2.10 합-곱 공식

$$\sin A+\sin B=2\sin\frac{A+B}{2}\cos\frac{A-B}{2}$$

$$\sin A-\sin B=2\sin\frac{A-B}{2}\cos\frac{A+B}{2}$$

$$\cos A+\cos B=2\cos\frac{A+B}{2}\cos\frac{A-B}{2}$$

$$\cos A-\cos B=-2\sin\frac{A+B}{2}\sin\frac{A-B}{2}$$

증명

$$A=\alpha+\beta\text{와 } B=\alpha-\beta$$

라 놓으면

$$\alpha=\frac{A+B}{2},\quad \beta=\frac{A-B}{2}$$

를 얻는다. 이를 정리 2.9에 대입하면 위의 등식들을 얻을 수 있다.

2.4 연습문제

(1~4) 다음의 x값을 구하여라.

01 $\log_x 16 = 4$

02 $\log_5 x = 125$

03 $\log_{1/2} x = 16$

04 $\log_{2/3} x = -3$

(5~6) 다음 각 방정식을 풀어라.

05 $2^{x^2 - 2x} = 8$

06 $e^{5-3x} = 10$

(7~8) 다음 함수의 역함수를 구하여라.

07 $f(x) = 10^{2x}$

08 $f(x) = \log_3(x+1)$

09 주어진 함수들의 그래프를 같은 평면 위에 그리고, 이 그래프들의 관계를 말하여라.

$$y = e^x,\ \ y = e^{-x},\ \ y = \log x,\ \ y = -\log x$$

10 주어진 함수들의 그래프를 같은 평면 위에 그리고, 이 그래프들의 관계를 말하여라.

$$y = \log_2 x,\ \ y = \log_{10} x,\ \ y = \ln x$$

11 $f: R \to R^+$에서 $f(x) = 10^x$가 전단사함수임을 보여라.

12 $f: R^+ \to R$에서 $f(x) = \log_{10} x$가 전단사함수임을 보여라.

(13~16) 다음 방정식을 풀어라.

13 $\sin x = \dfrac{1}{2}$

14 $\cos 2x = \dfrac{\sqrt{3}}{2}$

15 $\tan 3x = -\sqrt{3}$

16 $\cot x = -1$

(17~20) 다음 함수의 그래프를 그려라

17 $f(x) = 3\sin 2x$

18 $f(x) = \cos\left(x + \dfrac{\pi}{3}\right)$

19 $f(x) = \sin\left(2x + \dfrac{\pi}{6}\right)$

20 $f(x) = \cot x$

21 반지름이 $5\,cm$이고 중심각이 $\frac{6}{5}\pi$인 부채꼴의 호의 길이와 면적을 구하여라.

22 α, β가 모두 예각이고, $\sin\alpha = \frac{13}{14}$, $\sin\beta = \frac{11}{14}$일 때, 정리 2.8을 사용하여 $\sin(\alpha+\beta)$를 구하여라.

23 그림 2.24와 같이, 단위원을 이용하여 $f(\theta) = \cos\theta$와 $f(\theta) = \tan\theta$의 그래프를 그려라.

24 $\csc\theta$, $\sec\theta$, $\cot\theta$의 그래프를 그려라.

제3장

극한과 연속

3.1 극한의 개념
3.2 극한의 정의
3.3 극한에 관한 정리
3.4 연속
3.5 연속에 대한 기본 정리

극한은 미적분학에서 가장 기본이 되는 개념으로 매우 중요하다. 관련 용어, 개념을 이해하여야 미분과 적분을 이해할 수 있다. 극한과 연속에서 다루고자 하는 기본 응용분야는 다음과 같다.

- 속도, 평균속도란? 이것의 극한과 연관성은?
- 곡선의 기울기, 할선의 기울기와 극한이란 무엇인가?
- 값들의 수렴, 수열의 수렴이란 무엇인가?
- 어떤 영역의 면적, 표면적이란 무엇인가?

3.1 극한의 개념

극한의 개념을 다루기 전에 먼저 실수에 관하여 살펴보자. 실수의 부분집합인 개구간 (a, b), 폐구간 $[a, b]$를 모두 알고 있을 것이다. 앞으로 실수 c 근방이라 함은 적당한 양수 ε, δ가 있어서 $(c-\varepsilon, c+\delta)$를 말한다. 또한 이 장에서는 점 c 근방에서 정의된 함수 f라 함은 $x=c$를 제외한 근방에서는 함수 f가 정의되어 있다는 것이다.

극한의 개념을 이해하기 위하여, 점 c 근방에서 정의된 함수 f를 생각해 보자.

자주 사용될

$$\lim_{x \to c} f(x) = l$$

는 x가 c에 접근하므로 함숫값 $f(x)$가 l에 접근한다는 것이다. 이때, x는 c에 가까이 간다는 것이며 $x=c$를 의미하는 것은 아니다. 이를 그림 3.1을 보며 이해해보자.

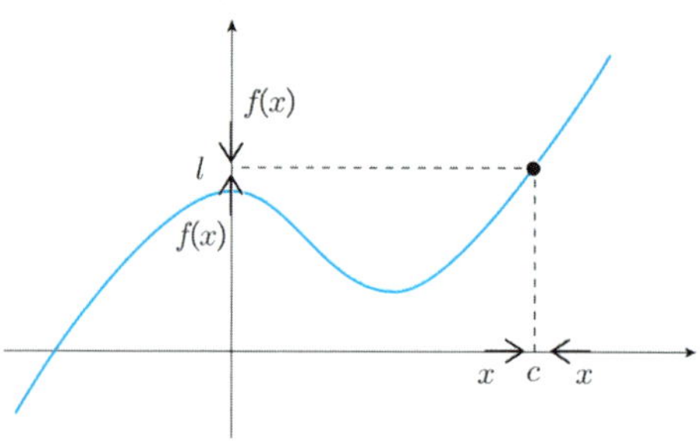

그림 3.1

예제 3.1.1 함수 $f(x)=2x+1$에 대하여 x가 $x=1$에 접근하는 경우, 함숫값 $f(x)$가 어떤값에 접근하는지 보자. x가 1 근방에서 함수 $f(x)$값을 계산한 표는 다음과 같다.

x	$f(x)$	x	$f(x)$
0	1.000	1.001	3.002
0.5	2.000	1.01	3.02
0.9	2.800	1.1	3.200
0.99	2.980	1.5	4.000
0.999	2.998	2.00	5.0

즉, x가 1에 가까이 가면 $f(x)$는 3에 가까이 간다는 것을 알 수 있다.

$$\lim_{x\to 1} f(x) \ = \ 3$$

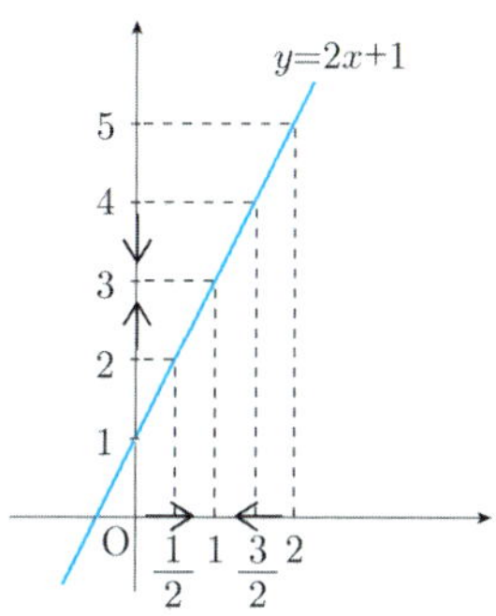

그림 3.2

변수 x가 x축을 따라 c에 가까이 갈 때 함숫값 $f(x)$는 y축을 따라 l에 가까이 간다. x가 c에 가까이 갈 때 함수 f의 극한값은, 함수 f가 $x=c$에서 정의와는 무관하다. 함수 f가 c 근방에서 정의되어 있는 값에 초점을 맞추자.

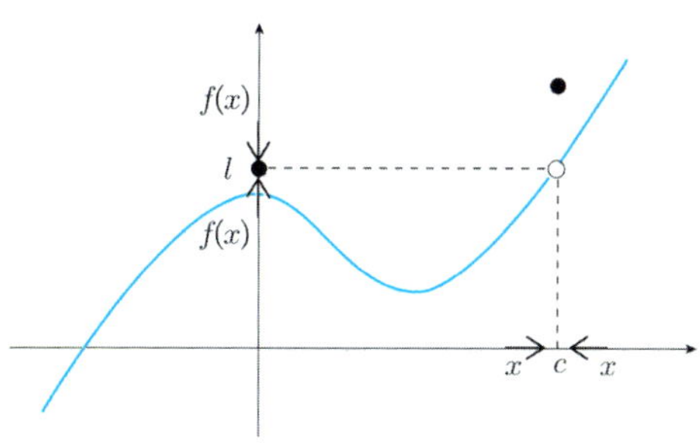

그림 3.3

그림 3.3은 함수 f의 그래프는 c에서 정의는 되어 있으나 끊긴 곡선이다. 그러나

$$\lim_{x\to c} f(x) = l$$

이다. 그 이유는 그림 3.3에서와 같이, x가 c에 근방에서 c에 접근함으로써 함숫값 $f(x)$는 l에 접근하기 때문이다. 실수는 하나의 선으로 표현되므로 c 근방의 x들은 c의 왼쪽과 오른쪽에 있다. x가 c의 왼쪽에서 c에 가까이 가는(접근하는) 경우 $f(x)$가 l에 접근할 때

$$\lim_{x\to c^-} f(x) = l$$

로 표현하고 좌극한이라 하고, x가 오른쪽에서 c에 접근하는 경우 $f(x)$가 l에 접근할 때

$$\lim_{x\to c^+} f(x) = l$$

로 표현하고 우극한이라 한다.

예제 3.1.2 그림 3.4 (a)는 좌극한과 우극한이 같지 않은 예이다.
$x=3$ 근방에서 f의 그래프를 살펴보면,

$$\lim_{x\to 3^-} f(x) = 5,\ \lim_{x\to 3^+} f(x) = 2$$

임을 알 수 있다. 좌극한과 우극한이 일치하지 않으므로

$$\lim_{x\to 3} f(x)$$

는 존재하지 않는다.

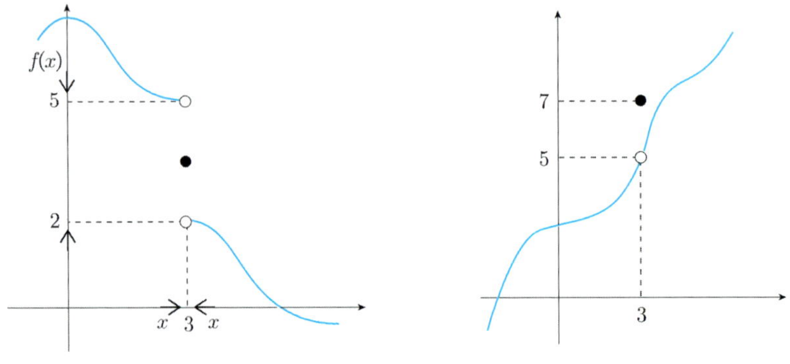

(a) $\lim_{x\to 3^-} f(x) = 5,\ \lim_{x\to 3^+} f(x) = 2$ (b) $\lim_{x\to 3^-} f(x) = 5,\ \lim_{x\to 3^+} f(x) = 5$

그림 3.4

예제 3.1.3 그림 3.4(b)의 함수 f에 대하여,

$$\lim_{x\to 3^-} f(x),\ \lim_{x\to 3^+} f(x)$$

를 구하여라.

풀이

$$\lim_{x\to 3^-} f(x) = 5 \text{이고 } \lim_{x\to 3^+} f(x) = 5$$

이므로

$$\lim_{x\to 3} f(x) = 5$$

이다. 이때, $f(3) = 7$은 아무런 영향을 미치지 못한다. ■

예제 3.1.4 그림 3.5의 함수에 대하여 $x = 2$과 $x = 5$에서의 극한을 구하여라.

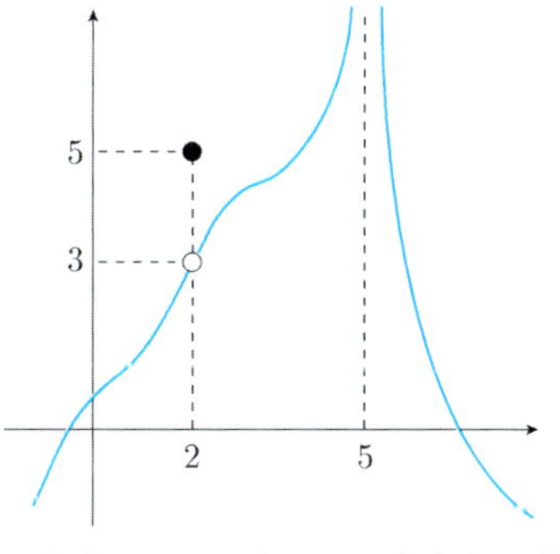

그림 3.5 $x = 2$와 $x = 5$에서의 극한

풀이 그림 3.4의 함수를 살펴보면, x가 2에 접근함으로써 $f(x)$는 어떤 상수 3에 근접한다. 그러므로

$$\lim_{x\to 2} f(x) = 3$$

이다.

$x = 5$ 근방에서는 어떠한지 알아보자. x가 왼쪽으로부터 5에 접근해 감으로써 $f(x)$는 ∞에 접근한다.

$$\lim_{x\to 5-} f(x) = \infty$$

그러므로 존재하지 않는다. $x = 5$에서의 좌극한이 존재하지 않으므로

$$\lim_{x \to 5} f(x)$$

는 존재하지 않는다. ■

예제 3.1.5 함수 f가 다음과 같이 정의되어 있다.

$$f(x) = \begin{cases} 2, & x \in Z \\ 0, & x \in Z^c \end{cases}$$

$f(x)$의 $x = 3$에서의 극한을 구하여라.

풀이 x가 실수 3에 접근해가면서, x는 정수를 제외하고 함숫값 $f(x) = 0$을 갖는다. 그러므로

$$\lim_{x \to c} f(x) = 0$$

이다(그림 3.6 참고).

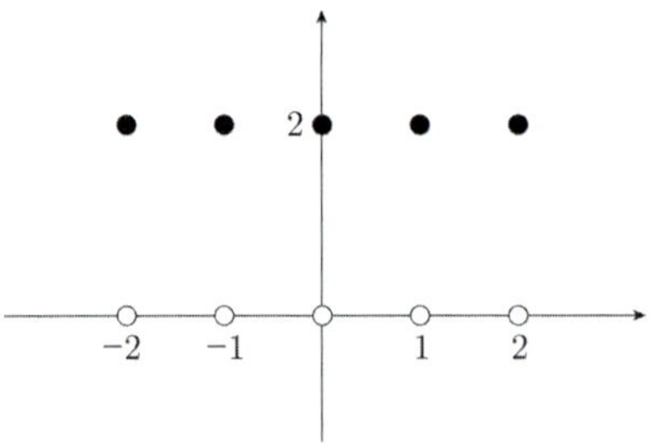

그림 3.6 ■

예제 3.1.6 f가 다음과 같이 정의되어 있다.

$$f(x) = \begin{cases} 0, & x \in Q \\ 2, & x \in Q^c \end{cases}$$

$f(x)$의 임의의 점 c에서의 극한을 구하여라.

풀이 x가 어떤 실수 c에 가까이 가면서, x는 무수히 많은 유리수, 무리수를 지나간다. 그러므로 함숫값 $f(x)$는 0과 2을 무수히 오고간다. 즉, $f(x)$는 x가 유리수면 0, 무리수면 2의 값을 갖는다. 따라서

$$\lim_{x \to c} f(x)$$

는 존재하지 않는다(그림 3.7 참고).

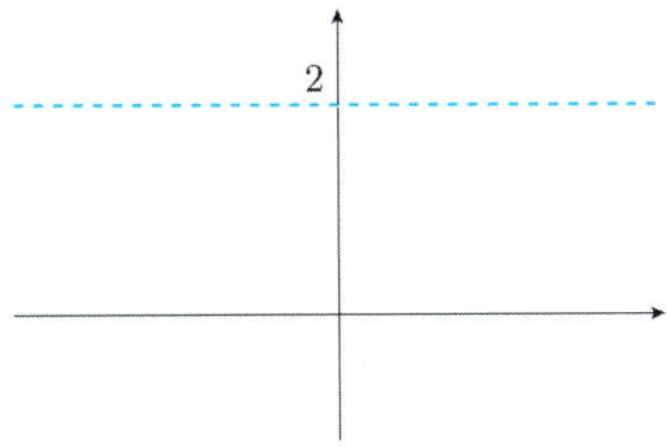

그림 3.7 디리클레 함수 ■

예제 3.1.7 $\lim_{x \to \alpha}(2x+5)$의 극한을 구하여라.

풀이 x가 α에 접근함으로써 $2x$는 2α에 접근하고, $2x+5$는 $2\alpha+5$에 접근한다. ■

예제 3.1.8 $\lim_{x \to 3}\dfrac{1}{2x-1}$의 극한을 구하여라.

풀이 x가 3에 접근함으로써 $2x-1$은 5에 접근하고, $\dfrac{1}{2x-1}$은 $\dfrac{1}{5}$에 접근한다. ■

예제 3.1.9 $\lim_{x \to 2}\dfrac{1}{2x-4}$의 극한은 존재하지 않는다.

풀이 그림 3.8 참조.

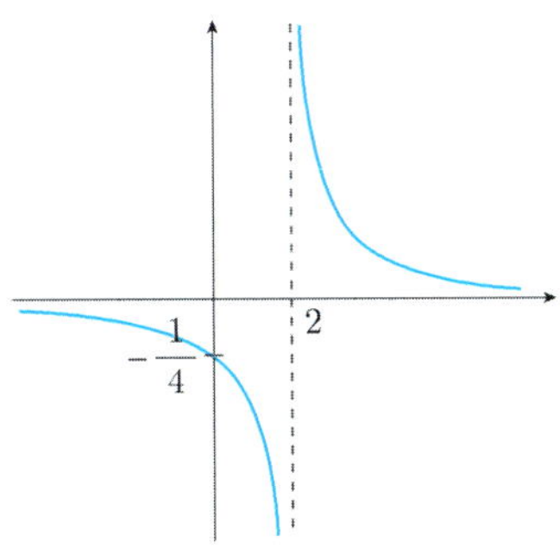

그림 3.8 $y = \dfrac{1}{2x-4}$의 그래프 ■

우리는 x가 주어진 점 c에 접근할 때 함수 f의 극한은 c에서의 f의 정의 여부는 문제가 되지 않으며, 다만 c 근방에서 함수가 어떻게 정의되어 있는지만 고려하면 된다.

예제 3.1.10 $\lim_{x\to 1}\frac{x^2-2x+1}{x-1}$의 극한을 구하여라.

풀이 $x=1$에서 분모, 분자가 모두 0이므로 이 점에서의 함수는 정의되지 않는다. 그러나 이것은 문제가 되지 않는다. 모든 $x\neq 1$, 즉 1를 제외한 1의 근방에 있는 모든 x에 대하여

$$\frac{x^2-2x+1}{x-1}=x-1$$

이다. 그러므로

$$\lim_{x\to 1}\frac{x^2-2x+1}{x-1}=\lim_{x\to 1}(x-1)=0$$

■

예제 3.1.11 $\lim_{x\to 3}\frac{x-3}{x-3}$의 극한을 구하여라.

풀이 $x=3$에서 정의되지 않는다. 그러나 역시 이는 문제가 되지 않는다. 3을 제외한 3의 근방에 있는 모든 x에 대하여

$$\frac{x-3}{x-3}=1$$

이므로

$$\lim_{x\to 3}\frac{x-3}{x-3}=\lim_{x\to 3}1=1.$$

■

예제 3.1.12 $\lim_{x\to 1}\frac{x-1}{x^2-2x+1}$의 극한은 존재하지 않는다.

풀이 $x=1$에서 정의되지 않는다. 그러나 역시 이는 문제가 되지 않는다. 1을 제외한 1의 근방에 있는 모든 x에 대하여

$$\frac{x-1}{x^2-2x+1}=\frac{1}{x-1}$$

이며, 예제 3.1.7에서 볼 수 있는 바와 같이

$$\lim_{x\to 1}\frac{1}{x-1}$$

은 존재하지 않는다. ■

예제 3.1.13 만일 $f(x)=\begin{cases}2x-5 & (x\neq 2)\\ 15 & (x=2)\end{cases}$ 이면 $\lim_{x\to 2}f(x)=5$이다.

풀이 $f(2)=15$는 극한을 구하기 위하여 중요한 정보가 아니다. 2를 제외한 2 근방에 있는 x에 대하여 $f(x)=2x-5$이므로

$$\lim_{x\to 2}f(x)=\lim_{x\to 2}(2x-5)=-1$$

이다. ■

예제 3.1.14 만일 $f(x)=\begin{cases}2x & (x<1)\\ 2x & (x>1)\end{cases}$ 이면 $\lim_{x\to 1}f(x)$는 존재하지 않는다.

풀이

$$\lim_{x\to 1^-}f(x)=\lim_{x\to 1^-}(-2x)=-2$$

이고

$$\lim_{x\to 1^+}f(x)=\lim_{x\to 1^+}2x=2$$

이다. 좌극한, 우극한이 같지 않으므로 $\lim_{x\to 2}f(x)$는 존재하지 않는다. ■

예제 3.1.15 만일 $f(x)=\begin{cases}-x & (x<1)\\ x & (x>1)\end{cases}$ 이면 $\lim_{x\to 1}f(x)$는 존재하지 않는다.

풀이

$$\lim_{x\to 1^-}f(x)=\lim_{x\to 1^-}(-x)=-1$$

이고

$$\lim_{x\to 1^+}f(x)=\lim_{x\to 1^+}x=1$$

■

예제 3.1.16 만일 $f(x)=\begin{cases}-x & (x<1)\\ x & (x>1)\end{cases}$ 이면 $\lim_{x\to 1.03}f(x)=1.03$이다.

풀이 1.03값에 충분히 근접한 x에 대하여, x가 1.03의 왼쪽이나 오른쪽에 있든지 $f(x)$의 극한값은 $x>1$에서 정의된 x를 사용하여 계산된다. ■

예제 3.1.17 만일 $f(x)=\begin{cases} -x & (x<0) \\ x & (x>0) \end{cases}$이면 $\lim_{x\to 0} f(x)$를 구하여라.

풀이

$$\lim_{x\to 0^-} f(x) = \lim_{x\to 1^-}(-x) = 0$$

이고

$$\lim_{x\to 0^+} f(x) = \lim_{x\to 0^+} x = 0$$

이므로

$$\lim_{x\to 0} f(x) = 0$$

■

3.2 극한의 정의

3.1절에서는

$$\lim_{x\to c} f(x) = l$$

는 x가 c에 접근함으로써 $f(x)$가 l에 접근함을 의미한다. 즉, $|x-c|$가 0은 아니지만 0에 접근함으로써 $|f(x)-l|$이 아주 작아진다는 의미이다. 이 모호한 정의를 보다 명확히 하고자 한다. $|x-c|$가 0이 아닌 충분히 작은 수라면 $|f(x)-l|$도 충분히 작다. 즉, x가 충분히 작은 δ에 대하여 부등식 $0<|x-c|<\delta$를 만족하면 $|f(x)-l|$도 충분히 작게 된다.

함수 $f(x)=2x+1$에 대하여 생각해보자. 우리는 $\lim_{x\to 1} f(x)=3$임을 알고 있다. $f(x)$가 3에 0.5만큼 가까이 있으려면 x는 1에 0.25만큼 가까이 있으면 된다. 즉,

$$0<|x-1|<0.25\text{이면 } |f(x)-3|<0.5$$

이다. 또 $f(x)$가 3에 0.01만큼 가까이 있으려면 x는 1에 0.005만큼 가까이 있으면 된다. 즉,

$$0<|x-1|<0.005\text{이면 } |f(x)-3|<0.01$$

이다. 따라서 함수 $f(x)$에 대해서는 $f(x)$가 3에 충분히 가까이 있으려면 x가 1에 얼마나 가까이 있어야 하는지 알 수 있다. 즉, 임의의 $\varepsilon>0$에 대하여 $f(x)$가 3에 ε만큼 가까이

있으려면 x가 1에 얼마만큼 가까이 있어야 하는지 그 범위 $\delta > 0$를 계산할 수 있다. 우리는 이것을

$$0 < |x-1| < \delta \text{이면 } |f(x)-3| < \varepsilon$$

으로 쓸 수 있고 그림 3.9와 같다.

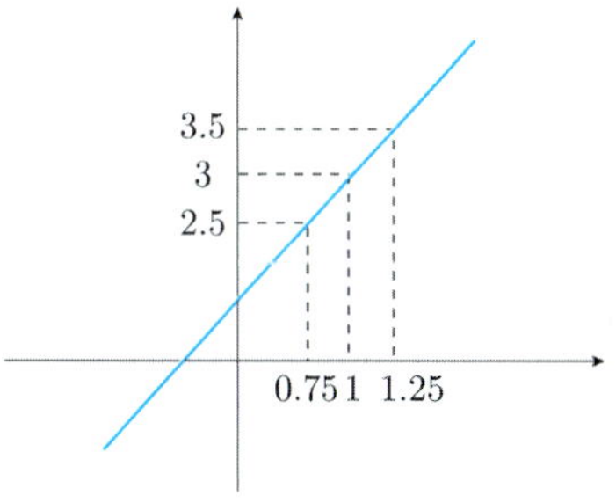

그림 3.9

이를 간결하게 적으면 다음 정의를 얻는다.

정의 3.1 함수의 극한

임의의 $\epsilon > 0$에 대하여, $\delta > 0$가 존재하여

$$0 < |x-c| < \delta \;\Rightarrow\; |f(x)-l| < \epsilon$$

을 만족할 때

$$\lim_{x\to c} f(x) = l$$

라고 정의한다.

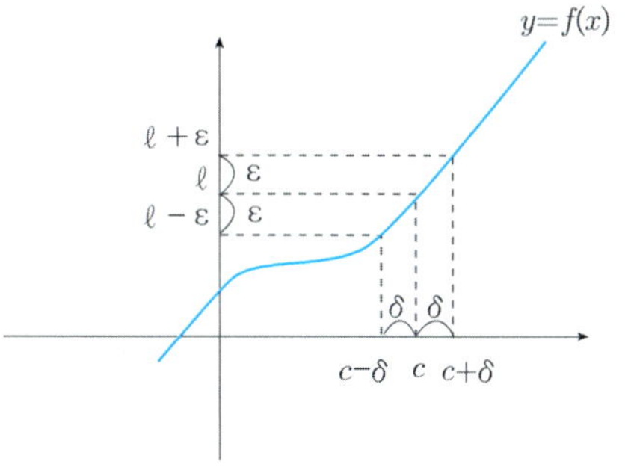

그림 3.10 함수의 극한

다음 예제에서는 $\epsilon-\delta$ 정의를 사용하여 함수의 극한값을 증명한다.

예제 3.2.1 $\lim_{x\to1}(2x+1)=3$를 증명하여라.

풀이 δ 찾기. 주어진 $\epsilon>0$에 대하여, 다음을 만족하는 $\delta>0$을 찾아보자.

$$0<|x-1|<\delta \Rightarrow |(2x+1)-3|<\epsilon$$

먼저, $|(2x+1)-3|$과 $|x-1|$의 관계를 살펴보면

$$|(2x+1)-3|=|2x-2|=2|x-1|$$

이고, $|(2x+1)-3|$을 ϵ보다 작게 하려면, $|x-1|$는 $\frac{\epsilon}{2}$보다 작아야 한다. 즉 δ를 $\frac{\epsilon}{2}$으로 택하면 된다. 잘 택한 δ인지 검증해 보자.
만일 $0<|x-1|<\frac{\epsilon}{2}$이면 $2|x-1|=|(2x+1)-3|<\epsilon$이다. ■

예제 3.2.2 $\lim_{x\to\alpha}x=\alpha$임을 증명하여라.

풀이 주어진 $\epsilon>0$에 대하여, 다음을 만족하는 $\delta>0$를 찾자.

$$0<|x-\alpha|<\delta \Rightarrow |x-\alpha|<\epsilon.$$

$\delta=\epsilon$이라 놓으면 된다. ■

다음의 예제는 조금 복잡하며 정의를 만족하는 δ를 찾는데 많은 주의를 요한다.

예제 3.2.3 극한 $\lim_{x\to2}(x^2-6x+5)=-3$을 보여라.

풀이 임의의 $\varepsilon>0$에 대하여

$$0<|x-2|<\delta\text{이면 } |(x^2-6x+5)-(-3)|<\varepsilon$$

인 $\delta>0$가 존재함을 보이면 된다.

$$|(x^2-6x+5)-(-3)|=|x^2-6x+8|=|x-4||x-2|$$

이다. x가 2에 접근하므로 $|x-2|<1$이라 하면 $|x-4|<3$이고

$$|(x^2-6x+5)-(-3)|<3|x-2|$$

이다. 이제 $\delta=\min\{1, \epsilon/3\}$으로 택하면 $0<|x-2|<\delta$인 모든 x에 대하여

$$|(x^2-6x+5)-(-3)|<3|x-2|<3\delta \le \varepsilon$$

이 성립하므로

$$\lim_{x\to 2}(x^2-6x+5)=-3$$

이다. ■

다음 네 가지는 같은 의미이다. 편리한 대로 쓰면 된다.

(1) $\lim_{x\to c} f(x)=l$

(2) $\lim_{x\to c}(f(x)-c)=0$

(3) $\lim_{x\to c}|f(x)-8|=0$

(4) $\lim_{h\to 0} f(c+h)=l$

즉, 위의 네 표현은 동치관계에 있으나,

$$\lim_{x\to c} f(x)=l\text{과 } \lim_{x\to c}|f(x)|=|l|$$

은 동치관계에 있지 않다.

$$\lim_{x\to c} f(x)=l\text{이면 } \lim_{x\to c}|f(x)|=|l|$$

이나 역은 성립하지 않는다. 이들은 연습문제로 남긴다.

다음으로 좌극한, 우극한에 대한 $\epsilon-\delta$정의를 소개한다.

정의 3.2 좌극한

함수 f는 $(a,\ c)$에서 정의되어 있다고 가정하자. 이때 임의의 $\epsilon>0$에 대하여 $\delta>0$가 존재하여

$$c-\delta<x<c \Rightarrow |f(x)-l|<\epsilon$$

을 만족할 때

$$\lim_{x\to c^-} f(x)=l$$

라고 정의한다.

정의 3.3 우극한

함수 f가 (c, d)에서 정의되어 있다고 가정하자. 이때, 임의의 $\epsilon > 0$에 대하여 $\delta > 0$가 존재하여

$$c < x < c + \delta \Rightarrow |f(x) - l| < \epsilon$$

을 만족할 때

$$\lim_{x \to c^+} f(x) = l$$

라고 정의한다.

좌극한, 우극한은 극한이 존재하는지, 존재하지 않는지를 판별하는 방법을 우리에게 제공한다. 즉

$$\lim_{x \to c} f(x) = l \Leftrightarrow \lim_{x \to c^-} f(x) = l \text{이고 } \lim_{x \to c^+} f(x) = l$$

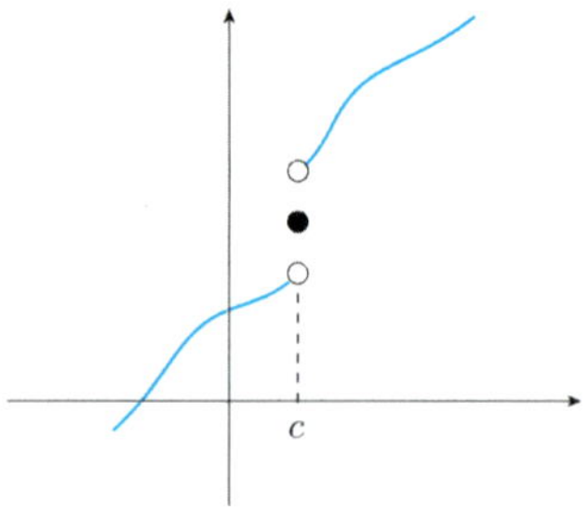

그림 3.11

예제 3.2.4 만일 $f(x) = \begin{cases} 0 & (x < 0) \\ 1 & (x > 0) \end{cases}$이면 $\lim_{x \to 0} f(x)$는 존재하지 않는다.

풀이 $\lim_{x \to 0^-} f(x) = 0$이고 $\lim_{x \to 0^+} f(x) = 1$이다. 즉, 좌극한, 우극한이 서로 다르므로 $\lim_{x \to 0} f(x)$는 존재하지 않는다. ■

3.2 연습문제

(1~6) 3.1절의 방법에 의하여, 다음 극한값이 존재하는지 않는지 판별하라. 존재하는 경우에는 극한값을 구하여라.

01 $\lim_{x\to1}\frac{x+1}{2x+1}$

02 $\lim_{x\to3}\frac{x}{\sqrt{x+1}+1}$

03 $\lim_{x\to-1}\frac{1-x}{x+1}$

04 $\lim_{x\to-1}\frac{x^2-1}{x^2+2x+1}$

05 $\lim_{x\to0}\frac{x}{|x|}$

06 $\lim_{x\to9}\frac{x-3}{\sqrt{x}-3}$

07 $f(x)=\begin{cases}3x & (x\text{가 정수})\\ x & (x\text{가 정수 이외의 실수})\end{cases}$일 때 $\lim_{x\to2}f(x)$의 극한을 구하여라.

08 $f(x)\begin{cases}x^2 & (x\le1)\\ x & (x>1)\end{cases}$ 일 때 $\lim_{x\to2}f(x)$의 극한을 구하여라.

(9~12) 다음을 $\epsilon-\delta$ 정의를 사용하여 증명하여라.

09 $\lim_{x\to2}(2x+1)=5$

10 $\lim_{x\to1}(3x-1)=2$

11 $\lim_{x\to0}(2-3x)=2$

12 $\lim_{x\to2}|1-x|=1$

13 임의의 $\epsilon>0$에 대하여, $|A-B|<\epsilon$ 이 성립하면, $A=B$ 임을 증명하여라.

14 $\lim_{x\to c}f(x)=l$이면 $\lim_{x\to c}|f(x)|=|l|$ 임을 증명하여라.

15 $f(x)=\begin{cases}-1 & (x<0)\\ 1 & (x>0)\end{cases}$일 때, $\lim_{x\to0}f(x)$와 $\lim_{x\to0}|f(x)|$를 구하여라.

16 $g(x)=\begin{cases}x & (x\in Q)\\ -x & (x\in Q^c)\end{cases}$이면 $\lim_{x\to0}g(x)=0$임을 증명하여라.

(17~18) 다음을 증명하여라.

17 $\lim_{x\to c^-}f(x)=l \Leftrightarrow \lim_{h\to0}f(c-|h|)=l$

18 $\lim_{x\to c^+}f(x)=l \Leftrightarrow \lim_{h\to0}f(c+|h|)=l$

3.3 극한에 관한 정리

앞 절에서 본 바와 같이, 함수에 대한 극한을 구하기 위하여 $\epsilon-\delta$ 정의를 사용하면 다소 장황한 설명이 요구될 수도 있다. 그러나 다음의 정리들에 의하면 반복되는 계산들을 피할 수 있다.

먼저, 극한이 존재하는 경우에 이 극한값이 유일하게 존재함을 보이자.

정리 3.1 극한의 유일성

만일 $\lim_{x\to c} f(x)=l$이고 $\lim_{x\to c} f(x)=m$이면 $l=m$이다.

증명

$l\neq m$임을 가정한 후 모순점을 발견하면 된다. $l\neq m$이므로 $|l-m|/2>0$이다.

$\lim_{x\to c} f(x)=l$이므로 다음을 만족하는 $\delta_1>0$이 존재한다.

$$0<|x-c|<\delta_1 \Leftrightarrow |f(x)-l|<\frac{|l-m|}{2}$$

또한 $\lim_{x\to c} f(x)=m$이므로 다음을 만족하는 $\delta_2>0$도 발견할 수 있다.

$$0<|x-c|<\delta_2 \Leftrightarrow |f(x)-m|<\frac{|l-m|}{2}.$$

부등식 $0<|x-c|<\min\{\delta_1,\delta_2\}$를 만족하는 x_1을 택하면 위 두 식에 의하여

$$|f(x_1)-l|<\frac{|l-m|}{2} \text{이고 } |f(x_1)-m|<\frac{|l-m|}{2}$$

이므로,

$$\begin{aligned}|l-m| &= |(l-f(x_1))+(f(x_1)-m)| \leq |l-f(x_1)|+|f(x_1)-m| \\ &< \frac{|l-m|}{2}+\frac{|l-m|}{2}=|l-m|\end{aligned}$$

즉, $l\neq m$을 가정함으로써 $|l-m|<|l-m|$이라는 모순점을 발견하였다.

k가 상수이고 $\lim_{x \to c} f(x) = L$과 $\lim_{x \to c} g(x) = M$이 존재하면 다음이 성립한다는 것을 직관적으로 알 수 있다.

(1) $\lim_{x \to c} kf(x) = k \lim_{x \to c} f(x)$

(2) $\lim_{x \to c} [f(x) + g(x)] = \lim_{x \to c} f(x) + \lim_{x \to c} g(x)$

(3) $\lim_{x \to c} [f(x) - g(x)] = \lim_{x \to c} f(x) - \lim_{x \to c} g(x)$

(4) $\lim_{x \to c} f(x)g(x) = \lim_{x \to c} f(x) \cdot \lim_{x \to c} g(x)$

(5) $\lim_{x \to c} \dfrac{f(x)}{g(x)} = \dfrac{\lim_{x \to c} f(x)}{\lim_{x \to c} g(x)}$, 단, $\lim_{x \to c} g(x) \neq 0$

극한의 성질을 이해하는 관점에서 구체적으로 증명을 살펴보자.

정리 3.2

만일 $\lim_{x \to c} f(x) = l$이고 $\lim_{x \to c} g(x) = m$이면 다음이 성립한다.

(1) $\lim_{x \to c} [f(x) + g(x)] = l + m$

(2) $\lim_{x \to c} \alpha f(x) = kl$ (여기서, k는 임의의 상수)

(3) $\lim_{x \to c} f(x) \cdot g(x) = lm$

정리 3.2와 수학적 귀납법을 사용하여, 다음과 같이 확장시킬 수 있다.
즉, 만일

$$\lim_{x \to c} f_1(x) = l_1,\ \lim_{x \to c} f_2(x) = l_2,\ \cdots,\ \lim_{x \to c} f_n(x) = l_n$$

이면

$$\lim_{x \to c} [\alpha_1 f_1(x) + \alpha_2 f_2(x) + \cdots + \alpha_n f_n(x)] = \alpha_1 l_1 + \alpha_2 l_2 + \cdots + \alpha_n l_n,$$
$$\lim_{x \to c} [f_1(x) f_2(x) \cdots f_n(x)] = l_1 l_2 \cdots l_n.$$

또한, 다항식 $P(x) = a_n x^n + \cdots + a_1 x + a_0$에 대하여

$$\lim_{x \to c} P(x) = P(c).$$

예제 3.3.1 다음의 극한을 구하여라.

(1) $\lim_{x\to 1}(x^2 - x + 2)$ (2) $\lim_{x\to 0}(4x^5 - 7x^2 + 2x + 3)$

풀이

(1) $\lim_{x\to 1}(x^2 - x + 2) = (1)^2 - (1) + 2 = 2$

(2) $\lim_{x\to 0}(4x^5 - 7x^2 + 2x + 3) = 4(0)^5 - 7(0)^2 + 2(0) + 3 = 3$ ■

다음으로 함수의 역수와 함수들의 몫에 대한 극한을 알아보자.

정리 3.3

만일 $\lim_{x\to c} g(x) = m$이고 $m \neq 0$이면

$$\lim_{x\to c}\frac{1}{g(x)} = \frac{1}{m}$$

증명 연습문제로 남긴다.

예제 3.3.2 다음의 극한을 구하여라.

(1) $\lim_{x\to 3}\frac{1}{(x+1)^2}$ (2) $\lim_{x\to 2}\frac{1}{x^2-1}$ (3) $\lim_{x\to -3}\frac{1}{|x|}$

풀이

(1) $\lim_{x\to 3}\frac{1}{(x+1)^2} = \frac{1}{16}$

(2) $\lim_{x\to 2}\frac{1}{x^2-1} = \frac{1}{3}$

(3) $\lim_{x\to -3}\frac{1}{|x|} = \frac{1}{|-3|} = \frac{1}{3}$ ■

정리 3.4

만일 $\lim_{x\to c} f(x) = l$이고 $\lim_{x\to c} g(x) = m(m \neq 0)$이면

$$\lim_{x\to c}\frac{f(x)}{g(x)} = \frac{l}{m}.$$

증명

$$\frac{f(x)}{g(x)} = f(x)\frac{1}{g(x)}$$

이고 $f(x)$와 $\frac{1}{g(x)}$의 극한값은

$$\lim_{x \to c} f(x) = l,\ \lim_{x \to c} \frac{1}{g(x)} = \frac{1}{m}$$

이므로, 곱에 대한 극한정리에 의하여,

$$\lim_{x \to c} \frac{f(x)}{g(x)} = l\frac{1}{m} = \frac{l}{m}$$

몫에 대한 극한 정리에 의하면, P와 Q가 다항식일 경우 $(Q(c) \neq 0)$

$$\lim_{x \to c} \frac{P(x)}{Q(x)} = \frac{P(c)}{Q(c)}$$

임은 명백하다.

예제 3.3.3 다음의 극한을 구하여라.

(1) $\lim_{x \to 2} \frac{3x-5}{x^2+1}$ (2) $\lim_{x \to 3} \frac{x^3-3x^2}{1-x^2}$

풀이 (1) $\lim_{x \to 2} \frac{3x-5}{x^2+1} = \frac{6-5}{4+1} = \frac{1}{5}$

(2) $\lim_{x \to 3} \frac{x^3-3x^2}{1-x^2} = \frac{27-27}{1-9} = 0$ ■

다음 정리는 어떤 조건하에서 몫의 극한값이 존재하지 않는지를 보여준다.

정리 3.5

$\lim_{x \to c} f(x) = l\ \ (l \neq 0)$이고 $\lim_{x \to c} g(x) = 0$이면

$$\lim_{x \to c} \frac{f(x)}{g(x)}$$

는 존재하지 않는다.

예제 3.3.4 다음의 극한은 존재하지 않는다.

(1) $\lim\limits_{x\to1}\dfrac{x^2}{(x-1)^2}$ (2) $\lim\limits_{x\to2}\dfrac{3x-7}{x^2-4x+4}$ (3) $\lim\limits_{x\to0}\dfrac{5}{x}$

풀이 모두 정리 3.5의 가정을 만족하므로, 극한은 존재하지 않는다. ■

예제 3.3.5 극한이 존재하는지 존재하지 않는지를 판별하고, 존재하는 경우에 극한을 구하여라.

(1) $\lim\limits_{x\to2}\dfrac{x^2+x-6}{x-2}$ (2) $\lim\limits_{x\to-1}\dfrac{(x^2-3x-4)^2}{x+1}$

(3) $\lim\limits_{x\to-4}\dfrac{x+4}{(x^2+x-12)^2}$

풀이 이 예제들은 분모와 분자의 극한이 모두 0이므로 주의하여 생각하자.

(1) 분자를 인수분해하면

$$\frac{x^2+x-6}{x-2}=\frac{(x-2)(x+3)}{x-2}$$

이고 $x\neq2$인 경우에,

$$\frac{x^2+x-6}{x-2}=x+3$$

이므로

$$\lim_{x\to2}\frac{x^2+x-6}{x-2}=\lim_{x\to2}(x+3)=5$$

(2) $$\frac{(x^2-3x-4)^2}{x+1}=\frac{[(x+1)(x-4)]^2}{x+1}=\frac{(x+1)^2(x-4)^2}{x+1}$$

이고 $x\neq-1$인 경우에,

$$\frac{(x^2-3x-4)^2}{x+1}=(x+1)(x-4)^2$$

이므로,

$$\lim_{x\to-1}\frac{(x^2+3x-4)^2}{x+1}=\lim_{x\to-1}(x+1)(x-4)^2=0$$

(3)
$$\frac{x+4}{(x^2+x-12)^2}=\frac{x+4}{(x+4)^2(x-3)^2}$$

이므로 $x \neq -4$인 경우에,

$$\frac{x+4}{(x+4)^2(x-3)^2}=\frac{1}{(x+4)(x-3)^2}$$

이다. ■

정리 3.5에 의하여,

$$\lim_{x\to -4}\frac{1}{(x+4)(x-3)^2}$$

은 존재하지 않는다.

$x=c$를 제외한 어떤 c 근방, $(c-\delta,\ c+\delta)$에서 $h(x)\le f(x)\le g(x)$인 함수의 극한을 살펴보자. $(c-\delta,\ c+\delta)$에서 x가 c에 가까이 가므로 f의 함숫값이 두 함수 h와 g의 함숫값 사이에 있다. 이때, $h(x)$와 $g(x)$가 l에 모두 접근해가면 $f(x)$ 또한 l에 접근한다. 이 같은 성질을 이용한 정리를 조임정리(Pinching theorem)라 한다.

정리 3.6 조임정리(Pinching theorem)

$0<|x-c|<\delta_0$ $(\delta_0>0)$를 만족하는 모든 x에 대하여, $h(x)\le f(x)\le g(x)$라 하자. $\lim\limits_{x\to c}h(x)=l$이고 $\lim\limits_{x\to c}g(x)=l$이면,

$$\lim_{x\to c}f(x)=l$$

이다.

증명

주어진 $\epsilon>0$에 대하여, 다음을 만족하는 $\delta_1>0,\ \delta_2>0$를 찾을 수 있다.

$$0<|x-c|<\delta_1 \ \Rightarrow\ l-\epsilon<h(x)<l+\epsilon$$

이고

$$0<|x-c|<\delta_2 \ \Rightarrow\ l-\epsilon<g(x)<l+\epsilon$$

δ를 $\min\{\delta_0,\ \delta_1,\ \delta_2\}$로 택하면, 부등식 $0<|x-c|<\delta$를 만족하는 모든 x에 대하여

$$l-\epsilon < h(x) \le f(x) \le g(x) < l+\epsilon$$

이므로 $|f(x)-l| < \epsilon$이다.

예제 3.3.6 모든 x에 대하여, $x^2+3x-1 \le f(x) \le (x+1)^2$라 가정할 때,

$$\lim_{x\to 2} f(x) = 9$$

임을 보여라.

풀이 $\lim_{x\to 2}(x^2+3x-1)=9$이고 $\lim_{x\to 2}(x+1)^2=9$임을 알 수 있고, 조임정리에 의하여 $\lim_{x\to 2} f(x)=9$이다. ■

예제 3.3.7 $f(x)=\begin{cases} x^2 & \text{만약 } x\in Q \\ x^4 & \text{만약 } x\in Q^c \end{cases}$일 때 $\lim_{x\to 0} f(x)$의 극한을 구하여라.

풀이 $|x|<1$를 만족하는 x에 대하여,

$$0 \le f(x) \le x^2$$

이며

$$\lim_{x\to 0} x^2 = 0$$

이므로, 조임정리에 의하면

$$\lim_{x\to 0} f(x) = 0$$

임을 얻는다. ■

3.3 연습문제

(1~10) 존재하는 극한값을 구하여라.

01 $\lim_{x \to c} 7$

02 $\lim_{x \to 2} (3-2x)^3$

03 $\lim_{x \to \sqrt[3]{3}} |x^3 - 5|$

04 $\lim_{x \to -2} \dfrac{2x^2-1}{x^3+3}$

05 $\lim_{x \to 0} \left(x - \dfrac{4}{x^2+1}\right)$

06 $\lim_{x \to 0} \dfrac{x^2+3}{x}$

07 $\lim_{h \to 0} h\left(1 - \dfrac{1}{h}\right)$

08 $\lim_{x \to -2} \dfrac{(x^2-x-6)^2}{x+2}$

09 $\lim_{h \to 0} \dfrac{1+1/h}{1+1/h^2}$

10 $\lim_{h \to 0} h^2\left(1 + \dfrac{1}{h}\right)$

(11~14) $f(x) = x^3 - x$일 때, 존재하는 극한값을 구하여라.

11 $\lim_{x \to 1} \dfrac{f(x)-f(1)}{x-1}$

12 $\lim_{x \to 0} \dfrac{f(x)-f(0)}{x-0}$

13 $\lim_{x \to -1} \dfrac{f(x)-f(-1)}{x+1}$

14 $\lim_{x \to 2} \dfrac{f(x)-f(2)}{x-2}$

15 정리 3.2의 (2), (3)과 정리 3.3을 증명하여라.

16 $0 < |x| < 1/2$에서 $1 \le f(x) \le x^2 + 1$일 때 $\lim_{x \to 0} f(x)$를 구하여라.

17 $x \ne 2$에서 $2 \le f(x) \le (x-3)^2 + 1$일 때, $\lim_{x \to 3} f(x)$를 구하여라.

18 $x \ne 0$에서 $\left|\dfrac{f(x)}{x+1}\right| \le M$일 때, $\lim_{x \to 0} f(x)$를 구하여라.

19 $x \ne c$에서 $\left|\dfrac{f(x)-f(c)}{x-c}\right| \le M$일 때, $\lim_{x \to c} f(x)$를 구하여라.

3.4 연속

함수가 연속이라는 것은 직관적으로 그 함수의 그래프가 이어져 있다는 것을 의미한다. 여기서 함수의 그래프는 도함수의 응용 부분에서 살펴볼 것이다. 그러면 어떤 점 c에서의 연속과 구간에서의 연속에 대하여 살펴보자.

점에서의 연속

정의 3.4

함수 f가 c 근방, 개구간 $(c-\delta, c+\delta)$에서 정의되어 있다고 하자.

$$\lim_{x \to c} f(x) = f(c)$$

일 때 함수 f는 $x = c$에서 연속(continuous)이라 한다.

f는 다음 두 가지의 경우에 c에서 연속이 아니다.

(1) $\lim_{x \to c} f(x)$의 값, 극한이 존재하지 않는 경우 본질적 불연속(essential discontinuity)이라 한다.

(2) $\lim_{x \to c} f(x) \neq f(c)$인 경우, 즉 $f(x)$의 극한이 존재하나, 이 값이 $f(c)$와 같지 않을 경우를 없앨 수 있는 불연속(removable discontinuity)이라 한다.

(2)의 경우는 c에서의 f값을 $\lim_{x \to c} f(x)$로 다시 정의함으로써 $x = c$에서 연속이 되게 할 수 있다는 말이다. 그러한 의미에서 없앨 수 있는 불연속이라고 한다.

예제 3.4.1

함수 $f(x) = \begin{cases} \dfrac{(x-1)^2}{x-1} & (x \neq 1) \\ 1 & (x = 1) \end{cases}$의 연속성을 조사하여라.

풀이 $c \neq 1$일 때

$$\lim_{x \to c} f(x) = \lim_{x \to c} \frac{(c-1)^2}{c-1} = c - 1 = f(c)$$

이므로 $f(x)$는 $x = c(\neq 1)$인 모든 점에서 연속이다. 그런데

$$\lim_{x\to 1^+} f(x) = \lim_{x\to 1^+}(x-1) = 0, \quad \lim_{x\to 1^-} f(x) = \lim_{x\to 1^-}(x-1) = 0$$

이므로 $\lim_{x\to 1} f(x) = 0$이다. 그러나 $f(1) = 1$이므로 $x = 0$에서 불연속이다. ■

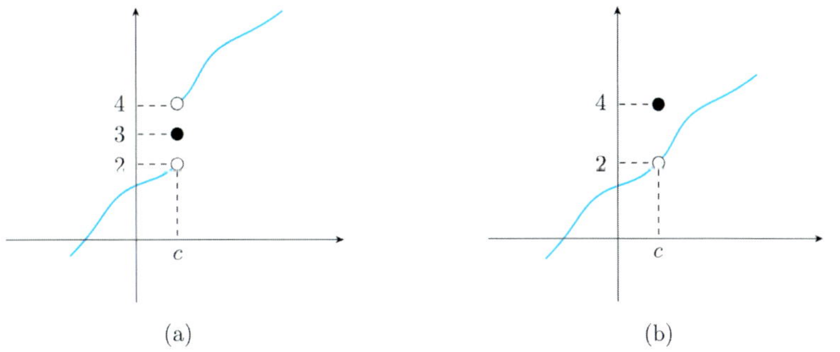

그림 3.12 불연속 점

그림 3.12(a)의 함수에서는 점 c에서 극한값이 존재하지 않으므로 연속이 아니다. 이 점은 본질적 불연속점이다. 그리고 그림 3.12(b)에서 묘사된 함수는 c에서의 극한값이 $f(c)$와 같지 않으므로 연속이 아니다. 이때, 그 점에서 함숫값을 $\lim_{x\to c} f(x)$값으로 다시 정의함으로써 불연속점을 제거할 수 있으므로, 없앨 수 있는 불연속점이다.

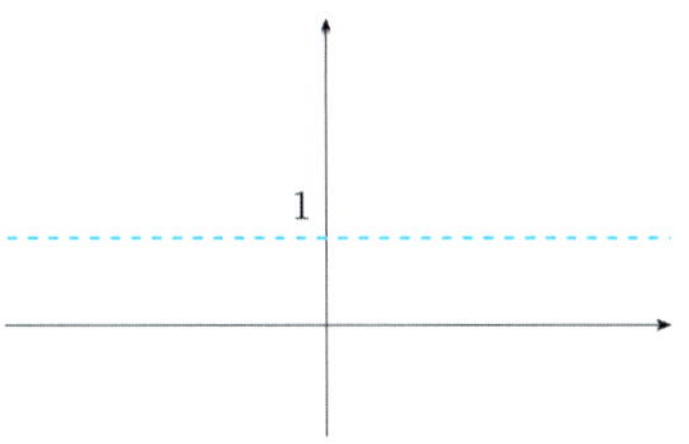

그림 3.13 디리클레 함수

그림 3.13은 유명한 디리클레 함수(Dirichlet function)

$$f(x) = \begin{cases} 1, & x \in Q \\ 0, & x \in Q^c \end{cases}$$

를 그림으로 그린 것이다. 이때, 함수 f는 어느 점에서도 극한값을 갖지 않는다. 즉, 모든 점에서 불연속이며, 모든 점들이 본질적 불연속점이다.

한편, 함수 f가 $x=a$를 포함한 a의 왼쪽 근방에서 정의된다고 하자. 임의의 양수 ε에 대하여 적당한 양수 δ가 존재하여

$$a-\delta < x < a \text{이면 } |f(x)-f(a)| < \varepsilon$$

가 성립하면 $f(x)$는 $x=a$에서 좌연속(continuous from the left)이라 한다. 또 함수 f가 $x=a$를 포함한 a의 오른쪽 근방에서 정의된다고 하자. 임의의 양수 ε에 대하여 적당한 양수 δ가 존재하여

$$a < x < a+\delta \text{이면 } |f(x)-f(a)| < \varepsilon$$

가 성립하면 $f(x)$는 $x=a$에서 우연속(continuous from the right)이라 한다. 구체적으로 정의하면 다음과 같다.

정의 3.5 좌연속과 우연속

$$\lim_{x\to c^-} f(x) = f(c)$$

일 때, f는 $x=c$에서 좌연속이라 하며,

$$\lim_{x\to c^+} f(x) = f(c)$$

일 때, f는 $x=c$에서 우연속이라 한다.

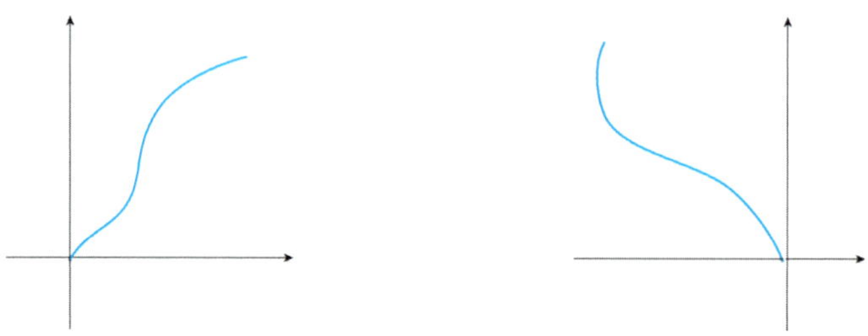

(a) (b)

그림 3.14

그림 3.14(a)는 $x=0$에서 오른쪽으로부터 연속인 함수의 예이며, 그림 3.14(b)는 $x=0$에서 왼쪽으로부터 연속인 함수의 예이다.

또한 f가 양쪽으로부터 연속이면, f는 연속이다. 즉,

$$f\text{가 } c\text{에서 연속} \Leftrightarrow f(c) = \lim_{x\to c^-} f(x) = \lim_{x\to c^+} f(x)$$

예제 3.4.2 함수 $f(x) = \sqrt{x}$ 의 정의역에서 연속성을 조사하여라.

풀이 $y = f(x)$의 그래프는 그림 5.9와 같다. $0 < c$이면

$$\lim_{x \to c} f(x) = \lim_{x \to c} \sqrt{x} = \sqrt{c} = f(c)$$

이다. 따라서 구간 $(0, \infty)$에서 $f(x)$는 연속이다.

$x = 0$에서는 0을 포함한 우측 근방, 즉 $[0, \delta)$에서 정의됨으로 우연속을 살펴볼 수 있다.

$$\lim_{x \to 0^+} f(x) = \lim_{x \to 0^+} \sqrt{x} = 0 = f(0)$$

이다. 따라서 우연속이다. ■

함수의 극한에서 이미 다룬 다음 함수들의 연속성을 살펴보자.

1. $P(x)$가 다항식일 때, $\lim_{x \to c} P(x) = P(c)$
2. 유리식 $\dfrac{Q(x)}{P(x)}$에 대하여, $\lim_{x \to c} \dfrac{P(x)}{Q(x)} = \dfrac{P(c)}{Q(c)}$ $(Q(c) \neq 0)$
3. $\lim_{x \to c} |x| = |c|$, $\lim_{x \to c} \sqrt{x} = \sqrt{c}$ $(c \geq 0)$

이므로, 위의 함수들은 정의역에 속하는 임의의 점 c에서 연속이다.

함수의 극한에 대한 정리를 사용하면 다음 정리를 얻는다.

정리 3.7

두 함수 f, g가 $x = c$에서 연속이면 다음 함수들도 $x = c$에서 연속이다.

$$\alpha f(\alpha\text{는 상수}),\ f \pm g,\ fg,\ \frac{f}{g}\ (g(c) \neq 0)$$

즉,

(1) $f + g$는 c에서 연속이다.

(2) αf는 c에서 연속이다. (α는 상수)

(3) fg는 c에서 연속이다.

(4) f/g는 c에서 연속이다. $(g(c) \neq 0)$

증명

f와 g가 c에서 연속이므로,

$$\lim_{x\to c} f(x) = f(c),\ \lim_{x\to c} g(x) = g(c)$$

이므로, 극한정리에 의하여

$$\lim_{x\to c}[f(x)+g(x)] = f(c)+g(c)$$
$$\lim_{x\to c}[\alpha f(x)] = \alpha f(c)$$
$$\lim_{x\to c}[f(x)\cdot g(x)] = f(c)\cdot g(c)$$

이다. 또한, $g(c) \neq 0$이면

$$\lim_{x\to c}\frac{f(x)}{g(x)} = \frac{f(c)}{g(c)}.$$

예제 3.4.3 함수 $F(x) = 3x + \dfrac{x^2+x}{x^2-4x+3} + 1$는 $x \neq 1, 3$에서 연속이다.

풀이 $f(x) = x,\ g(x) = x^2 + x,\ h(x) = x^2 - 4x + 3,\ k(x) = 1$라 하면,

$$F = 3f + \frac{g}{h} + k$$

이다. 여기서 f, g, h와 k가 모두 연속이다. 정리 3.7에 의하면, 함수 $h(x) = 0$인 $x \neq 1, 3$를 제외한 모든 점에서 F는 연속이다. ■

함수 f가 $x = c$에서 연속임을 $\epsilon - \delta$에 의하여 정의하면 다음과 같다.

정의 3.6 함수의 연속

임의의 $\epsilon > 0$에 대하여, $\delta > 0$가 존재하여

$$|x - c| < \delta \Rightarrow |f(x) - f(c)| < \epsilon$$

만족할 때, f가 $x = c$에서 연속(continuous)이라 한다.

즉, x가 c에 접근해 감으로써 $f(x)$는 $f(c)$에 접근한다.

정리 3.8

g가 $x=c$에서 연속이고 f가 $t=g(c)$에서 연속이면 합성함수 $f\circ g$도 $x=c$에서 연속이다.

함수 $z=f(y)$가 $y=b=g(a)$에서 연속이고 함수 $y=g(x)$는 $x=a$에서 연속이면 합성함수 $z=(f\circ g)(x)$는 $x=a$에서 연속이다. 즉,

$$\lim_{x\to a} f(g(x))=f(g(a))=f(\lim_{x\to a} g(x))$$

이다. 직관적으로는 다음과 같이 생각할 수 있다. $g(x)$가 연속이므로 $x-a$에서 $g(x)$는 $g(a)$에 가까이 간다. 또 $f(y)$는 $y=b$에서 연속이므로 $f(g(x))$는 $x=a$에서 $f(b)=f(g(a))$에 가까이 가게 된다. 따라서 $(f\circ g)(x)$는 $x=a$에서 연속임을 알 수 있다.

하지만 아래에서는 $\varepsilon-\delta$방법으로 엄밀하게 증명해보자.

정리 3.8의 증명

주어진 $\epsilon>0$에 대하여, 다음을 만족하는 $\delta>0$를 찾아보자.

$$|x-c|<\delta \;\Rightarrow\; |f(g(x))-f(g(c))|<\epsilon$$

먼저, f가 $g(c)$에서 연속이므로

$$|t-g(c)|<\delta_1 \;\Rightarrow\; |f(t)-f(g(c))|<\epsilon$$

이 성립하는 $\delta_1>0$이 존재한다. 이 $\delta_1>0$에 대하여, g가 c에서 연속이므로

$$|x-c|<\delta \;\Rightarrow\; |g(x)-g(c)|<\delta_1$$

를 만족하는 $\delta>0$도 택할 수 있다. 이를 결합하면

$$|x-c|<\delta \;\Rightarrow\; |f(g(x))-f(g(c))|<\epsilon$$

이다.

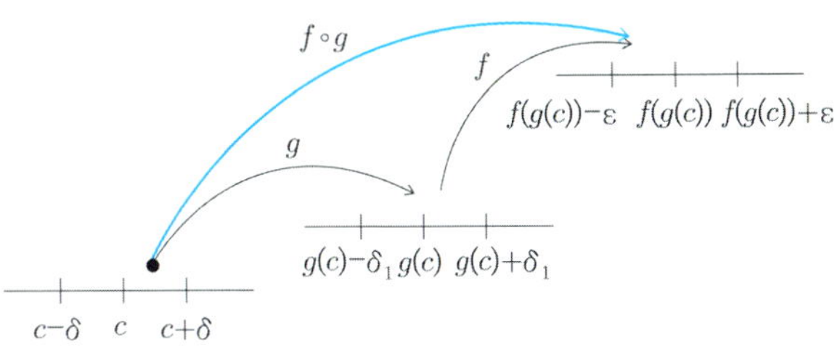

그림 3.15 합성함수의 연속성

예제 3.4.4 함수 $F(x)=\sqrt{\dfrac{x^2+1}{(x-1)^2}}$ 는 $x \neq 1$인 모든 x에 대하여 연속이다.

풀이 $g(x)=\dfrac{x^2+1}{(x-1)^2}$, $f(x)=\sqrt{x}$ 라 놓으면 $F=f \circ g$이다. $c \neq 1$를 만족하는 c에 대하여 g는 $x=c$에서 연속이며, 이때 $g(c)$가 양수이므로 f 또한 $x=g(c)$에서 연속이다. 그러므로 합성함수의 연속 정리에 의하여 F는 $x=c$에서 연속이다. ■

예제 3.4.5 다음 함수의 불연속점을 찾아라.

$$g(x)=\begin{cases} 1-x, & x<-1 \\ x+3, & -1 \leq x < 1 \\ 5, & x=1 \\ 5-x, & x>1 \end{cases}$$

풀이 f는 개구간 $(-\infty,-1), (-1,1), (1,\infty)$에서 연속임은 명백하다. $x=-1, 1$에서 어떠한가 알아보자. $x=-1$에서

$$f(-1)=f(-1)=-1+3=2$$
$$\lim_{x\to -1^-} f(x) = \lim_{x\to -1^-}(1-x)=2$$
$$\lim_{x\to -1^+} f(x) = \lim_{x\to -1^+}(x+3)=2$$

이므로 f는 -1에서 연속이다.

$x=1$에서

$$f(1)=5$$
$$\lim_{x\to 1^-} f(x) = \lim_{x\to 1^-}(x+3)=4$$
$$\lim_{x\to 1^+} f(x) = \lim_{x\to 1^+}(5-x)=4$$

이므로 $\lim_{x\to 1} f(x)=4 \neq f(1)=4$이므로 f는 $x=1$에서 불연속이다. ■

다음은 어떤 구간에서의 연속을 살펴보자.

1. 개구간 (a,b)에 속하는 각각의 점 c에서의 연속은 개구간 내의 각 점에서 연속일 때 구간 전체가 연속이다.
2. 폐구간 $[a,b]$에서의 연속은
   1) 개구간 (a,b)에 속하는 각각의 점 c에서의 연속
   2) a에서 오른쪽으로부터의 연속

3) b에서 왼쪽으로부터의 연속일 때,

함수 f를 폐구간 $[a,b]$에서 연속이라 한다.

예제 3.4.6 함수 $f(x)=\sqrt{4-x^2}$ 의 $[-2,2]$에서 연속성을 조사하라.

풀이 함수 $f(x)=\sqrt{4-x^2}$ 은 반원이다. 이 함수는 $(-2,2)$에 속하는 모든 c 점에서 연속이며, 또한 -2에서 오른쪽으로부터 연속, 2에서 왼쪽으로부터 연속이다. 그러므로 f는 $[-2,2]$에서 연속이라 할 수 있다. ■

3.4 연습문제

(1~6) $g(x)=\begin{cases} 2-x^2, & x<-1 \\ x^2, & -1\le x<1 \\ 1, & x=1 \\ 4-x^2, & x>1 \end{cases}$일 때 $g(x)$의 그래프를 그리고 다음을 구하여라.

01 $\lim_{x\to -1^-} g(x)$

02 $\lim_{x\to -1^+} g(x)$

03 $\lim_{x\to -1} g(x)$

04 $\lim_{x\to 1^-} g(x)$

05 $\lim_{x\to 1^+} g(x)$

06 $\lim_{x\to 1} g(x)$

(7~14) 다음 함수들의 주어진 점에서 연속인지, 불연속인지 판별하여라. 불연속인 경우 본질적 불연속인지, 없앨 수 있는 불연속인지 판별하여라.

07 $f(x)=x^3-x+2;\quad x=2$

08 $f(x)=\sqrt{(x+1)^2+5}\,;\quad x=1$

09 $f(x)=|4-x^2|;\quad x=2$

10 $f(x)=\dfrac{x^2-4x+4}{x-2};\quad x=2$

11 $f(x)=\begin{cases} x^2+1 & (x<1) \\ x^3 & (x\ge 1) \end{cases};\quad x=1$

12 $f(x)=\begin{cases} x^2+4 & (x<2) \\ x^3 & (x\ge 2) \end{cases};\quad x=2$

13 $f(x)=\begin{cases} \dfrac{x^2-1}{x+1} & (x\ne -1) \\ -3 & (x=-1) \end{cases};\quad x=-1$

14 $f(x)=\begin{cases} \dfrac{1}{x+1} & (x\ne -1) \\ x^2 & (x=-1) \end{cases};\quad x=-1$

(15~18) 다음 함수들은 $x=1$을 제외한 모든 점에서 정의되어 있다. 가능하다면, f가 $x=1$에서 연속이 되게 $f(1)$을 정의하여라.

15 $f(x)=\dfrac{x^2-1}{x-1}$

16 $f(x)=\dfrac{3}{x-1}$

17 $f(x)=\dfrac{x-1}{|x-1|}$

18 $f(x)=\dfrac{(x-1)^2}{|x-1|}$

19 함수 $f(x)=\begin{cases} Ax^2 & (x<1) \\ x+2 & (x\ge 1) \end{cases}$가 $x=1$에서 연속이 되도록 A를 구하여라.

20 함수 $f(x)=\begin{cases} c^2-x^2 & (x<2) \\ cx^2-8 & (x\ge 2) \end{cases}$가 구간 $(-\infty,\ \infty)$에서 연속이 되도록 c의 값을 구하여라.

3.5 연속에 대한 기본 정리

우리는 방정식 $x^3+2x-7=0$은 실근을 갖는다는 것을 알고 있다. 왜냐하면 함수 $y=x^3+2x-7$을 그래프로 그리면 그림 3.16과 같기 때문이다. 구체적으로 표현하면 중간값 정리라 한다. 실수의 특성상 구간에서 연속인 함수의 그래프는 구멍이나 틈새를 갖지 않는다는 것이다. 이와 같은 성질이 중간값 정리(intermediate value theorem)가 나오게 된 배경이다.

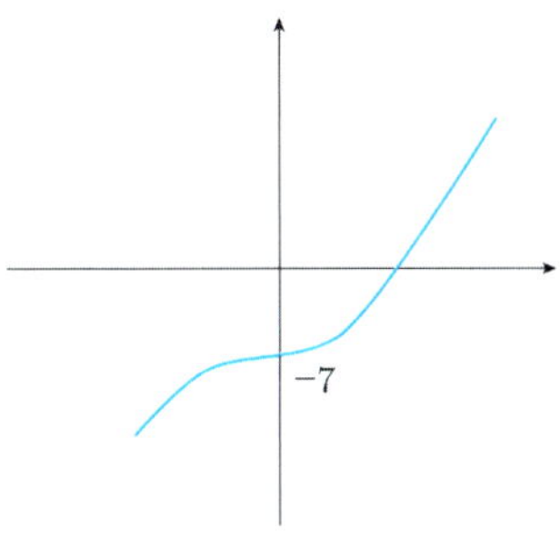

그림 3.16

정리 3.9 중간값 정리

f가 폐구간 $[a,b]$에서 연속이며, $f(a) \le k \le f(b)$이면,

$$f(c)=k$$

를 만족하는 c가 a와 b 사이에 적어도 하나 존재한다.

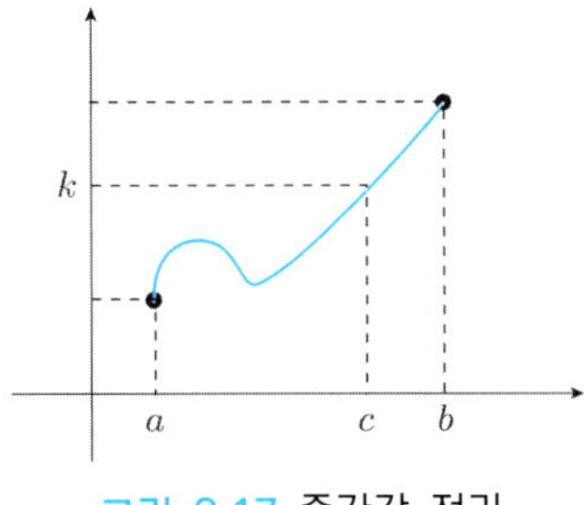

그림 3.17 중간값 정리

f가 $[a,b]$에서 연속이고 $f(a)<0<f(b)$ 또는 $f(b)<0<f(a)$라 가정하자. 그러면 중간값 정리에 의하여, $[a,b]$에서 f는 적어도 하나의 근을 가짐을 알 수 있다.

다음으로 연속함수에 대한 최댓값-최솟값 정리를 알아보자. 먼저 최댓값과 최솟값의 정의를 다시하자.

정의 3.7

정의역이 $D\subset\mathbb{R}$인 함수 $f:D\to\mathbb{R}$에 대해

(1) 모든 $x\in D$에 대해 $f(c)\ge f(x)$를 만족하면 f는 $x=c$에서 최대라고 하며 $f(c)$를 D에서 f의 **최댓값**이라고 한다.

(2) 모든 $x\in D$에 대해 $f(c)\le f(x)$를 만족하면 f는 $x=c$에서 최소라고 하며 $f(c)$를 D에서 f의 **최솟값**이라고 한다.

정리 3.10 최댓값-최솟값 정리

f가 폐구간 $[a,b]$에서 연속이면, f는 $[a,b]$에서 최댓값과 최솟값을 갖는다.

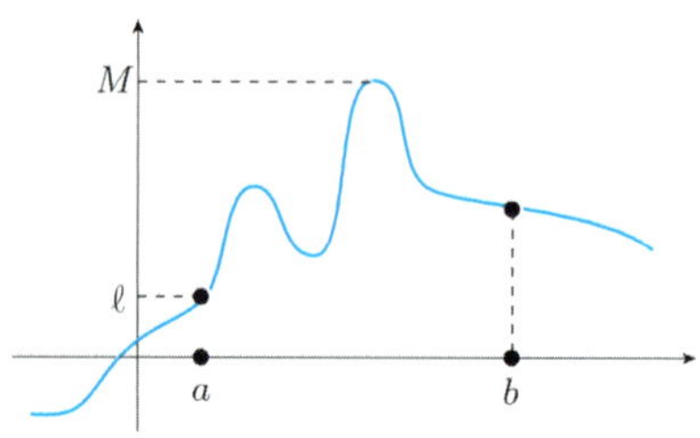

그림 3.18 최댓값-최솟값의 정리

이 정리를 그림으로 설명해 보자. 최댓값 M은 x_2에서 선택되며, 최솟값 m은 x_1에서 선택된다.

최댓값-최솟값의 정리에서 가정한 조건들은 중요하다. 만일 f가 연속이라는 가정을 빼면, 이 정리는 성립하지 않는다. 즉,

$$f(x)=\begin{cases}2 & (x\le -1)\\ x & (-1<x<1)\\ 2 & (x\ge 1)\end{cases}$$

는 $[-1,1]$에서는 정의되나, f는 $x=-1$과 $x=1$에서 불연속이다. 이때, f는 최댓값, 최

솟값을 갖지 않는다. 이제, 폐구간 $[a,b]$에 대한 가정을 개구간 (a,b)로 생각해 보자. 예를 들어, 위의 f는 $(-1,1)$에서 연속이나 최댓값, 최솟값을 갖지 않는다(그림 3.19 참조).

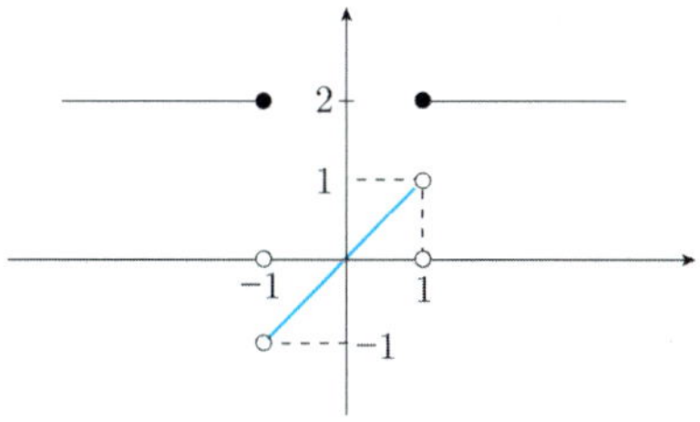

그림 3.19

3.5 연습문제

(1~4) 다음 함수들에 대한 $f(x)=0$의 근을 구하여라.

01 $f(x)=3x-4\,;[1,2]$

02 $f(x)=5+7x\,;[-2,1]$

03 $f(x)=16-x^2\,;[-5,-2]$

04 $f(x)=x^2+2x-3\,;[-2,2]$

05 $x^3+2x^2+x=3$은 $[0,1]$에서 적어도 하나의 근을 가짐을 보여라.

(6~8) $[-1,7]$에서 다음을 만족하는 연속인 그래프를 그려라.

06 $-1/2$과 3에서 최댓값을 갖고, 5에서 최솟값을 갖는다.

07 3에서 최댓값을 갖고, 1과 5에서 최솟값을 갖는다.

08 2에서 최댓값과 최솟값을 갖는다.

(9~11) $(0,3)$에서 다음을 만족하는 연속인 함수를 정의하여라.

09 최댓값을 갖지 않는다.

10 1에서 최솟값을 갖고, 최댓값을 갖지 않는다.

11 2에서 최댓값을 갖고, 최솟값을 갖지 않는다.

12 (고정점 성질) f가 연속이고, 모든 $x\in[-1,1]$에 대하여 $0\le f(x)\le 1$를 만족한다고 가정하자. 이때, $f(c)=c$를 만족하는 c가 $[-1,1]$에서 적어도 하나 존재함을 증명하여라. [Hint: $g(x)=x-f(x)$라 놓고, g에 중간값 정리를 이용하여라.]

13 $\dfrac{1}{x-a}+\dfrac{1}{x-b}+\dfrac{1}{x-c}=0$은 서로 다른 두 실근을 가짐을 보여라(단, $a<b<c$).

제4장

도함수와 미분의 응용

4.1 도함수
4.2 곱과 몫의 미분법
4.3 음함수의 미분법
4.4 지수와 로그함수의 도함수
4.5 삼각함수의 미분법
4.6 삼각함수의 역함수 미분법
4.7 미분의 응용

앞 장에서는 함수에 대한 극한과 연속에 관하여 살펴보았다. 자동차를 운전하면서 속도계를 자주 보게 된다. 그리고 내비게이션은 구간 단속 구간의 경우 구간속도를 표시하는 경우도 있다. 또한 "속도계는 순간속도를 어떻게 표현할까?" 하는 관심을 가져본 적이 있을 것이다. 이 장에서는 시간에 대한 물체의 평균변화율(평균속도)과 순간변화율(속도)에 관한 의미를 살펴보고자 한다.

4.1 도함수

직선운동하는 물체의 시간 t일 때의 위치함수가 $s=f(t)$로 주어진다고 하자. 시간이 $t=c$에서 $t=c+h$까지 변하는 동안 위치의 변화량은 $f(c+h)-f(c)$이므로 평균속도 V는

$$V=\frac{\text{변위}}{\text{시간}}=\frac{f(c+h)-f(c)}{h}$$

이다.

주어진 시간 c에 시간의 변화가 점점 더 작아져서 h가 0에 접근할 때 평균속도의 극한을 속도(velocity) 또는 순간속도라 하고 $v(c)$라 나타낸다. 즉

$$v(c)=\lim_{h\to 0}\frac{f(c+h)-f(c)}{h}$$

이다.

예제 4.1.1 50 m의 높이에서 떨어뜨린 물체의 t초 후의 높이가 $f(t)=50-5t^2$로 주어진다고 하자.

(1) $t=1$과 $t=2$ 사이의 물체의 평균속도를 구하여라.

(2) $t=1.5$와 $t=2$ 사이의 물체의 평균속도를 구하여라.

(3) $t=1.9$와 $t=2$ 사이의 물체의 평균속도를 구하여라.

(4) $t=2$일 때의 물체의 속도를 구하여라.

(5) 물체가 땅에 닿는 순간의 속도를 구하여라.

풀이 (1) $t=1$과 $t=2$ 사이의 평균속도는

$$V=\frac{f(2)-f(1)}{2-1}=(50-5\cdot 2^2)-(50-5\cdot 1^2)=-15\,(\mathrm{m/sec})$$

이다.

(2) $t=1.5$와 $t=2$ 사이의 평균속도는

$$V=\frac{f(2)-f(1.5)}{2-1.5}=\frac{(50-5\cdot 2^2)-(50-5\cdot(1.5)^2)}{0.5}$$
$$=-17.5\,(\mathrm{m/sec})$$

이다.

(3) $t=1.9$와 $t=2$ 사이의 평균속도는

$$V=\frac{f(2)-f(1.9)}{2-1.9}=\frac{(50-5\cdot 2^2)-(50-5\cdot(1.9)^2)}{0.1}$$
$$=-19.5\,(\mathrm{m/sec})$$

이다.

(4) $t=2$일 때의 속도는

$$\begin{aligned}v(2)&=\lim_{h\to 0}\frac{f(2+h)-f(2)}{h}\\&=\lim_{h\to 0}\frac{[50-5(2+h)^2]-[50-5\cdot 2^2]}{h}\\&=\lim_{h\to 0}\frac{-5(4h+h^2)}{h}\\&=\lim_{h\to 0}[-5(4+h)]=-20\,(\mathrm{m/sec})\end{aligned}$$

이다.

(5) 물체가 땅에 닿는 순간은 $f(t)=0$이므로

$$50-5t^2=0$$

이어야 한다. 이 식을 만족하는 t를 구하면 $t=\sqrt{10}$이므로, $v(t)=-10t$에 의하여 이때의 속도는

$$v(\sqrt{10})=-10\times\sqrt{10}\,(\mathrm{m/sec})$$

이다. ■

다음은 어떤 곡선의 접선의 기울기를 살펴보자.

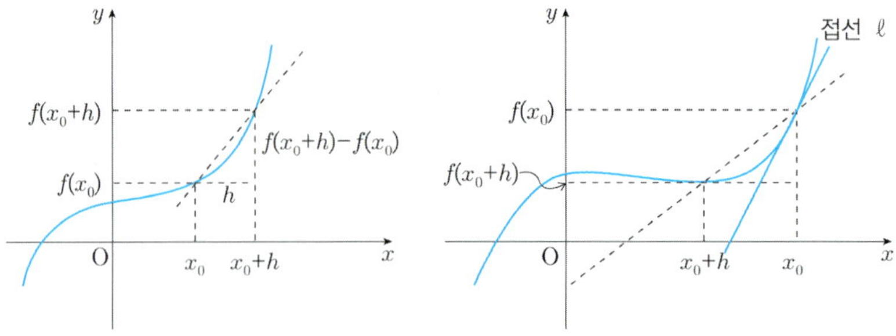

그림 4.1 접선의 의미

함수 $y = f(x)$ 위의 한 점 $(x_0, f(x_0))$에서의 접선의 방정식을 고려해 보자. $h \neq 0$가 충분히 작은 값일 때, $(x_0 + h, f(x_0 + h))$와 $(x_0, f(x_0))$을 연결하는 직선의 기울기는

$$\frac{f(x_0 + h) - f(x_0)}{h}$$

이다(그림 4.1 참조). 한편 $h \to 0$이면, 그림 4.1과 같이 $(x_0, f(x_0))$와 $(x_0 + h, f(x_0 + h))$를 연결하는 직선은 점 $(x_0, f(x_0))$에서의 접선에 가까워진다. 그러므로 극한값

$$\lim_{h \to 0} \frac{f(x_0 + h) - f(x_0)}{h}$$

이 존재하면 이를 점 $(x_0, f(x_0))$에서의 **접선의 기울기**라 정의한다.

그러면 함수 $y = f(x)$에서 $f'(x_0) = \lim_{h \to 0} \frac{f(x_0 + h) - f(x_0)}{h}$는 점 $(x_0, f(x_0))$에서 접선의 기울기이므로 **접선의 방정식**은

$$y - f(x_0) = f'(x_0)(x - x_0)$$

이고, $f'(x_0) \neq 0$인 경우, 점 $(x_0, f(x_0))$에서 **법선의 방정식**은

$$y - f(x_0) = -\frac{1}{f'(x_0)}(x - x_0)$$

이다.

예제 4.1.2 함수 $f(x) = 2x^2$일 때, $(1,2)$에서 접선의 방정식을 구하여라.

풀이 점 $(1,2)$에서 접선의 기울기를 구하면 다음과 같다.

$$f'(1) = \lim_{h \to 0} \frac{2(1+h)^2 - 2 \times 1^2}{h} = \lim_{h \to 0} 2(2+h) = 4$$

그러므로 접선의 방정식은

$$y-2=4(x-1)$$

이다. ■

정의 4.1

극한값 $\lim_{h\to0}\frac{f(x+h)-f(x)}{h}$이 존재할 때, f는 x에서 미분가능하다고 하며 그 극한을 f의 x에서의 도함수라고 하고 $f'(x)$ 또는 $\frac{dy}{dx}$로 나타낸다. 또 함수 f의 도함수를 구하는 것을 f를 미분한다고 한다. 또한 $f'(c)$를 $x=c$에서의 미분계수라 한다.

예제 4.1.3 함수 $f(x)=x^2-x+9$의 $x=1$에서의 미분계수를 구하여라.

풀이 극한의 정리에 의하여

$$f'(1)=\lim_{h\to0}\frac{f(1+h)-f(1)}{h}=\lim_{h\to0}\frac{[(1+h)^2-(1+h)+9]-[1^2-1+9]}{h}$$
$$=\lim_{h\to0}\frac{2h+h^2-h}{h}=\lim_{h\to0}(1+h)=1$$

이다. ■

예제 4.1.4 함수 $f(x)=x^2$의 도함수를 구하여라.

풀이

$$f'(x)=\lim_{h\to0}\frac{f(x+h)-f(x)}{h}=\lim_{h\to0}\frac{(x+h)^2-x^2}{h}=\lim_{h\to0}\frac{2xh+h^2}{h}$$
$$=\lim_{h\to0}(2x+h)=2x$$

예제 4.1.5 $f(x)=\sqrt{x}$일 때, $f'(x)$를 구하여라.

풀이 정의에 따라 구하면 다음과 같다.

$$f'(x)=\lim_{h\to0}\frac{\sqrt{x+h}-\sqrt{x}}{h}=\lim_{h\to0}\left(\frac{\sqrt{x+h}-\sqrt{x}}{h}\right)\cdot\left(\frac{\sqrt{x+h}+\sqrt{x}}{\sqrt{x+h}+\sqrt{x}}\right)$$
$$=\lim_{h\to0}\frac{h}{h(\sqrt{x+h}+\sqrt{x})}=\frac{1}{2\sqrt{x}}$$

즉, $x>0$에 대해 $f'(x)=\frac{1}{2\sqrt{x}}$이다. ■

정리 4.1

f와 g가 x에서 미분가능하다고 하자. 그러면

(1) $f+g$도 x에서 미분가능하고

$$(f+g)'(x)=f'(x)+g'(x)$$

이다.

(2) α가 실수이면, αf도 x에서 미분가능하고

$$(\alpha f)'(x)=\alpha f'(x)$$

이다.

증명

(1) 정의에 따라 구하면 다음과 같다.

$$\begin{aligned}(f+g)'(x)&=\lim_{h\to0}\frac{(f+g)(x+h)-(f+g)(x)}{h}\\&=\lim_{h\to0}\left(\frac{f(x+h)-f(x)}{h}+\frac{g(x+h)-g(x)}{h}\right)\\&=\lim_{h\to0}\frac{f(x+h)-f(x)}{h}+\lim_{h\to0}\frac{g(x+h)-g(x)}{h}\\&=f'(x)+g'(x)\end{aligned}$$

(2)

$$\begin{aligned}(\alpha f)'(x)&=\lim_{h\to0}\frac{(\alpha f)(x+h)-(\alpha f)(x)}{h}=\lim_{h\to0}\frac{\alpha[f(x+h)-f(x)]}{h}\\&=\alpha\lim_{h\to0}\frac{f(x+h)-f(x)}{h}=\alpha f'(x)\end{aligned}$$

예제 4.1.6 다음 함수의 도함수를 구하여라.

(1) $y=3x^2-\sqrt{x}$　　　　(2) $y=-2\sqrt{x}$

풀이 (1) 정리 4.1 (1)과 예제 4.1.4, 4.1.5을 이용하면

$$\frac{dy}{dx}=(3x^2-\sqrt{x})'=3(x^2)'-(\sqrt{x})'=6x-\frac{1}{2\sqrt{x}}$$

(2) 정리 4.1 (2)와 예제 4.1.3을 이용하면

$$\frac{dy}{dx}=-2(\sqrt{x})'=\frac{-2}{2\sqrt{x}}=\frac{-1}{\sqrt{x}}$$

와 같이 도함수를 구할 수 있다. ■

다음은 연속과 미분의 관계를 살펴보자.

정리 4.2

함수 f가 x_0를 포함하는 개구간에서 정의되었다고 하자.
f가 x_0에서 미분가능하다면, f는 x_0에서 연속이다.

증명

$\lim_{x \to x_0} f(x) = f(x_0)$를 보이면 되므로 $\lim_{h \to 0} f\{(x_0+h) - f(x_0)\} = 0$을 보이고자 한다.

$$\lim_{h \to 0} f\{(x_0+h) - f(x_0)\} = \lim_{h \to 0}\{f(x_0+h) - f(x_0)\} = \lim_{h \to 0}\left\{\frac{f(x_0+h)-f(x_0)}{h}\right\}h$$
$$= \lim_{h \to 0}\left\{\frac{f(x_0+h)-f(x_0)}{h}\right\} \cdot \lim_{h \to 0} h = f'(x_0) \cdot 0 = 0$$

$f(x_0)$와 $\lim_{x \to x_0} f(x)$가 같으므로 연속이다.

위 정리의 역은 성립하지 않음을 다음의 반례를 통해서 알 수 있다.

예제 4.1.7 함수 $f(x) = \begin{cases} x, & x < 0 \\ 2x, & x > 0 \end{cases}$가 $x = 0$에서 연속인지, 연속이면 미분가능한지를 확인하여라.

풀이 주어진 함수가

$$f(x) = \begin{cases} x, & x < 0 \\ 2x, & x \geq 0 \end{cases}$$

이므로

$$\lim_{x \to 0^+} f(x) = \lim_{x \to 0^+} x = f(0) = 0, \quad \lim_{x \to 0^-} f(x) = \lim_{x \to 0^-}(x) = f(0) = 0$$

이다. 따라서 f는 $x = 0$에서 연속이다. 그러나

$$\lim_{h \to 0^+} \frac{f(0+h)-f(0)}{h} = \lim_{h \to 0^+} \frac{2h}{h} = 2, \quad \lim_{h \to 0^-} \frac{f(0+h)-f(0)}{h} = \lim_{h \to 0^-} \frac{h}{h} = 1$$

이므로 f는 $x = 0$에서 미분불가능하다. ■

4.1 연습문제

01 곡선 $y = x^2 + 1$ 위의 점 $(2, 5)$에서의 접선과 법선의 방정식을 구하여라.

02 함수 $f(x) = \dfrac{1}{\sqrt{x+1}}$의 $x = 0$에서의 미분계수를 구하여라.

(3~6) 도함수의 정의를 이용하여 다음 함수의 도함수를 구하여라.

03 $y = \alpha$

04 $y = x^n,\ n \in N$

05 $y = \dfrac{1}{\sqrt{x+5}}$

06 $y = \dfrac{1}{(x+2)}$

(7~10) 다음 함수의 도함수를 구하여라.

07 $y = x^7 - 3x^5 - 7x^2 + 2x - 5$

08 $f(x) = a_n x^n + a_{n-1} x^{n-1} + \cdots + a_0$

09 $f(x) = \sqrt{x+2} + \dfrac{1}{\sqrt{x+3}}$

10 $y = \dfrac{1}{(x+2)^2} - \sqrt{x+7}$

11 함수 $y = \dfrac{1}{x+3}$의 $(-2, 1)$에서의 접선의 방정식을 구하여라.

12 함수 $f(x) = x^3 + 3$의 $(1, 4)$에서의 법선의 방정식을 구하여라.

13 함수 $f(x) = ax^2 + x + b$이고 $y = f(x)$의 $(1, 3)$에서의 접선의 기울기가 1일 때, a, b를 구하여라.

14 다음 함수가 $x = 1$에서 미분가능하기 위한 a, b의 값을 구하여라.

$$f(x) = \begin{cases} x^3, & x \le 1 \\ ax + b, & x > 1 \end{cases}$$

15 다음 표는 어느 회사의 주식을 어떤 날로부터 일일로 표시한 것이다.

일	1	2	3	4	5	6
원	43,500	43,700	44,800	44,000	44,200	44,100

(1) 다음 구간에서 주가의 평균변화율을 구하여라.

2부터 3까지, 2부터 4까지, 1일부터 5일까지

(2) 다섯 번째의 순간변화율을 추정하여라.

4.2 곱과 몫의 미분법

4.1절의 연습문제에서 $(x^n)' = nx^{n-1}$ (n은 자연수)임을 알았다. $x^2 = x \cdot x$로 표현할 수 있듯이 어떤 함수 $f(x) = g(x)h(x)$ 형태로 표현되는 경우가 많을 것이다. 이러한 경우 $g'(x)$와 $h'(x)$를 이용하여 $f'(x)$를 구하는 방법을 살펴보고자 한다.

정리 4.3 곱의 미분법

$f(x)$와 $g(x)$가 x에서 미분가능하다면 $(f \cdot g)(x)$도 x에서 미분가능하고

$$(f(x)g(x))' = f'(x)g(x) + f(x)g'(x)$$

이다.

증명

$(f \cdot g)(x) = f(x)g(x)$이므로

$$\begin{aligned}(fg)'(x) &= \lim_{h \to 0} \frac{f(x+h)g(x+h) - f(x)g(x)}{h} \\ &= \lim_{h \to 0} \frac{f(x+h)g(x+h) - f(x)g(x+h) + f(x)g(x+h) - f(x)g(x)}{h} \\ &= \lim_{h \to 0} \left[\frac{f(x+h) - f(x)}{h}\right] g(x+h) + \lim_{h \to 0} \left[\frac{g(x+h) - g(x)}{h}\right] f(x) \\ &= f'(x)g(x) + f(x)g'(x)\end{aligned}$$

예제 4.2.1 x^3을 앞 절에서 배운 대로 미분을 하면 $3x^2$임을 알 수 있다. 곱의 미분법을 이용하여 미분하여라.

풀이 $x^3 = x^2 \cdot x$이라 보고, 곱의 미분법을 사용하면

$$(x^3)' = (x^2 \cdot x)' = (2x)(x) + (x^2)(1) = 2x^2 + x^2 = 3x^2$$

과 같은 결과를 얻을 수 있다. ■

예제 4.2.2 $f(x) = (x^3 - 2x + 1)(x^5 + x^2 - 2)$일 때 $f'(x)$를 구하여라.

풀이

$$\begin{aligned} f'(x) &= (x^3-2x+1)'(x^5+x^2-2)+(x^3-2x+1)(x^5+x^2-2)' \\ &= (3x^2-2)(x^5+x^2-2)+(x^3-2x+1)(5x^4+2x) \\ &= 8x^7-12x^5+10x^4-12x^2+2x+4 \end{aligned}$$

이같이 위의 정리를 이용하면 미분가능한 유한개의 곱의 함수를 미분할 수 있다. 즉 $f(x)$, $g(x)$, $h(x)$가 미분가능할 경우 $(f(x)g(x)h(x))'$을 구하면 다음과 같다.

$$\begin{aligned} \{f(x)g(x)h(x)\}' &= \{(f(x)g(x))h(x)\}' \\ &= [f(x)g(x)]'h(x)+[f(x)g(x)]h'(x) \\ &= [f'(x)g(x)+f(x)g'(x)]h(x)+f(x)g(x)h'(x) \\ &= f'(x)g(x)h(x)+f(x)g'(x)h(x)+f(x)g(x)h'(x) \end{aligned}$$ ■

예제 4.2.3 $y=(x-3)(x^2-2)(3x^5+1)$의 도함수를 구하여라.

풀이

$$\begin{aligned} \frac{dy}{dx} &= [(x-3)(x^2-2)(x^5+1)]' \\ &= [(x-3)(x^2-2)]'(x^5+1)+(x-3)(x^2-2)(x^5+1)' \\ &= (x-3)'(x^2-2)(x^5+1)+(x-3)(x^2-2)'(x^5+1) \\ &\qquad +(x-3)(x^2-2)(x^5+1)' \\ &= (x^2-2)(x^5+1)+2x(x-3)(x^5+1)+5x^4((x-3)(x^2-2) \end{aligned}$$

다음은 몫의 미분법을 살펴보기로 하자.

$f(x)$, $g(x)$가 함수일 때 $g(x)\neq 0$이면 $Q(x)=f(x)/g(x)$를 정의할 수 있다. 그러면 다음과 같이 유리함수의 미분법을 얻을 수 있다. ■

정리 4.4 몫의 미분법

$f(x)$와 $g(x)$가 x에서 미분가능하고 $g(x)\neq 0$이면 $Q(x)=\left(\frac{f}{g}\right)(x)$도 x에서 미분가능하고

$$Q'(x)=\left[\frac{f(x)}{g(x)}\right]'=\frac{f'(x)g(x)-f(x)g'(x)}{(g(x))^2}$$

이다.

증명

$Q(x)=\dfrac{f(x)}{g(x)}$ 이므로

$$\begin{aligned}
Q'(x)&=\lim_{h\to 0}\frac{\dfrac{f(x+h)}{g(x+h)}-\dfrac{f(x)}{g(x)}}{h}=\lim_{h\to 0}\frac{f(x+h)g(x)-f(x)g(x+h)}{g(x+h)g(x)h}\\
&=\lim_{h\to 0}\frac{f(x+h)g(x)-f(x)g(x)-f(x)g(x+h)+f(x)g(x)}{g(x+h)g(x)h}\\
&=\lim_{h\to 0}\frac{1}{g(x+h)g(x)}\times\lim_{h\to 0}\frac{f(x+h)g(x)-f(x)g(x)-f(x)g(x+h)+f(x)g(x)}{h}\\
&=\frac{1}{g(x)g(x)}\left[\lim_{h\to 0}\frac{f(x+h)-f(x)}{h}g(x)-\lim_{h\to 0}\frac{g(x+h)-g(x)}{h}f(x)\right]\\
&=\frac{f'(x)g(x)-f(x)g'(x)}{\{g(x)\}^2}
\end{aligned}$$

예제 4.2.4 다음 함수들의 도함수를 구하여라.

(1) $a(x)=\dfrac{x^3+2x+1}{x^2+2}$ (2) $b(x)=\dfrac{x^3+1}{x^2+3}$

(3) $c(x)=\dfrac{x^2+1}{x-1}$ (4) $d(x)=\dfrac{x-1}{x^2+1}$

풀이

(1) $$\begin{aligned}a'(x)&=\frac{(x^3+2x+1)'(x^2+2)-(x^3+2x+1)(x^2+2)'}{(x^2+2)^2}\\
&=\frac{(3x^2+2)(x^2+2)-(x^3+2x+1)(2x)}{(x^2+2)^2}\\
&=\frac{x^4+4x^2-2x}{(x^2+2)^2}\end{aligned}$$

(2) $$\begin{aligned}b'(x)&=\frac{(x^3+1)'(x^2+3)-(x^3+1)(x^2+3)'}{(x^2+3)^2}\\
&=\frac{(3x^2)(x^2+3)-(x^3+1)2x}{(x^2+3)^2}\\
&=\frac{x^4+9x^2-2x}{(x^2+3)^2}\end{aligned}$$

(3) $$\begin{aligned}c'(x)&=\frac{(x^2+1)'(x-1)-(x^2+1)(x-1)'}{(x-1)^2}\\
&=\frac{2x(x-1)-(x^2+1)}{(x-1)^2}=\frac{x^2-2x-1}{(x-1)^2}\end{aligned}$$

$$(4)\ d'(x) = \frac{(x-1)'(x^2+1)-(x-1)(x^2+1)'}{(x^2+1)^2}$$
$$= \frac{(x^2+1)-(x-1)(2x)}{(x^2+1)^2} = \frac{-x^2+2x+1}{(x^2+1)^2}$$ ■

예제 4.2.5 정수 n에 대해서 $(x^n)' = nx^{n-1}$임을 보여라.

풀이 n이 자연수인 경우에 위의 내용이 성립한다는 사실은 알고 있으므로, $n=0$인 경우와 n이 음의 정수인 경우만 증명하면 된다.

$x^0 = 1$이므로,

$$(x^0)' = (1)' = 0$$

증명되었고, n이 음의 정수라면 $n=-m$을 만족하는 자연수 m이 존재하므로,

$$(x^n)' = (x^{-m})' = \left(\frac{1}{x^m}\right)' = \frac{1' \cdot x^m - 1 \cdot mx^{m-1}}{x^{2m}}$$
$$= -m\frac{x^{m-1}}{x^{2m}} = -mx^{-m-1} = nx^{n-1}$$

이므로 성립한다. ■

나아가 α이 임의의 실수일 때에도 $\frac{d}{dx}(x^\alpha) = \alpha x^{\alpha-1}$이 성립한다. 예를 들어 도함수의 정의에 의해

$$\frac{d}{dx}(x^{-1/3}) = -\frac{1}{3}x^{-4/3}$$

이며

$$\frac{d}{dx}(x^{\sqrt{2}}) = \sqrt{2}\,x^{\sqrt{2}-1}$$

이다. 즉, 임의의 실수 α에 대해 성립하는데 이는 로그함수의 미분에서 증명한다.

복잡해 보이는 많은 함수들이 단순한 함수들의 합성함수 형태로 주어져 있는 것을 볼 수 있다. 예를 들면 $f(x) = \sqrt{x^3+1}$는 $g(x) = \sqrt{x}$와 $h(x) = x^3+1$의 합성함수형태, 즉 $f(x) = g(h(x))$ 모양으로 주어진다. 따라서 합성함수의 미분법을 이용하여 복잡한 함수들을 쉽게 미분할 수 있을 것이다.

정리 4.5 합성함수의 미분법(chain rule)

$y=f(u), u=g(x)$가 각각 u, x에 대하여 미분가능하면 $F(x)=f(g(x))$도 x에 대하여 미분가능하고

$$F'(x)=f'(u)g'(x)=f'(g(x))g'(x)$$

이다.

증명

$f(u)$, $g(x)$가 미분가능하므로

$$f'(u)=\lim_{t\to0}\frac{f(u+t)-f(u)}{t},\quad g'(x)=\lim_{h\to0}\frac{g(x+h)-g(x)}{h}$$

이다. 따라서

$$F'(x)=\lim_{h\to0}\frac{f(g(x+h))-f(g(x))}{h}$$

$t=g(x+h)-g(x)$라 하면 $h\to0$일 때 $t\to0$이고 $g(x+h)=g(x)+t$이다. 그러므로

$$\begin{aligned}F'(x)&=\lim_{h\to0}\frac{f(g(x)+t)-f(g(x))}{h}=\lim_{h\to0}\frac{[f(g(x)+t)-f(g(x))]t}{ht}\\&=\lim_{h\to0}\left[\frac{f(u+t)-f(u)}{t}\cdot\frac{t}{h}\right]=\left[\lim_{t\to0}\frac{f(u+t)-f(u)}{t}\right]\left[\lim_{h\to0}\frac{t}{h}\right]\\&=\left[\lim_{t\to0}\frac{f(u+t)-f(u)}{t}\right]\left[\lim_{h\to0}\frac{g(x+h)-g(x)}{h}\right]=f'(u)g'(x)\\&=f'(g(x))g'(x)\end{aligned}$$

예제 4.2.6 다음에 주어진 함수들의 도함수를 구하여라.

(1) $f(x)=(x^2+2x-3)^5$ (2) $g(x)=(x^2+1)^{3/2}$

(3) $y=\sqrt[3]{\dfrac{x^2+1}{x+2}}$ (4) $y=\dfrac{3}{(x^3+1)^5}$

풀이 (1) $g(x)=x^5, h(x)=x^2+2x-3$라 하면 $g'(x)=5x^4$, $h'(x)=2x+2$이고 $f(x)=g(h(x))$이므로

$$f'(x)=g'(h(x))h'(x)=5(h(x))^4(2x+2)=10(x+1)(x^2+2x-3)^4$$

이다.

(2) $g(x)=x^{3/2}$, $h(x)=x^3+1$라 하면 $g'(x)=\dfrac{3}{2}x^{1/2}$, $h'(x)=2x$이고 $f(x)=g(h(x))$이므로

$$f'(x)=g'(h(x))h'(x)=\frac{3}{2}[h(x)]^{1/2}2x=3x(x^2+1)^{1/2}$$

이다.

(3) $g(x)=\sqrt[3]{x}$, $h(x)=\dfrac{x^2+1}{x+2}$라 하면

$$g'(x)=\frac{1}{3}x^{\frac{-2}{3}},\quad h'(x)=\frac{2x(x+2)-(x^2+1)}{(x+2)^2}=\frac{x^2+4x-1}{(x+2)^2}$$

이고 $y=g(h(x))$이므로

$$\begin{aligned}\frac{dy}{dx}=y'=g'(h(x))h'(x)&=\frac{1}{3}h(x)^{-\frac{2}{3}}\ \frac{x^2+4x-1}{(x+2)^2}\\&=\frac{1}{3}\left(\frac{x^2+1}{x-2}\right)^{\frac{-2}{3}}\cdot\frac{x^2-4x-1}{(x-2)^2}\end{aligned}$$

이다.

(4) $g(x)=\dfrac{3}{x^5}$, $h(x)=x^3+1$라 하면 $g'(x)=-\dfrac{15}{x^6}$, $h'(x)=3x^2$이고 $y=g(h(x))$이므로

$$\frac{dy}{dx}=y'=g'(h(x))h'(x)=-\frac{15}{[h(x)]^5}3x^2=-\frac{45x^2}{(x^3+1)^6}$$

이다. ■

합성함수를 3개로 확장해 보자. 즉, 함수 $y=f(u)$, $u=g(x)$, $x=h(t)$ 세 함수의 합성으로 보고 미분하면

$$\frac{dy}{dt}=\frac{dy}{du}\cdot\frac{du}{dt}=\frac{dy}{du}\cdot\frac{du}{dx}\cdot\frac{dx}{dt}$$

이다.

예제 4.2.7 $f(u)=\dfrac{1}{u+2}$, $u=g(s)=s^2-s+1$, $s=h(t)=\sqrt{t+1}$일 때 $\left[\dfrac{df}{dt}\right]_{t=3}=(f\circ g\circ h)'(3)$를 구하여라.

풀이

$$f'(u)=\frac{-1}{(u+1)^2},\quad g'(s)=2s-1,\quad h'(t)=\frac{1}{2}\frac{1}{\sqrt{t+1}}$$

이고 $t=3$일 때 $s=2$, $u=3$이므로

$$\left[\frac{df}{du}\right]_{u=3}=-\frac{1}{(3+1)^2}=-\frac{1}{4}$$
$$\left[\frac{du}{ds}\right]_{s=2}=2\cdot 2-1=3$$
$$\left[\frac{ds}{dt}\right]_{t=3}=\frac{1}{2}\frac{1}{\sqrt{3+1}}=\frac{1}{4}$$

이다. 따라서

$$\left[\frac{df}{dt}\right]_{t=3}=\left[\frac{df}{du}\right]_{u=3}\left[\frac{du}{ds}\right]_{s=2}\left[\frac{ds}{dt}\right]_{t=3}=\left(-\frac{1}{4}\right)\cdot 3\cdot\frac{1}{4}=-\frac{3}{16}$$ ■

주어진 함수 $y=f(x)$의 도함수 y'가 미분가능하다면 y'의 도함수를 구할 수 있을 것이다. 이 경우 y'의 도함수를 y의 **이계도함수**(second derivative)라 하고 기호로 y''로 표시한다. 한편 함수 f가 계속 미분가능할 경우 도함수의 도함수를 **고계도함수**(higher-order derivative)라 한다. 함수 $y=f(x)$의 경우 고계도함수의 일반적인 표현은 다음과 같다.

이계도함수는

$$y'',\ \frac{d^2y}{dx^2}=\frac{d}{dx}\left(\frac{dy}{dx}\right),\ f''(x),\ \frac{d^2}{dx^2}[f(x)]=\frac{d}{dx}\left(\frac{d}{dx}[f(x)]\right)$$

로 표기하고, 이계도함수 $f''(x)$의 도함수를 **삼계도함수**(3rd order derivative)라 하고

$$y''',\ f'''(x),\ \frac{d^3y}{dx^3},\ \frac{d^3}{dx^3}(f(x))$$

로 표기하다.

그리고 일반적으로 n계도함수

$$y^{(n)},\ \frac{d^ny}{dx^n}=\frac{d}{dx}\left(\frac{d^{n-1}y}{dx^{n-1}}\right),\ f^{(n)}(x),\ \frac{d^n}{dx^n}[f(x)]=\frac{d}{dx}\left(\frac{d^{n-1}}{dx^{n-1}}[f(x)]\right)$$

로 표기한다.

예제 4.2.8 다음 함수의 이계도함수를 구하여라.

(1) $f(x)=x^4+x^2-x+1$　　(2) $g(x)=(2x+1)^5$

(3) $y=\dfrac{1}{x+3}$　　(4) $y=x^5-\dfrac{1}{x^5}$

풀이 (1) $f'(x)=4x^3+2x-1$이므로

$$f''(x)=12x^2+2=2(6x^2+1)$$

이다.

(2) 먼저 일계도함수를 구하면

$$g'(x) = 5(2x+1)^4 \cdot 2 = 10(2x+1)^4$$

이므로

$$g''(x) = 10 \cdot 4(2x+1)^3 \cdot 2 = 80(2x+1)^3$$

이다.

(3) 먼저 일계도함수를 구하면

$$y' = \frac{(1)'(x+3) - 1(x+3)'}{(x+3)^2} = -\frac{1}{(x+2)^2}$$

이므로

$$y'' = \frac{(-1)'(x+3)^2 - (-1)[(x+3)^2]'}{(x+3)^4} = \frac{2}{(x+3)^3}$$

이다.

(4) 먼저 일계도함수를 구하면

$$\frac{dy}{dx} = 5x^4 - \frac{(-5)x^4}{x^{10}} = 5x^4 + \frac{5}{x^6}$$

이므로

$$\frac{d^2y}{dx^2} = 20x^3 + \frac{(-5) \cdot 6x^5}{x^{12}} = 20x^3 - \frac{30}{x^7}$$

이다. ■

4.2 연습문제

(1~8) 다음 함수들의 도함수를 구하여라.

01 $f(x) = (x^3 + x + 1)(x^2 - 2)$

02 $y = (ax + b)(bx^2 + cx + d)(ex^3 + fx^2 + gx + h)$

03 $h(x) = (x^3 + x^2 + 1)^{\frac{7}{3}}$

04 $y = (x + 1)(x^3 + 1)(x^5 - 2x + 3)$

05 $y = \left(\dfrac{x}{x^2 + 1}\right)^3$

06 $g(x) = \dfrac{x^4 + x + 1}{x^3 + 2}$

07 $y = \left(x^2 - \dfrac{1}{x}\right)^2$

08 $y = \dfrac{x^2}{x^2 + 1}$

(9~12) 다음 함수의 이계도함수를 구하여라.

09 $y = x^n - \dfrac{1}{x^n}$, n은 양의 정수

10 $y = \dfrac{2 - x^5}{3 + x^3}$

11 $y = \dfrac{1}{x^2 - x - 6}$

12 $y = ax^9 + bx^5 + cx^3 + dx + e$

13 n이 자연수일 때, 미분의 정의를 사용하여 $f(x) = x^n$의 도함수는 $\dfrac{d}{dx}(x^n) = nx^{n-1}$임을 증명하라.

14 함수 $f(x) = \begin{cases} x + 1, & x\text{가 유리수} \\ 1, & x\text{가 무리수} \end{cases}$의 $x = 0$에서의 미분가능성을 판별하여라.

15 $y = a_n x^n + a_{n-1} x^{n-1} + \cdots + a_1 x + a_0$일 때 $y^{(n)}$을 구하여라.

4.3 음함수의 미분법

우리는 지금까지 $y=f(x)$ 형태로 주어진 함수들의 미분을 다루어 왔다. 원의 방정식 $x^2+y^2-1=0$과 같이 $f(x,y)=0$ 형태로 주어진 방정식의 미분 $\frac{dy}{dx}$을 구하고자 한다. 일반적으로 $y=f(x)$ 형태로 표현하는 함수를 양함수(explicit function)라 하고, $f(x,y)=0$ 형태로 주어지는 방정식을 음함수(implicit function)라 한다. 그러면 먼저 간단히 음함수에 관해서 살펴보기로 하자.

예제 4.3.1 양함수 형태로 주어진 함수 $y=x^2$을 음함수로 표시하면 $y-x^2=0$이다.

예제 4.3.2 음함수 $x^2-y^3+2=0$에 의해 표시되는 양함수를 구하여라.

풀이 주어진 식을 정리하면

$$y^3=x^2+2$$

이고 y를 x에 관해서 표시하면

$$y=\sqrt[3]{x^2+2}$$

이다. ■

예제 4.3.3 음함수 $x^2-y^2-2=0$가 나타내는 양함수를 구하여라.

풀이

$$y^2=x^2-2$$

이므로

$$y=\pm\sqrt{x^2-2}$$

이다. 즉 2개의 양함수를 표시한다. ■

음함수 $F(x,y)=0$로 표시된 함수를 양함수 $y=f(x)$ 형태로 변형하지 않고, 도함수 y'를 구하는 방법을 음함수의 미분법이라 한다. 간략히 말하면 y를 x에 관한 함수로 보고 합성함수 미분을 하면 된다.

예제 4.3.4 $y^8-2x^7+y^2x^2+3x^2-2=0$일 때 y'를 구하여라.

풀이 x에 관해서 양변을 미분하면, y는 x의 함수이므로 합성함수의 미분법을 이용하면

$$\frac{d(y^8-2x^7+y^2x^2+3x^2-2)}{dx}=0$$

이다. 즉,

$$8y^7\frac{dy}{dx}-2\cdot 7x^6+(\frac{dy^2}{dx}x^2+y^2\frac{dx^2}{dx})+3\cdot 2x$$

$$=8y^7\frac{dy}{dx}-14x^6+2yx^2\frac{dy}{dx}+2y^2x+6x=0$$

이다. 따라서 y'에 관해 정리하면

$$(8y^7+2yx^2)y'=14x^6-2y^2x-6x$$

$$y'=\frac{14x^6-2y^2x-6x}{8y^7+2yx^2}$$

을 얻을 수 있다. ■

예제 4.3.5 α가 유리수일 때, $(x^\alpha)'=\alpha x^{\alpha-1}$임을 보여라.

풀이 유리수가 정의에 의하여 $\alpha=\frac{q}{p}$를 만족하는 정수 q, p가 존재한다.

$$y=x^\alpha=x^{q/p} \quad\Rightarrow\quad y^p=x^q$$

이므로, 음함수의 미분법을 사용하면,

$$py^{p-1}y'=qx^{q-1} \;\Rightarrow\; y'=\frac{q}{p}y^{1-p}x^{q-1}$$

$$=\frac{q}{p}\left(x^{q/p}\right)^{1-p}x^{q-1}=\frac{q}{p}x^{q/p-1}=\alpha x^{\alpha-1}$$

이므로 증명되었다. ■

참고 무리수 α가 주어지면, 무리수 α로 수렴하는 유리수의 수열 $\{a_n\}$이 존재한다는 사실은 알려져 있다. 유리수에 대해서 증명을 하였으므로

$$(x^\alpha)'=\left(\lim_{n\to\infty}x^{a_n}\right)'=\lim_{n\to\infty}(x^{a_n})'=\lim a_nx^{a_n-1}=\alpha x^{\alpha-1}$$

을 사용하여 임의의 실수 α에 대해서

$$(x^{\alpha})' = \alpha x^{\alpha - 1}$$

를 증명하였다. 물론, 우리는 log의 미분을 이용하여 다시 한번 증명할 것이다.

예제 4.3.6 $x^2 - y^2 = 1$일 때, y', y'', $y^{(3)}$를 구하여라.

풀이 x에 관해서 양변을 미분하면 $2x - 2yy' = 0$이므로

$$y' = \frac{x}{y}$$

$$y'' = \frac{y - xy'}{y^2} = \frac{y - x\left(\frac{x}{y}\right)}{y^2} = \frac{y^2 - x^2}{y^3} = \frac{-1}{y^3} \text{ 이고}$$

$$y^{(3)} = \frac{3y^2y'}{y^6} = \frac{3x}{y^5}$$

■

4.3 연습문제

(1~6) 다음 함수의 도함수를 구하여라.

01 $(x+1)^3+(y+1)^3=1$

02 $\sqrt[3]{x}+\sqrt[4]{y}=1$

03 $\dfrac{x^2+y^4}{x+y^2}=1$

04 $\dfrac{1}{x}+\dfrac{1}{y}+1=0$

05 $|x|+|y|=1$

06 $\sqrt{x^2+y^2}=2$

(7~10) 다음 함수의 주어진 점에서의 접선의 방정식을 구하여라.

07 $\dfrac{(x+1)^2}{4^2}+\dfrac{(y-2)^2}{3^2}=1,\ (-1,5)$

08 $2x^2+y^2=6,\ (1,2)$

09 $\dfrac{x+2y}{x^2+y^2}=1,\ (1,2)$

10 $x^2+y^2=25,\ (3,4)$

(11~14) 다음 함수의 이계도함수를 구하여라.

11 $x^2+y^3+xy^2-2x+y=2$

12 $y^2-x^2y+x=1$

13 $\sqrt[3]{x}+\sqrt[3]{y^2}=1$

14 $y^2-\dfrac{1}{x^2+1}=0$

15 원 $x^2+y^2=a^2$의 모든 법선은 원점을 지남을 증명하여라.

4.4 지수와 로그함수의 도함수

자연계가 아닌 학생들은 고등학교에서 주로 상용로그를 다루었을 것이지만 대학에서는 주로 자연대수 e를 밑으로 하는 자연로그함수를 다루며 $\ln x$로 표현한다. 즉, $\ln x = \log_e x$이다. 그리고 IT 분야에서는 $\lg x = \log_2 x$를 많이 사용한다.

지수, 로그함수를 배우면서 자연대수 e를 살펴보았다. 참고로 e는 다음과 같은 극한으로 정의되며 무리수이다.

$$\lim_{x\to 0}(1+x)^{1/x} = \lim_{n\to\infty}(1+1/n)^n = e$$

$f(n)=(1+1/n)^n$라 하면, 소수점 이하 다섯 번째 자리에서 반올림하면

$$f(1)=2,\ f(100)=2.70481,\ f(100{,}000)=2.71827,$$
$$f(1{,}000{,}000)=2.71828,\ f(10{,}000{,}000)=2.71828,\ \cdots,$$

와 같이 주어진다. 실제로 $e=2.71828182845904509080\cdots$ 인 무리수이다.

그러면 지수, 로그함수의 미분을 살펴보자.

주어진 실수 $x\neq 0$에 대하여 $h'=\dfrac{h}{x}$인 경우 $\lim_{h\to 0}h'=0$이다. 그러므로 다음과 같이 $\ln x$의 도함수를 구할 수 있다.

정리 4.6

$$(\ln x)' = \frac{1}{x}$$

증명

$$(\ln x)' = \lim_{h\to 0}\frac{\ln(x+h)-\ln x}{h} = \lim_{h\to 0}\frac{\ln\left(\dfrac{x+h}{x}\right)}{h} = \lim_{h\to 0}\frac{\ln\left(1+\dfrac{h}{x}\right)}{h} = \lim_{h\to 0}\frac{\ln(1+h')}{xh'},$$

$$h'=\frac{h}{x} = \lim_{h'\to 0}\frac{1}{x\cdot h'}[\ln(1+h')] = \frac{1}{x}\lim_{h'\to 0}\ \ln(1+h')^{\frac{1}{h'}} = \frac{1}{x}\ln e = \frac{1}{x}$$

참고 $\log_a x = \dfrac{\ln x}{\ln a}$ $(a > 0,\ a \neq 1)$이므로

$$(\log_a x)' = \left(\frac{1}{\ln a} \cdot \ln x\right)' = \frac{1}{\ln a} \cdot \frac{1}{x}$$

이다.

예제 4.4.1 함수 $f(x) = \ln(x^2 + 3)$일 때 f의 도함수를 구하여라.

풀이 $t = x^2 + 3$이라고 하면, 합성함수의 미분법과 로그함수의 미분법을 이용하여

$$\begin{aligned}\frac{df(x)}{dx} &= \frac{d}{dt}\log t \cdot \frac{dt}{dx} = \frac{1}{t} \cdot \frac{dt}{dx} \\ &= \frac{1}{x^2+3}[x^2+3]' = \frac{2x}{x^2+3}\end{aligned}$$

을 구할 수 있다. ■

예제 4.4.2 $f(n) = \lg(n^4 + 2n^2 + 9)$일 때 $\dfrac{df(n)}{dn}$을 구하여라.

풀이 참고에서 $a = 2$이므로 $\lg x = \log_2 x = \dfrac{\ln x}{\ln 2}$이다. 따라서

$$\begin{aligned}\frac{df(n)}{dn} &= \frac{1}{\ln 2} \cdot \frac{1}{n^4 + 2n^2 + 9} \cdot (n^4 + 2n^2 + 9)' \\ &= \frac{1}{\ln 2} \cdot \frac{4n(n^2+1)}{n^4 + 2n^2 + 9}\end{aligned}$$

■

다음은 지수함수의 도함수를 구해 보기로 하자.

정리 4.7

$(a > 0, a \neq 1)$에 대하여 $(a^x)' = a^x \ln a$이다. 특히, $(e^x)' = e^x$이다.

증명

지수함수 $y = a^x$ $(a > 0, a \neq 1)$의 양변에 자연로그를 취하면

$$\ln y = \ln a^x = x \ln a$$

음함수의 미분법을 이용하여 x로 미분하면

$$\frac{y'}{y} = \ln a$$

이므로

$$y' = y \ln a = \ln a \cdot a^x$$

이다.

예제 4.4.3 다음 함수의 도함수를 구하여라.

(1) $f(x) = 3^{x^2+4x+5}$ (2) $g(x) = 5^{x^2/(1+x^2)}$

풀이 지수함수와 합성함수의 미분법을 이용하여 다음과 같이 구할 수 있다.

(1) $f'(x) = \ln 3 \cdot 3^{x^2+4x+5} \cdot (x^2+4x+5)' = (\ln 3)(2x+4)3^{x^2+4x+5}$

(2) $g'(x) = \ln 5 \cdot 5^{x^2/(1+x^2)} \cdot \left(\dfrac{x^2}{1+x^2}\right)'$

$$= \frac{\ln 5 \cdot 2x}{(1+x^2)^2} \cdot 5^{x^2/(1+x^2)}$$

■

예제 4.4.4 음함수 $\ln(x^2y^3) = x + y^2 + 5$의 도함수 $\dfrac{dy}{dx}$를 구하여라.

풀이 $\ln(x^2y^3) = x + y^2 + 5$을 x에 관해서 양변을 미분하면

$$\frac{2xy^3 + 3x^2y^2\dfrac{dy}{dx}}{x^2y^3} = 1 + 2y\frac{dy}{dx}$$

를 얻을 수 있다. 따라서

$$2xy^3 + 2x^2y^2\frac{dy}{dx} = x^2y^3\left(1 + 2y\frac{dy}{dx}\right)$$

$$\frac{dy}{dx}(2x^2y^4 - 2x^2y^2) = 2xy^3 - x^2y^3$$

$$\frac{dy}{dx} = \frac{2y - xy}{2(xy^2 - x)} = \frac{y(2-x)}{2x(y-1)}$$

을 구할 수 있다. ■

정리 4.8

α가 실수일 때, 거듭제곱함수 $f(x)=x^{\alpha}$의 도함수는 $\dfrac{d}{dx}(x^{\alpha})=\alpha x^{\alpha-1}$이다.

증명

$y=x^{\alpha}$으로 두고 양변에 자연로그를 취하면

$$\ln|y|=\ln|x|^{\alpha}=\alpha\ln|x|$$

이다. 양변을 미분하면

$$\frac{y'}{y}=\alpha\frac{1}{x}$$

이며 따라서

$$y'=\alpha\frac{y}{x}=\alpha\frac{x^{\alpha}}{x}=\alpha x^{\alpha-1}$$

이다.

참고 연습문제에서 $(\ln|x|)'=\dfrac{1}{x}$임을 보여라.

4.4 연습문제

(1~8) 다음 함수의 도함수를 구하여라.

01 $f(x) = 2^{x+1}$

02 $g(x) = e^{x^2+1}$

03 $h(x) = x3^{2x+1}$

04 $k(x) = 3^{\lg(x^2+2)}$

05 $y = 3^{x+2}(x^2+1)$

06 $y = \left(x^2+1\right)^{x^2+1}$

07 $y = (\ln x)^{\ln x}$

08 $y = e^{x^{2+1}} + \ln\left(1+3^x\right)$

09 $x > 0$일 때, $x > \ln(1+x)$가 성립함을 증명하여라.

(10~12) 다음 함수의 도함수를 구하여라.

10 $y^2 = \ln xy + 2^x$

11 $x \ln y + y \ln x = 2^{x^{2+1}}$

12 $e^{xy} + \ln x = xy$

13 $(\ln|x|)' = \dfrac{1}{x}$임을 보여라.

4.5 삼각함수의 미분법

먼저 삼각함수의 극한을 살펴보고. 삼각함수에 관한 미분을 살펴보자. 다음의 예제를 먼저 보자.

예제 4.5.1 두 함수 $y=x$, $y=\sin x$, $-\frac{\pi}{2} \le c \le \frac{\pi}{2}$의 그래프를 그려라.

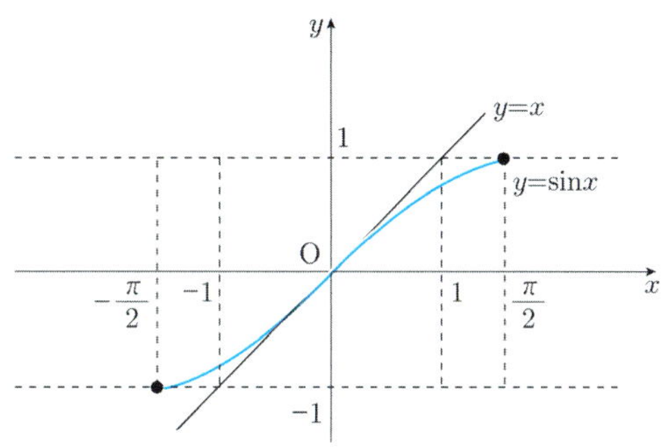

그림 4.2

예제 4.5.2 앞의 예제와 삼각함수의 성질에 의하여 다음이 성립한다.

(1) $\lim_{x \to 0} \sin x = 0$

(2) 임의의 수 α에 대하여 $\lim_{x \to \alpha} \sin x = \sin \alpha$

(3) 임의의 수 β에 대하여 $\lim_{x \to \beta} \cos x = \cos \beta$

풀이 (1) 앞의 예제에서 $-\frac{\pi}{2} \le x \le \frac{\pi}{2}$인 경우

$$0 \le |\sin x| \le |x|$$

이다. 따라서 조임정리에 의하여

$$\lim_{x \to 0} \sin x = 0$$

이다.

(2) 차를 곱으로 바꾸는 삼각함수의 성질을 이용하면

$$\sin x - \sin \alpha = 2\sin\left(\frac{x-\alpha}{2}\right)\cos\left(\frac{x+\alpha}{2}\right)$$

이다. $x \to \alpha$이면 $\frac{x-\alpha}{2} \to 0$이므로

$$\lim_{x\to\alpha}\sin\left(\frac{x-\alpha}{2}\right)=0$$

이다. 그러므로

$$\lim_{x\to\alpha}[\sin x-\sin\alpha]=0$$

이고

$$\lim_{x\to\alpha}\sin x=\sin\alpha$$

이다.

(3) $\cos x$를 사인함수로 고치면

$$\cos x=\sin\left(\frac{\pi}{2}-x\right)$$

이므로 (2)를 이용하여 다음과 같이 구할 수 있다.

$$\lim_{x\to\beta}\cos x=\lim_{x\to\beta}\sin\left(\frac{\pi}{2}-x\right)=\sin\left(\frac{\pi}{2}-\beta\right)=\cos\beta$$ ■

삼각함수의 미분을 이해하기 위하여 필요한 다음의 정리를 보자.

위의 결과로 x가 라디안으로 주어진 각일 때, 삼각함수 $\sin x$, $\cos x$, $\tan x$, $\csc x$, $\sec x$, $\cot x$ 등은 각 함수의 정의역에서 연속이며 특히 $\sin x$와 $\cos x$는 실수 전체에서 연속함수이다.

정리 4.9

$$\lim_{x\to0}\frac{\sin x}{x}=1\text{이다.}$$

증명

먼저 $x>0$인 경우, 그림 4.3과 같이

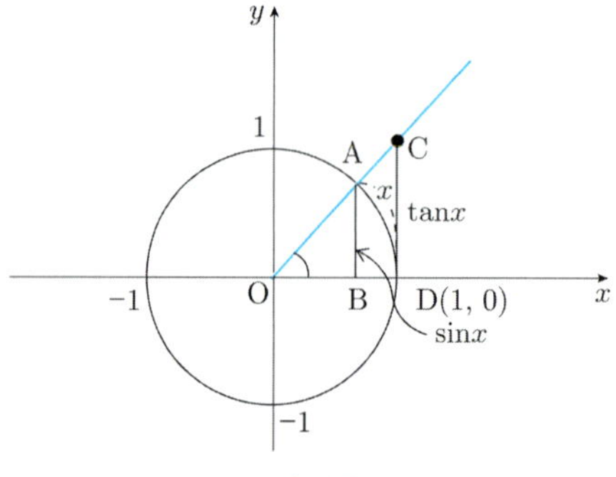

그림 4.3

$$\triangle OAD\text{의 면적} < \text{부채꼴 } OAD\text{의 면적} < \triangle OCD$$

이다. 즉,

$$\frac{1}{2}\sin x < \frac{1}{2}x < \frac{1}{2}\tan x$$

이다. 이 식에 $\dfrac{2}{\sin x}$를 곱하면

$$1 < \frac{x}{\sin x} < \frac{1}{\cos x}$$

이다. 이 식의 역수를 취하고, 극한을 구하면,

$$1 \geq \lim_{x\to 0}\frac{\sin x}{x} \geq \lim_{x\to 0}\cos x = 1 \quad \Rightarrow \quad \lim_{x\to 0^+}\frac{\sin x}{x} = 1$$

이다.

한편, $x<0$인 경우의 극한을 구하기 위하여 $t=-x>0$라 하면

$$\sin x = \sin(-t) = \sin t$$

이다. 따라서

$$\lim_{x\to 0^-}\frac{\sin x}{x} = \lim_{t\to 0^+}\frac{\sin(-t)}{-t} = \lim_{t\to 0^+}\frac{\sin t}{t} = 1$$

이다. 우극한과 좌극한이 일치하므로,

$$\lim_{x\to 0}\frac{\sin x}{x} = 1$$

이다.

예제 4.5.3 다음의 극한을 구하여라.

(1) $\displaystyle\lim_{x\to 0}\frac{\sin 5x}{x}$ (2) $\displaystyle\lim_{x\to \frac{\pi}{2}}\frac{\sin 2x}{x-\pi/2}$

(3) $\displaystyle\lim_{x\to 0}\frac{\tan 3x}{\tan 2x}$ (4) $\displaystyle\lim_{x\to 0}\frac{\cos x-1}{\sin x}$

풀이

(1) $\displaystyle\lim_{x\to 0}\frac{\sin 5x}{x} = \lim_{x\to 0}\frac{\sin 5x}{5x}5 = 5$

(2) $\displaystyle\lim_{x\to \frac{\pi}{2}}\frac{\sin 2x}{x-\pi/2} = \lim_{x\to \frac{\pi}{2}}\frac{-2\sin(\pi-2x)}{\pi-2x} = -2$

(3)
$$\begin{aligned}\lim_{x\to 0}\frac{\tan 3x}{\tan 2x} &= \lim_{x\to 0}\frac{\sin 3x}{\sin 2x}\cdot\frac{\cos 2x}{\cos 3x}\\ &= \lim_{x\to 0}\frac{\sin 3x}{3x}\cdot\frac{2x}{\sin 2x}\cdot\frac{\cos 2x}{\cos 3x}\cdot\frac{3}{2} = \frac{3}{2}\end{aligned}$$

$$(4)\ \lim_{x\to 0}\frac{\cos x-1}{\sin x}=\lim_{x\to 0}\frac{\cos x-1}{\sin x}\cdot\frac{\cos x+1}{\cos x+1}=\lim_{x\to 0}\frac{-(1-\cos^2 x)}{\sin x(1+\cos x)}$$
$$=\lim_{x\to 0}\frac{\sin x}{\cos x+1}=0$$

■

예제 4.5.4 $\lim_{x\to 0}(\cos x-1)/x=0$임을 보여라.

풀이

$$\lim_{x\to 0}\frac{\cos x-1}{x}=\lim_{x\to 0}\frac{\cos x-1}{x}\cdot\frac{\cos x+1}{\cos x+1}=\lim_{x\to 0}\frac{\cos^2 x-1}{x(\cos x+1)}$$
$$=\lim_{x\to 0}\frac{-\sin^2 x}{x(\cos x+1)}=\lim_{x\to 0}\frac{\sin x}{x}\cdot\frac{-\sin x}{\cos x+1}$$
$$=\left(\lim_{x\to 0}\frac{\sin x}{x}\right)\cdot\left(\lim_{x\to 0}\frac{-\sin x}{\cos x+1}\right)=1\cdot\frac{0}{2}=0$$

이다.

■

삼각함수의 미분을 위하여 아래와 같은 덧셈정리를 기억하자.

$$\sin(x+h)=\sin x\cosh+\cos x\sinh$$
$$\cos(x+h)=\cos x\cosh-\sin x\sinh$$

정리 4.10

다음 삼각함수의 미분이 성립한다.

(1) $\frac{d}{dx}(\sin x)=\sin' x=\cos x$

(2) $\frac{d}{dx}(\cos x)=\cos' x=-\sin x$

(3) $\frac{d}{dx}(\tan x)=\tan' x=\sec^2 x$

증명

(1) 사인함수의 덧셈정리를 이용하면

$$\sin' x=\lim_{h\to 0}\frac{f(x+h)-f(x)}{h}=\lim_{h\to 0}\frac{\sin x\cos h+\cos x\sin h-\sin x}{h}$$
$$=\lim_{h\to 0}\sin x\frac{\cos h-1}{h}+\lim_{h\to 0}\cos x\frac{\sinh}{h}$$

$$= \sin x \left(\lim_{h \to 0} \frac{\cos h - 1}{h}\right) + \cos x \left(\lim_{h \to 0} \frac{\sin h}{h}\right)$$
$$= \sin x \cdot 0 + \cos x \cdot 1 = \cos x$$

(2) $\cos(x+h) = \cos x \cos h - \sin x \sin h$를 이용하면

$$\begin{aligned}
\cos' x &= \lim_{h \to 0} \frac{f(x+h) - f(x)}{h} = \lim_{h \to 0} \frac{\cos(x+h) - \cos x}{h} \\
&= \lim_{h \to 0} \frac{\cos x \cos h - \sin x \sin h - \cos x}{h} \\
&= \lim_{h \to 0} \cos x \frac{\cos h - 1}{h} - \lim_{h \to 0} \sin x \frac{\sin h}{h} \\
&= \cos x \left(\lim_{h \to 0} \frac{\cos h - 1}{h}\right) - \sin x \left(\lim_{h \to 0} \frac{\sin h}{h}\right) \\
&= \cos x \cdot 0 - \sin x \cdot 1 = -\sin x
\end{aligned}$$

이다.

(3) 위의 결과와 몫의 미분을 이용하면 다음과 같다.

$$\begin{aligned}
\frac{d}{dx}(\tan x) &= \left(\frac{\sin x}{\cos x}\right)' = \frac{\sin' x \cos x - \sin x \cos' x}{\cos^2 x} \\
&= \frac{\cos^2 x + \sin^2 x}{\cos^2 x} = \frac{1}{\cos^2 x} = \sec^2 x
\end{aligned}$$

예제 4.5.5 다음 함수의 도함수를 구하여라.

(1) $f(x) = e^{x+1} \sin x$ (2) $f(x) = (x^3 + 2) \cos x$

풀이

(1) $f'(x) = e^{x+1} \sin x + e^{x+1} \cos x = e^{x+1}(\sin x + \cos x)$

(2) $f'(x) = 3x^2 \cos x - (x^3 + 2) \sin x$ ■

정리 4.11

다음 삼각함수의 미분이 성립한다.

(1) $\dfrac{d}{dx}(\csc x) = -\csc x \cot x$

(2) $\dfrac{d}{dx}(\sec x) = \sec x \tan x$

(3) $\dfrac{d}{dx}(\cot x) = -\csc^2 x$

증명

$$(1)\ f'(x)=\left(\frac{1}{\sin x}\right)'=\frac{-\cos x}{\sin^2 x}=-\frac{1}{\sin x}\cdot\frac{\cos x}{\sin x}=-\csc x\cot x$$

$$(2)\ f'(x)=\left(\frac{1}{\cos x}\right)'=\frac{\sin x}{\cos^2 x}=\frac{1}{\cos x}\cdot\frac{\sin x}{\cos x}=\sec x\tan x$$

$$(3)\ f'(x)=\left(\frac{1}{\tan x}\right)'=\frac{-\sec^2 x}{\tan^2 x}=\frac{-\frac{1}{\cos^2 x}}{\frac{\sin^2 x}{\cos^2 x}}=-\frac{1}{\sin^2 x}=-\csc^2 x$$

예제 4.5.6 다음 함수들의 도함수를 구하여라.

(1) $f(x)=\sec x\tan x$ (2) $g(x)=\dfrac{\cot x}{1+x^2}$

(3) $h(x)=\dfrac{\tan(x^2+1)}{x^2+\tan x}$ (4) $y=\dfrac{x^2+\cos x}{1-\cos x}$

풀이

$$\begin{aligned}(1)\ f'(x)&=\sec' x\tan x+\sec x\tan' x\\&=\sec x\tan^2 x+\sec^3 x\\&=\sec x(\tan^2 x+\sec^2 x)\end{aligned}$$

$$\begin{aligned}(2)\ g'(x)&=\left(\frac{\cot x}{1+x^2}\right)'=\frac{(1+x^2)\cot' x-(1+x^2)'\cot x}{(1+x^2)^2}\\&=\frac{-(1+x^2)\csc^2 x-2x\cot x}{(1+x^2)^2}\end{aligned}$$

$$\begin{aligned}(3)\ h'(x)&=\left(\frac{\tan(x^2+1)}{x^2+\tan x}\right)'\\&=\frac{\tan'(x^2+1)(x^2+\tan x)-\tan(x^2+1)(x^2+\tan x)'}{(x^2+\tan x)^2}\\&=\frac{2x\sec^2(x^2+1)\tan(x^2+1)-\tan(x^2+1)(2x+\sec^2 x)}{(x^2+\tan x)^2}\\&=\frac{\tan(x^2+1)[2x\sec^2(x^2+1)-(2x+\sec^2 x)]}{(x^2+\tan x)^2}\end{aligned}$$

$$\begin{aligned}(4)\ y'&=\left(\frac{x^2+\cos x}{1-\cos x}\right)'=\frac{(x^2+\cos x)'(1-\cos x)-(x^2+\cos x)(1-\cos x)'}{(1-\cos x)^2}\\&=\frac{(2x+\sin x)(1-\cos x)-(x^2+\cos x)\sin x}{(1-\cos x)^2}\end{aligned}$$

■

4.5 연습문제

(1~3) 다음 극한을 구하여라.

01 $\lim_{x\to 0}\frac{\tan 7x}{\sin 5x}$

02 $\lim_{x\to 0} x\cot 2x$

03 $\lim_{x\to \frac{\pi}{2}}\frac{1}{\sec x\sin(\cos x)}$

(4~6) 다음 극한을 구하여라.

04 $\lim_{x\to 0}\frac{\cos x-1}{\cot x}$

05 $\lim_{x\to 2}\frac{\sin(x-2)}{x^2-x-2}$

06 $\lim_{x\to 0}\frac{\sin x}{x+\tan x}$

(7~12) 다음 함수의 도함수 $\frac{dy}{dx}$를 구하여라.

07 $y=\tan^{\frac{3}{4}}(x^2+1)$

08 $y=x\sec(y^2+1)$

09 $y=\tan x+\cot 2x$

10 $y=\sin(x+2\sec x)$

11 $y=e^{\sec x+y}$

12 $y=\frac{1}{1+\cos^2 x}$

(13~15) 다음 함수의 이계도함수를 구하여라.

13 $f(x)=x^2(\sin^2(x+1)+x+3)$

14 $g(x)=e^x(\cos x+x\sin x)$

15 $y=\cos(\sin(x^2+1))$

(16~19) 다음 함수를 미분하여라.

16 $f(x)=x^2\sin x\cos x$

17 $g(x)=\csc x(x+\cot x)$

18 $h(\theta)=\frac{\theta}{\cos\theta}$

19 $l(x)=\frac{\sec x+\tan x}{1+\cos x}$

4.6 삼각함수의 역함수 미분법

$y=f(x)$가 일대일 대응이고 역함수가 g라고 하자. $f(x)=y$라 하면 $g(y)=x$이고

$$g'(y)y'=1,\ g'(y)=\frac{1}{y'}=\frac{1}{f'(g(y))}$$

이다. 역함수의 정의에 따라 $f(f^{-1}(x))=x$이므로 연쇄법칙을 적용하면

$$\begin{aligned}&\frac{d}{dx}(f(f^{-1}(x))=\frac{d}{dx}(x)\\&f'(f^{-1}(x))\cdot(f^{-1})'(x)=1\\&(f^{-1})'(x)=\frac{1}{f'(f^{-1}(x))}\end{aligned}$$

이다.

다음은 역삼각함수에 관하여 살펴보고자 한다. 삼각함수는 주기함수이다. 그러므로 정의역을 제한하여 전단사함수를 생각할 수 있다. 따라서 삼각함수는 전체의 정의역에서는 역함수를 생각할 수 없으나 제한된 부분에서는 역함수를 생각할 수 있다.

즉, $y=\sin x$의 경우 정의역을 $\left[-\frac{\pi}{2},\frac{\pi}{2}\right]$로 제한하면 역함수를 생각할 수 있고, 이 역함수를

$$y=\sin^{-1}x$$

로 나타내고, 아크사인(arcsine)이라 한다.

결론적으로 $y=\sin^{-1}x$의 정의역은 $[-1,1]$이고 치역은 $\left[-\frac{\pi}{2},\frac{\pi}{2}\right]$이다.

예제 4.6.1 다음의 아크사인($y=\sin^{-1}x$)의 함숫값의 표이다.

x	-1	$-1/\sqrt{2}$	$-1/2$	0	$1/2$	$1/\sqrt{2}$	1
$\sin^{-1}x$	$-\pi/2$	$-\pi/4$	$-\pi/6$	0	$\pi/6$	$\pi/4$	$\pi/2$

y의 범위가 $\left[-\frac{\pi}{2},\frac{\pi}{2}\right]$이고, $y=\sin^{-1}x$이면 $x=\sin y$이다.

따라서 $\sin y=-\frac{1}{2}$의 경우 $y=-\frac{\pi}{4}$이다. 이와 비슷한 방법으로

$$\sin^{-1}0=0,\quad \sin^{-1}\frac{1}{2}=\frac{\pi}{6}$$

을 구할 수 있다. ■

위 예제를 이용하여 $y=\sin^{-1}x$의 그래프를 그릴 수 있다.

$\sin x$와 같이 $y=\cos x$는 정의역을 $[0,\pi]$로 제한하면 단사함수가 되므로 역함수를 가지게 되는데, 이것을

$$y=\cos^{-1}x$$

로 나타내고, 아크코사인(arccosine)이라 한다. 그리고 구간 $[0,\pi]$를 $\cos x$의 주치역이라 한다. 폐구간 $[0,\pi]$에서 $y=\cos x$의 치역이 $[-1,1]$이므로 $y=\cos^{-1}x$의 정의역은 $[-1,1]$이고 치역은 $[0,\pi]$이다.

예제 4.6.2 다음의 아크코사인($y=\cos^{-1}x$)의 함숫값의 표이다.

x	1	$1/\sqrt{2}$	$1/2$	0	$-1/2$	$-1/\sqrt{2}$	-1
$\cos^{-1}x$	0	$\pi/4$	$\pi/3$	$\pi/2$	$2\pi/3$	$3\pi/4$	π

풀이 y의 범위가 $[0,\pi]$이고, $y=\cos^{-1}x$이면 $x=\cos y$이다. 따라서 $\cos y=\dfrac{1}{\sqrt{2}}$의 경우 $y=\dfrac{\pi}{4}$이다. 이와 비슷한 방법으로

$$\cos^{-1}0=\pi,\ \cos^{-1}1=0,\ \cos^{-1}(-1/2)=2\pi/3$$

을 구할 수 있다. ■

따라서 $y=\cos^{-1}x$의 그래프는 연습문제로 남긴다.

예제 4.6.3 다음 등식이 성립함을 보여라.

$$\cos^{-1}x+\cos^{-1}(-x)=\pi,\ x\in[-1,1]$$

풀이 $\cos^{-1}x=\theta_1$, $\cos^{-1}(-x)=\theta_2$라 하자. 그러면 $\cos\theta_1=x$, $\cos\theta_2=-x$이고 $0\le\theta_1,\ \theta_2\le\pi$이다. 그리고 $\sin\theta_1=\sqrt{1-x^2}$, $\sin\theta_2=\sqrt{1-x^2}$이므로

$$\begin{aligned}\cos(\theta_1+\theta_2)&=\cos\theta_1\cos\theta_2-\sin\theta_1\sin\theta_2\\&=x(-x)-\sqrt{1-x^2}\sqrt{1-x^2}=-1\end{aligned}$$

그러므로

$$\cos^{-1}x+\cos^{-1}(-x)=\theta_1+\theta_2=\pi$$

이다. ■

함수 $y = \tan x$에 대해서도 정의역을 $\left(-\frac{\pi}{2}, \frac{\pi}{2}\right)$로 제한하면, 단사함수가 되어 역함수를 가지게 된다. 이것을

$$y = \tan^{-1} x$$

로 나타내고, 아크탄젠트(arctangent)라 한다. 한편 개구간 $\left(-\frac{\pi}{2}, \frac{\pi}{2}\right)$에서 함수 $y = \tan x$의 치
역이 실수 전체이므로 역함수 $y = \tan^{-1} x$는 정의역이 $(-\infty, \infty)$이고, 치역은 $\left(-\frac{\pi}{2}, \frac{\pi}{2}\right)$이다.

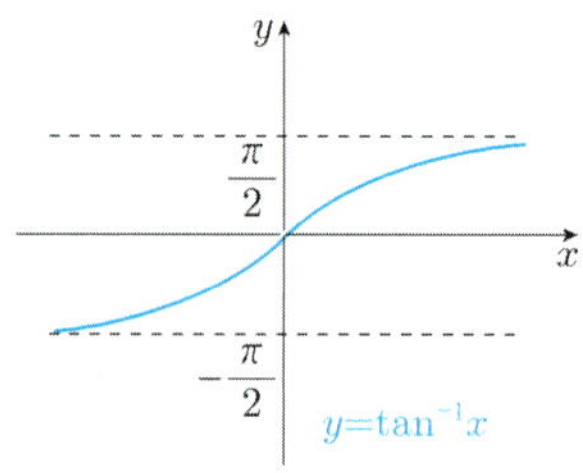

그림 4.4 $y = \tan x$의 그래프

예제 4.6.4 함수 $y = \tan^{-1} x$의 그래프를 그려라.

풀이 몇 개의 x에 대한 $\tan^{-1} x$의 값의 표를 만들면 다음과 같다.

x	$-\infty$	$-\sqrt{3}$	-1	$-\frac{1}{\sqrt{3}}$	0	$\frac{1}{\sqrt{3}}$	1	$\sqrt{3}$	∞
$\tan^{-1} x$	$-\frac{\pi}{2}$	$-\frac{\pi}{3}$	$-\frac{\pi}{4}$	$-\frac{\pi}{6}$	0	$\frac{\pi}{6}$	$\frac{\pi}{4}$	$\frac{\pi}{3}$	$\frac{\pi}{2}$

그러므로 $y = \tan^{-1} x$의 그래프는 그림 4.4와 같다. ■

다른 삼각함수들에 대해서도 정의역을 제한하여 역함수를 생각할 수 있다. 즉 다음과 같이 삼각함수의 역함수에 관한 표를 얻을 수 있다.

함수	정의역	치역
$y = \sin^{-1} x$	$-1 \le x \le 1$	$-\frac{\pi}{2} \le y \le \frac{\pi}{2}$
$y = \cos^{-1} x$	$-1 \le x \le 1$	$0 \le y \le \pi$
$y = \tan^{-1} x$	$-\infty < x < \infty$	$-\frac{\pi}{2} < y < \frac{\pi}{2}$

함수	정의역	치역
$y=\csc^{-1}x$	$x \le -1,\ x \ge 1$	$-\frac{\pi}{2} \le y \le \frac{\pi}{2},\ y \ne 0$
$y=\sec^{-1}x$	$x \le -1,\ x \ge 1$	$0 \le y \le \pi,\ y \ne \frac{\pi}{2}$
$y=\cot^{-1}x$	$-\infty < x < \infty$	$0 < y < \pi$

다음은 역삼각함수의 도함수를 구하여 보자.

정리 4.12

다음 사항들이 성립한다.

(1) $\frac{d}{dx}\sin^{-1}x = \frac{1}{\sqrt{1-x^2}}(-1<x<1)$

(2) $\frac{d}{dx}\cos^{-1}x = -\frac{1}{\sqrt{1-x^2}}(-1<x<1)$

(3) $\frac{d}{dx}\tan^{-1}x = \frac{1}{1+x^2}$

(4) $\frac{d}{dx}\csc^{-1}x = -\frac{1}{|x|\sqrt{x^2-1}}(|x|>1)$

(5) $\frac{d}{dx}\sec^{-1}x = \frac{1}{|x|\sqrt{x^2-1}}(|x|>1)$

(6) $\frac{d}{dx}\cot^{-1}x = -\frac{1}{1+x^2}$

증명

(1) $y=\sin^{-1}x$에서 $x=\sin y$이므로 이 식을 x에 관해서 미분하면,

$$1=\frac{dy}{dx}\cos y$$

이다. 그런데 $-\frac{\pi}{2}<y<\frac{\pi}{2}$에서는 $\cos y>0$이다. 그러므로

$$\cos y = \sqrt{1-\sin^2 y} = \sqrt{1-x^2}$$

이다. 따라서

$$\frac{d}{dx}\sin^{-1}x = \frac{1}{\cos y} = \frac{1}{\sqrt{1-x^2}}$$

(2) $y = \cos^{-1}x$에서 $x = \cos y$이므로 이 식을 x에 관해서 미분하면,

$$1 = -\frac{dy}{dx}\sin y$$

이다. 그런데 $0 < y < \pi$에서는 $\sin y > 0$이다. 그러므로

$$\sin y = \sqrt{1-\cos^2 y} = \sqrt{1-x^2}$$

이다. 따라서

$$\frac{d}{dx}\cos^{-1}x = -\frac{1}{\sin y} = -\frac{1}{\sqrt{1-x^2}}$$

(3) $y = \tan^{-1}x,\ -\frac{\pi}{2} < y < \frac{\pi}{2}$에서 $x = \tan y$이고, $\tan^2 y + 1 = \sec^2 y$이므로 $\sec^2 y = 1 + x^2$이다. 따라서 $x = \tan y$를 x에 관해서 미분하면,

$$1 = \frac{dy}{dx}\sec^2 y$$

를 구할 수 있다. 그러므로

$$\frac{d}{dx}\tan^{-1}x = \frac{1}{\sec^2 y} = \frac{1}{1+x^2}$$

이다.

(4) $y = \csc^{-1}(x)$라고 두면 $\csc y = x\ \ (y \in [-\pi/2, 0) \cup (0, \pi/2])$이다. 음함수 미분법을 적용하면 $-\csc y \cot y \frac{dy}{dx} = 1$이므로 $\frac{dy}{dx} = -\frac{1}{\csc y \cot y}$이다.

따라서 $\csc y \cot y = \csc y \pm \sqrt{\csc^2 y - 1} = |x|\sqrt{x^2-1}$이다.

그러므로 $\frac{dy}{dx} = -\frac{1}{\csc y \cot y} = -\frac{1}{|x|\sqrt{x^2-1}}$이다.

(5) $y = \sec^{-1}(x)$라고 두면 $\sec y = x\ \ (y \in [0, \pi/2) \cup (\pi/2, \pi])$이다. 음함수 미분법을 적용하면 $\sec y \tan y \frac{dy}{dx} = 1$이므로 $\frac{dy}{dx} = \frac{1}{\sec y \tan y}$이다.

따라서 $\sec y \tan y = \sec y \pm \sqrt{\sec^2 y - 1} = |x|\sqrt{x^2-1}$이다.

그러므로 $\frac{dy}{dx} = \frac{1}{\sec y \tan y} = \frac{1}{|x|\sqrt{x^2-1}}$이다.

(6) $y = \cot^{-1}(x)$라고 두면 $\cot y = x\ \ (0 < y < \pi)$이다. 음함수 미분법을 적용하면 $-\csc^2 y \frac{dy}{dx} = 1$이므로 $\frac{dy}{dx} = -\frac{1}{\csc^2 y} = -\frac{1}{1+\cot^2 y} = -\frac{1}{1+x^2}$이다.

예제 4.6.5 $y=\tan^{-1}(x^2+1)$의 도함수를 구하여라.

풀이

$$y'=[\tan^{-1}(1+x^2)]'=\frac{(1+x^2)'}{1+(1+x^2)^2}=\frac{2x}{1+(1+x^2)^2}$$ ■

예제 4.6.6 다음 함수의 도함수를 구하여라.

(1) $f(x)=\sec^{-1}(x^2-1)$ (2) $f(x)=x\cot^{-1}(1-2x)$

(3) $f(x)=\sin^{-1}(1-x)$

풀이

(1) $$f'(x)=\frac{1}{|x^2-1|\sqrt{(x^2-1)^2-1}}\cdot(x^2-1)'$$

$$=\frac{2x}{|x^2-1|\sqrt{(x^2-1)^2-1}}$$

(2) $$f'(x)=\cot^{-1}(1-2x)+x\left(-\frac{1}{1+(1-2x)^2}\right)\cdot(-2)$$

$$=\cot^{-1}(1-2x)+\frac{2x}{1+(1-2x)^2}$$

(3) $$f'(x)=\frac{(1-x)'}{\sqrt{1-(1-x)^2}}=\frac{-1}{\sqrt{1-(1-x)^2}}$$ ■

4.6 연습문제

(1~6) 다음 함수의 도함수를 구하여라.

01 $y=(\sin^{-1}(x+2))^3+x^2+1$

02 $y=(x^2-x+1)\tan^{-1}(x+1)$

03 $y=x^2\csc^{-1}(x^2-1)$

04 $y=\cot^{-1}\left(\frac{1-x}{1+x}\right)$

05 $y=e^{\tan^{-1}x}$

06 $y=\frac{\tan^{-1}x}{1+x^2}$

(7~9) 다음 함수의 도함수를 구하여라.

07 $f(x)=\ln(x^2-2x)$

08 $f(x)=\ln(\cos x)$

09 $f(x)=\sqrt{\ln x}$

(10~11) 다음 등식이 성립함을 증명하여라.

10 $\tan^{-1}x=-\tan^{-1}x$

11 $\csc^{-1}x=\sin^{-1}\left(\frac{1}{x}\right)$

12 점 $\left(1,\frac{\pi}{6}\right)$에서 $y=\sin^{-1}(x/2)$의 접선의 방정식을 구하여라.

(13~16) $0<x<1$일 때 다음 함수의 도함수를 구하여라.

13 $\sin(\cos^{-1}x)$

14 $\cos(\cot^{-1}x)$

15 $\sec(\cot^{-1}x)$

16 $\tan(\cos^{-1}x)$

함수의 미분 요약

1. 상수함수와 거듭제곱함수의 도함수

$$\frac{d}{dx}(c)=0,\ \frac{d}{dx}(x^n)=nx^{n-1},\ \alpha\in\mathbb{R},\ (x^\alpha)'=\alpha\cdot x^{\alpha-1}$$

2. 도함수의 성질

(1) $\frac{d}{dx}(cf(x))=c\frac{d}{dx}(f(x))$

(2) $\frac{d}{dx}(f(x)+g(x))=\frac{d}{dc}(f(x))+\frac{d}{dx}(g(x))$

(3) $\frac{d}{dc}(f(x)-g(x))=\frac{d}{dx}(f(x))-\frac{d}{dx}(g(x))$

3. 지수함수의 도함수

$$\frac{d}{dx}(e^x)=e^x$$

4. 곱의 미분법

$$\frac{d}{dx}(f(x)g(x))=\frac{d}{dx}(f(x))g(x)+f(x)\frac{d}{dx}(g(x))$$

5. 몫의 미분법

$$\frac{d}{dx}\left(\frac{f(x)}{g(x)}\right)=\frac{\frac{d}{dx}(f(x))g(x)-f(x)\frac{d}{dx}(g(x))}{(g(x))^2}$$

6. 삼각함수의 미분법

$\frac{d}{dx}(\sin x)=\cos x$

$\frac{d}{dx}(\cos x)=-\sin x$

$\frac{d}{dx}(\tan x)=\sec^2 x$

$\frac{d}{dx}(\csc x)=-\csc x\cot x$

$\frac{d}{dx}(\sec x)=\sec x\tan x$

$\frac{d}{dx}(\cot x)=-\csc^2 x$

4.7 미분의 응용

미분과 변화율을 이용하여 근삿값을 구하는 방법과 뉴턴의 방법을 이용하여 주어진 방정식의 근의 근삿값을 구하는 방법을 살펴보자.

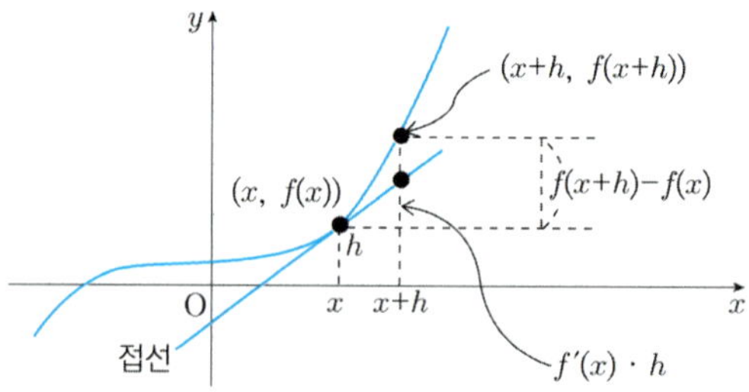

그림 4.5

그림 4.5와 같이 함수 f가 점 x에서 미분가능하다고 하자. 그러면 미분의 정의

$$f'(x) = \lim_{h \to 0} \frac{f(x+h) - f(x)}{h}$$

를 이용하여

$$f(x+h) - f(x) \ = \ f'(x)h + \epsilon$$

형태로 쓸 수 있다. 여기서, ϵ을 버리면 다음과 같은 근사식을 구할 수 있다.

$$f(x+h) - f(x) \doteq f'(x)h,$$
$$f(x+h) \doteq f(x) + f'(x)h.$$

즉, 이 근사식은 $f(x+h)$의 값을 구하는 데 쓰인다. 그리고

$$\triangle y = f(x+h) - f(x)$$

를 y의 증분이라 하고, $\triangle f$로도 나타낸다. 또

$$dy \ = \ f'(x)h$$

를 $y = f(x)$의 미분이라 하고, df로 나타낸다.

$\triangle x = h$라 하면

$$dy = df = f'(x)\triangle x$$

이고 $dx = \triangle x$라 하면

$$dy = df = f'(x)dx$$

이다. 그러므로 $\triangle f \doteq df$이다.

예제 4.7.1 한 변의 길이가 x인 정사각형의 면적은 함수 $f(x) = x^2$을 이용하여 구할 수 있다. 한 변의 길이가 $x = \sqrt{103}$에서 $x + h = \sqrt{103} + 1$로 변하였을 경우 면적의 차이는 그림 4.6과 같다.

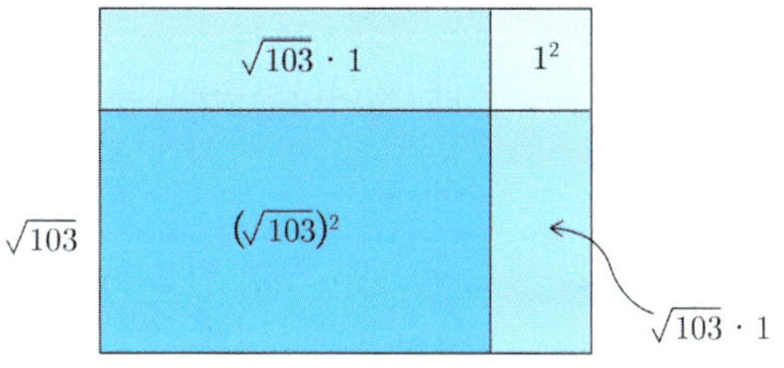

그림 4.6

$$\triangle f = f(\sqrt{103}+1) - f(\sqrt{103}) = (\sqrt{103}+1)^2 - (\sqrt{103})^2 = 2\sqrt{103} \cdot 1 + 1^2$$

이고 f의 미분은

$$df - f'(\sqrt{103}) \cdot 1h = 2\sqrt{103} \cdot 1$$

이다. 그리고 $\triangle f \doteq df$인데 이들의 오차는 $\triangle f - df = 1^2$이다.

예제 4.7.2 $(124)^{2/3}$의 근삿값을 구하여라.

풀이 $f(x) = x^{2/3}$로 놓고 $124 = 5^3 - 1$이므로 $x = 5^3$, $h = -1$이라 하자.
$f'(x) = \dfrac{2}{3}\dfrac{1}{\sqrt[3]{x}}$이므로

$$(124)^{2/3} = f(125-1) \doteq f(125) + f'(125)(-1) = 25 - \frac{2}{15} = \frac{373}{15}$$

이다. ■

경제학에서 어떤 상품을 x개 생산할 때 드는 총비용을 원가함수라고 하고 $C(x)$로 표기한다. 이때 생산된 상품의 개수가 x_1에서 x_2로 증가한다면 추가로 드는 비용은 $\Delta C = C(x_2) - C(x_1)$이고, 이 비용의 평균 변화율은

$$\frac{\Delta C}{\Delta x}=\frac{C(x_2)-C(x_1)}{x_2-x_1}=\frac{C(x_1+\Delta x)-C(x_1)}{\Delta x}$$

이다. $\Delta x \to 0$일 때 비용의 평균변화율의 극한, 즉 상품의 생산 비용의 순간변화율을 한계비용이라고 한다.

$$\text{한계비용}=\lim_{\Delta x\to 0}\frac{\Delta C}{\Delta x}=\frac{dC}{dx}=C'(x)$$

Δx가 아주 작으면 한계비용의 근사는 $C'(x)\approx\dfrac{C(x+\Delta x)-C(x)}{\Delta x}$이며 실제로 x는 자연수이므로 $\Delta x=1$로 생각하면 한계비용은 $C'(x)\approx C(x+1)-C(x)$이다. 즉, 한계비용은 생산량이 한 단위 증가할 때 늘어나는 비용을 의미한다.

예제 4.7.3 x개의 물품을 생산하는 데 드는 비용(원)이 $C(x)=\dfrac{1}{10}x^2+5x+1000$이다.

(1) 한계비용을 구하여라.

(2) 1000개를 생산할 때 비용과 한계비용을 구하여라.

(3) $C'(1000)$을 해석하여라.

풀이 (1) 한계비용함수는 $C'(x)=\dfrac{1}{5}x+5$이다.

(2) 1000개를 생산할 때 비용은

$$C(1000)=\frac{1}{10}1000000+5\cdot 1000+1000=106000(\text{원})$$

이고, 이때 한계비용은 $C'(1000)=\dfrac{1}{5}1000+5=205$(원/개)이다.

(3) $C'(1000)$은 $x=1000$일 때 비용의 증가율을 말하며, 실제로 $x=1001$번째 생산비용은

$$\begin{aligned}C(1001)-C(1000)&=\left(\frac{1}{10}\cdot 1001^2+5\cdot 1001+1000\right)\\&\quad-\left(\frac{1}{10}\cdot 1000^2+5\cdot 1000+1000\right)\\&=205.10(\text{원/개})\end{aligned}$$

로 $C'(1,000)=205$와의 차이는 0.1(원/개)이다. ■

수요함수, 소득함수, 이익함수의 도함수를 각각 한계수요, 한계소득, 한계이익이라 하며 경제학에서 많이 연구하는 개념이다.

예제 4.7.4 비눗방울의 반지름이 $3cm$에서 $3.005cm$로 증가할 때, 표면적 증가에 대한 근삿값을 구하여라.

풀이 반지름이 r인 구의 표면적 $S(r)=4\pi r^2$이므로 반지름의 변화에 따른 표면적의 증가는 $\Delta S \doteq dS$이다. 또 r이 3에서 3.005로 변하였으므로 $r=3$, $h=0.005$이다. 그리고 $S'(r)=8\pi r$이므로

$$\Delta S \doteq dS = S'(3)(0.005) = (0.12) \cdot \pi cm^2$$

이다. ■

$P(t)$를 시각 t에서 일정 범위 안에 있는 동물이나 식물의 개체수라고 하자. 특정한 시간 $t=t_1$에서 $t=t_2$ 동안 개체수의 변화는 $\Delta P = n(t_2)-n(t_1)$이므로 이 시간 동안의 평균성장률은 $\dfrac{\Delta P}{\Delta y}=\dfrac{n(t_2)-n(t_1)}{t_2-t_1}$이다. $\Delta t \to 0$일 때의 평균성장률의 극한을 구하면, 주어진 시각에서 시간에 따른 개체수의 변화율을 얻게 되는데 이것을 성장률이라고 하며

$$\text{성장률} = \lim_{\Delta x \to 0}\frac{\Delta P}{\Delta x} = \frac{dP}{dx}$$

이다. 즉 개체의 성장률은 시간에 대한 개체수 함수의 도함수이다.

예제 4.7.5 어떤 생명체의 개체수는 매 시간 2배씩 증가하고 있다고 한다. 처음 개체수가 P일 때, 다음 물음에 답하여라.

(1) t를 단위시간이라고 할 때, 이 생명체의 개체수의 함수 $P(t)$를 구하여라.
(2) 처음 3시간 동안 평균성장률을 구하여라.
(3) 3시간 후의 성장률을 구하여라.

풀이 (1) 처음 개체수가 P이므로 1시간 후의 개체수는 $2P$, 2시간 후의 개체수는 2^2P이다. 즉, P에서 시작하여 매 시간 2배씩 증가하므로 개체수의 함수는 $P(t)=2^tP$이다.

(2) $t=0$과 $t=3$ 사이의 평균성장률은 $\dfrac{\Delta P}{\Delta t}=\dfrac{P(3)-P(0)}{3-0}=\dfrac{8P-P}{3}=\dfrac{7}{3}P$이다.

(3) 성장률은 개체수의 함수 $P(t)=2^tP$의 t에 관한 도함수이므로 $\dfrac{dP}{dt}=2^t\ln 2P$이다. 따라서 3시간 후의 성장률은 $\left.\dfrac{dP}{dt}\right|_{t=3}=8\ln 2P \approx 5.545177P$로 처음 개체수의 약 5.5배의 비율로 성장한다. ■

함수 $y=f(x)$가 주어졌을 때 $y=f(x)$의 접선을 이용하여 방정식 $f(x)=0$의 근 c를 구하는 방법을 살펴보자. 먼저 함수 f가 미분가능하고 $f(x)=0$의 근 c가 $x=a$와 $x=b$ 사이에 존재한다고 하자. 임의의 시작점 $x_1 \in (a,b)$를 선택하고 점 $(x_1, f(x_1))$에서 접선의 방정식 l_1을 구하고 l_1과 x축과의 교점을 x_2로 놓는다. 또 $(x_2, f(x_2))$에서의 접선 l_2와 x축과의 교점을 x_3라 한다. 이와 같은 반복과정을 거쳐 c의 근삿값 x_m을 구하는 것을 **뉴턴(Newton)의 방법**이라 한다.

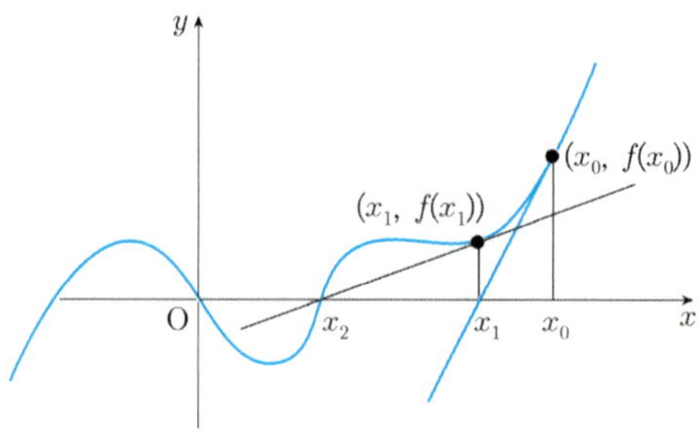

그림 4.7 뉴턴의 방법

구체적으로 점 $(x_n, f(x_n))$에서의 접선 l_n과 x_{n+1}를 구하여 보자. 함수 f가 x_n에서 미분가능하므로 l_n의 기울기는 $f'(x_n)$이다. 따라서

$$l_n : y-f(x_n)=f'(x_n)(x-x_n)$$

이다. 그러므로 x_{n+1}은 $y=0$일 때 x의 값이므로

$$0-f(x_n)=f'(x_n)(x-x_n)$$

를 정리하면

$$x_{n+1}=x_n-\frac{f(x_n)}{f'(x_n)}, \quad f'(x_n)\neq 0$$

를 얻는다.

예제 4.7.6 $f(x)=x^2-2$일 때 $f(x)=0$의 근 $\sqrt{2}$를 뉴턴의 방법을 이용하여 구하여라.

풀이 $f'(x)=2x$이고 초깃값 $x_1=2$로 놓으면 다음 식

$$x_{n+1}=x_n-\frac{f(x_n)}{f'(x_n)}=x_n-\frac{{x_n}^2-2}{2x_n}=\frac{1}{2}\left(x_n+\frac{2}{x_n}\right)$$

을 이용하여

$$x_2 = 1.5,$$
$$x_3 = 1.4167,$$
$$x_4 = 1.4142,$$
$$\vdots$$

를 구할 수 있다. 따라서 $\sqrt{2}$의 근삿값으로 x_4를 구할 수 있다. ■

4.7 연습문제

(1~4) 다음의 근삿값을 구하여라.

01 $(1.01)^3$

02 $\sqrt[4]{15}$

03 $\sqrt{10}$

04 $(28)^{\frac{4}{3}}$

05 공 모양의 풍선에서 반경의 변화율이 매분 $3cm$이다. 풍선의 반경이 $7cm$일 때 풍선의 부피의 변화율을 구하여라.

06 어떤 생명체의 개체수는 매 시간 3배씩 증가하고 있다고 한다. 처음 개체수가 P일 때, 다음 물음에 답하여라.

(1) t를 단위시간이라고 할 때, 이 생명체의 개체수의 함수 $P(t)$를 구하여라.

(2) 처음 2시간 동안의 평균성장률을 구하여라.

(3) 2시간 후의 성장률을 구하여라.

07 x개의 물품을 생산하는 데 드는 비용(원)이 $C(x)=\dfrac{2}{1{,}000}x^3+\dfrac{3}{100}x^2+3x+5{,}000$이다.

(1) 한계비용을 구하여라.

(2) 100개를 생산할 때 비용과 한계비용을 구하여라.

(3) $C'(100)$은 어떤 의미인가?

08 구 모양의 풍선에 바람을 넣는데 반지름이 r일 때 풍선의 표면적은 $S=4\pi r^2$, 부피는 $V=\dfrac{4}{3}\pi r^3$이다. $r=3$와 $r=5$일 때 풍선의 표면적과 부피의 변화율을 구하여라.

09 입자가 $x^2+y^2=25$인 원의 궤도 위를 움직이고 있다. 점 $(4,3)$를 통과할 때, y좌표는 매초 2의 변화율로 감소한다. x좌표의 변화율을 구하여라.

10 미분을 이용하여 다음 식을 만족하는 x값을 구하여라.

(1) $\sqrt{x+1}-\sqrt{x}<0.01$

(2) $\sqrt[4]{x+1}-\sqrt[4]{x}<0.002$

11 뉴턴의 방법을 이용하여 $\sqrt[3]{3}$의 근삿값을 구하여라.

(Hint : $f(x)=x^3-3$)

제5장

도함수의 응용

5.1 평균값 정리와 로피딜의 징리
5.2 함수의 극댓값, 극솟값
5.3 함수의 그래프

앞 장에서는 도함수를 구하는 문제와 미분의 성질을 이용한 근삿값을 구하는 문제를 주로 다루었다. 이 장에서는 도함수의 응용에 관하여 살펴보고자 한다. 즉, 평균값 정리, 로피탈의 정리, 최대 최솟값 문제, 함수의 그래프 개형 등을 주로 다루게 된다. 그러면 먼저 평균값 정리에 관하여 살펴보고자 한다.

5.1 평균값 정리와 로피탈의 정리

한 전자회사의 어떤 제품의 생산량 x와 이에 따른 이윤을 나타낸 함수가 다음과 같다고 하자.

$$f(x) = x - x^3, \quad 0 \le x \le 1.$$

그러면 이 회사는 이윤을 가장 많이 얻을 수 있도록 제품의 양을 생산하려 할 것이다. 그래서 우리는 주어진 함수의 최댓값, 최솟값을 알아야 할 필요가 있는 것이다. 최댓값과 최솟값의 정의와 정리는 제3장에서 다루었으므로 다음의 예제를 살펴보자.

예제 5.1.1 $f(x) = x^2 + 3$일 때 다음의 각 구간에 대하여 f의 최댓값과 최솟값을 구하여라.

(1) $I = [-1, 2]$ (2) $I = (-1, 2]$ (3) $I = (-1, 2)$

풀이 (1) 최댓값-최솟값의 정리에 의하여 함수 f는 폐구간 I에서 최댓값과 최솟값을 갖는다. 즉, f는 최댓값 $f(2) = 7$와 최솟값 $f(0) = 3$을 갖는다.

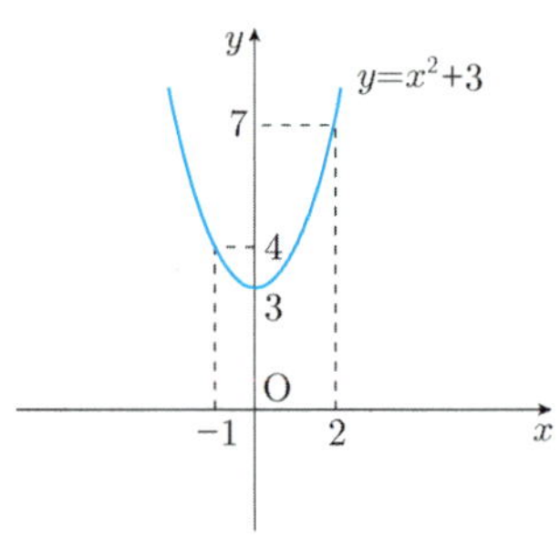

그림 5.1 $y = x^2 + 3$

(2) f는 구간 $(-1, 2]$에서 최댓값 7과 최솟값 3을 갖는다.

(3) f는 구간 $(-1, 2)$에서 최솟값 3은 존재하나 최댓값은 존재하지 않는다. ■

정의 5.1 임계점

f가 c를 포함하는 개구간 (a,b)에서 정의된 함수라 할 때, $f'(c)=0$ 또는 c에서 f가 미분불가능할 때 c를 f의 임계점(critical point)이라 한다.

예제 5.1.2 $f(x)=x^2+3$는 $x=0$에서 $f'(0)=0$이므로 0은 f의 임계점이다.

예제 5.1.3 $f(x)=|x|(x^2-2x+1)$는 $f'(1)=0$, $x=0$에서 f가 미분불가능이므로 0, 1은 f의 임계점이다.

정리 5.1 롤의 정리

함수 f가 폐구간 $[a,b]$에서 연속이고 개구간 (a,b)에서는 미분가능하다. $f(a)=f(b)$이면 $f'(c)=0$를 만족하는 $c\in(a,b)$가 존재한다.

증명

1) $f(x)=k$, $k\in R$인 경우 $f'(x)=0$이므로 모든 $c\in(a,b)$에 대하여 $f'(c)=0$이다.

2) $f(x)\neq k$, $k\in R$라 하자. 그러면 앞에서 살펴본 최댓값-최솟값의 정리와 $f(a)=f(b)$에 의하여 $f(c)$가 최댓값 또는 최솟값이 되는 $c\in(a,b)$가 존재한다(그림 5.1). $f(c)$를 f의 최댓값이라 하자. $f(c)$가 최댓값이므로

(1) $x>c$일 때

$$\frac{f(x)-f(c)}{x-c}\leq 0$$

이고

(2) $x<c$일 때

$$\frac{f(x)-f(c)}{x-c}\geq 0$$

이다. 그러므로

$$f'(c)=\lim_{x\to c}\frac{f(x)-f(c)}{x-c}=0.$$

즉, $f'(c)=0$이다.

그리고 $f(c)$가 f의 최솟값인 경우도 $f'(c)=0$를 보일 수 있다.

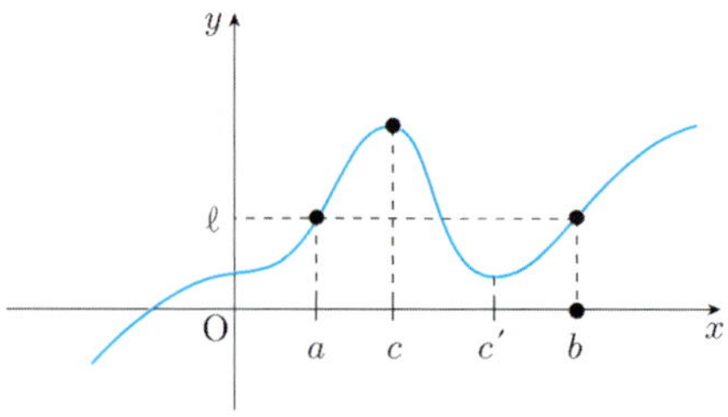

그림 5.2

참고 롤의 정리의 증명 과정에서 f가 미분가능한 개구간 (a,b) 내에 있는 점 c에서 최댓값 또는 최솟값을 갖는다면 c는 f의 임계점임을 알 수 있다. 즉 $f'(c)=0$이다.

예제 5.1.4 $f(x)=x^2-x$이면 모든 실수 R에서 $f(x)$는 연속이고 미분가능하다. 그리고 $f(0)=f(1)=0$이므로 $f'(c)=0$인 $c\in(0,1)$가 존재한다. 즉 $f'(x)=2x-1$이고 $f'\left(\frac{1}{2}\right)=0$이므로 $c=\frac{1}{2}$이다.

예제 5.1.5 함수 $f(x)=|x|,\ x\in[-1,1]$에 대하여 살펴보자.
$f(-1)=f(1)=1$이고 f는 $[-1,1]$에서 연속이다.
그러나

$$f'(x) = \begin{cases} -1, & x\in(-1,0) \\ \times, & x=0 \\ 1, & x\in(0,1) \end{cases}$$

이므로 $f'(c)=0,\ c\in(-1,1)$인 c가 존재하지 않는다. 즉, 롤의 정리에서 함수 f가 개구간 $(-1,1)$에서 미분가능하다는 것을 만족하지 못하기 때문이다.

예제 5.1.6 두 오토바이가 한 지점에서 출발하여 다른 지점에 동시에 도착하였다. 운행 도중 두 오토바이의 속력이 같은 순간이 존재함을 보여라.

풀이 두 오토바이의 시간에 따른 위치함수를 $f(t)$와 $g(t)$라 하고, $t=0$일 때 출발하여 $t=a$일 때 도착하였다고 하자. $h(t)=f(t)-g(t)$로 두면 $h(0)=f(0)-g(0)=0$이고 $h(a)=f(a)-g(a)=0$이므로 롤의 정리에 의해 $h'(c)=f'(c)-g'(c)=0$인 c가 0과 a 사이에 존재한다. 따라서 $t=c$에서 $f'(c)=g'(c)$이므로 운행 도중 두 자동차의 속력이 같은 순간이 존재한다. ■

롤의 정리는 미분가능한 함수의 폐구간 $[a,b]$에서 양 끝점 a, b 두 점 사이의 평균변화율이 0인 경우, 그 두 점 a, b 사이의 개구간 (a,b)의 어떤 점 c의 미분값 $f'(c)=0$이 된다는 정리였다. 롤의 정리에서 평균변화율을 0으로 제한하지 않는 일반적인 상황에서 성립하는가를 알아본다. 즉, 미분가능한 함수의 서로 다른 두 점 사이의 평균변화율이 그 두 점 사이의 어떤 점의 미분계수와 같은가 하는 것이다.

정리 5.2 평균값 정리

함수 f가 폐구간 $[a,b]$에서 연속이고 개구간 (a,b)에서는 미분가능하다고 하자. 그러면

$$f'(c)=\frac{f(b)-f(a)}{b-a}$$

를 만족하는 $c\in(a,b)$가 존재한다.

증명

$y=f(x)$ 위의 두 점 $(a,f(a))$, $(b,f(b))$, $a\neq b$를 지나는 직선의 방정식은 다음과 같이 주어진다.

$$y=f(a)+\frac{f(b)-f(a)}{b-a}(x-a)$$

위의 직선의 방정식을 $g(x)$라 하고,

$$F(x)=f(x)-g(x)=f(x)-f(a)-\frac{f(b)-f(a)}{b-a}(x-a)$$

라 하자. 그러면 $F(x)$는 폐구간 $[a,b]$에서 연속이고 개구간 (a,b)에서는 미분가능하다. 그리고 $F(a)=F(b)=0$이므로, 롤의 정리의 가정을 만족한다. 따라서 $F'(c)=0$인 $c\in(a,b)$가 존재한다. 즉

$$F'(c)=f'(c)-\frac{f(b)-f(a)}{b-a}=0.$$

그러므로

$$f'(c)=\frac{f(b)-f(a)}{b-a}$$

을 만족한다.

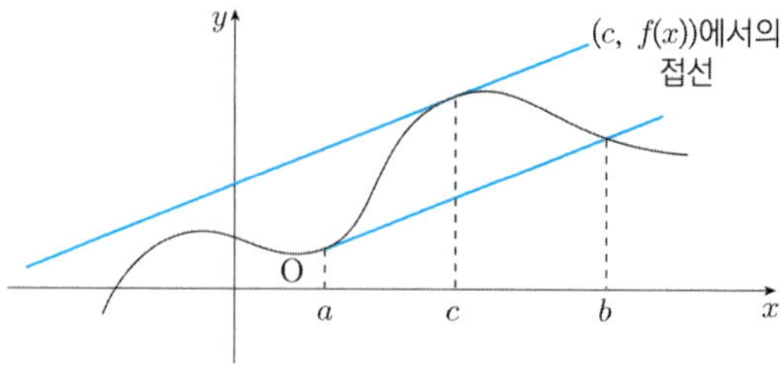

그림 5.3

예제 5.1.7 $f(x)=x^3-6x+7$일 때

$$f'(c)=\frac{f(2)-f(0)}{2-0}$$

를 만족하는 $c\in(0,2)$를 구하여라.

풀이 $f'(x)=3(x^2-2)$이고

$$\frac{f(2)-f(0)}{2-0}=\frac{1-7}{2}=-3$$

이므로

$$f'(c)=3(c^2-2)=-3$$
$$c^2=1$$

따라서 $c\in(0,2)$에서 $c=1$이다.

예제 5.1.8 $f(x)=\sin x$일 때

$$f'(c)=\frac{f(\pi/2)-f(0)}{\pi/2-0}$$

를 만족하는 $c\in(0,\pi/2)$를 구하여라.

풀이 $f'(x)=\cos x$이고

$$\frac{f(\pi/2)-f(0)}{\pi/2-0}=\frac{2}{\pi}$$

이므로

$$f'(c) = \cos c = \frac{2}{\pi}$$
$$c = \cos^{-1}(2/\pi)$$

따라서 $c \in (0, \pi/2)$에서 $c = \cos^{-1}(2/\pi)$이다. ■

예제 5.1.9 어떤 움직이는 물체의 시간 t에 따른 위치가 함수 $f(t) = e^t + 3$로 주어진다고 하자. $t = 0$에서 $t = 1$ 동안 이동한 평균속도와 실제속도가 같은 시간을 구하여라.

풀이 움직이는 물체의 평균속도는

$$\frac{f(1) - f(0)}{1 - 0} = e - 1$$

이고 물체의 실제 속도는 $f'(t) = e^t$이므로 $e^t = e - 1$를 풀면 $t = \ln(e-1)$이다. ■

예제 5.1.10 방정식 $x^3 - 3x^2 + 5x - 1 = 0$에는 실근이 몇 개 존재하는지 설명하라.

풀이

$$f(x) = x^3 - 3x^2 + 5x - 1$$

라 하면 $f(x)$는 연속인 함수이고 $f(0) \cdot f(1) < 0$을 만족하므로, 중간값의 정리에 의하여 방정식 $f(x) = 0$는 0과 1 사이에 적어도 하나의 실근 x_0를 갖는다. 즉 $f(x_0) = 0$이다. 그리고 다른 실근 x_1이 존재한다고 하자.
그러면 롤의 정리에 의하여 $f'(c) = 0$인 c가 x_0과 x_1 사이에 존재한다.
한편,

$$f'(x) = 3x^2 - 6x + 5 = 3(x-1)^2 + 2$$

이므로 $f'(c) = 0$인 실수 c가 존재하지 않는다. 그러므로 방정식 $f(x) = 0$는 오직 하나의 실근을 갖는다. ■

예제 5.1.11 두 실수 a, b에 대해 부등식 $|\sin a - \sin b| \le |a - b|$이 항상 성립함을 보여라.

풀이 먼저 $a = b$인 경우는 좌변$=0$, 우변$=0$이므로 성립한다.
다음으로 $a \ne b$라고 하자. $f(x) = \sin x$로 두면 $f'(x) = \cos x$로 두고, 평균값 정리를 적용하면

$$\frac{f(b)-f(a)}{b-a}=\frac{\sin b-\sin a}{b-a}=\cos c$$

를 만족하는 $c \in (a,b)$가 존재한다. $|\cos c| \le 1$이므로

$$\left|\frac{\sin b-\sin a}{b-a}\right|=|\cos c| \le 1$$

이고 $|\sin a-\sin b| \le |a-b|$이 성립한다. ■

예제 5.1.12 $\sin^{-1}x+\cos^{-1}x=\frac{\pi}{2}$임을 보여라.

풀이 $f(x)=\sin^{-1}x+\cos^{-1}x$로 두면 모든 $x \in (-1,1)$에 대해 미분가능하고,

$$f'(x)=\frac{1}{\sqrt{1-x^2}}+\frac{-1}{\sqrt{1-x^2}}=0$$

이다. 그러므로 $f(x)=C$(상수함수)이다. $x=0$을 대입하면

$$f(0)=\sin^{-1}0+\cos^{-1}0=0+\frac{\pi}{2}=\frac{\pi}{2}=C$$

이므로

$$\sin^{-1}x+\cos^{-1}x=\frac{\pi}{2},\ (-1<x<1)$$

이다. ■

두 함수 f,g가 폐구간 $[a,b]$에서 평균값 정리의 가정을 만족할 경우

$$\frac{f(b)-f(a)}{b-a}=f'(c_1),\ \frac{g(b)-g(a)}{b-a}=g'(c_2)$$

를 만족하는 $c_1,c_2 \in (a,b)$가 존재한다. 즉, $g(b)-g(a) \neq 0$인 경우

$$\frac{f(b)-f(a)}{g(b)-g(a)}=\frac{f'(c_1)}{g'(c_2)}$$

이다. 이 경우 $c_1=c_2$이 되게 존재하는 경우는 없는지 살펴보고자 한다.

정리 5.3 코시의 평균값 정리

함수 f, g가 폐구간 $[a,b]$에서 연속이고 개구간 (a,b)에서는 미분가능하다고 하자. (a,b)에서 $g'(x) \neq 0$이면

$$\frac{f(b)-f(a)}{g(b)-g(a)} = \frac{f'(c)}{g'(c)}$$

를 만족하는 $c \in (a,b)$가 존재한다.

증명

$g(b)-g(a)=0$이면 평균값 정리에 의해

$$g'(c) = \frac{g(b)-g(a)}{b-a} = 0$$

인 $c \in (a,b)$가 존재한다. 그러나 (a,b)에서 $g'(x) \neq 0$라는 가정에 모순이다. 따라서 $g(b) \neq g(a)$이다.

$$F(x) = [g(b)-g(a)][f(x)-f(a)] - [g(x)-g(a)][f(b)-f(a)]$$

라 하면

$$F(a) = F(b) = 0$$

이므로 평균값 정리에 의해 $F'(c)=0$인 $c \in (a,b)$가 존재한다. 즉

$$F'(x) = [g(b)-g(a)]f'(x) - g'(x)[f(b)-f(a)]$$

이고

$$F'(c) = [g(b)-g(a)]f'(c) - g'(c)[f(b)-f(a)] = 0$$

이다. 따라서

$$[g(b)-g(a)]f'(c) = g'(c)[f(b)-f(a)]$$

이고 $g(b) \neq g(a)$이므로

$$\frac{f(b)-f(a)}{g(b)-g(a)} = \frac{f'(c)}{g'(c)}$$

이다.

예제 5.1.13 $f(x)=x\tan x$라 하자. 코시의 평균값 정리를 사용하여 $f'(c)=-\frac{\pi}{2}$인 $c\in\left(0,\frac{\pi}{2}\right)$가 존재함을 보여라.

풀이 $f(x)=x\sin x$이고 $g(x)=\cos x$라고 하고, $[0,\pi/2]$에서 코시의 평균값 정리를 적용하자. 그러면

$$\frac{f\left(\frac{\pi}{2}\right)-f(0)}{g\left(\frac{\pi}{2}\right)-g(0)}=\frac{f'(c)}{g'(c)},\ c\in(0,\pi/2)$$

이다. 즉,

$$\frac{f\left(\frac{\pi}{2}\right)-f(0)}{g\left(\frac{\pi}{2}\right)-g(0)}=\frac{\frac{\pi}{2}-0}{0-1}=-\frac{\pi}{2}$$

이고

$$\frac{f'(c)}{g'(c)}=-\frac{\pi}{2},\ c\in\left(0,\frac{\pi}{2}\right)$$

인 c가 존재한다. ■

코시의 평균값 정리를 이용하여 부정형 $\frac{0}{0}$ 형이나 $\frac{\infty}{\infty}$ 형과 같은 몫의 형태로 된 함수의 극한을 구하는 데 이용되는 로피탈(L'Hospital)의 정리를 살펴보고자 한다.

정리 5.4 $\frac{0}{0}$형에 대한 로피탈의 정리

함수 f,g가 $x=a$를 포함하는 구간에서 미분가능하고 $x\neq a$에서 $g'(x)\neq 0$일 때, $f(a)=g(a)=0$이고 $\lim_{x\to a}\frac{f'(x)}{g'(x)}$가 존재하면

$$\lim_{x\to a}\frac{f(x)}{g(x)}=\lim_{x\to a}\frac{f'(x)}{g'(x)}$$

가 성립한다.

증명

a 근방의 $x \neq a$를 선택하면, $[a,x]$ 또는 $[x,a]$에서 f와 g는 코시의 평균값 정리의 가정을 만족하므로

$$\frac{f(x)}{g(x)} = \frac{f(x)-f(a)}{g(x)-g(a)} = \frac{f'(c)}{g'(c)}$$

를 만족하는 $c \in (a,x)$ 또는 $c \in (x,a)$가 존재한다. 여기서 $x \to a$이면 $c \to a$이므로

$$\lim_{x \to a}\frac{f(x)}{g(x)} = \lim_{x \to a}\frac{f'(c)}{g'(c)} = \lim_{c \to a}\frac{f'(c)}{g'(c)} = \lim_{x \to a}\frac{f'(x)}{g'(x)}$$

예제 5.1.14 다음의 극한값을 구하여라.

(1) $\displaystyle\lim_{x \to 0}\frac{x^4-2x^2}{x^2-x}$ (2) $\displaystyle\lim_{x \to 1}\frac{x^3-1}{x^{3/4}-1}$ (3) $\displaystyle\lim_{x \to 0}\frac{x+\tan x}{x+\sin x}$

풀이

(1) $\displaystyle\lim_{x \to 0}\frac{x^4-2x^2}{x^2-x} = \lim_{x \to 0}\frac{4x^3-4x}{2x} = \lim_{x \to 0}\frac{4}{2}\frac{(x^3-x)}{x} = \lim_{x \to 0}2\frac{3x^2-1}{1} = -2$

(2) $\displaystyle\lim_{x \to 1}\frac{x^3-1}{x^{3/4}-1} = \lim_{x \to 1}\frac{3x^2}{\frac{3}{4}x^{-1/4}} = \lim_{x \to 1}4x^{9/4} = 4$

(3) $\displaystyle\lim_{x \to 0}\frac{x+\tan x}{x+\sin x} = \lim_{x \to 0}\frac{1+\sec^2 x}{1+\cos x} = 1$ ■

참고 위의 정리는 $x \to a$ 대신에 $x \to \infty$, $x \to -\infty$일 때에도 성립한다.

정리 5.5 $\dfrac{\infty}{\infty}$ **형에 대한 로피탈의 정리**

함수 f, g가

$$\lim_{x \to a} f(x) = \pm\infty, \quad \lim_{x \to a} g(x) = \pm\infty$$

일 때, $\displaystyle\lim_{x \to a}\frac{f'(x)}{g'(x)}$가 존재하면

$$\lim_{x \to a}\frac{f(x)}{g(x)} = \lim_{x \to a}\frac{f'(x)}{g'(x)}$$

가 성립한다.

예제 5.1.15 다음의 극한을 구하여라.

(1) $\lim\limits_{x\to\infty}\dfrac{(x^2+1)^{10/7}}{x^4+2x^2+3}$ (2) $\lim\limits_{x\to\infty}\dfrac{e^x}{x^3+10^7x^2+3}$

풀이

(1) $\lim\limits_{x\to\infty}\dfrac{\frac{10}{7}2x(x^2+1)^{3/7}}{4x^3+4x}=\lim\limits_{x\to\infty}\dfrac{5}{7}\dfrac{(x^2+1)^{3/7}}{x^2+1}=\lim\limits_{x\to\infty}\dfrac{5}{7}\dfrac{1}{(x^2+1)^{4/7}}=0$

(2) $\lim\limits_{x\to\infty}\dfrac{e^x}{x^3+10^7x^2+3}=\lim\limits_{x\to\infty}\dfrac{e^x}{3x^2+2\cdot 10^7x}$

$$=\lim_{x\to\infty}\frac{e^x}{6x+2\cdot 10^7}=\lim_{x\to\infty}\frac{e^x}{6}=\infty$$ ■

예제 5.1.16 다음의 극한값을 구하여라.

(1) $\lim\limits_{x\to\infty}\dfrac{\ln x}{x^3}$ (2) $\lim\limits_{x\to\infty}\dfrac{x^{100}}{e^x}$ (n은 자연수)

풀이

(1) $x\to\infty$일 때 $\ln x\to\infty$이므로 로피탈의 정리를 이용하여 다음과 같이 구할 수 있다.

$$\lim_{x\to\infty}\frac{\ln x}{x^3}=\lim_{x\to\infty}\frac{\frac{1}{x}}{3x^2}=\lim_{x\to\infty}\frac{1}{3x^3}=0$$

(2) $x\to\infty$일 때 $e^x\to\infty$, $x^k(k>0)\to\infty$이므로 로피탈의 정리를 계속하여 적용하면 다음을 구할 수 있다.

$$\begin{aligned}\lim_{x\to\infty}\frac{x^{100}}{e^x}&=\lim_{x\to\infty}\frac{100x^{100-1}}{e^x}\\&=\lim_{x\to\infty}\frac{99\cdot 100x^{98}}{e^x}\\&\ \ \vdots\\&=\lim_{x\to\infty}\frac{100!}{e^x}=0\end{aligned}$$ ■

5.1 연습문제

(1~3) 주어진 함수들이 롤의 정리의 가정을 만족하는 경우, 만족하는 c를 구하여라.

01 $f(x) = x^3 - 4x + 5,\ \ [-2,2]$

02 $g(x) = \dfrac{x^2 + x - 6}{x + 2},\ \ [-3,2]$

03 $f(x) = -8\sin\left(\dfrac{x}{2}\right) + 9x,\ \ [-3,-1]$

(4~5) 주어진 함수와 구간에 대하여 평균값 정리의 가정을 만족하는 경우, 만족하는 c를 구하여라.

04 $f(x) = x^{\frac{3}{5}},\ \ [0,1]$

05 $g(x) = \sqrt[3]{x} - 4x,\ \ [1,3]$

(6~10) 다음의 극한값을 구하여라.

06 $\displaystyle\lim_{x \to 9} \frac{x - 9}{\sqrt{x} - 3}$

07 $\displaystyle\lim_{x \to \infty} \frac{\ln x}{x^2}$

08 $\displaystyle\lim_{x \to \infty} \frac{\sqrt{1 + x^3 + x^6}}{x^3 + x + 1}$

09 $\displaystyle\lim_{x \to \infty} \left(\sqrt{x^2 + 2x} - x\right)$

10 $\displaystyle\lim_{x \to \infty} \frac{1 + e^x}{2x^2 + 1}$

(11~16) 다음의 극한값을 구하여라.

11 $\displaystyle\lim_{x \to 0} \frac{\sin 7x}{\sin 3x}$

12 $\displaystyle\lim_{x \to \frac{\pi}{2}} \frac{1 - \sin x}{\cos x}$

13 $\displaystyle\lim_{x \to 0} \frac{\sin x - x\cos x}{x}$

14 $\displaystyle\lim_{x \to \frac{\pi}{2}} \frac{\cos x}{\cos 5x}$

15 $\displaystyle\lim_{x \to 0} \frac{\sin(x^2 + \pi/2)}{x^2}$

16 $\displaystyle\lim_{x \to 0} \frac{\sin x - x}{x - \tan x}$

(17~22) 다음의 극한값을 구하여라.

17 $\displaystyle\lim_{x \to 0} \frac{\sin 5x}{\sin 2x}$

18 $\displaystyle\lim_{x \to \frac{\pi}{2}} \frac{1 - \sin x}{\cos x}$

19 $\displaystyle\lim_{x \to 0} \frac{\sin x - x\cos x}{x}$

20 $\displaystyle\lim_{x \to \frac{\pi}{2}} \frac{\cos 3x}{\cos x}$

21 $\displaystyle\lim_{n \to 0} \frac{5n^3 + 7n + 1}{n^3 + 2n + 5}$

22 $\displaystyle\lim_{x \to 0} \frac{\sin x + x}{x + \tan x}$

23 함수 $y=f(x)$는 폐구간 $[a,b]$에서 연속이고 개구간 (a,b)에서 미분가능하다. 모든 $x \in (a,b)$에 대해서 $|f'(x)| \leq 1$이다. 그러면 모든 실수 $x_1, x_2 \in [a,b]$에 대해

$$|f(x_1)-f(x_2)| \leq |x_1-x_2|$$

임을 보여라.

24 $\tan^{-1}x+\tan^{-1}\dfrac{1}{x}=\dfrac{\pi}{2}$, $(x>0)$이 성립함을 보여라.

25 방정식 $6x^5+13x+1=0$은 정확하게 하나의 실근을 가짐을 증명하여라.

26 f는 $[a,b]$에서 연속이고 (a,b)에서 미분가능하면 적당한 $c \in (a,b)$가 존재하여

$$\frac{bf(a)-af(b)}{b-a}=f(b)-bf'(c)$$

를 만족함을 증명하여라.

5.2 함수의 극댓값, 극솟값

함수 $y = f(x)$의 정의역을 X, 공변역을 Y라 할 때 함수의 그래프는 다음과 같이 표현된다.

$$Graph\, f = \{(a,b) \in X \times Y \mid a \in X,\ b = f(a) \in Y\}$$

특별한 표시가 없는 경우 $X \subset R$, $Y = R$로 간주한다.

함수의 그래프를 다루기 전에 먼저 함수의 증가, 감소, 극댓값, 극솟값을 실펴보자.

정의 5.2

함수 f가 구간 I에서 정의되고 $x_1 < x_2$인 모든 $x_1, x_2 \in I$에 대하여

a) $f(x_1) < f(x_2)$이면 f는 구간 I에서 **증가(increasing)한다**고 하고, f가 $x = c$를 포함한 적당한 개구간에서 증가하면 f는 $x = c$에서 **증가상태**라 한다.

그리고 f가 정의역 전체에서 증가하면 f를 **증가함수**라고 한다.

b) $f(x_1) > f(x_2)$이면 f는 구간 I에서 **감소(decreasing)한다**고 하고, f가 $x = c$를 포함한 적당한 개구간에서 감소하면 f는 $x = c$에서 **감소상태**라 한다.

그리고 f가 정의역 전체에서 감소하면 f를 **감소함수**라고 한다.

참고 상수함수는 증가함수도 감소함수도 아니다.

예제 5.2.1 함수 $f(x) = x^2 + 2$은 $(-\infty, 0]$에서는 감소하고, $[0, \infty)$에서는 증가한다.

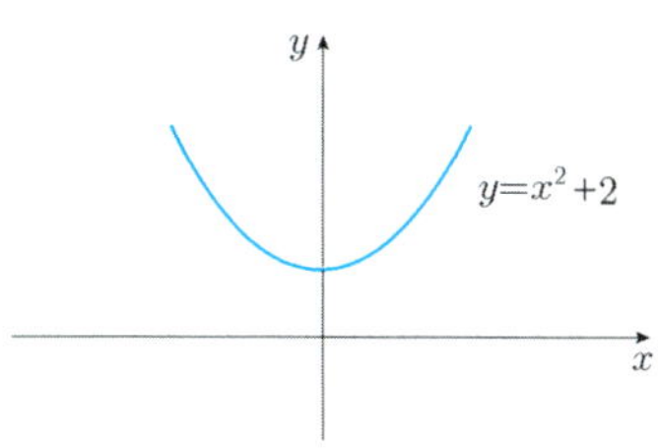

그림 5.4(a)

예제 5.2.2 함수

$$f(x) = \begin{cases} x+2, & x \le 2 \\ 2, & x > 2 \end{cases}$$

이면, $(-\infty, 2]$에서 f는 증가하고 $(2, \infty)$에서는 상수함수이다.

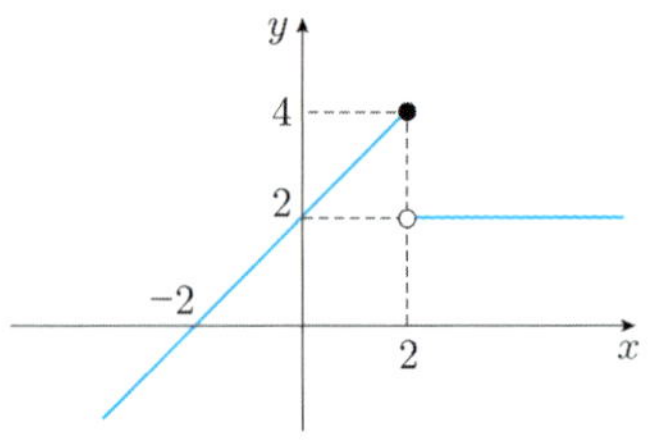

그림 5.4(b)

예제 5.2.3 함수

$$\delta(x) = \begin{cases} 1, & x \in Q \\ 0, & x \in Q^c \end{cases}$$

는 어떤 구간에서도 증가하거나 감소하지 않는다.

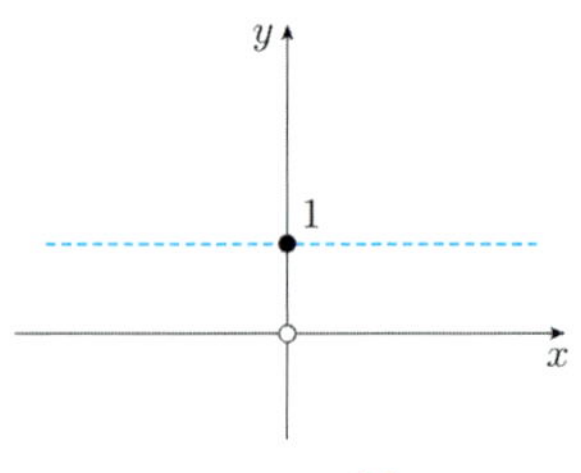

그림 5.4(c)

다음은 연속함수의 미분과 증가, 감소 관계를 살펴보고자 한다. 먼저, 함수 f가 $x=a$에서 증가상태이면 충분히 작은 임의의 양수 h에 대해

$$f(a-h) < f(a) < f(a+h)$$

가 성립하고 $x=a$에서 감소상태이면

$$f(a-h) > f(a) > f(a+h)$$

이 성립한다는 것을 기억하자.

정리 5.6

함수 f가 $x=c$ 근방에서 미분가능하고 $f'(c)>0$이면 f는 $x=c$ 근방에서 증가상태이고, $f'(c)<0$이면 f는 $x=c$ 근방에서 감소상태이다.

증명

$f'(c)>0$이면 $\lim_{h\to 0}\frac{f(c+h)-f(c)}{h}>0$이므로 $\lim_{h\to 0^+}\frac{f(c+h)-f(c)}{h}>0$이고 $\lim_{h\to 0^-}\frac{f(c+h)-f(c)}{h}>0$이다. 따라서 아주 작은 임의의 양수 h에 대해 $\frac{f(c+h)-f(c)}{h}>0$이므로

$$f(c+h)>f(c)$$

이다. 또한, 비슷한 방법으로 작은 임의의 음수 h에 대해 $\frac{f(c+h)-f(c)}{h}>0$이므로

$$f(c+h)<f(c)$$

이다. 따라서 작은 임의의 양수 h에 대해

$$f(c-h)<f(c)<f(c+h)$$

가 성립한다. 그리고 $f'(c)<0$인 경우에도 비슷하게 증명할 수 있다.

위의 정리를 어떤 구간으로 확대하면 다음과 같다.

예제 5.2.4 $f(x)=x^3-3x^2$에 대해 다음 수에서 증가상태인지 감소상태인지 살펴보아라.

(1) $x=-1$　　(2) $x=0$　　(3) $x=1$

풀이 $f'(x)=3x^2-6x$이다.

(1) $f'(-1)=3+6=9>0$이므로 $x=-1$에서 증가상태이다.

(2) $f'(0)=0$이므로 $x=0$에서는 증가, 감소상태를 알 수 없다.

(3) $f'(1)=3-6=-3<0$이므로 $x=1$에서 감소상태이다. ■

정리 5.7

함수 f가 어떤 구간 I에서 연속이고 끝점을 제외한 모든 점에서 미분가능하다고 하자. 미분가능한 모든 $x \in I$에 대하여

a) $f'(x) > 0$이면 f는 I에서 증가하고,

b) $f'(x) < 0$이면 f는 I에서 감소하고,

c) $f'(x) = 0$이면 f는 I에서 상수이다.

증명

임의의 x_1, $x_2 \in I$를 선택하고 $x_1 < x_2$라 하자. 그러면 f가 I에서 연속이므로 $[x_1, x_2]$에서 연속이고, 끝점을 제외한 모든 $x \in I$에 대하여 미분가능하므로 (x_1, x_2)에서도 미분가능하다. 따라서 평균값 정리에 의해

$$f'(c) = \frac{f(x_2) - f(x_1)}{x_2 - x_1}$$

를 만족하는 $c \in (x_1, x_2)$가 존재한다.

먼저, a)의 경우에

$$f'(c) = \frac{f(x_2) - f(x_1)}{x_2 - x_1} > 0$$

이고 $x_1 < x_2$이므로

$$f(x_1) < f(x_2)$$

이다.

b)의 경우에

$$f'(c) = \frac{f(x_2) - f(x_1)}{x_2 - x_1} < 0$$

이고 $x_1 < x_2$이므로

$$f(x_1) > f(x_2)$$

이다.

c)의 경우에

$$f'(c) = \frac{f(x_2) - f(x_1)}{x_2 - x_1} = 0$$

이고 $x_1 \neq x_2$이므로

$$f(x_1) = f(x_2)$$

이다.

참고 이 정리의 역은 성립하지 않는다. 즉, 함수 f가 구간 I에서 증가하면 $x \in I$에 대하여 $f'(x) > 0$는 틀린 명제이다. 반례로 $f(x) = x^3$은 $(-1, 1)$에서 증가하나 $f'(0) = 0$이다.

예제 5.2.5 다음 함수는 어떤 구간에서 증가, 감소를 하는가?

(1) $f(x) = x^3 + 3x^2 + 3x - 5$ (2) $g(x) = x^4 - 2x^2 + 2$

(3) $h(x) = x^5 + 2x^3$ (4) $q(x) = \dfrac{1}{x^2 + 1}$

(5) $t(x) = \tan^{-1} x$

풀이 (1) $f'(x) = 3x^2 + 6x + 3 = 3(x+1)^2$이다. 따라서 $x \neq -1$이면 $f'(x) > 0$이므로 f는 증가한다. 그리고 $x = -1$ 좌우에서 증가하고 연속함수이므로 모든 실수에서 f는 증가함수이다.

(2) $g'(x) = 4x^3 - 4x = 4x(x^2 - 1) = 4x(x-1)(x+1)$이다. 따라서 $(-\infty, -1]$, $[0, 1]$에서 f는 감소하고, $(-1, 0)$, $(1, \infty)$에서는 증가한다.

(3) $h'(x) = 5x^4 + 6x^2 = x^2(5x^2 + 6)$이므로 실수 전체 구간에서 증가한다.

(4) $q'(x) = -\dfrac{2x}{(x^2+1)^2}$ 이므로 $(\infty, 0]$에서는 증가하고 $(0, \infty)$에서는 감소한다.

(5) $t'(x) = \dfrac{1}{x^2 + 1}$이므로 증가함수이다. ■

예제 5.2.6 함수 $f(x)$는 어떤 구간에서 증가, 감소를 하는가?

$$f(x) = \begin{cases} -2x, & x < 0 \\ 2x + 1, & x \geq 0 \end{cases}$$

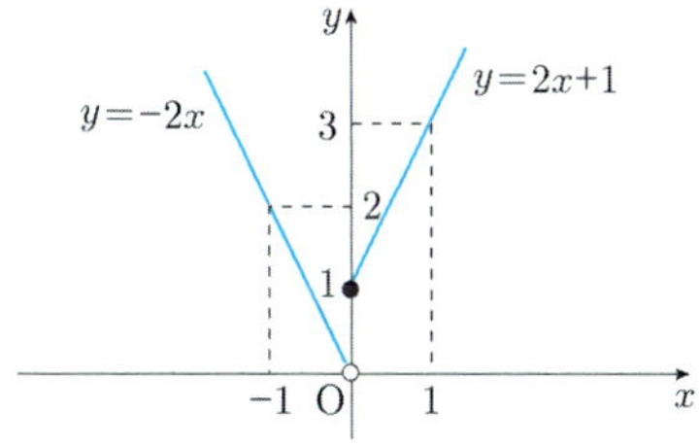

그림 5.5

풀이 $x \in (-\infty, 0)$에서 $f'(x) = -2 < 0$이므로 $(-\infty, 0)$에서 f는 감소하고, $x \in (0, \infty)$에서는 $f'(x) = 2 > 0$이므로 $[0, \infty)$에서 f는 증가한다. ■

$f(x)$와 $g(x)$는 미분가능한 함수이고 c를 상수라 하자. 이때 $f(x) = g(x) + c$이면 $f'(x) = g'(x)$이다. 이 역도 성립한다는 것을 다음 정리를 통하여 알 수 있다.

정리 5.8

주어진 구간 I에서 두 함수 f, g가 연속이고 구간 내에 있는 끝점을 제외한 모든 x에 대하여 $f'(x) = g'(x)$이면 모든 $x \in I$에 대해

$$f(x) - g(x) = c \ (c\text{는 상수})$$

이다.

증명

$x \in I$에 대해 $h(x) = f(x) - g(x)$라 하면 끝점을 제외한 모든 x에 대하여

$$h'(x) = f'(x) - g'(x) = 0$$

이다. 정리 5.6에 의하여 h는 I에서 상수함수이다. 즉,

$$f(x) - g(x) = c \ (c\text{는 상수})$$

이다.

예제 5.2.7 모든 실수 x에 대하여 $f'(x) = 3x^2 + 2x - 3$이고 $f(1) = 3$인 $f(x)$를 구하여라.

풀이 $g(x) = x^3 + x^2 - 3x$라 하면 $f'(x) = g'(x)$이므로 위의 정리에 의하여 $f(x) = g(x) + c$이다. 그런데

$$f(1) = 1^3 + 1^2 - 3 \cdot 1 + c = -2 + c = 3$$

이므로 $c = 5$이다. 그러므로

$$f(x) = g(x) + 5 = x^3 + x^2 - 3x + 5$$

이다. ■

함수 $y=f(x)$의 함숫값 중 점 $f(a)$는 f의 최댓값은 아니나 a를 포함하는 어떤 구간 $(a-h, a+h)$에서는 f의 최댓값이 된다(그림 5.6). 이와 같이 어떤 함숫값 전체에서는 최댓값, 최솟값은 아니지만 어떤 제한된 구간에서는 최댓값, 최솟값이 되는 점들을 살펴보고자 한다. 먼저, 이와 관련된 정의부터 하자.

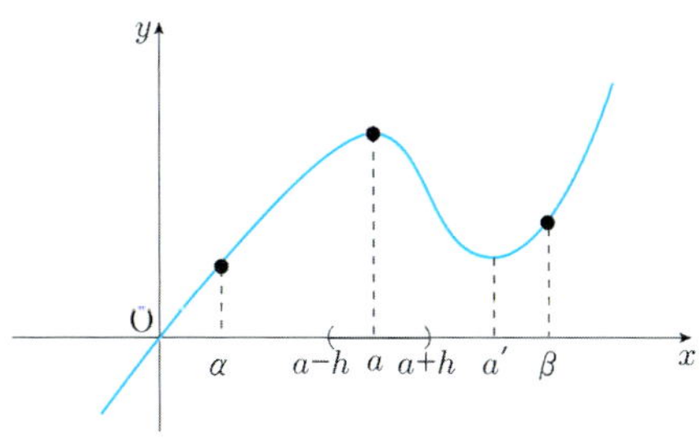

그림 5.6

정의 5.3

함수 f는 c를 포함하는 구간에서 정의된 함수라 하자. c를 포함하는 개구간 (a,b)가 존재해서, 이 구간 내에 있는 모든 x에 대하여 $f(x) \le f(c)$일 때, 함수 f는 c에서 극댓값을 갖는다고 하고 $f(c)$의 **극댓값**이라 한다.
또, c를 포함하는 개구간 (d,e)가 존재해서, 이 구간 내에 있는 모든 x에 대하여 $f(x) \ge f(c)$일 때, 함수 f는 c에서 극솟값을 갖는다고 하고 $f(c)$를 **극솟값**이라 한다. 특히 극댓값과 극솟값을 **극값**이라 한다.

정리 5.9

함수 f가 c에서 극댓값, 극솟값을 갖는다면 함수 c는 f의 임계점이다. 즉, $f'(c)=0$이거나 $f'(c)$가 존재하지 않는다.

증명

$f'(c)=0$와 f는 c에서 미분불가능 중 하나가 성립한다는 것을 보이면 된다. 즉 f가 c에서 미분가능하다면 $f'(c)=0$임을 보이면 된다. 따라서 f가 c에서 미분가능하고 $f'(c) \neq 0$라고 하자.
먼저 $f'(c) > 0$이면

$$f'(c) = \lim_{x \to c} \frac{f(x) - f(c)}{x - c} > 0$$

이다. 그러므로 $c < x$인 충분히 c에 가까운 x에 대해

$$\frac{f(x) - f(c)}{x - c} > 0$$

이므로

$$f(x) > f(c)$$

이다. 그리고 $c > x$인 충분히 c에 가까운 x에 대해

$$\frac{f(x) - f(c)}{x - c} > 0$$

이므로

$$f(x) < f(c)$$

이다. 즉, $f(c)$는 f의 극댓값, 극솟값이 아니므로 모순이다. $f'(c) < 0$인 경우도 $f'(c) > 0$ 경우와 같이 모순을 이끌어낼 수 있다. 그러므로 $f'(c) = 0$이다.

예제 5.2.8 함수

$$f(x) = \begin{cases} x^2 + 1, & x < 1 \\ x + 1, & x \geq 1 \end{cases}$$

일 때, f의 극값이 될 수 있는 점들을 찾아라.

풀이 함수 f의 도함수

$$f'(x) = \begin{cases} 2x, & x < 1 \\ 1, & x > 1 \end{cases}$$

이므로 $x = 1$에서는 미분불가능이고 $f'(0) = 0$이므로 $f(0)$, $f(1)$이 극값이 될 수 있다. 실제로 그림 5.7에서와 같이 $f(0)$은 극솟값이고 $f(1)$은 극값이 아니다.

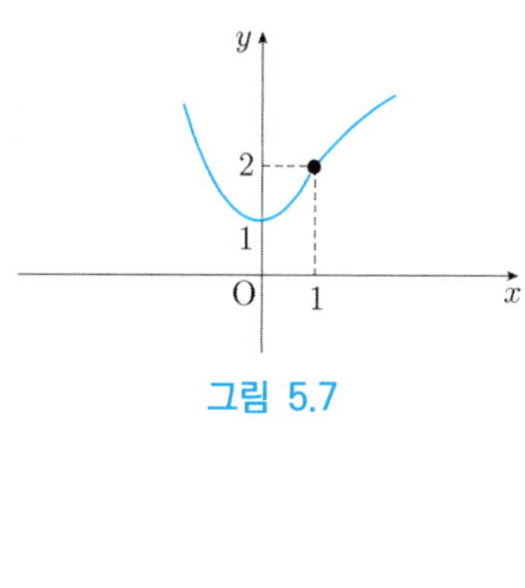

그림 5.7

■

다음은 주어진 함수의 어떤 임계점들이 이 함수의 극값을 결정하는지 도함수를 이용하여 판정하는 방법을 살펴보고자 한다.

정리

5.10 일계도함수 판정

함수 f는 c에서 임계점을 가지고 연속이며, 구간 $(c-h,c)$와 $(c,c+h)$, $h>0$에서 미분 가능하다고 하자.

a) $x\in(c-h,c)$일 때 $f'(x)>0$이고 $x\in(c,c+h)$일 때, $f'(x)<0$이면 f는 c에서 극댓값을 갖는다.

b) $x\in(c-h,c)$일 때 $f'(x)<0$이고 $x\in(c,c+h)$일 때, $f'(x)>0$이면 f는 c에서 극솟값을 갖는다.

c) $x\in(c-h,c)$일 때 $f'(x)>0$ $(f'(x)<0)$이고 $x\in(c,c+h)$일 때 $f'(x)>0$ $(f'(x)<0)$이면, f는 c에서 극값을 갖지 않는다.

증명

a) 함수 f는 $(c-h,c]$에서 연속이고 $x\in(c-h,c)$일 때 $f'(x)>0$이므로 정리 5.6에 의하여 f는 $(c-h,c]$에서 증가한다. 따라서 모든 $x\in(c-h,c]$에 대해

$$f(x)\le f(c)$$

이다. 또 f는 $[c,c+h)$에서 연속이고 $x\in(c,c+h)$일 때 $f'(x)<0$이므로 정리 5.6에 의하여 f는 $[c,c+h)$에서 감소한다. 따라서 모든 $x\in[c,c+h)$에 대해

$$f(x)\le f(c)$$

이다. 그러므로 $f(c)$는 f의 극댓값이다.

b) a)와 비슷한 방법으로 쉽게 보일 수 있다

c) 함수 f는 $(c-h,c]$에서 연속이고 $x_1\in(c-h,c)$일 때 $f'(x_1)>0$이므로 정리 5.6에 의하여 f는 $(c-h,c]$에서 증가한다. 따라서 모든 $x_1\in(c-h,c]$에 대해

$$f(x_1)\le f(c)$$

이다. 또 f는 $[c,c+h)$에서 연속이고 $x_2\in(c,c+h)$일 때 $f'(x_2)>0$이므로 정리 5.7에 의하여 f는 $[c,c+h)$에서 증가한다. 따라서 모든 $x_2\in[c,c+h)$에 대해

$$f(c)\le f(x_2)$$

이다. 그러므로

$$x_1 \in (c-h, c],\ x_2 \in [c, c+h)$$

에 대하여

$$f(x_1) \le f(c) \le f(x_2)$$

이므로 $f(c)$는 극값이 될 수 없다.

예제 5.2.9 함수 $f(x) = 2x^4 - x^2$일 때 이 함수의 극값을 구하여라.

풀이 함수 f는 실수 전체에서 미분가능하므로 f의 임계점은 방정식 $f'(x)=0$의 근으로만 이루어져 있다.

$$f'(x) = 8x^3 - 2x = 2x(2x-1)(2x+1)$$

이므로 임계점은 $x=0,\ x=\pm\dfrac{1}{2}$이다. 그리고

$$\begin{cases} f'(x)<0, x\in(-\infty,-1/2) \\ f'(x)>0, x\in(-1/2,0) \\ f'(x)<0, x\in(0,1/2) \\ f'(x)>0, x\in(1/2,\infty) \end{cases}$$

이므로 $f\left(\pm\dfrac{1}{2}\right)$은 극솟값, $f(0)$은 극댓값을 갖는다. ■

예제 5.2.10 예제 5.2.8을 일계도함수 판정법(정리 5.10)을 이용하여 구하여보자. 즉, 함수

$$f(x) = \begin{cases} x^2+1, & x<1 \\ x+1, & x\ge 1 \end{cases}$$

일 때 f의 극값을 구하여라.

풀이 함수 f의 도함수

$$f'(x) = \begin{cases} 2x, & x<1 \\ 1, & x>1 \end{cases}$$

이므로 $x=1$에서는 미분불가능이고 $f'(0)=0$이므로 임계점은 $x=0,\ x=1$이다. $x\in(-\infty,0)$일 때 $f'(x)<0$, $x\in(0,1)$일 때 $f'(x)>0$이므로 $f(0)$은 극솟값이고, $x\in(0,1)$일 때 $f'(x)>0$, $x\in(1,\infty)$일 때도 $f'(x)>0$이므로 $f(1)$은 극값이 아니다. ■

앞에서 배운 내용을 요약하면, 다음과 같이 어떤 구간에서 연속이고 구간의 끝점을 제외하고 미분가능한 경우의 최댓값, 최솟값을 갖기 위한 필요조건을 볼 수 있다.

정리 5.11

함수 f가 c에서 최댓값, 최솟값을 갖는다면 c는 f의 정의역의 끝값 또는 임계점이다.

증명

f가 c에서 최댓값 또는 최솟값을 가지고 c가 f의 정의역의 끝값이 아니라고 하자. 그러면 f는 c에서 미분가능하거나 미분불가능하다. 미분불가능하면 c는 f의 임계점이므로 이 정리는 성립한다.

$f'(c)$가 존재하고 $f(c)$가 최댓값이라고 하자. $f(c)$가 최댓값이므로

1) $x > c$일 때

$$\frac{f(x)-f(c)}{x-c} < 0$$

이고

2) $x < c$일 때

$$\frac{f(x)-f(c)}{x-c} > 0$$

이다. 따라서

$$f'(c) = \lim_{x \to c} \frac{f(x)-f(c)}{x-c}$$

에 의해 $f'(c)=0$이다. 즉 c는 f의 임계점이다.

예제 5.2.11 함수 $f(x)=x^3-12x$일 때 $x \in (-5,3]$에서 최댓값, 최솟값, 극값을 구하여라.

풀이 함수 f는 $x \in (-5,3)$에서 미분가능하다. 따라서

$$f'(x) = 3x^2 - 12 = 3(x+2)(x-2)$$

이다. 그러므로 임계점은 $x=-2, x=2$이다.

$x \in (-5,-2)$일 때 $f'(x) > 0$, $x \in (-2,2)$일 때 $f'(x) < 0$이므로

$f(-2)=16$는 극댓값이고,

$x \in (-2, 2)$일 때 $f'(x) < 0$, $x \in (2, 3)$일 때 $f'(x) > 0$이다.

따라서 $f(2) = -16$는 극솟값이다.

또, 3이 끝점이므로 계산해보면 $f(3) = -9$이고, -5에 대한 f의 우극한값

$$\lim_{x^+ \to -5} f(x) = -65$$

이다. 그러므로 극값과 끝점의 함숫값을 비교하여 최댓값 $f(-2) = 16$을 구할 수 있다. 그러나 -5는 주어진 구간에 포함되지 않으므로 최솟값은 없다. ■

예제 5.2.12 타원 $\dfrac{x^2}{2^2} + \dfrac{y^2}{3^2} = 1$에 내접하는 최대 직사각형의 면적을 구하여라.

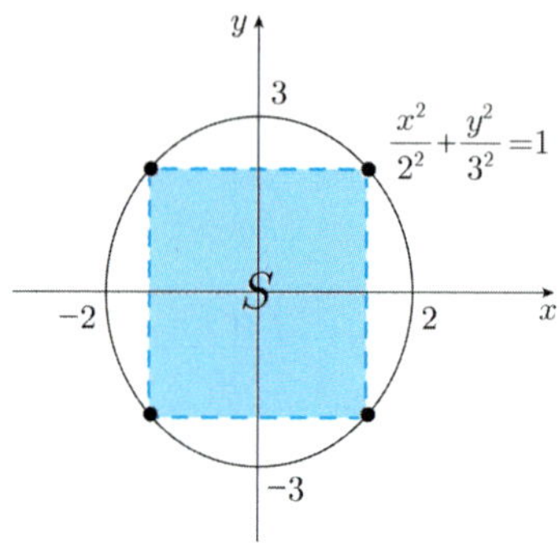

그림 5.8

풀이 그림 5.8과 같이 직사각형을 타원에 내접시키고 제1사분면에서 접하는 점을 (x, y)라 하면 직사각형의 면적은

$$S(x, y) = 4xy, \ \ 0 \le x \le 2, \ \ 0 \le y \le 3$$

이다. 그리고 (x, y)가 타원 위의 점이므로

$$y = \frac{3}{2}\sqrt{2^2 - x^2}$$

이다. 그러므로

$$S = 4xy = 6x\sqrt{4 - x^2}, \ \ 0 \le x \le 2$$

이다. 제곱근이 있으므로 S^2을 이용하여 S의 최댓값을 구하자. 그러면

$$A(x) = (S(x))^2 = 36x^2(4 - x^2) = 36(4x^2 - x^4), \ \ 0 \le x \le 2$$

라 하자. 따라서

$$A'(x) = 144x(\sqrt{2}+x)(\sqrt{2}-x)$$

이고 $0 \le x \le 2$이므로 A의 임계점은 $\sqrt{2}$이다. $x \in (0, \sqrt{2})$에서 $A'(x) > 0$, $x \in (\sqrt{2}, 2)$일 때 $A'(x) < 0$이므로 $A(\sqrt{2})$는 극댓값이다. 그리고 끝점 $x = 0, 2$에서의 A의 함숫값은 0이므로 A의 최댓값은 $A(\sqrt{2})$이다. 그러므로 최대면적은 $A(\sqrt{2}) = 12$이다. ∴ 최대면적은 $\sqrt{12}$이다. ■

5.2 연습문제

(1~4) 다음 함수의 최대, 최솟값을 구하여라.

01 $f(x)=x^2-\dfrac{1}{x^2}$

02 $g(x)=(1-x)^2(1+x)^2$

03 $h(x)=\dfrac{|x|}{1+|x|}$

04 $k(x)=x^{\frac{2}{3}}+2x^{-\frac{1}{3}}$

05 $[-1,2]$에서 $f(x)=x|x-1|$의 최댓값과 최솟값에 해당하는 점의 위치를 찾아라.

(6~8) 다음에 주어진 함수와 각 구간에서 최댓값과 최솟값을 구하여라.

06 $f(x)=x-\dfrac{1}{x^2}$, $[1,\sqrt{2}]$

07 $g(x)=\dfrac{x^2}{1+x^2}$, $[-2,2]$

08 $h(x)=\begin{cases} x^2-1, & x\le 1 \\ x-1, & x\ge 1 \end{cases}$

09 부피가 $100cm^3$인 뚜껑이 없는 원통형 깡통을 만들 수 있는 최소의 재료는 얼마나 필요한가?

(10~11) 다음을 구하여라.

10 음이 아닌 두 수의 합이 1일 때, 이들 제곱의 합이 최소인 두 수를 구하여라.

11 음이 아닌 두 수의 합이 1일 때, 이들 중 하나의 제곱과 나머지의 세제곱의 곱을 최소로 하는 두 수를 구하여라.

12 반지름이 5이고 높이가 8인 원뿔에 내접하는 원기둥 중 그 부피가 최대가 되는 원기둥을 구하여라.

13 점 $(4,0)$에 가장 가까운 곡선 $x^2-y^2=4$ 위의 점을 구하여라.

14 정리 5.7의 b)를 증명하여라.

5.3 함수의 그래프

함수의 증가 또는 감소의 모형을 구분하여 보고자 한다. 예를 들면 두 함수

$$f(x) = x^2,\ \ g(x) = \sqrt{x},\ \ x \in (0, \infty)$$

의 그림 5.9를 보자.

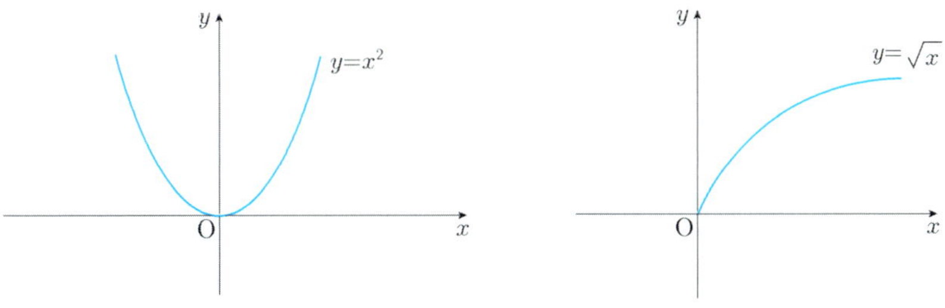

그림 5.9

$$f'(x) = 2x,\ \ g(x) = \frac{1}{2}x^{-\frac{1}{2}}$$

이고

$$f''(x) = 2,\ \ g''(x) = -\frac{1}{4}x^{-\frac{3}{2}}$$

이다. 즉 $f''(x) > 0$이고 $g''(x) < 0$이다. 이러한 곡선의 모양을 살펴보기 위하여 다음을 정의하자.

정의 5.4

함수 f가 개구간 I에서 미분가능하다고 하자. f'가 I에서 증가할 때 f는 I에서 **위로 오목**(concave up)하다고 하고, f'가 I에서 감소할 때 f는 I에서 **아래로 오목**(concave down)하다고 한다.

참고 함수 f가 개구간 I에서 두 번 미분가능하다고 하자. I에서 $f''(x) > 0$이면 f는 위로 오목하고, I에서 $f''(x) < 0$이면 f는 아래로 오목하다.

예제 5.3.1 함수 $f(x) = x^3 + \frac{1}{2}x^2 - 2x + 1$일 때 f가 어떤 구간에서 위, 아래로 오목한지를 결정하여라.

풀이 $f'(x) = 3x^2 + x - 2$, $f''(x) = 6x + 1$이므로

$$\begin{cases} f''(x) < 0, & x < -\frac{1}{6} \\ f''(x) = 0, & x = -\frac{1}{6} \\ f''(x) > 0, & x > -\frac{1}{6} \end{cases}$$

이다. 따라서 함수 f는 $\left(-\infty, -\frac{1}{6}\right)$에서 아래로 오목하고, $\left(-\frac{1}{6}, \infty\right)$에서는 위로 오목하다. ■

위의 예제에서 $\left(-\frac{1}{6}, f\left(-\frac{1}{6}\right)\right)$과 같은 점은 오목이 아래, 위로 바뀌는 경계점이다. 이와 같은 점에 관하여 살펴보자. 함수 f는 c에서 연속이고, 함수 f가 점 c를 중심으로 좌우에서 오목이 아래, 위로(위, 아래로) 바뀔 때 $(c, f(c))$를 **변곡점**(point of inflection)이라 한다. 즉, 위 예제에서 $\left(-\frac{1}{6}, f\left(-\frac{1}{6}\right)\right)$은 변곡점이다.

예제 5.3.2 함수 $g(x) = x^3$라 하자. 그러면 $g'(x) = 3x^2$이고 $g''(x) = 6x$이다. 따라서 $x \in (-\infty, 0)$일 때 $g''(x) < 0$이므로 g는 아래로 오목하고, $x \in (0, \infty)$일 때 $g''(x) > 0$이므로 g는 위로 오목하다. 그러므로 $(0, g(0))$는 g의 변곡점이다.

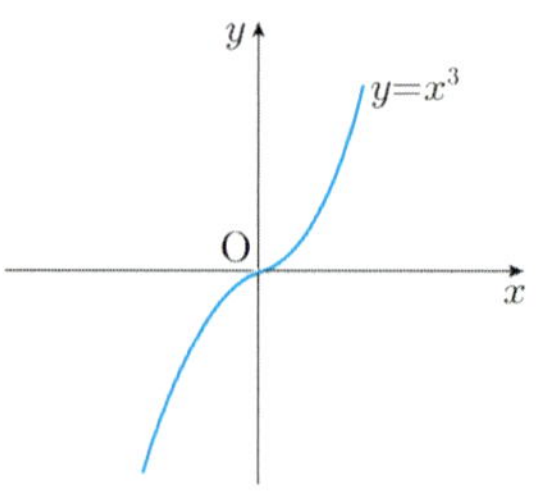

그림 5.10

참고 $(c, f(c))$가 f의 변곡점이면 c는 f'의 임계점이다. 즉 $f''(c) = 0$이거나 f'가 c에서 미분불가능이다. 그러나 f'의 임계점이 항상 f의 변곡점을 결정하는 것은 아니다. 즉, $g(x) = x^4$는 $g''(0) = 0$이나 $(0, g(0))$는 g의 변곡점이 아니다.

그러면 지금부터 함수의 그래프를 그려보자. 앞으로 이 책에서는 ↗는 증가상태, ↘는 감소상태, ⌣은 위로 오목, ⌒는 아래로 오목을 나타낸다.

예제 5.3.3 함수 $f(x)=x^3-3x$의 그래프를 그려라.

풀이 함수 f를 미분하여

$$f'(x)=3x^2-3=3(x+1)(x-1)$$
$$f''(x)=6x$$

이므로 다음의 표를 얻을 수 있다.

x	$-\infty$	$\cdots$	-1	$\cdots$	0	$\cdots$	1	$\cdots$	∞
$f'(x)$		$+$	0	$-$	$-$	$-$	0	$+$	
$f''(x)$		$-$	$-$	$-$	0	$+$	$+$	$+$	
$f(x)$	$-\infty$	↗,⌒	2	↘,⌒	0	↘,⌣	-2	↗,⌣	∞

따라서 함수 f는 -1에서 극댓값 2, 1에서 극솟값 -2를 갖는다. 또, $(0,0)$는 f의 변곡점이다. 그러므로 그래프를 그리면 그림 5.11과 같다.

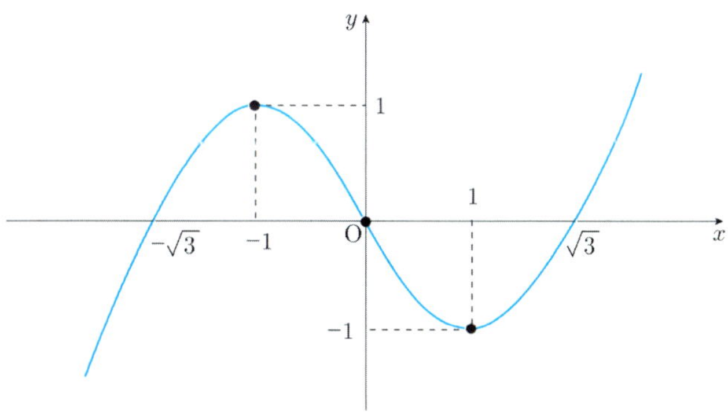

그림 5.11 $y=x^3-3x$ ■

예제 5.3.4 함수 $g(x)=\dfrac{1}{x^2+1}$의 그래프의 개형을 그려라.

풀이 함수 g는 실수 전체에서 연속이고 미분가능하다. 따라서 g를 미분하면 다음을 얻을 수 있다.

$$g'(x) = -\frac{2x}{(x^2+1)^2}$$

$$g''(x) = \frac{-2(x^2+1)^2 + 8x^2(x^2+1)}{(x^2+1)^4} = \frac{6x^2-2}{(x^2+1)^3}$$

$$= \frac{2(\sqrt{3}x+1)(\sqrt{3}x-1)}{(x^2+1)^3}$$

따라서 g의 임계점은 0이고, 변곡점이 될 수 있는 g'의 임계점은 $\pm\sqrt{3}$이다. 그러므로 다음의 표를 얻을 수 있다.

x	$-\infty$	$\cdots$	$-\frac{1}{\sqrt{3}}$	$\cdots$	0	$\cdots$	$\frac{1}{\sqrt{3}}$	$\cdots$	∞
$g'(x)$		+	+	+	0	−	−	−	
$g''(x)$		+	0	−	−	−	0	+	
$g(x)$	0	↗, ◡	$\frac{3}{4}$	↗, ⌒	1	↘, ⌒	$\frac{3}{4}$	↘, ◡	0

그러므로 g는 $x=0$에서 극댓값(최댓값) 1을 갖는다. 또, $\left(\pm\frac{1}{\sqrt{3}}, \frac{3}{4}\right)$는 변곡점이다. 따라서 그래프는 그림 5.15와 같다.

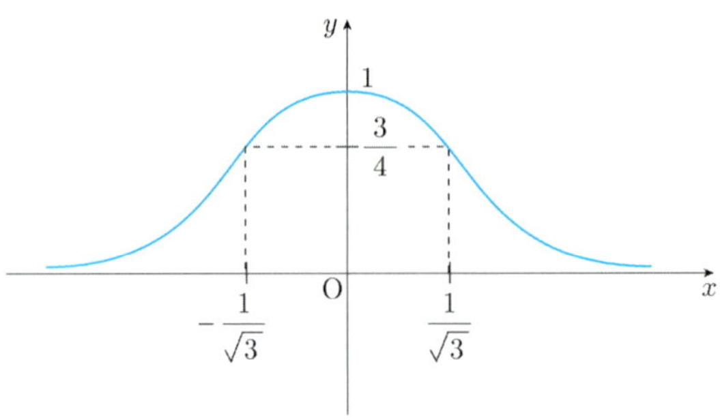

그림 5.12 $y = \frac{1}{x^2+1}$ ■

예제 5.3.5 함수 $y = 1-(x-2)^{2/3}$의 그래프의 개형을 그려라.

풀이 y의 도함수를 구하면 다음과 같다.

$$y' = -\frac{2}{3}(x-2)^{-\frac{1}{3}} = -\frac{2}{3\sqrt[3]{x-2}}$$

$$y'' = \frac{2}{9\sqrt[3]{(x-2)^4}}$$

따라서 y, y'의 임계점은 y의 미분불가능한 점 $x=2$뿐이다. 그러므로 다음의 표를 구할 수 있다.

x	$-\infty$	$\cdots$	2	$\cdots$	∞
y'		$+$	$\times$	$-$	
y''		$+$	$\times$	$+$	
y	$-\infty$	↗, ◡	1	↘, ◡	$-\infty$

그러므로 y는 $x=2$에서 극댓값 1을 갖는다. 따라서 그래프는 그림 5.13과 같다.

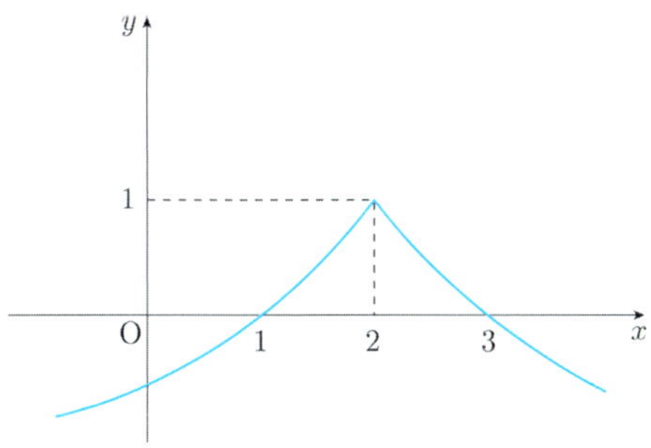

그림 5.13 $y=1-(x-2)^{\frac{2}{3}}$ ■

정리 5.12 이계도함수 판정

함수 f는 개구간 (a,b)에서 미분가능하고 점 $c\in(a,b)$에서 $f'(c)=0$이다. 그러면
a) $f''(c)<0$이면 f는 c에서 극댓값을 갖는다.
b) $f''(c)>0$이면 f는 c에서 극솟값을 갖는다.
c) $f''(c)=0$이면 f는 c에서 극댓값, 극솟값을 갖는지 판정할 수 없다.

증명

a) $f''(c)<0$이므로 정리 5.8에 의하여 $f'(x)$는 c의 근방에서 감소상태에 있다. 즉, c에 충분히 가까운 $x_1<c<x_2$에 대해

$$f'(x_1)>f'(c)>f'(x_2)$$

가 성립한다. 그리고 $f'(c)=0$이므로 c에 충분히 가까운 $x_1<c<x_2$에 대해

$$f'(x_1)>0>f'(x_2)$$

이다. 즉 f는 c에서 증가하다 감소하므로 극댓값을 갖는다.

b) a)와 비슷한 방법으로 증명할 수 있다.

c) 함수 $f(x)=x^3$, $g(x)=x^4$ $h(x)=-x^4$은 $x=0$에서 c)의 가정을 모두 만족한다. 그러나 함수 f는 0에서 극값을 갖지 않고, 함수 g는 0에서 극솟값을 갖고, 함수 h는 0에서 극댓값을 갖는다.

예제 5.3.6 함수 $f(x)=5x-3x^{5/3}$의 그래프를 그려라.

풀이 함수 f의 도함수를 구하면 다음과 같다.

$$f'(x)=5-5x^{2/3}=\ 5(1+x^{1/3})(1-x^{1/3})$$

$$f''(x)=-\frac{10}{3}x^{-\frac{1}{3}}$$

이므로 f의 임계점은 $1, -1$이고 f'의 임계점은 0이다. 그리고

$$\lim_{x\to\pm\infty} f(x)=\mp\infty$$

이므로 다음의 표를 구할 수 있다.

x	$-\infty$	$\cdots$	-1	$\cdots$	0	$\cdots$	1	$\cdots$	∞
$f'(x)$		-	0	+	+	+	0	−	
$f''(x)$		+	+	+	×	−	−	−	
$f(x)$	∞	↘,◡	-2	↗,◡	0	↗,⌒	2	↘,⌒	$-\infty$

그러므로 $f(-1)$는 극솟값, $f(1)$는 극댓값, $(0,f(0))$는 변곡점이다. 그림으로 그려보면 그림 5.14와 같다.

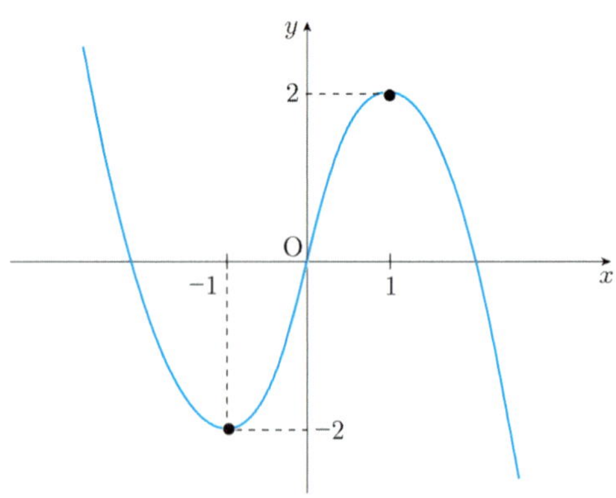

그림 5.14 $y=5x-3x^{\frac{5}{3}}$ ■

예제 5.3.7 함수 $f(x)=\dfrac{4x}{x^2+1}$일 때 함수 $y=f(x)$의 그래프를 그려라.

풀이 함수 $f(x)$는 실수 전체에서 미분가능하므로 미분을 하면 다음을 얻을 수 있다.

$$f'(x)=\frac{4x^2+4-8x^2}{(x^2+1)^2}=\frac{4(1+x)(1-x)}{(x^2+1)^2}$$

$$f''(x)=\frac{4x(x+\sqrt{3})(x-\sqrt{3})}{(x^2+1)^3}$$

따라서 $f'(x)=0$의 근 $x=\pm1$는 f의 임계점이고, $f''(x)=0$의 근 $x=0$, $\pm\sqrt{3}$는 f'의 임계점이다. 그리고

$$\lim_{x\to\pm\infty} f(x)=0$$

이므로 다음의 표를 구할 수 있다.

x	0	$\cdots$	1	$\cdots$	$\sqrt{3}$	$\cdots$	∞
$f'(x)$	$+$	$+$	0	$-$	$-$	$-$	
$f''(x)$	0	$-$	$-$	$-$	0	$+$	
$f(x)$	0	$\nearrow,\frown$	2	$\searrow,\frown$	$\sqrt{3}$	$\searrow,\smile$	0

한편 $f(x)=-f(x)$, 즉 f는 원점에 관하여 대칭이므로 그림 5.15를 그릴 수 있다. 따라서 f는 극솟값 $f(-1)$, 극댓값 $f(1)$를 갖는다. 또한

$$(-\sqrt{3},-\sqrt{3}),\ (0,0),\ (\sqrt{3},\sqrt{3})$$

는 f의 변곡점이다.

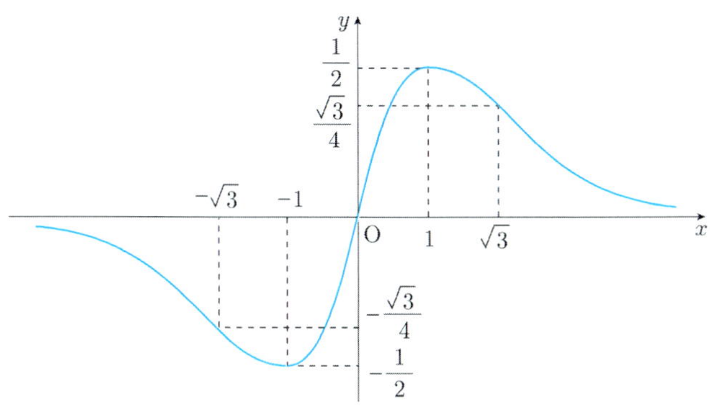

그림 5.15 $y=\dfrac{4x}{x^2+1}$의 그래프 ■

예제 5.3.8 함수 $f(x)=e^{-2x^2}$의 그래프를 그려라.

풀이 $f'(x)=-4xe^{-2x^2}$이고 $f''(x)=4(2x-1)(2x+1)e^{-2x^2}$이므로 다음과 같은 표를 구할 수 있다.

x	$-\infty$		$-\frac{1}{2}$		0		$\frac{1}{2}$		∞
$f'(x)$		$+$	$+$	$+$	0	$-$	$-$	$-$	
$f''(x)$		$+$	0	$-$	$-$	$-$	0	$+$	
$f(x)$	0	$\nearrow, \smile$	$\frac{1}{\sqrt{e}}$	$\nearrow, \frown$	1	$\searrow, \frown$	$\frac{1}{\sqrt{e}}$	$\searrow, \smile$	0

그러므로 $x=0$는 극댓값이자 최댓값이고, $\left(\pm\frac{1}{2}, \frac{1}{\sqrt{e}}\right)$는 변곡점이다. 따라서 그래프는 그림 5.16과 같다.

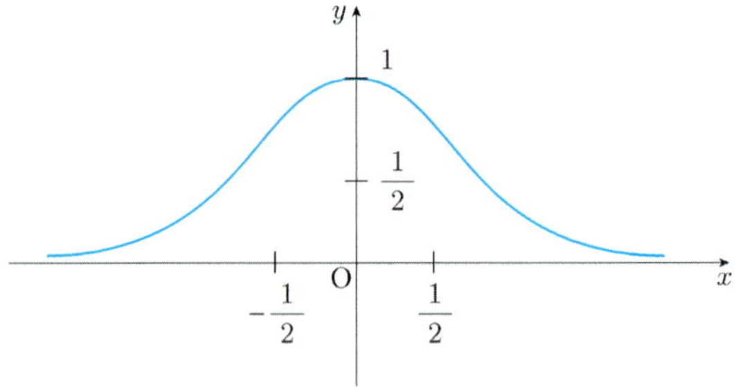

그림 5.16 $y=e^{-2x^2}$ ■

예제 5.3.9 함수 $y=\sin x-\cos x$의 그래프를 그려라.

풀이 사인함수, 코사인함수는 주기가 2π인 함수이므로 함수 $y=\sin x-\cos x$의 그래프를 구간 $[0, 2\pi]$에서만 그리면 된다. 먼저 도함수를 구하면 다음과 같다.

$$y'=\cos x+\sin x,\ y''=-\sin x+\cos x$$

따라서 $[0, 2\pi]$에서 $y'=0$의 해를 구하면 $x=\frac{3\pi}{4}, \frac{7\pi}{4}$이고, $y''=0$의 해를 구하면 $x=\frac{\pi}{4}, \frac{5\pi}{4}$이다. 그러므로 다음과 같은 표를 구할 수 있다.

x	0		$\frac{\pi}{4}$		$\frac{3\pi}{4}$		$\frac{5\pi}{4}$		$\frac{7\pi}{4}$		2π
y'		$+$	$+$	$+$	0	$-$	-	-	0	$+$	
y''		$+$	0	$-$		-	0	$+$		$+$	
y	-1	$\nearrow, \smile$	0	$\nearrow, \frown$	$\sqrt{2}$	$\searrow, \frown$	0	$\searrow, \smile$	$-\sqrt{}$	$\nearrow, \smile$	-1

그러므로 그림을 그리면 그림 5.17과 같다.

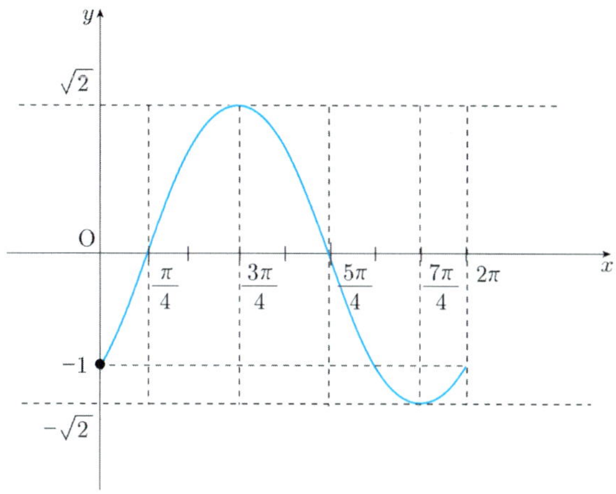

그림 5.17 $y = \sin x - \cos x$ ■

5.3 연습문제

(1~6) 다음 함수의 그래프를 그려라.

01 $g(x)=\dfrac{1}{x^2+1}$

02 $g(x)=x^3(1+x)^2$

03 $h(x)=\dfrac{x^3+1}{1+x^2}$

04 $k(x)=x\sqrt{4-x^2}$

05 $f(x)=5x-3x^{5/3}$

06 $y = \sin x + \cos x$

(7~10) 다음 함수의 극값과 변곡점을 구하여라.

07 $f(x)=x^2+\dfrac{1}{x^2}$

08 $f(x)=\dfrac{x^2}{\sqrt{x^2-1}}$

09 $f(x)=\sqrt{x^3-4x}$

10 $f(x)=3-(x+2)^{\frac{2}{3}}$

11 함수 $f(x)=2\sin x-\sin 2x$의 그래프를 그려라.

12 $f(x)=x^3+bx^2+c$이고 f가 2에서 극솟값 -3을 가질 때, b와 c를 구하여라.

13 $f(x)=ax^3+bx+3$이고 f는 $[-2,4]$에서 최댓값 $f(2)=4$를 가질 때, a와 b를 구하여라.

14 다음 함수는 세 개의 변곡점을 가지고 이들이 동일 직선 위의 있음을 증명하여라.

$$f(x)=\frac{x^2+3}{1+x^2}$$

(15~16) 다음 함수의 최댓값과 최솟값을 구하여라.

15 $f(x)=x^2e^{-x},\ 0\le x\le 1$

16 $g(x)=e^x-\ln x,\ -3\le x\le 3$

(17~18) 다음 함수의 그래프를 그려라.

17 $y=x\ln(x^2)$

18 $y=\ln(1+x^2)$

(19~20) 다음 함수의 그래프를 그려라.

19 $y=\sec 2x$

20 $y=\csc 3x$

21 구간 $[0,2\pi]$에서 $f(x)=\sin x-\sqrt{3}\cos x$의 그래프를 그리고 극값 및 변곡점을 구하여라.

제6장

부정적분

6.1 부정적분의 소개
6.2 부정적분의 응용
6.3 치환적분법
6.4 부분적분법
6.5 유형 $\dfrac{B(x)}{A(x)}$의 부정적분

앞 장에서 도함수에 대한 수학적 과정을 연구하고, 여러 가지 응용성을 다루어 보았다. 이 장에서 다루는 적분 또한 많은 응용성, 즉 물체의 속도, 기체의 압력과 부피 사이의 관계 등 여러 가지 물리적인 현상을 설명하는 중요한 도구로써 사용된다. 이 장에서는 미분의 역과정인 원시함수를 찾는 방법을 익히고 여러 가지 적분법을 소개한다.

6.1 부정적분의 소개

함수가 물질의 전체량에 대한 정보를 나타낼 때, 함수의 도함수를 구함으로써 변화량이나 최댓값, 최솟값에 대한 정보를 유추하여 최적화를 할 수 있다. 한편, 물질의 전체에 대한 함수를 발견하는 것이 항상 가능한 것은 아니며, 적분은 변화량에 대한 함수를 발견하여 물질의 전체량에 대한 함수를 구하는데 목표가 있다.

정의 6.1 원시함수와 부정적분

함수 f가 어떤 함수 F의 도함수, 즉

$$F'(x) = f(x)$$

일 때, F를 f의 원시함수(antiderivative)라 한다.

임의의 상수 C에 대하여, $F+C$도 f의 원시함수임을 알 수 있다.

정의 6.2 부정적분

함수 f의 원시함수를 F라 하면, f의 부정적분(indefinite integral)을

$$\int f(x)\,dx$$

로 표시하며, 부정적분 값은

$$\int f(x)\,dx = F(x) + C$$

이다. 여기서, C는 임의의 상수이다.

f의 모든 원시함수, 즉 부정적분을 구하는 것을 f를 적분한다(integrate)고 한다.

이제, 원시함수와 부정적분의 기하학적 개념과 부정적분에 초깃값를 부여함으로써 원시함수를 찾는 방법을 알아보자.

예제 6.1.1 기울기함수가 $f(x)=2x$일 때, 이의 원시함수들을 그래프로 그려보아라.

풀이 $F(x)=x^2+C$

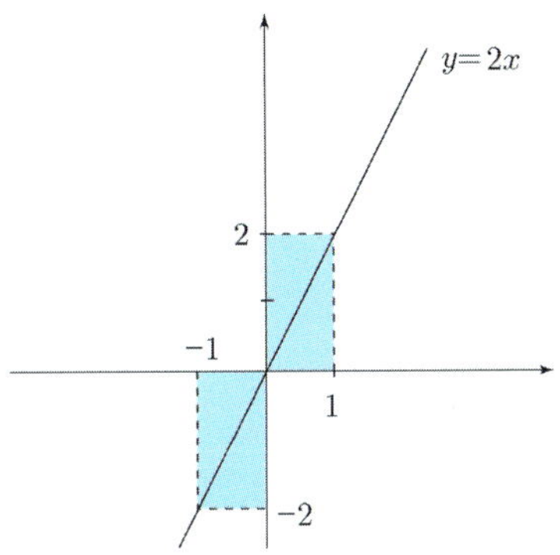

그림 6.1 $f(x)=2x$

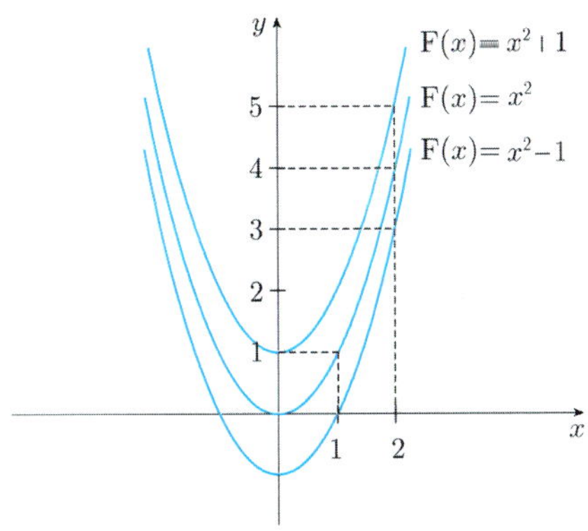

그림 6.2 $F(x)=x^2+C$ ■

예제 6.1.2 $f(x)=10x$의 원시함수를 구하여라.

풀이

$$5x^2,\ 5x^2+3,\ 5x^2+7,\ \cdots$$ ■

예제 6.1.3 $f(x)=3x^2$의 부정적분을 구하여라.

풀이 $\int 3x^2dx=x^3+C$, 여기서 C는 임의의 상수이다. ■

예제 6.1.4 기울기함수가 $f(x)=1/x$일 때, 이의 원시함수들을 그래프로 그려보고 $(1,0)$을 지나는 함수를 찾아라.

풀이 원시함수는

$$F(x)=\ln|x|+C$$

이며, $0=F(1)=\ln|1|+C=C$ 이므로, 함수 $F(x)=\ln|x|$가 $(1,0)$을 지난다.

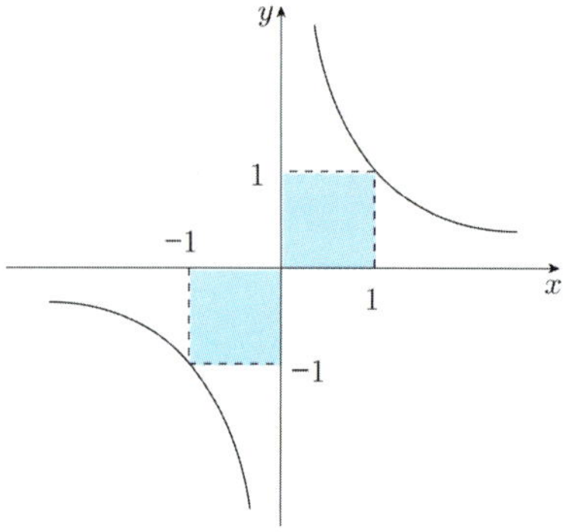

그림 6.3 $f(x)=1/x$

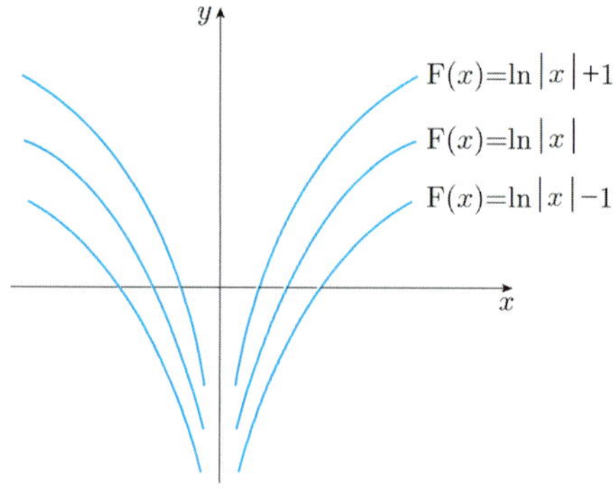

그림 6.4 $F(x)=\ln|x|+C$ ■

위의 예제를 정리하면 다음의 일반화된 등식을 얻는다.

정리 6.1 x^n의 부정적분

$$\int x^n\,dx=\begin{cases}\dfrac{1}{n+1}x^{n+1} & (n\neq -1)\\ \ln|x|+C & (n=-1)\end{cases}$$

증명

$n\neq -1$인 경우,

$$\frac{d}{dx}\left[\frac{1}{n+1}x^{n+1}\right]=\frac{1}{n+1}(n+1)x^n=x^n$$

이므로

$$\int x^n\,dx=\frac{1}{n+1}x^{n+1}+C$$

를 얻는다.

한편, $n=-1$인 경우, $x>0$일 때

$$\frac{d}{dx}\ln|x|=\frac{d}{dx}\ln x=\frac{1}{x}$$

이고, $x<0$일 때,

$$\frac{d}{dx}\ln|x|=\frac{d}{dx}\ln(-x)=\frac{1}{-x}(-1)=\frac{1}{x}$$

이므로,

$$\int x^n\,dx=\ln|x|+C$$

를 얻는다.

원시함수가 함수들의 일차결합으로 표현되어 있을 때의 적분법을 생각해보자.

정리 6.2 함수들의 일차결합에 대한 부정적분

함수 f와 g가 적분가능하고 α가 상수일 때, 다음 등식이 성립한다.

(1) $\int \alpha f(x)dx = \alpha \int f(x)dx$

(2) $\int [f(x) \pm g(x)]dx = \int f(x)dx \pm \int g(x)dx$

증명

(1) $F(x)$를 $f(x)$의 원시함수라 하자. 그러면

$$\frac{d}{dx}[\alpha F(x)] = \alpha \frac{d}{dx}[F(x)] = \alpha f(x)$$

이므로

$$\int \alpha f(x)\,dx = \alpha F(x) + C = \alpha \int f(x)\,dx.$$

(2) $F(x)$와 $G(x)$를 $f(x)$와 $g(x)$의 원시함수라 하자. 그러면

$$\frac{d}{dx}[F(x)+G(x)] - \frac{d}{dx}F(x) + \frac{d}{dx}G(x) - f(x)+g(x)$$

이므로

$$\int f(x)+g(x)\,dx = F(x)+G(x)+C = \int f(x)\,dx + \int g(x)\,dx$$

위의 정리를 이용한 예제를 다루어 보자.

예제 6.1.5 다음 부정적분을 구하여라.

(1) $\int 2x^3 dx$

(2) $\int \frac{2}{x^5} dx$

(3) $\int (3x^2 - 4x)dx$

(4) $\int \frac{x^2+1}{\sqrt{x}} dx$

풀이

(1) $\int 2x^3 dx = 2\int x^3 dx = 2\left(\frac{1}{4}x^4\right) + C = \frac{1}{2}x^4 + C$

(2) $\int \frac{2}{x^5} dx = 2\int x^{-5} dx = 2\left(\frac{1}{-4}x^{-4}\right) + C = -\frac{1}{2x^4} + C$

(3) $\int(3x^2-4x)dx=\int 3x^2dx-\int 4xdx=x^3-2x^2+C$

(4) $\int\frac{x^2+1}{\sqrt{x}}dx=\int\frac{x^2}{\sqrt{x}}dx+\int\frac{1}{\sqrt{x}}dx=\int x^{3/2}dx+\int x^{-1/2}dx$

$$=\frac{2}{5}x^{5/2}+2\sqrt{x}+C$$ ■

이제, 지수함수와 삼각함수의 부정적분에 대하여 다루어 보자.

먼저, 기울기와 함숫값이 같은 유일한 함수인 $f(x)=e^x$에 대하여

$$\frac{d}{dx}e^x=e^x$$

이며, 일반적으로 $a>0$에 대하여

$$\frac{d}{dx}a^x=a^x\ln a$$

이므로 지수함수에 대한 부정적분은 다음과 같다.

정리 6.3 지수함수의 부정적분

$$\int a^x\,dx=\begin{cases}e^x+C & (a=e)\\ \dfrac{a^x}{\ln a}+C & (a\neq e)\end{cases}$$

예제 6.1.6 기울기함수가 $f(x)=e^x$일 때, 이의 원시함수를 그래프로 그려보아라.

풀이 원시함수는 $F(x)=e^x+C$이다.

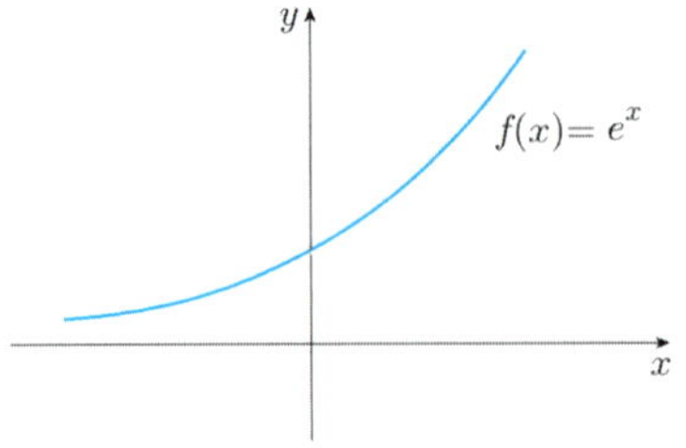

그림 6.5 $f(x)=e^x$

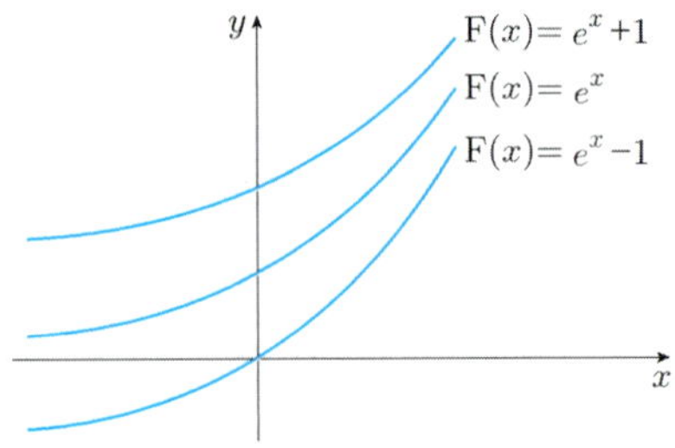

그림 6.6 $F(x)=e^x+C$ ■

예제 6.1.7 다음 지수함수에 대한 부정적분을 구하여라.

(1) $\int 5e^x\,dx$ (2) $\int 5^x\,dx$

풀이

(1) $\int 5e^x\,dx = 5\int e^x\,dx = 5e^x + C$

(2) $\int 5^x\,dx = \dfrac{5^x}{\ln 5} + C$ ■

이제, 삼각함수의 부정적분에 대하여 다루어 보자. 다음 등식은 삼각함수의 도함수에 의하여 쉽게 유도된다.

정리 6.4 삼각함수의 부정적분

$$\int \sin x\,dx = -\cos x + C \qquad \int \cos x\,dx = \sin x + C$$

$$\int \sec^2 x\,dx = \tan x + C \qquad \int \csc^2 x\,dx = -\cot x + C$$

$$\int \sec x \tan x\,dx = \sec x + C \qquad \int \csc x \cot x\,dx = -\csc x + C$$

$$\int \tan x\,dx = -\ln|\cos x| + C \qquad \int \cot x\,dx = \ln|\sin x| + C$$

예제 6.1.8 기울기함수가 $f(x) = \cos x$일 때, 이의 원시함수를 그래프로 그려보아라.

풀이 원시함수는 $F(x) = \sin x + C$이다.

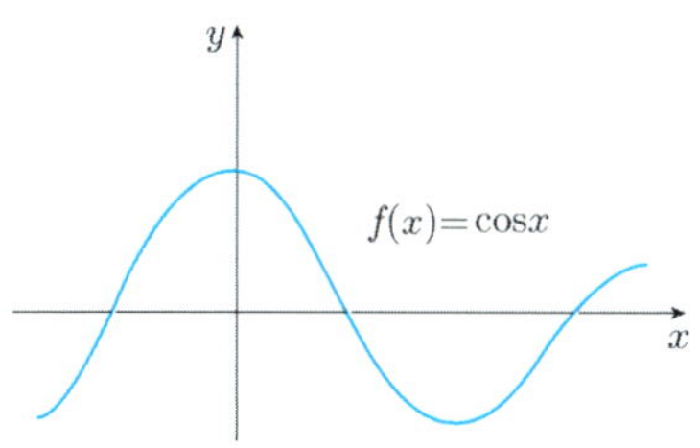

그림 6.7 $f(x) = \cos x$

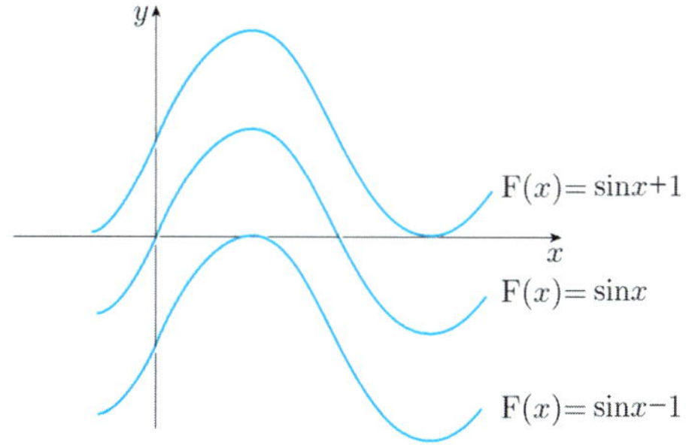

그림 6.8 $F(x) = \sin x + C$ ■

예제 6.1.9 다음 삼각함수의 부정적분을 구하여라.

(1) $\int 5\sin x\, dx$ (2) $\int \sec x\,(\tan x + \cos x)\, dx$

풀이 (1) $\int 5\sin x\, dx = 5\int \sin x\, dx = -\cos x + C$

(2) $\int \sec x\,(\tan x + \cos x)\, dx = \int \sec x \tan x\, dx + \int \sec x \cos x\, dx$

$= \sec x + x + C$ ■

예제 6.1.10 다음 삼각함수의 부정적분을 구하여라.

(1) $\int \sin^2 x\, dx$ (2) $\int \cos^2 x\, dx$

풀이 삼각함수의 배각 공식 $\cos 2x = \cos^2 x - \sin^2 x$에 의하여 $\cos 2x = 1 - 2\sin^2 x$와 $\cos 2x = 2\cos^2 x - 1$를 얻는다. 즉,

$$\sin^2 x = \frac{1-\cos 2x}{2},\quad \cos^2 x = \frac{1+\cos 2x}{2}$$

(1) $\int \sin^2 x\, dx = \int \frac{1-\cos 2x}{2} dx = \frac{1}{2}\left(x - \frac{1}{2}\sin 2x\right) + C$

(2) $\int \cos^2 x\, dx = \int \frac{1+\cos 2x}{2} dx = \frac{1}{2}\left(x + \frac{1}{2}\sin 2x\right) + C$ ■

예제 6.1.11 $\int \tan^2 x\, dx$의 부정적분을 구하여라.

풀이 등식 $1 + \tan^2 x = \sec^2 x$를 사용하면

$$\int \tan^2 x\, dx = \int (\sec^2 x - 1)\, dx = \tan x - x + C$$ ■

조금 더 복잡한 삼각함수의 적분은 다음 절에서 다룰 치환적분법이나 부분적분법을 사용하여 적분하게 된다.

6.1 연습문제

(1~4) 다음 함수의 부정적분을 구하여라.

01 x^5

02 $\sqrt{x}$

03 $\dfrac{1}{x+1}$

04 5^x

(5~8) 기울기함수가 다음과 같을 때, 원시함수를 그래프로 그리고, 부정적분을 구하여라.

05 x

06 x^2

07 e^x

08 $\sin x$

(9~14) 다음을 구하여라.

09 $\displaystyle\int (x^2 - 3x + 2)\, dx$

10 $\displaystyle\int (x^3 - 2)^2\, dx$

11 $\displaystyle\int \sin^2 x\, dx$

12 $\displaystyle\int \tan^2 x\, dx$

13 $\displaystyle\int \cot^2 x\, dx$

14 $\displaystyle\int \sin x \cos x\, dx$

(15~16) 다음 조건을 만족하는 $F(x)$를 구하여라.

15 $F'(x) = \sin x,\ F(0) = 2$

16 $F''(x) = x + \cos x,\ F(0) = 1,\ F'(0) = 2$

6.2 부정적분의 응용

어떤 물질의 속도나 가속도가 주어진 경우의 물질의 위치를 알아보자. 먼저, $S(t)$가 시간 t에서의 물질의 위치라면, 그 물질의 속도 $v(t)$와 가속도 $a(t)$ 사이에 다음의 관계가 성립함을 상기하자.

$$v(t)=s'(t),\ \ a(t)=v'(t)=s''(t)$$

예제 6.2.1 어떤 물체의 속도가 $v(t)=t-\frac{1}{6}t^2\ (0 \le t \le 6)$이며, $t=0$에서의 원점으로부터의 거리가 0이라 하자. 이때, 시간 t에 대한 위치함수를 구하여라.

풀이 $s(t)=\int v(t)\,dt$이므로,

$$s(t)=\int\left(t-\frac{1}{6}t^2\right)dt=\frac{1}{2}t^2-\frac{1}{18}t^3+C$$

에서 초깃값을 사용하면 $C=s(0)=0$이다. 그러므로 위치함수 $s(t)$는

$$s(t)=\frac{1}{2}t^2-\frac{1}{18}t^3$$

이다.

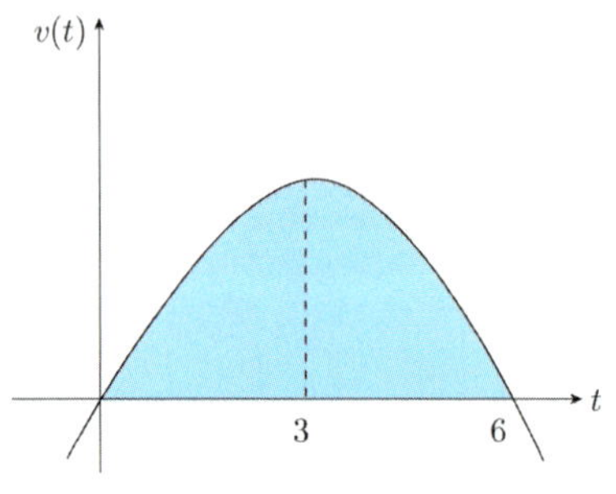

그림 6.9 $v(t)=t-\frac{1}{6}t^2$

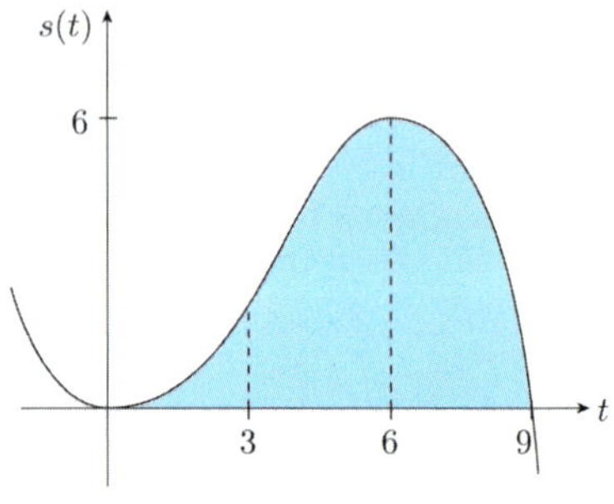

그림 6.10 $s(t)=\frac{1}{2}t^2-\frac{1}{18}t^3$ ■

위의 예제에서 시간 t에서의 가속도는

$$a(t)=v'(t)=1-\frac{1}{3}t$$

이다. $t=3$을 기점으로

$$\text{속도가 증가: } a(t)=v'(t)>0$$

하다가

$$\text{속도가 감소: } a(t)=v'(t)<0$$

함을 알 수 있으며 $t=3$에서 속도의 변화량이 0, 즉 가속도가 0임을 알 수 있다.

예제 6.2.2 어떤 물체의 속도가 $v(t)=3t^2-4t$이며, $t=0$에서의 물체의 초기 위치가 -5이라 하자. 이때, 시간 t에 대한 위치함수를 구하여라.

풀이 $s(t)=\int v(t)\,dt$이므로,

$$s(t)=\int (3t^2-4t)\,dt=t^3-2t^2+C$$

에서, 초깃값을 사용하면 $C=s(0)=-5$이다. 그러므로 위치함수 $s(t)$는

$$s(t)=t^3-2t^2-5$$

임을 알 수 있다. ■

예제 6.2.3 가속도힘수 $a(t)$와 속도함수와 위치함수의 초기 조건이 다음과 같을 때, 속도함수 $v(t)$와 위치함수 $s(t)$를 구하여라.

$$a(t)=t-3,\ v(0)=0,\ s(0)=0$$

풀이 $v(t)=\int a(t)\,dt$이므로,

$$v(t)=\int (t-3)\,dt=\frac{1}{2}t^2-3t+C$$

에서, 초깃값을 사용하면 $C=v(0)=0$이다. 그러므로 속도함수 $v(t)$는

$$v(t)=\frac{1}{2}t^2-3t$$

이다. 한편, 위치함수를 구하기 위하여, $s(t)=\int v(t)\,dx$이므로

$$s(t)=\int\left(\frac{1}{2}t^2-3t\right)dt=\frac{1}{6}t^3-\frac{3}{2}t^2+C$$

에서 초깃값을 사용하면 $C=s(0)=0$이다. 그러므로 위치함수 $s(t)$는

$$s(t) = \frac{1}{6}t^3 - \frac{3}{2}t^2$$

임을 알 수 있다. ■

예제 6.2.4 물체가 $100\,m$ 높이에서 자유 낙하되었고, 이 물체의 가속도는

$$a(t) = -32\,m/\sec^2$$

이며. 초기 속도가 $-2\,m/\sec$이다. 이때, 다음을 구하여라.

(1) 속도함수를 구하여라.

(2) 지면으로부터의 거리함수를 구하여라.

(2) 지면에 닿았을 때까지 걸리는 시간은?

(3) 지면에 닫는 순간의 속도는?

풀이 (1) $v(t) = \int a(t)\,dt$이므로,

$$v(t) = \int -32\,dt = -32t + C$$

에서, 초깃값을 사용하면 $C = v(0) = -2$이다. 그러므로 속도함수 $v(t)$는

$$v(t) = -32t - 2$$

이다.

(2) $s(t) = \int v(t)\,dt$이므로,

$$s(t) = \int (-32t - 2)\,dt = -16t^2 - 2t + C$$

에서, 초깃값을 사용하면 $C = s(0) = 100$이다. 그러므로 위치함수 $s(t)$는

$$s(t) = -16t^2 - 2t + 100$$

임을 알 수 있다.

(3) 지면에 닿았을 때의 시간을 구하기 위하여는

$$s(t) = 0$$

을 만족하는 t를 구하면 된다. 즉,

$$s(t) = -16t^2 - 2t + 100 = 0$$

을 풀면

$$t = \frac{-1 \pm \sqrt{1601}}{16} = 2.483 \text{ 혹는 } -2.563$$

에서 지면에 닿는 순간은 $t = 2.483$이다.

(4) 그때의 속도를 구하기 위하여 $t = 2.483$를 $v(t) = -32t - 2$에 대입하면

$$v(2.483) = -81.456$$

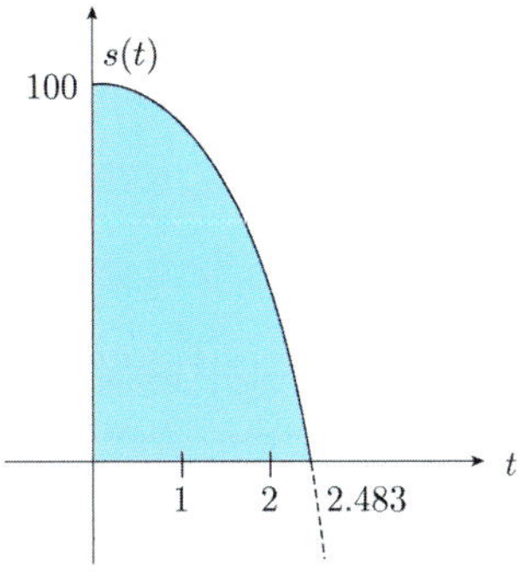

그림 6.11 $s(t) = -16t^2 - 2t + 100$ ■

6.2 연습문제

(1~4) 속도함수 $v(t)$와 위치함수의 초기 조건이 다음과 같을 때, 위치함수 $s(t)$를 구하여라.

01 $v(t)=2t^2,\ s(0)=1$

02 $v(t)=\cos t,\ s(0)=1$

03 $v(t)=t(t^2+3),\ s(0)=3$

04 $v(t)=e^x,\ s(0)=5$

(5~8) 가속도함수 $a(t)$와 속도함수와 위치함수의 초기 조건이 다음과 같을 때, 속도함수 $v(t)$와 위치함수 $s(t)$를 구하여라.

05 $a(t)=3,\ v(0)=1,\ s(0)=0$

06 $a(t)=2t,\ v(0)=0,\ s(0)=5$

07 $a(t)=\sin t,\ v(0)=5,\ s(0)=0$

08 $a(t)=e^t,\ v(0)=1,\ s(0)=5$

(9~12) 물체가 $100\,m$ 높이에서 떨어뜨려졌다. 이때, 다음에 답하여라. (단, 가속도는 $-9.8\,m/\sec^2$ 이다.)

09 속도함수를 구하여라.

10 지면으로부터의 거리함수를 구하여라.

11 물체가 땅에 떨어질 때까지 걸리는 시간은?

12 물체가 땅에 떨어지는 순간의 속도는?

6.3 치환적분법

원시함수가 합성함수로 표현되어 있을 때, 치환하여 단순한 형태로 고쳐서 적분한 후 다시 대입하는 다음의 치환적분법을 사용하여 적분한다. 즉,

정리 6.5 치환적분법

다음 형태의 부정적분을 구하려면

$$\int f(g(x))g'(x)\,dx$$

1단계: $g(x)$를 u로 치환하면 $g'(x)\,dx = du$를 얻는다.

2단계: $\int f(u)\,du$를 구한다.

3단계: u에 $g(x)$를 대입하면 된다.

예제 6.3.1 부정적분 $\int (x^4-1)^2 4x^3\,dx$를 구하여라.

풀이 $g(x)=x^4-1$를 u로 치환한 후 미분하면, $4x^3\,dx = du$를 얻는다. 그러므로

$$\begin{aligned}\int (x^4-1)^2 4x^3\,dx &= \int u^2\,du \\ &= \frac{1}{3}u^3 + C = \frac{1}{3}(x^4-1)^3 + C\end{aligned}$$ ■

예제 6.3.2 부정적분 $\int x\sqrt{4-x^2}\,dx$를 구하여라.

풀이 $g(x)=4-x^2$를 u로 치환한 후 미분하면, $-2x\,dx = du$를 얻는다. 그러므로

$$\begin{aligned}\int x\sqrt{4-x^2}\,dx &= -\frac{1}{2}\int \sqrt{u}\,du \\ &= -\frac{1}{2}\cdot\frac{2}{3}u^{3/2} = -\frac{1}{3}(4-x^2)^{3/2} + C\end{aligned}$$ ■

예제 6.3.3 부정적분 $\int \sin^3\theta \cos\theta \, d\theta$를 구하여라.

풀이 $g(\theta) = \sin\theta$를 u로 치환한 후 미분하면, $\cos\theta \, d\theta = du$를 얻는다. 그러므로

$$\int \sin^3\theta \cos\theta \, d\theta = \int u^3 \, du$$

$$= \frac{1}{4}u^4 + C = \frac{1}{4}\sin^4\theta + C$$ ■

예제 6.3.4 부정적분 $\int \sqrt{\tan\theta} \sec^2\theta \, d\theta$를 구하여라.

풀이 $g(\theta) = \tan\theta$를 u로 치환한 후 미분하면, $\sec^2\theta \, d\theta = du$를 얻는다. 그러므로

$$\int \sqrt{\tan\theta} \sec^2\theta \, d\theta = \int \sqrt{u} \, du$$

$$= \frac{2}{3}u^{3/2} + C = \frac{2}{3}\tan\theta\sqrt{\tan\theta} + C$$ ■

6.3 연습문제

(1~6) 다음의 부정적분을 구하여라.

01 $\int 2x(x^2+10)\,dx$

02 $\int x(x^2+4)^5\,dx$

03 $\int (2x+3)\sqrt{x^2+3x}\,dx$

04 $\int x^3\sqrt{4x^4+3}\,dx$

05 $\int \frac{1}{5-2x}dx$

06 $\int \frac{x-3}{x^2-6x+10}dx$

(7~12) 다음의 부정적분을 구하여라.

07 $\int 5^{3x}\,dx$

08 $\int xe^{x^2}dx$

09 $\int \frac{1}{x^2}\sin\frac{\pi}{x}\,dx$

10 $\int \frac{\sin x}{3\cos x-5}dx$

11 $\int \frac{\sin\sqrt{x}}{\sqrt{x}}dx$

12 $\int \sqrt{\cot x}\,\csc^2 x\,dx$

(13~18) 다음 부정적분을 구하여라.

13 $\int \frac{x^2}{x^3-2}dx$

14 $\int \frac{x^3}{5-x^4}dx$

15 $\int \frac{3x}{4x^2+7}dx$

16 $\int \frac{\pi\cos x}{2-5\sin x}dx$

17 $\int \frac{e^x}{e^x+5}dx$

18 $\int \frac{e^{3x}}{e^{3x}+5}dx$

6.4 부분적분법

피적분함수가 미분가능한 두 함수의 곱으로 표현되어 있을 때, 부분적분법을 사용하여 적분한다. 곱의 미분에 의하면

$$[u(x)v(x)]' = u'(x)v(x) + u(x)v'(x)$$

이므로

$$\int u'(x)v(x) + u(x)v'(x)\,dx = u(x)v(x) + C$$

이다. 그러므로 다음의 등식을 얻는다.

정리 6.6 부분적분법(integration by parts)

$$\int u(x)v'(x)\,dx = u(x)v(x) - \int u'(x)v(x)\,dx$$

예제 6.4.1 부정적분 $\int x\,e^x\,dx$를 구하여라.

풀이 $u = x,\ v' = e^x$라 놓으면 $u' = 1,\ v = e^x$이므로,

$$\int x\,e^x\,dx = xe^x - \int e^x dx = xe^x - e^x + C$$ ■

예제 6.4.2 부정적분 $\int x\cos x\,dx$를 구하여라.

풀이 $u = x,\ v' = \cos x$라 놓으면 $u' = 1,\ v = \sin x$ 이므로,

$$\int x\cos x\,dx = x\sin x - \int \sin x\,dx = x\sin x + \cos x + C$$ ■

예제 6.4.3 부정적분 $\int x\ln x\,dx$를 구하여라.

풀이 $u = \ln x,\ v' = x$라 놓으면 $u' = \dfrac{1}{x},\ v = \dfrac{1}{2}x^2$이므로

$$\int x\ln x\,dx = \frac{1}{2}x^2\ln x - \int \frac{1}{x}\cdot\frac{1}{2}x^2\,dx = \frac{1}{2}x^2\ln x - \frac{1}{4}x^2 + C$$ ■

예제 6.4.4 부정적분 $\int x^2 e^x\, dx$를 구하여라.

풀이 $u = x^2$, $v' = e^x$ 라 놓으면 $u' = 2x$, $v = e^x$ 이므로

$$\int x^2 e^x\, dx = x^2 e^x - 2\int x e^x\, dx$$

이며, 위의 예제에서 $\int x e^x\, dx = xe^x - e^x + C$
이므로

$$\int x^2 e^x\, dx = x^2 e^x - 2(xe^x - e^x) + C$$

이다. ■

예제 6.4.5 부정적분 $\int x^2 \sin x\, dx$를 구하여라.

풀이 $u = x^2$, $v' = \sin x$ 라 놓으면 $u' = 2x$, $v = -\cos x$ 이므로

$$\int x^2 \sin x\, dx = -x^2 \cos x + 2\int x \cos x\, dx$$

이다. 위의 예제에서

$$\int x \cos x\, dx = x \sin x - \int \sin x dx = x \sin x + \cos x + C$$

이므로

$$\int x^2 \sin x\, dx = -x^2 \cos x + 2(x \sin x + \cos x) + C$$

이다. ■

한편, 다음의 $\int \ln x\, dx$, $\int \tan^{-1} x\, dx$, $\int \sin^{-1} x\, dx$도 부분적분법으로 구할 수 있음을 기억하자.

예제 6.4.6 부정적분 $\int \ln x\, dx$를 구하여라.

풀이 $u = \ln x$, $v' = 1$라 놓으면 $u' = \dfrac{1}{x}$, $v = x$ 이므로,

$$\int \ln x\, dx = x \ln x - \int \frac{1}{x} \cdot x dx = x \ln x - x + C$$ ■

예제 6.4.7 부정적분 $\int \tan^{-1}x\,dx$를 구하여라.

풀이 $u = \tan^{-1}x$, $v' = 1$라 놓으면 $u' = \dfrac{1}{1+x^2}$, $v = x$ 이므로,

$$\begin{aligned}\int \tan^{-1}x\,dx &= x\tan^{-1}x - \int \frac{x}{1+x^2}dx \\ &= x\tan^{-1}x - \frac{1}{2}\ln(1+x^2) + C\end{aligned}$$

■

위와 같은 방법으로, $\dfrac{d}{dx}\sin^{-1}x = \dfrac{1}{\sqrt{1-x^2}}$ 임을 상기하면 $\int \sin^{-1}x\,dx$의 값을 구할 수 있다. 연습문제로 남긴다.

6.4 연습문제

(1~4) 다음 부정적분을 구하여라.

01 $\int xe^{3x}dx$

02 $\int x\sin x\,dx$

03 $\int x\,5^{x}dx$

04 $\int x\sqrt{5x+2}\,dx$

(5~8) 다음 부정적분을 구하여라.

05 $\int x^2 \ln x\,dx$

06 $\int \log_2 x\,dx$

07 $\int \ln^2 x\,dx$

08 $\int \cos(\ln x)\,dx$

(9~10) 다음 부정적분을 구하여라.

09 $\int \sin^{-1} x\,dx$

10 $\int \cos^{-1} x\,dx$

(11~14) 다음 부정적분을 구하여라.

11 $\int x^2 \sin 2x\,dx$

12 $\int x^3 \cos x\,dx$

13 $\int x^4 e^x\,dx$

14 $\int x^2 e^{\pi x}\,dx$

(15~18) 다음 부정적분을 구하여라.

15 $\int \sin x\, e^{-x}\,dx$

16 $\int \cos x\, e^{-2x}\,dx$

17 $\int \sin x\, e^{3x}\,dx$

18 $\int \sin 3x\, e^{x}\,dx$

6.5 유형 $\frac{B(x)}{A(x)}$의 부정적분

함수 $A(x)$와 $B(x)$가 x에 대한 함수일 때,

$$\frac{B(x)}{A(x)}$$

의 형태의 부정적분에 대하여 알아보자. 여러 가지 경우로 나누어 생각해보자.

$A(x)$가 $ax+b$인 경우

정리 6.7 $A(x)=ax+b$**인 경우**

$$\int \frac{1}{ax+b}dx = \frac{1}{a}\ln|ax+b| + C$$

증명

$ax+b$를 u로 치환 후 미분하면, $dx = \frac{1}{a}du$를 얻는다. 그러므로

$$\int \frac{1}{ax+b}dx = \frac{1}{a}\int \frac{1}{u}du = \frac{1}{a}\ln|u| + C = \frac{1}{a}\ln|ax+b| + C$$

이다. 다음과 같이 로그 미분법에 의하여도 증명된다.

$$\frac{d}{dx}\left[\frac{1}{a}\ln|ax+b|\right] = \frac{1}{a}\frac{1}{ax+b}a = \frac{1}{ax+b}$$

예제 6.5.1 부정적분 $\int \frac{1}{3x+2}dx$를 구하여라.

풀이 $3x+2$를 u로 치환 후 미분하면, $dx = \frac{1}{3}du$를 얻는다. 그러므로

$$\int \frac{1}{3x+2}dx = \frac{1}{3}\int \frac{1}{u}du = \frac{1}{3}\ln|u| + C = \frac{1}{3}\ln|3x+2| + C$$

■

이제, 분모가 이차식이나 인수분해가 되어 부분분수 형태로 변환되는 경우에 적용하여 보자.

예제 6.5.2 부정적분 $\int \frac{1}{x^2+4x-5}\,dx$를 구하여라.

풀이 인수분해 후 부분분수로 나누면,

$$\frac{1}{x^2+4x-5} = \frac{1}{(x+5)(x-1)} = \frac{1}{6}\left(\frac{1}{x-1} - \frac{1}{x+5}\right)$$

이므로

$$\begin{aligned}\int \frac{1}{x^2+4x-5}\,dx &= \frac{1}{6}\int\left(\frac{1}{x-1} - \frac{1}{x+5}\right)dx \\ &= \frac{1}{6}\left(\ln|x-1| - \ln|x+5|\right) + C \\ &= \frac{1}{6}\ln\left|\frac{x-1}{x+5}\right| + C\end{aligned}$$

■

$A(x)$가 a^2+x^2인 경우

우선, $A(x)$가 이차식인 경우에 자주 사용되는 기본정리를 소개한다.

정리 6.8 $A(x)=a^2+x^2$**인 경우**

$$\int \frac{1}{a^2+x^2}\,dx = \frac{1}{a}\tan^{-1}\frac{x}{a} + C$$

$$\int -\frac{1}{a^2+x^2}\,dx = \frac{1}{a}\cot^{-1}\frac{x}{a} + C$$

증명

$$\frac{d}{dx}\left[\frac{1}{a}\tan^{-1}\frac{x}{a}\right] = \frac{1}{a}\,\frac{1}{1+(x/a)^2}\,\frac{1}{a} = \frac{1}{a^2+x^2}$$

이므로

$$\int \frac{1}{a^2+x^2}dx = \frac{1}{a}\tan^{-1}\frac{x}{a}+C$$

이며, $\int -\frac{1}{a^2+x^2}dx$ 도 같은 방법으로 얻을 수 있다.

예제 6.5.3 다음 부정적분을 구하여라.

$$\int \frac{1}{5+x^2}\ dx$$

풀이

$$\int \frac{1}{5+x^2}\ dx = \int \frac{1}{(\sqrt{5})^2+x^2}dx = \frac{1}{\sqrt{5}}\tan^{-1}\frac{x}{\sqrt{5}}+C$$ ■

예제 6.5.4 다음 부정적분을 구하여라.

$$\int \left(\frac{1}{x} - \frac{1}{1+x^2}\right)dx$$

풀이

$$\begin{aligned}\int \left(\frac{1}{x} - \frac{1}{1+x^2}\right)dx &= \int \frac{1}{x}\ dx - \int \frac{1}{1+x^2}\ dx \\ &= \ln|x| - \tan^{-1}x + C\end{aligned}$$ ■

위의 풀이를 다음과 같이 할 수도 있으며 결과적으로 같은 식이다.

$$\int \left(\frac{1}{x} - \frac{1}{1+x^2}\right)dx = \ln|x| + \cot^{-1}x + C$$

예제 6.5.5 다음 부정적분을 구하여라.

$$\int \frac{x+1}{x^2+1}dx$$

풀이

$$\begin{aligned}\int \frac{x+1}{x^2+1}\ dx &= \int \frac{x}{x^2+1}\ dx + \int \frac{1}{x^2+1}\ dx \\ &= \frac{1}{2}\int \frac{2x}{x^2+1}dx + \tan^{-1}x + C \\ &= \frac{1}{2}\ln(x^2+1) + \tan^{-1}x + C\end{aligned}$$ ■

이제, 분모가 이차식인 경우, a^2+x^2의 완전제곱식 형태로 변환되는 경우에 적용하여 보자. a^2-x^2나 x^2-a^2의 형태로 변환되는 경우는 정리 6.10에서 다루기로 한다.

예제 6.5.6 다음 부정적분을 구하여라.

$$\int \frac{1}{x^2-2x+6}\,dx$$

풀이

$$\frac{1}{x^2-2x+6}=\frac{1}{(x-1)^2+5}$$

$x-1$를 u로 치환 후 미분하면 $dx=du$이다. 그러므로

$$\int \frac{1}{(x-1)^2+5}\,dx=\int \frac{1}{u^2+5}\,du=\frac{1}{\sqrt{5}}\tan^{-1}\frac{u}{\sqrt{5}}$$
$$=\frac{1}{\sqrt{5}}\tan^{-1}\frac{x-1}{\sqrt{5}}+C$$

■

$A(x)$가 $\sqrt{a^2-x^2}$인 경우

정리 6.9 $A(x)$가 $\sqrt{a^2-x^2}$인 경우

$$\int \frac{1}{\sqrt{a^2-x^2}}\,dx=\sin^{-1}\frac{x}{a}+C$$
$$\int -\frac{1}{\sqrt{a^2-x^2}}\,dx=\cos^{-1}\frac{x}{a}+C$$

증명

$$\frac{d}{dx}\left[\sin^{-1}\frac{x}{a}\right]=\frac{1}{\sqrt{1-(x/a)^2}}\frac{1}{a}=\frac{1}{\sqrt{a^2-x^2}}$$

이므로

$$\int \frac{1}{\sqrt{a^2-x^2}}\,dx=\sin^{-1}\frac{x}{a}+C$$

$\int -\frac{1}{\sqrt{a^2-x^2}}\,dx$도 같은 방법으로 얻을 수 있다.

예제 6.5.7 다음 부정적분을 구하여라.

$$\int \frac{1}{\sqrt{9-x^2}}\,dx$$

풀이

$$\int \frac{1}{\sqrt{9-x^2}}\,dx = \int \frac{1}{\sqrt{3^2-x^2}}\,dx = \sin^{-1}\frac{x}{3} + C$$ ■

예제 6.5.8 다음 부정적분을 구하여라.

$$\int \left(\cos x - \frac{1}{\sqrt{1-x^2}}\right)dx$$

풀이

$$\begin{aligned}\int \left(\cos x - \frac{1}{\sqrt{1-x^2}}\right)dx &= \int \cos x\,dx - \int \frac{1}{\sqrt{1-x^2}}\,dx \\ &= \sin x - \sin^{-1} x + C\end{aligned}$$ ■

위의 풀이를 다음과 같이 할 수도 있으며 결과적으로 같은 식이다.

$$\int \left(\cos x - \frac{1}{\sqrt{1-x^2}}\right)dx = \sin x + \cos^{-1} x + C$$

$A(x)$가 a^2-x^2이거나 x^2-a^2인 경우

정리 6.10 유리함수의 적분

$$\int \frac{1}{a^2-x^2}\,dx = \frac{1}{2a}\ln\left|\frac{a+x}{a-x}\right| + C$$

$$\int \frac{1}{x^2-a^2}\,dx = \frac{1}{2a}\ln\left|\frac{x-a}{x+a}\right| + C$$

증명

$$\frac{d}{dx}\left[\frac{1}{2a}\ln\left|\frac{a+x}{a-x}\right|\right] = \frac{1}{2a}\,\frac{1}{(a+x)/(a-x)}\,\frac{a-x+(a+x)}{(a-x)^2} = \frac{1}{a^2-x^2}$$

$\int \frac{1}{x^2-a^2}dx$ 도 같은 방법으로 증명된다.

예제 6.5.9 다음 부정적분을 구하여라.

$$\int \frac{1}{x^2-16}\ dx$$

풀이

$$\int \frac{1}{x^2-16}\ dx = \int \frac{1}{x^2-4^2} = \frac{1}{8}\ln\left|\frac{x-4}{x+4}\right| + C$$ ■

분모가 이차식인 경우, a^2-x^2 나 x^2-a^2의 형태의 완전제곱식 형태로 변환되는 경우에 적용하여 보자.

예제 6.5.10 다음 부정적분을 구하여라.

$$\int \frac{1}{x^2+6x-7}\ dx$$

풀이 $x^2+6x-7=(x+3)^2-16$이므로 $x+3$을 u로 치환 후 미분하면 $dx=du$이다. 그러므로

$$\int \frac{1}{(x+3)^2-16}dx = \int \frac{1}{u^2-16}du = \frac{1}{8}\ln\left|\frac{u-4}{u+4}\right| + C$$
$$= \frac{1}{8}\ln\left|\frac{(x+3)-4}{(x+3)+4}\right| + C = \frac{1}{8}\ln\left|\frac{x-1}{x+7}\right| + C$$ ■

3차 이상의 다항식일 때도 마찬가지로 부분분수로 분리 후 적분하면 된다.

이외의 부정적분

정리 6.11 이외의 부정적분

$$\int \frac{1}{\sqrt{x^2 \pm a^2}}dx = \ln\left(x+\sqrt{x^2\pm a^2}\right) + C$$

$$\int \sqrt{a^2-x^2}\ dx = \frac{1}{2}\left(x\sqrt{a^2-x^2} + a^2\sin^{-1}\frac{x}{a}\right) + C$$

$$\int \sqrt{x^2\pm a^2}\ dx = \frac{1}{2}\left(x\sqrt{x^2\pm a^2} + a^2\ln\left(x+\sqrt{x^2\pm a^2}\right)\right) + C$$

정리 6.11은 우변을 미분하여 얻을 수 있다. 다만,

$$\int \sqrt{a^2 - x^2}\, dx = \frac{1}{2}\left(x\sqrt{a^2 - x^2} + a^2 \sin^{-1}\frac{x}{a}\right) + C$$

를 다음 예제를 풀어보면서 유도하여 보고자 한다.

예제 6.5.11 다음 부정적분을 구하여라.

$$\int \sqrt{1 - x^2}\, dx$$

풀이 $x = \sin\theta$로 치환하면,

$$\sqrt{1 - x^2} = \sqrt{1 - \sin^2\theta} = \cos\theta$$

이고, $dx = \cos\theta\, d\theta$이다. 그러므로

$$\begin{aligned}\int \sqrt{1 - x^2}\, dx &= \int \cos^2\theta\, d\theta = \frac{1}{2}\int (1 + \cos 2\theta)\, d\theta \\ &= \frac{1}{2}(\theta + \sin\theta\cos\theta) + C \\ &= \frac{1}{2}\left(x\sqrt{1 - x^2} + \sin^{-1}x\right) + C\end{aligned}$$

■

6.5 연습문제

(1~4) 다음 부정적분을 구하여라.

01 $\int \frac{1}{2x-3}\,dx$

02 $\int \frac{1}{5x+7}\,dx$

03 $\int \frac{x+1}{x-3}\,dx$

04 $\int \frac{2x+3}{x-4}\,dx$

(5~8) 다음 부정적분을 구하여라.

05 $\int \frac{1}{x^2+4}\,dx$

06 $\int \left(\frac{1}{x^2} + \frac{1}{1+x^2}\right) dx$

07 $\int \frac{1}{2x^2+8}\,dx$

08 $\int \frac{3x+5}{x^2+9}\,dx$

(9~10) 다음 부정적분을 구하여라.

09 $\int \frac{1}{\sqrt{16-x^2}}\,dx$

10 $\int \left(\cos x + \frac{1}{\sqrt{1-x^2}}\right) dx$

(11~14) 다음 부정적분을 구하여라.

11 $\int \frac{1}{x^2-4}\,dx$

12 $\int \frac{1}{x^2+2x-5}\,dx$

13 $\int \frac{x+8}{x^2+6x-7}\,dx$

14 $\int \frac{x+2}{(x-1)(x-2)(x-3)}\,dx$

15 다음을 증명하여라(Hint: $x = a\sin\theta$로 치환하여 적분한다).

$$\int \sqrt{a^2-x^2}\,dx = \frac{1}{2}\left(x\sqrt{a^2-x^2} + a^2\sin^{-1}\frac{x}{a}\right) + C$$

16 다음을 증명하여라(Hint: 각각 $x = a\tan\theta$와 $x = a\sec\theta$로 치환하여 적분한다).

$$\int \sqrt{x^2 \pm a^2}\,dx = \frac{1}{2}\left(x\sqrt{x^2 \pm a^2} + a^2\ln\left(x + \sqrt{x^2 \pm a^2}\right)\right) + C$$

제7장

정적분

7.1 정적분의 정의
7.2 정적분의 기본정리
7.3 정적분에서의 치환적분
7.4 정적분에서의 부분적분법
7.5 이상적분
7.6 평면도형의 면적
7.7 회전체의 부피
7.8 곡선의 길이
7.9 회전체의 표면적

앞 장에서 복잡한 피적분함수일지라도 이의 원시함수를 찾는 방법을 익혔다. 이제, 정적분을 정의하고, 정적분의 성질과 기본정리를 증명하고 정적분의 계산법을 알아보자. 또한, 정적분의 응용으로서 거리와 속도와 관계, 면적, 입체의 부피, 호의 길이와 표면적을 구하는 문제를 다루어 보자.

7.1 정적분의 정의

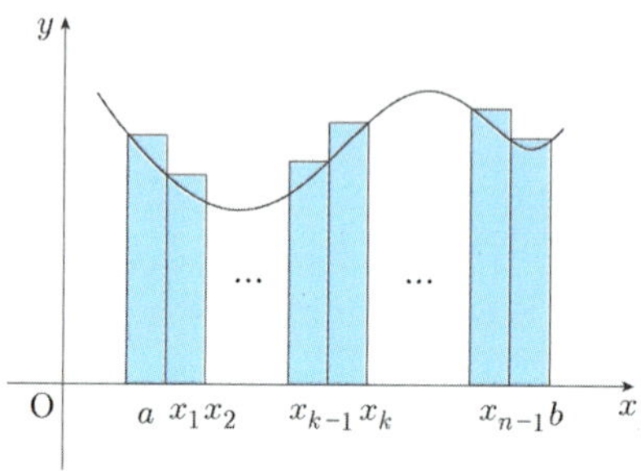

그림 7.1 정적분의 정의

함수 $f(x)$는 폐구간 $[a,b]$에서 유계라 하자. $[a,b]$에서의 분할

$$P_n = \{a = x_0 < x_1 < x_2 < \cdots < x_{n-1} < x_n = b\}$$

와 $k = 1, 2, \cdots, n$에서

$$M_k = \max\{f(x) : x \in [x_{k-1}, x_k]\}$$
$$m_k = \min\{f(x) : x \in [x_{k-1}, x_k]\}$$

으로 정의하자. 한편, 상합과 하합을 다음과 같이 정의한다.

$$U(f, P_n) = \sum_{k=1}^{n} M_k(x_k - x_{k-1})$$
$$L(f, P_n) = \sum_{k=1}^{n} m_k(x_k - x_{k-1})$$

이제, $[a,b]$에서 f의 정적분

$$\int_a^b f(x)\,dx$$

를 정의하자.

위의 정의에 의하면, $f(x) \geq 0$일 때, $\int_a^b f(x)\,dx$는 $[a, b]$에서 x축으로 둘러싸인 면적과 같으며, $f(x) < 0$에서는 면적에 음수$(-)$ 기호를 붙이면 됨을 알 수 있다.

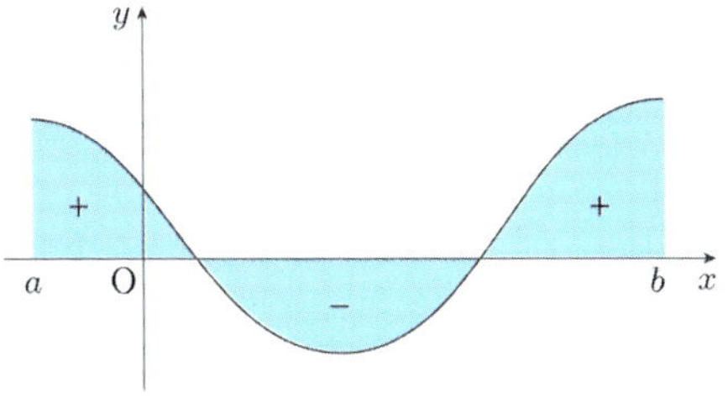

그림 7.2 면적

정의 7.1 적분가능하다(integrable)

함수 $f(x)$는 폐구간 $[a, b]$에서 유계라 하자. $U(f, P_n)$의 극한값

$$U(f) = \lim_{n\to\infty} U(f, P_n)$$

과 $L(f, P_n)$의 극한값

$$L(f) = \lim_{n\to\infty} L(f, P_n)$$

이 존재하여

$$U(f) = L(f)$$

일 때, f는 적분가능하다(integrable)고 하며 이 값을

$$\int_a^b f(x)\,dx$$

로 표현한다.

다음의 함수에 적용해봄으로써 정적분 정의의 의미를 알아보자.

예제 7.1.1 함수 $f(x) = x^2$은 $[0, 1]$에서 적분가능하고,

$$\int_0^1 f(x)\,dx = \frac{1}{3}$$

이다.

풀이 분할

$$P_n = \left\{0 < \frac{1}{n} < \frac{2}{n} < \cdots < \frac{n-1}{n} < 1\right\}$$

에 대하여,

$$U(f, P_n) = \sum_{k=1}^{n}\left(\frac{k}{n}\right)^2\frac{1}{n} = \frac{1}{n^3}\frac{n(n+1)(2n+1)}{6}$$

$$L(f, P_n) = \sum_{k=1}^{n}\left(\frac{k-1}{n}\right)^2\frac{1}{n} = \frac{1}{n^3}\frac{(n-1)n(2n-1)}{6}$$

이다. 한편, 이들의 극한값

$$U(f) = \lim_{n\to\infty} U(f, P_n) = \frac{1}{3}$$

와

$$L(f) = \lim_{n\to\infty} L(f, P_n) = \frac{1}{3}$$

가 존재하며, $U(f) = \frac{1}{3} = L(f)$이므로 $f(x)$는 적분가능하고

$$\int_0^1 f(x)\,dx = \frac{1}{3}$$

이다. ■

다음은 적분가능하지 않은 함수의 예이다.

예제 7.1.2 다음 함수는 적분가능하지 않다.

$$f(x) = \begin{cases} 1, & (x \in Q) \\ 0, & (x \in Q^c) \end{cases}$$

풀이 임의의 분할

$$P_n = \{0 = x_0 < x_1 < x_2 < \cdots < x_{n-1} < x_n = 1\}$$

에 대하여, 소구간 $[x_{k-1}, x_k]$ 안에는 항상 유리수와 무리수가 반드시 존재하므로

$$U(f, P_n) = \sum_{k=1}^{n} M_k(x_k - x_{k-1}) = \sum_{k=1}^{n} 1(x_k - x_{k-1}) = 1$$

$$L(f, P_n) = \sum_{k=1}^{n} m_k(x_k - x_{k-1}) = \sum_{k=1}^{n} 0(x_k - x_{k-1}) = 0$$

이다. 여기서,

$$U(f) = \lim_{n \to \infty} U(f, P_n) = 1$$

$$L(f) = \lim_{n \to \infty} L(f, P_n) = 0$$

은 존재하지만,

$$U(f) \neq L(f)$$

이므로 f는 적분가능하지 않다. ■

7.2 정적분의 기본정리

정적분의 정의를 생각하며, 기본적인 정적분의 성질을 알아보자. 우선, 함수 $f(x)$가 구간 $[a, b]$에서 연속일 때, 다음 성질이 성립한다.

(1) $\int_a^a f(x)\,dx = 0$

(2) $\int_a^b f(x)\,dx = -\int_b^a f(x)\,dx$

한편, 두 함수 $f(x)$와 $g(x)$가 폐구간 $[a, b]$에서 적분가능하면, $cf(x)$와 $f(x) \pm g(x)$도 적분가능하며 다음이 성립한다.

(1) $\int_a^b cf(x)\,dx = c\int_a^b f(x)\,dx$ (c는 상수)

(2) $\int_a^b [f(x) \pm g(x)]\,dx = \int_a^b f(x)\,dx \pm \int_a^b g(x)\,dx$

(3) $\int_a^b f(x)\,dx + \int_b^c f(x)\,dx = \int_a^c f(x)\,dx$

(4) 구간 $[a, b]$의 모든 점 x에 대하여,

$$f(x) \leq g(x)\text{이면 } \int_a^b f(x)\,dx \leq \int_a^b g(x)\,dx$$

(5) $\left|\int_a^b f(x)\,dx\right| \leq \int_a^b |f(x)|\,dx$

정리 7.1 적분의 평균값 정리

함수 $f(x)$가 구간 $[a, b]$에서 연속이면,

$$\int_a^b f(x)\,dx = f(c)(b-a)$$

를 만족하는 $c\,(a \le c \le b)$가 존재한다.

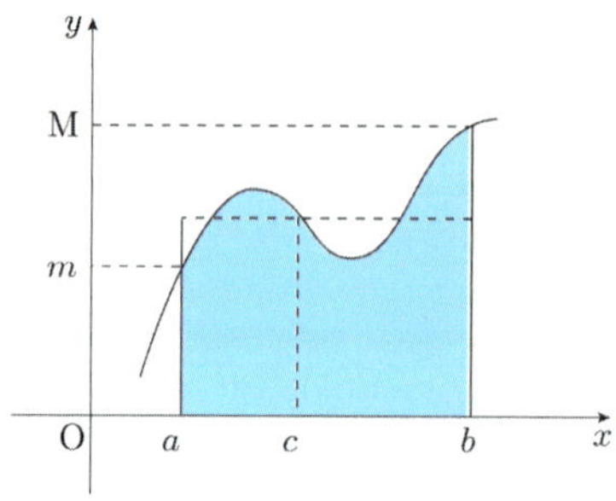

그림 7.3 적분에 대한 평균값

증명

함수 $f(x)$는 $[a, b]$에서 연속이므로, 최댓값-최솟값 정리에 의하면, 최댓값 M과 최솟값 m을 갖는다. 즉, 모든 x에 대하여

$$m \le f(x) \le M$$

이므로,

$$m(b-a) \le \int_a^b f(x)\,dx \le M(b-a)$$

$$m \le \frac{1}{b-a}\int_a^b f(x)\,dx \le M$$

를 얻는다. 여기에 중간값의 정리를 적용하면

$$f(c) = \frac{1}{b-a}\int_a^b f(x)\,dx$$

이다. 즉,

$$\int_a^b f(x)\,dx = f(c)(b-a)$$

가 되는 $c\,(a \le c \le b)$가 존재한다.

함수 $f(x)$가 $[a, b]$에서 연속이면 $[a, b]$의 임의의 점 x에 대하여 $f(x)$는 폐구간 $[a, x]$에서도 연속이므로 정적분

$$\int_a^x f(t)\,dt$$

가 존재한다. 따라서 구간 $[a, b]$의 모든 점 x에 대하여 $[a, b]$를 정의역으로 하는 함수

$$S(x) = \int_a^x f(t)\,dt$$

가 존재한다. 이에, 나음의 성리가 성립한다.

정리 7.2 적분함수의 미분법

함수 $f(x)$가 $[a, b]$에서 연속이면, 함수

$$S(x) = \int_a^x f(t)\,dt$$

는 (a, b) 안의 모든 x에 대해서 미분가능하고, 미분하면

$$\frac{d}{dx}S(x) = \frac{d}{dx}\int_a^x f(t)dt = f(x)$$

이다.

증명

우선, 다음 등식이 성립한다.

$$S(x+h) - S(x) = \int_a^{x+h} f(t)\,dt - \int_a^x f(t)\,dt = \int_x^{x+h} f(t)\,dt$$

또한, 앞의 정리에 의하면,

$$\frac{S(x+h) - S(x)}{h} = \frac{1}{h}\int_x^{x+h} f(t)\,dt = f(c)$$

가 되는 $c(x \le c \le x+h)$가 존재한다. 따라서 $h \to 0$일 때, $c \to x$이고 $f(x)$가 연속이므로

$$\frac{d}{dx}S(x) = \lim_{h\to 0}\frac{S(x+h) - S(x)}{h} = \lim_{c\to x} f(c) = f(x)$$

이다.

예제 7.2.1 x에 관한 다음 함수의 도함수를 구하여라.

(1) $\int_{-\pi}^{x} \cos t \, dt$ (2) $\int_{0}^{x} \frac{\sin t}{1+t^2} \, dt$

풀이 (1) 함수 $f(x) = \cos x$가 연속이므로 위의 정리에 의해서

$$\frac{d}{dx}\left(\int_{-\pi}^{x} \cos t \, dt\right) = \cos x$$

(2) 함수 $f(x) = \dfrac{\sin x}{1+x^2}$가 연속이므로 위의 정리에 의해서

$$\frac{d}{dx}\left(\int_{0}^{x} \frac{\sin t}{1+t^2} dt\right) = \frac{\sin x}{1+x^2}$$

■

다음과 같이, 적분 구간에 x가 아닌 x^2임을 유의하여 $S(x)$의 도함수를 구하여 보자.

예제 7.2.2 x에 관한 다음 함수의 도함수를 구하여라.

$$\int_{0}^{x^2} \sin t \, dt$$

풀이 $x^2 = u$로 치환 후 x에 관하여 미분하면

$$2x \, dx = du$$

이며, 연쇄법칙에 의하여

$$\frac{d}{dx}\int_{0}^{x^2} \sin t \, dt = \frac{du}{dx}\,\frac{d}{du}\int_{0}^{u} \sin t \, dt = 2x \sin u = 2x \sin x^2$$

임을 얻는다.

일반적으로, $\int_{0}^{g(x)} f(t)\,dt$의 도함수는 $g(x) = u$로 치환 후 x에 관하여 미분하면

$$g'(x)\,dx = du$$

이므로,

$$\frac{d}{dx}\int_{0}^{g(x)} f(t)\,dt = \frac{du}{dx}\,\frac{d}{du}\int_{0}^{u} f(t)\,dt = g'(x)f(u) = f(g(x))g'(x)$$

임을 알 수 있다. ■

이제, 정적분과 부정적분과의 관계를 알아보자.

정리 7.3 정적분과 부정적분과의 관계

함수 $f(x)$가 구간 $[a, b]$에서 연속이고, $F(x)$가 $f(x)$의 부정적분이라 하면 다음 식이 성립한다.

$$\int_a^b f(x)\,dx = F(b) - F(a)$$

증명

함수 $S(x)$를

$$S(x) = \int_a^x f(t)\,dt$$

라 하면, $S'(x) = f(x)$이므로

$$S(x) = F(x) + C$$

이다. 한편, $S(a) = \int_a^a f(t)\,dt = 0$이므로 $C = -F(a)$이다. 즉,

$$S(x) = F(x) + F(a)$$

임을 알 수 있다. 그러므로

$$\int_a^b f(x)\,dx = S(b) = F(b) - F(a)$$

이다.

$F(b) - F(a)$ 대신 간편하게 $[\boldsymbol{F(x)}]_a^b$로 쓴다. 즉

$$\int_a^b f(x)\,dx = [F(x)]_a^b = F(b) - F(a)$$

예제 7.2.3 다음 정적분 값을 구하여라.

(1) $\int_0^1 (x^2 + 1)\,dx$ (2) $\int_0^\pi \sin x\,dx$

(3) $\int_{-2}^{2} \frac{1}{x^2+4} dx$　　　　(4) $\int_{1}^{e} \ln x \, dx$

풀이

(1) $\int_0^1 (x^2+1)\,dx = \left[\frac{x^3}{3}+x\right]_0^1 = \left(\frac{1}{3}+1\right) - (0+0) = \frac{4}{3}$

(2) $\int_0^{\pi} \sin x \, dx = [-\cos x]_0^{\pi} = -\cos\pi - (-\cos 0) = -(-1)+1 = 2$

(3) $\int_{-2}^{2} \frac{1}{x^2+4} dx = \left[\frac{1}{2}\tan^{-1}\frac{x}{2}\right]_{-2}^{2} = \frac{1}{2}\left[\frac{\pi}{4} - \left(-\frac{\pi}{4}\right)\right] = \frac{\pi}{4}$

(4) $\int_1^e \ln x \, dx = [x\ln x - x]_1^e = e\ln e - e - (0-1) = 1$ ■

이제, 적분의 평균값 정리 7.1을 사용하여 함수의 적분 평균값에 대하여 알아보자. 구간 $[a, b]$에서의 f의 평균값 f_{ave}는

$$f_{ave} = \frac{1}{b-a}\int_a^b f(x)\,dx$$

이며, f는 $f_{ave} = f(c)$를 만족하는 c에서 평균값을 갖는다.

예제 7.2.4 구간 $[0, 4]$에서 $f(x) = \sqrt{x}$의 평균값을 구하여라.

풀이

$$f_{ave} = \frac{1}{4}\int_0^4 \sqrt{x}\, dx = \frac{1}{4}\left[\frac{2}{3}x^{3/2}\right]_0^4 = \frac{4}{3}$$ ■

예제 7.2.5 구간 $[0, 6]$에서 $f(x) = x - \frac{1}{6}x^2$의 평균값을 구하여라.

풀이 f의 평균값은

$$\frac{1}{6-0}\int_0^6 \left(x - \frac{1}{6}x^2\right)dx = \frac{1}{6}\left[\left(\frac{1}{2}x^2 - \frac{1}{18}x^3\right)\right]_0^6 = 1$$

이다. ■

예제 7.2.6 물체의 속도가 $v(t) = t - \frac{1}{6}t^2$ $(0 \le t \le 6)$일 때, $[0, 6]$에서의 평균속도를 구하여라. 또한, 어느 시점에서 평균속도를 갖는가?

풀이 평균속도는

$$\frac{1}{6-0}\int_0^6 v(t)\,dt=\frac{1}{6}\int_0^6\left(t-\frac{1}{6}t^2\right)dt=\frac{1}{6}\left[\left(\frac{1}{2}t^2-\frac{1}{18}t^3\right)\right]_0^6=1$$

이며, 평균속도를 갖는 시점은

$$v(c)=1$$

를 만족하는 $c-\frac{1}{6}c^2=1$의 값

$$c=3\pm\sqrt{3}$$

이다.

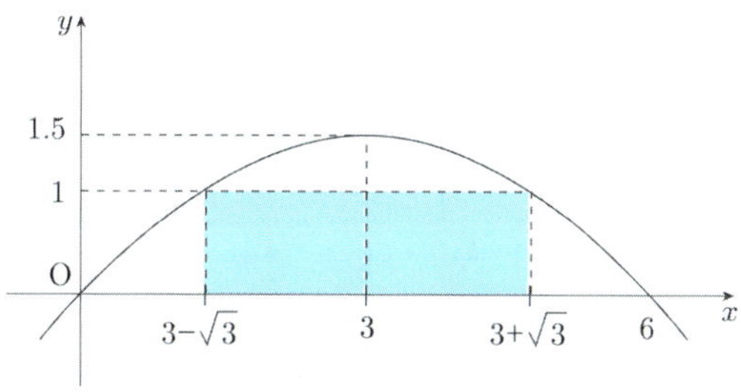

그림 7.4 $v(t)=t-\frac{1}{6}t^2$

■

속도 $v(t)$에 대하여 위치함수는

$$s(t)=\int v(t)\,dt$$

이며, 시간 $t=a$에서 $t=b$까지 변할 때

$$\int_a^b v(t)\,dt$$

는 위치의 변화량이다. 평균속도는

$$\text{평균속도}=\frac{1}{b-a}\int_a^b v(t)\,dt$$

이다.

이제, 평균속력을 생각해보자. 속력 $|v(t)|$로 직선운동을 하는 물체가 시간 $t=a$에서 $t=b$ 사이에 움직인 거리 d는

$$d = \int_a^b |v(t)|\,dt$$

이다. 그러므로 평균속력은

$$\text{평균속력} = \frac{d}{b-a} = \frac{1}{b-a}\int_a^b |v(t)|\,dt$$

이다.

예제 7.2.7 (총 움직인 거리과 평균속력)

물체의 속도 $v(t) = 4 - t^2\ m/\mathrm{sec}$로 움직인다. 이때, $t = 1$에서 $t = 5$까지

(1) 움직인 거리를 구하여라.

(2) 평균속력을 구하여라.

풀이 (1) $t \le 2$에서 $v(t) = 4 - t^2 \ge 0$이고, $t \ge 2$에서 $v(t) = 4 - t^2 \le 0$이므로, 움직인 거리 d는 다음과 같다.

$$\begin{aligned} d &= \int_1^2 (4-t^2)\,dt + \int_2^5 -(4-t^2)\,dt \\ &= \left[4t - \frac{1}{3}t^3\right]_1^2 + \left[\frac{1}{3}t^3 - 4t\right]_2^5 \\ &= \frac{86}{3} \end{aligned}$$

(2) 물체의 평균속력은

$$\frac{d}{d-a} = \frac{1}{4}\cdot\frac{86}{3} = \frac{43}{6}$$

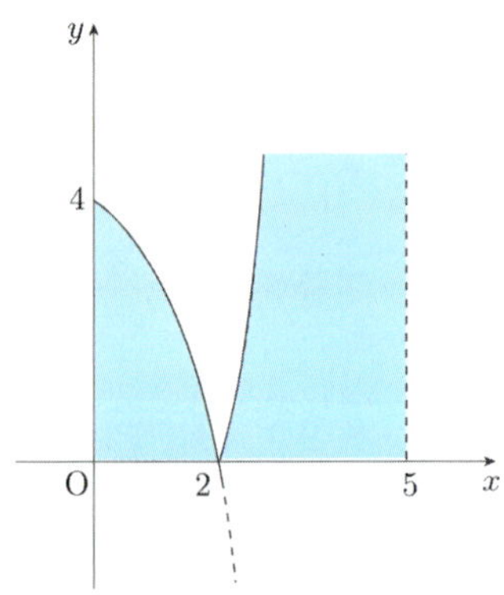

그림 7.5 속력 $|v(t)| = |4-t^2|$ ■

7.2 연습문제

(1~4) 다음 함수 $S(x)$의 도함수를 구하여라.

01 $S(x) = \displaystyle\int_1^x \frac{1}{1+t^2}\,dt$

02 $S(x) = \displaystyle\int_2^x \sqrt{5+t^3}\,dt$

03 $S(x) = \displaystyle\int_0^{\sin x} (t^2 + \cos t)\,dt$

04 $S(x) = \displaystyle\int_x^{x^3} \sqrt{1+t^4}\,dt$

(5~8) 다음 정적분을 구하여라.

05 $\displaystyle\int_{-1}^2 x^3\,dx$

06 $\displaystyle\int_{-1}^2 x(1+x^3)\,dx$

07 $\displaystyle\int_1^4 \frac{\sqrt{x}}{2}\,dx$

08 $\displaystyle\int_{-1}^1 |x|\,dx$

(9~12) 다음 정적분을 구하여라.

09 $\displaystyle\int_0^1 xe^x\,dx$

10 $\displaystyle\int_{-\frac{\pi}{2}}^{\frac{\pi}{2}} \sin\theta\,d\theta$

11 $\displaystyle\int_0^1 \frac{1}{1+x^2}\,dx$

12 $\displaystyle\int_0^{\frac{1}{2}} \frac{1}{\sqrt{1-x^2}}\,dx$

(13~16) 다음 주어진 구간에서 함수 $f(x)$의 평균값과 적분의 평균값 정리를 만족하는 c값을 구하여라.

13 $f(x) = x^3,\ [0,\ 5]$

14 $f(x) = \ln x,\ [1,\ e]$

15 $f(x) = e^x,\ [0,\ 5]$

16 $f(x) = \sin x,\ [-\pi,\ \pi]$

(17~20) 물체의 속도 $v(t)$ $(\mathrm{m/sec})$가 다음과 같을 때, 위치함수와 움직인 거리를 구하여라.

17 $v(t) = 2t - 4,\ 0 \le t \le 5$

18 $v(t) = t^2 + t - 2,\ 0 \le t \le 3$

19 $v(t) = 5\sin t,\ \frac{\pi}{4} \le t \le \pi$

20 $v(t) = t^3 - 3t^2 + 2t,\ 0 \le t \le 3$

21 문제 17~20의 속도 $v(t)$에 대하여, 평균속도와 평균속력을 구하여라.

(22~24) 물체의 가속도는 $a(t)$ $(\mathrm{m/sec^2})$와 초기 속도 v_0가 다음과 같을 때, 위치함수와 움직인 거리를 구하여라.

22 $a(t) = -2,\ v_0 = 0,\ 0 \le t \le 5$

23 $a(t) = t - 3,\ v_0 = 5,\ 1 \le t \le 3$

24 $a(t) = \sin t,\ v_0 = 1,\ \frac{\pi}{4} \le t \le \frac{\pi}{2}$

7.3 정적분에서의 치환적분

이 절에서는 피적분함수가 합성함수로 표현되었을 때, 단순한 형태로 고쳐서 적분하는 방법을 알아본다.

정리 7.4 정적분에서의 치환적분법

구간 $[a, b]$에서 함수 g'이 연속이고 f가 g의 치역 $g([a, b])$에서 연속이면

$$\int_a^b f(g(x))g'(x)\,dx = \int_{g(a)}^{g(b)} f(u)du$$

증명

$g(x) = u$로 치환하면 $g'(x)dx = du$이고, $x = a$, $x = b$일 때, $u = g(a)$, $u = g(b)$이므로

$$\int_a^b f(g(x))g'(x)\,dx = \int_{g(a)}^{g(b)} f(u)du$$

이다.

이때, F를 f의 원시함수라 하면

$$\int_a^b f(g(x))g'(x)\,dx = \int_{g(a)}^{g(b)} f(u)\,du = [F(u)]_{g(a)}^{g(b)} = F(g(b)) - F(g(a))$$

로 표현된다.

예제 7.3.1 $\int_0^1 15x^2\sqrt{5x^3+4}\,dx$ 를 구하여라.

풀이 $g(x) = 5x^3 + 4$를 u로 치환하자. 그러면 $du = 15x^2dx$이고 $x = 0$이면 $u = 4$이고 $x = 1$이면 $u = 9$이다. 그러므로

$$\int_0^1 15x^2\sqrt{5x^3+4}\,dx = \int_4^9 \sqrt{u}\,du = \left[\frac{2}{3}u^{3/2}\right]_4^9 = \frac{2}{3}(27-8) = \frac{38}{3}$$ ■

예제 7.3.2 $\displaystyle\int_0^{\pi/2} \frac{\cos x}{\sqrt{2+\sin x}}\,dx$ 를 구하여라.

풀이 $g(x)=2+\sin x$를 u로 치환하자. 그러면 $du=\cos x\,dx$이고 $x=0$이면 $u=2$이고 $x=\dfrac{\pi}{2}$이면 $u=3$이다. 그러므로

$$\int_0^{\pi/2} \frac{\cos x}{\sqrt{2+\sin x}}\,dx=\int_2^3 \frac{1}{\sqrt{u}}\,du=\left[2\sqrt{u}\,\right]_2^3=2(\sqrt{3}-\sqrt{2})$$ ■

예제 7.3.3 $\displaystyle\int_1^e \frac{\ln x}{x}\,dx$를 구하여라.

풀이 $g(x)=\ln x$를 u로 치환하자. 그러면 $du=\dfrac{1}{x}dx$이고 $x=1$이면 $u=\ln 1=0$이고 $x=e$이면 $u=1$이다. 그러므로

$$\int_1^e \frac{\ln x}{x}\,dx=\int_0^1 u\,du=\left[\frac{1}{2}u^2\right]_0^1=\frac{1}{2}$$ ■

이제, 정적분에서의 부분적분법을 소개하자.

7.4 정적분에서의 부분적분법

구간 $[a,b]$에서 x의 함수 u,v가 연속이고 또한 연속인 도함수를 가질 때,

$$[u(x)v(x)]'=u'(x)v(x)+u(x)v'(x)$$

이므로

$$\int_a^b [u'(x)v(x)+u(x)v'(x)]\,dx=[u(x)v(x)]_a^b$$

이다. 그러므로 다음 등식이 성립한다.

정리 7.5 정적분에서의 부분적분법

$$\int_a^b u(x)v'(x)\,dx=[u(x)v(x)]_a^b-\int_a^b u'(x)v(x)\,dx$$

예제 7.4.1 $\int_0^1 xe^x\,dx$를 구하여라.

풀이

$$\int_0^1 xe^x\,dx = [xe^x]_0^1 - \int_0^1 e^x dx = [xe^x]_0^1 - [e^x]_0^1 = e-(e-1)=1$$

$$= e-(e-1)=1$$

■

예제 7.4.2 $\int_0^\pi e^x \sin x\,dx$를 구하여라.

풀이

$$\int_0^\pi e^x \sin x\,dx = [e^x \sin x]_0^\pi - \int_0^\pi e^x \cos x\,dx = -\int_0^\pi e^x \cos x\,dx$$

이며, 여기서

$$\int_0^\pi e^x \cos x\,dx = [e^x \cos x]_0^\pi + \int_0^\pi e^x \sin x\,dx = -e^\pi - 1 + \int_0^\pi e^x \sin x\,dx$$

이므로, 정리하면

$$\int_0^\pi e^x \sin x\,dx = \frac{1}{2}(e^x+1)$$

를 얻는다. ■

7.4 연습문제

(1~6) 다음 정적분을 구하여라.

01 $\displaystyle\int_0^1 (x^3+1)^{10}(3x^2)\,dx$

02 $\displaystyle\int_0^1 5t^2(t^3+5)^{20}\,dt$

03 $\displaystyle\int_0^1 \frac{x+1}{(x^2+2x+6)^2}\,dx$

04 $\displaystyle\int_{-1}^1 \frac{x^2}{\sqrt{x^3+9}}\,dx$

05 $\displaystyle\int_{\pi^2/9}^{\pi^2/4} \frac{\sin\sqrt{x}}{\sqrt{x}}\,dx$

06 $\displaystyle\int_0^{\frac{\pi}{2}} \sin x\cos x\,dx$

(7~12) 다음의 정적분을 구하여라.

07 $\displaystyle\int_0^1 xe^{3x}\,dx$

08 $\displaystyle\int_0^{\frac{\pi}{2}} x\sin x\,dx$

09 $\displaystyle\int_1^e x\ln x\,dx$

10 $\displaystyle\int_1^e \ln^2 x\,dx$

11 $\displaystyle\int_0^{\frac{\pi}{2}} \sin^3 x\,dx$

12 $\displaystyle\int_1^e \cos(\ln x)\,dx$

7.5 이상적분

이제까지는 함수 $f(x)$가 폐구간 $[a, b]$에서 연속인 경우의 정적분에 대하여 다루었다. 이 절에서는 $f(x)$가 구간 $[a, b]$에서 불연속인 점을 갖는 경우와 적분구간이 유계가 아닌 경우까지 정적분의 개념을 확장하고자 한다. 이런 경우의 적분을 이상적분(improper integral)이라 한다.

$f(x)$가 구간 $[a, b]$에서 불연속인 점을 갖는 경우

함수 $y = f(x)$가 구간 $[a, b)$에서 연속이고, b에서 $f(x)$의 값이 ∞인 경우에 $f(x)$를 구간 $[a, b]$에서 적분할 수가 없으며, $c\,(c < b)$에 대하여 $f(x)$를 $[a, c]$에 적분한 후에 $c \to b^-$를 취함으로써 적분값을 구하게 된다. 요약하여 정리하면 다음과 같다.

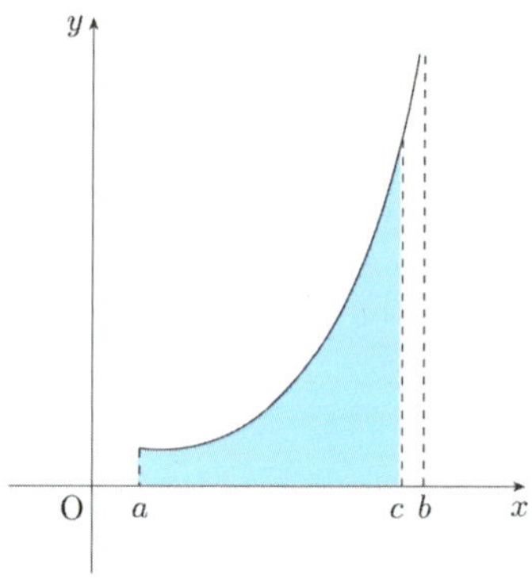

그림 7.6 이상적분(b에서 불연속)

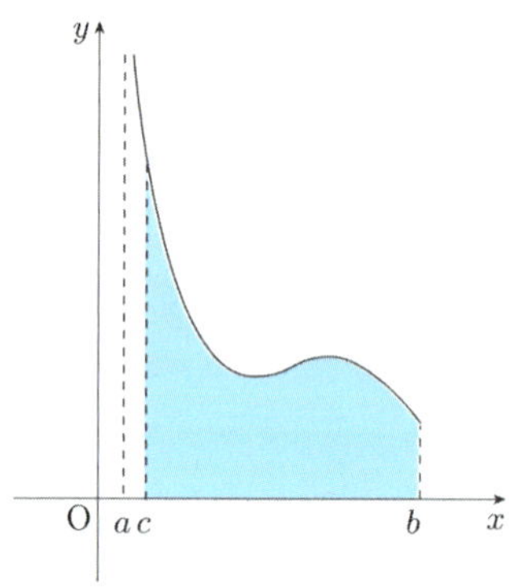

그림 7.7 이상적분(a에서 불연속)

정리 7.6

함수 $y = f(x)$가 구간 $[a, b)$에서 연속이고, $\lim_{x \to b^-} |f(x)| = \infty$인 경우에

$$\int_a^b f(x)\,dx = \lim_{c \to b^-} \int_a^c f(x)\,dx$$

의 값이 유한이면 이상적분이 수렴한다(converge)고 하고 그렇지 않으면 발산한다(diverge)고 한다. 마찬가지로, 함수 $y = f(x)$가 구간 $(a, b]$에서 연속이고, $\lim_{x \to a^+} |f(x)| = \infty$인 경우에

$$\int_a^b f(x)\,dx = \lim_{c \to a^+} \int_c^b f(x)\,dx$$

한편, 함수 $y = f(x)$가 구간 $[a, b]$에서 $c\ (a < c < b)$를 제외하고 연속이며 $\lim_{x \to c} |f(x)| = \infty$인 경우에

$$\int_a^b f(x)\,dx = \int_a^c f(x)\,dx + \int_c^b f(x)\,dx$$

로 정의되며, 오른쪽 두 개의 적분이 모두 수렴하면 이상적분은 수렴한다고 하고 그렇지 않으면 발산한다고 한다(예제 7.5.3 참조).

예제 7.5.1 $\int_0^1 \frac{1}{\sqrt{x}}\,dx$ 이 수렴하는지 여부를 판정하고, 만일 수렴하면 그 값을 구하여라.

풀이 $f(x) = \frac{1}{\sqrt{x}}$는 $x = 0$에서 불연속이므로, 이제까지의 개념에 의하여 $\frac{1}{\sqrt{x}}$는 $[0, 1]$에서 적분할 수 없다. 그러나 $a\ (0 < a \le 1)$에 대하여, $f(x) = \frac{1}{\sqrt{x}}$는 $[a, 1]$에서 연속이므로 적분가능하고,

$$\int_a^1 \frac{1}{\sqrt{x}}\,dx = [2\sqrt{x}\,]_a^1 = 2(1 - \sqrt{a})$$

이다. 여기서 $\int_0^1 \frac{1}{\sqrt{x}}\,dx$는 $a \to 0^+$일 때 $\int_a^1 \frac{1}{\sqrt{x}}\,dx$의 극한값으로 볼 수 있다. 즉

$$\int_0^1 \frac{1}{\sqrt{x}}\,dx = \lim_{a \to 0^+} \int_a^1 \frac{1}{\sqrt{x}}\,dx = \lim_{a \to 0^+} 2(1 - \sqrt{a}) = 2$$

임을 알 수 있다. $\int_0^1 \frac{1}{\sqrt{x}}\,dx$는 2로 수렴함을 알 수 있다.

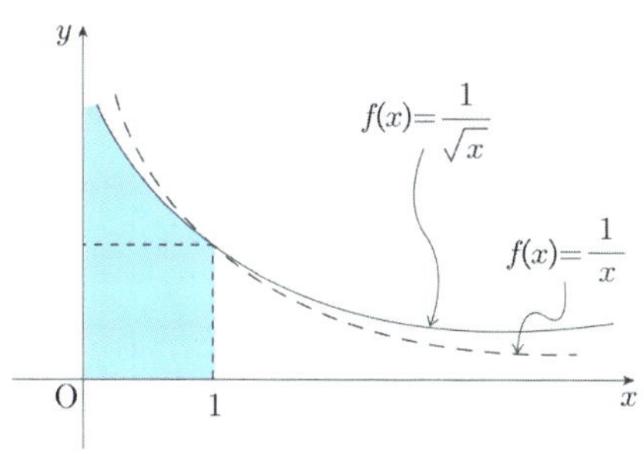

그림 7.8 $f(x) = 1/\sqrt{x}$ ■

예제 7.5.2 $\int_0^1 \frac{1}{x}\,dx$ 이 수렴하는지 여부를 판정하고, 만일 수렴하면 그 값을 구하여라.

풀이

$$\int_a^1 \frac{1}{x}\,dx = [\ \ln|x|\ ]_a^1 = -\ln|a|$$

그러므로

$$\int_0^1 \frac{1}{\sqrt{x}}\,dx = \lim_{a\to 0^+}\int_a^1 \frac{1}{x}\,dx = \lim_{a\to 0^+} -\ln|x| = \infty$$

임을 알 수 있다. $\int_0^1 \frac{1}{x}\,dx$는 발산한다. ■

예제 7.5.3 $\int_{-1}^1 \frac{1}{x^2}\,dx$ 이 수렴하는지 여부를 판정하고, 만일 수렴하면 그 값을 구하여라.

풀이 $f(x) = \frac{1}{x^2}$는 $x=0$에서 불연속임을 유의하자. 그러면

$$\int_{-1}^1 \frac{1}{x^2}\,dx = \int_{-1}^0 \frac{1}{x^2}dx + \int_0^1 \frac{1}{x^2}\,dx = \lim_{b\to 0^-}\int_{-1}^b \frac{1}{x^2}dx + \lim_{a\to 0^+}\int_a^1 \frac{1}{x^2}dx$$

$$= \lim_{b\to 0^-}\left[-\frac{1}{x}\right]_{-1}^b + \lim_{a\to 0^+}\left[-\frac{1}{x}\right]_a^1$$

$$= \lim_{b\to 0^-}\left(-\frac{1}{b}-1\right) + \lim_{a\to 0^+}\left(-1+\frac{1}{a}\right) = \infty$$

그러므로 $\int_{-1}^1 \frac{1}{x^2}\,dx$ 는 발산한다.

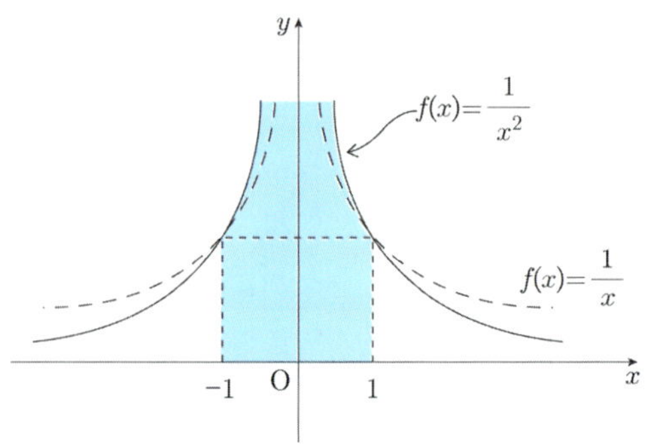

그림 7.9 $f(x)=1/x^2$

■

다음과 같은 오류를 범하지 않도록 주의하자.

$$\int_{-1}^{1} \frac{1}{x^2}\,dx = \left[-\frac{1}{x}\right]_{-1}^{1} = -1-(-1) = 0$$

즉, $f(x) = \dfrac{1}{x^2}$ 은 $x=0$에서 유계가 아니므로, 이상적분의 수렴과 발산을 생각해야 한다.

한편, 예제 7.5.1, 7.5.2, 7.5.3을 정리하여 일반화시키면 다음을 얻는다. 즉
$0 < p < 1$인 경우

$$\int_{0}^{1} \frac{1}{x^p}\,dx = \frac{1}{1-p}$$

이며, $p \geq 1$인 경우

$$\int_{0}^{1} \frac{1}{x^p}\,dx = \infty$$

이다. 이는 위의 예제들과 비슷하게 증명되며 연습문제로 남긴다.

예제 7.5.4 $\displaystyle\int_{0}^{2} \frac{1}{\sqrt{4-x^2}}\,dx$ 이 수렴하는지 여부를 판정하고, 만일 수렴하면 그 값을 구하여라.

풀이 $f(x) = \dfrac{1}{\sqrt{4-x^2}}$ 는 $x=2$에서 정의되지 않으므로 이상적분법을 사용하여 다음과 같이 계산한다.

$$\begin{aligned}\int_{0}^{2} \frac{1}{\sqrt{4-x^2}}\,dx &= \lim_{b\to 2^-}\int_{0}^{b} \frac{1}{\sqrt{4-x^2}}\,dx = \lim_{b\to 2^-}\left[\sin^{-1}\left(\frac{x}{2}\right)\right]_0^b \\ &= \lim_{b\to 2^-}\left\{\sin^{-1}\left(\frac{b}{2}\right) - \sin^{-1}\left(\frac{0}{2}\right)\right\} = \frac{\pi}{2} \\ &= \sin^{-1}1 - \sin^{-1}0 = \frac{\pi}{2}\end{aligned}$$

■

$f(x)$의 적분 구간이 유계가 아닌 경우

구간 $[a, \infty)$에서 함수 $y = f(x)$는 이제까지의 개념에 의하여 적분할 수가 없으며, $c(c < \infty)$에 대하여, $f(x)$를 $[a, c]$에 적분한 후에 적분값에 $c \to \infty$를 취함으로써 적분값을 구하게 된다. 요약하여 정리하면 다음과 같다.

정리 7.7 집합의 법칙

함수 $y = f(x)$가 구간 $[a, \infty)$에서 연속인 경우에

$$\int_a^\infty f(x)\,dx = \lim_{b\to\infty}\int_a^b f(x)\,dx$$

로 정의하고 극한값이 존재하면 이상적분이 수렴한다(converge)고 하고 그렇지 않으면 발산한다(diverge)고 한다. 또한 비슷한 방법으로, 함수 $y = f(x)$가 $(-\infty, b]$에서 연속인 경우에

$$\int_{-\infty}^b f(x)\,dx = \lim_{a\to-\infty}\int_a^b f(x)\,dx$$

으로 정의된다. 한편, 함수 $y = f(x)$가 구간 $(-\infty, \infty)$에서 연속인 경우에는

$$\int_0^\infty f(x)\,dx\text{와 }\int_{-\infty}^0 f(x)\,dx$$

가 수렴한다면 $\int_{-\infty}^\infty f(x)\,dx$는 수렴한다고 하고 그 값은

$$\int_{-\infty}^\infty f(x)\,dx = \int_{-\infty}^0 f(x)\,dx + \int_0^\infty f(x)\,dx$$

로 정의한다. 그렇지 않으면 $\int_{-\infty}^\infty f(x)\,dx$는 발산한다.

예제 7.5.5 $\int_1^\infty \frac{1}{x^2}\,dx$ 이 수렴하는지 여부를 판정하고, 만일 수렴하면 그 값을 구하여라.

풀이 먼저, $f(x) = \frac{1}{x^2}$에 대하여, $[1, b]$에서의 적분을 생각하자. 즉,

$$\int_1^b \frac{1}{x^2}\,dx = \left[-\frac{1}{x}\right]_1^b = -\frac{1}{b} + 1$$

이제, b를 무한대로 보내면

$$\int_1^\infty \frac{1}{x^2}\,dx = \lim_{b\to\infty}\int_1^b \frac{1}{x^2}\,dx = \lim_{b\to\infty}\left(-\frac{1}{b}+1\right) = 1$$

임을 알 수 있다.

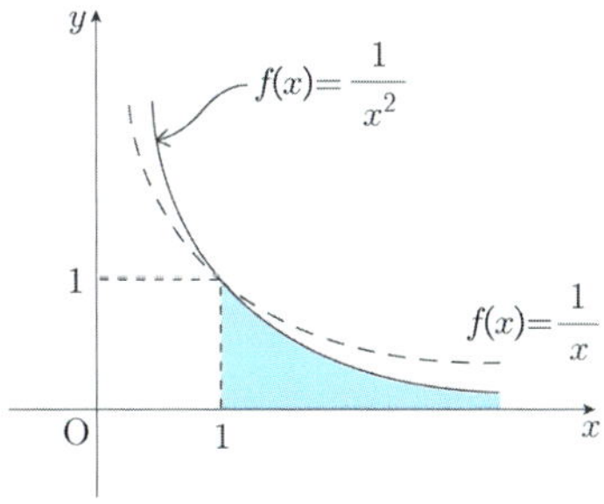

그림 7.10 $f(x)=1/x^2$ ■

예제 7.5.6 $\int_1^\infty \frac{1}{x}\,dx$ 이 수렴하는지 여부를 판정하고, 만일 수렴하면 그 값을 구하여라.

풀이 $\int_1^\infty \frac{1}{x}\,dx = \lim_{b\to\infty}\int_1^b \frac{1}{x}dx = \lim_{b\to\infty}[\ln|x|]_1^b = \lim_{b\to\infty}\ln|b| = \infty$ ■

예제 7.5.7 $\int_1^\infty \frac{1}{1+x^2}\,dx$ 이 수렴하는지 여부를 판정하고, 만일 수렴하면 그 값을 구하여라.

풀이

$$\begin{aligned}\int_1^\infty \frac{1}{1+x^2}dx &= \lim_{b\to\infty}\int_1^b \frac{1}{1+x^2}\,dx = \lim_{b\to\infty}[\tan^{-1}x]_1^b \\ &= \lim_{b\to\infty}(\tan^{-b} - \tan^{-1}1) = \frac{\pi}{2} - \frac{\pi}{4} = \frac{\pi}{2}\end{aligned}$$

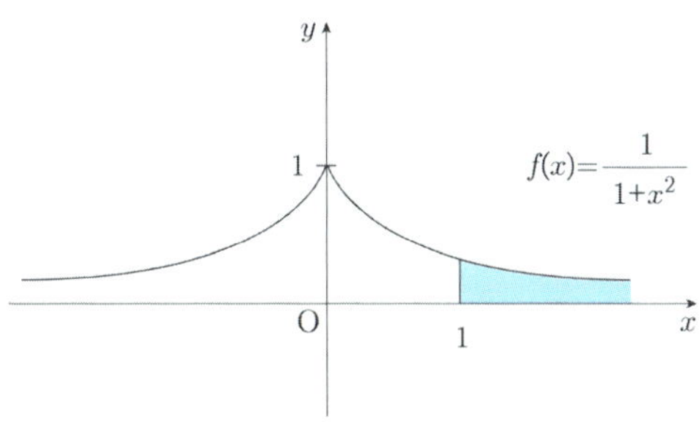

그림 7.11 $f(x)=\frac{1}{1+x^2}$ ■

예제 7.5.8 $\int_{-\infty}^{\infty} e^{-|x|}\,dx$ 이 수렴하는지 여부를 판정하고, 만일 수렴하면 그 값을 구하여라.

풀이

$$\int_{-\infty}^{\infty} e^{-|x|}\,dx = \int_{-\infty}^{0} e^{-|x|}\,dx + \int_{0}^{\infty} e^{-|x|}\,dx$$

이다. 먼저, $\int_{-\infty}^{0} e^{-|x|}\,dx$를 구하기 위하여 $\int_{a}^{0} e^{x}\,dx = [e^{x}]_{a}^{0} = 1 - e^{a}$이므로

$$\int_{-\infty}^{0} e^{x}\,dx = \lim_{a \to -\infty} \int_{a}^{0} e^{x}\,dx = \lim_{a \to -\infty} (1 - e^{a}) = 1$$

한편,

$$\int_{0}^{\infty} e^{-|x|}dx = \lim_{b \to \infty} \int_{0}^{b} e^{-x}\,dx = \lim_{b \to \infty} [-e^{-x}]_{0}^{b} = \lim_{b \to \infty} (-e^{-b} + 1) = 1$$

이므로, 이 이상적분은 2로 수렴한다.

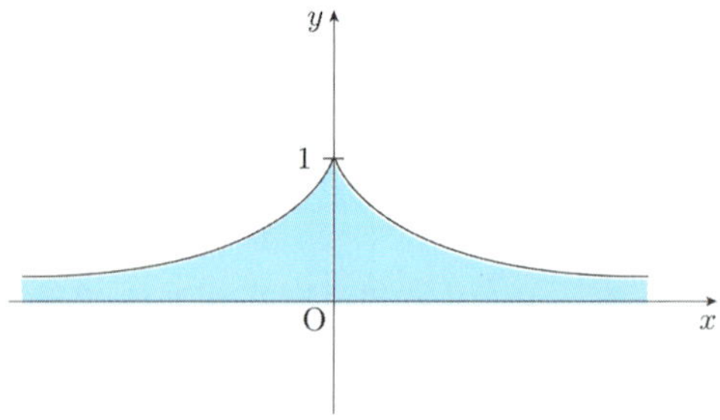

그림 7.12 $f(x) = e^{-|x|}$ ■

또한, 위의 예제에서 $e^{-|x|}$가 우함수이므로, $\int_{-\infty}^{0} e^{-|x|}\,dx$ 나 $\int_{0}^{\infty} e^{-|x|}\,dx$ 를 구하여 2배해도 된다. 또한, 어떤 이상적분은 특별한 값을 갖지 않고 진동하기도 한다. 즉

$$\int_{0}^{\infty} \cos x\,dx = \lim_{b \to \infty} \int_{0}^{b} \cos x\,dx$$

에서 $\int_{0}^{b} \cos x\,dx = \sin b$의 값이 -1과 1 사이의 모든 값을 갖게 되므로

$$\int_{0}^{\infty} \cos x\,dx$$

는 진동한다고 한다.

이제, 예제 7.5.5와 예제 7.5.6을 참고로 하여, p 급수의 수렴 발산과 관계가 있는

$$\int_1^\infty \frac{1}{x^p}\,dx$$

에 대하여 알아보자.

예제 7.5.9 $\int_1^\infty \frac{1}{x^p}\,dx$는 $p>1$일 때 수렴하고 $p \le 1$일 때 발산함을 보여라.

풀이 $p=1$일 때 $\int_1^\infty \frac{1}{x}\,dx = \infty$임은 예제에서 알아보았다.
한편, $p \neq 1$일 때, 다음을 얻는다.

$$\int_1^\infty \frac{1}{x^p}\,dx = \lim_{b\to\infty}\int_1^b x^{-p}dx = \lim_{b\to\infty}\left[\frac{x^{-p+1}}{-p+1}\right]_1^b = \frac{1}{1-p}\lim_{b\to\infty}\left(\frac{1}{b^{p-1}}-1\right)$$

$$= \begin{cases} \dfrac{1}{p-1} & (p>1) \\ \infty & (p<1) \end{cases}$$

■

7.5 연습문제

(1~6) 다음 이상적분을 계산하여라.

01 $\displaystyle\int_0^1 \frac{1}{x^{1/3}}\,dx$

02 $\displaystyle\int_0^e \ln x\,dx$

03 $\displaystyle\int_0^5 \frac{1}{\sqrt{5-x}}\,dx$

04 $\displaystyle\int_0^5 \frac{1}{\sqrt{25-x^2}}\,dx$

05 $\displaystyle\int_0^{\frac{\pi}{2}} \tan x\,dx$

06 $\displaystyle\int_0^{\frac{\pi}{2}} \frac{\cos\theta}{\sqrt{1-\sin\theta}}\,d\theta$

(7~12) 다음 이상적분을 계산하여라.

07 $\displaystyle\int_1^{\infty} \frac{1}{x^3}\,dx$

08 $\displaystyle\int_0^{\infty} \frac{x}{1+x^2}\,dx$

09 $\displaystyle\int_0^{\infty} e^{-x}\,dx$

10 $\displaystyle\int_0^{\infty} x\,e^{-x^2}\,dx$

11 $\displaystyle\int_1^{\infty} \frac{1}{\sqrt{x}}\,dx$

12 $\displaystyle\int_1^{\infty} \frac{x}{\sqrt{9+x^2}}\,dx$

(13~14) 다음 이상적분을 계산하여라.

13 $\displaystyle\int_1^{\infty} \frac{1}{x^2-6x+6}\,dx$

14 $\displaystyle\int_0^{\infty} e^{-x}\cos x\,dx$

15 $\displaystyle\int_0^{\infty} e^{px}\,dx$가 수렴하기 위한 p의 조건을 구하고, 이때의 적분값을 구하여라.

16 다음을 증명하여라.

$$\int_0^1 \frac{1}{x^p}\,dx = \begin{cases} \dfrac{1}{1-p} & (0 < p < 1) \\ \infty & (p \geq 1) \end{cases}$$

이제부터는 정적분의 응용으로서 평면도형의 면적과 입체의 부피, 곡선호의 길이와 회전체의 표면적을 구하는 방법을 연구한다.

7.6 평면도형의 면적

곡선에 의하여 둘러싸인 부분의 면적을 구하기 위하여, x에 관하여 연속함수인 경우와 y에 관하여 연속함수인 경우로 나누어 생각해보자.

함수가 x에 관하여 연속함수일 경우(I)

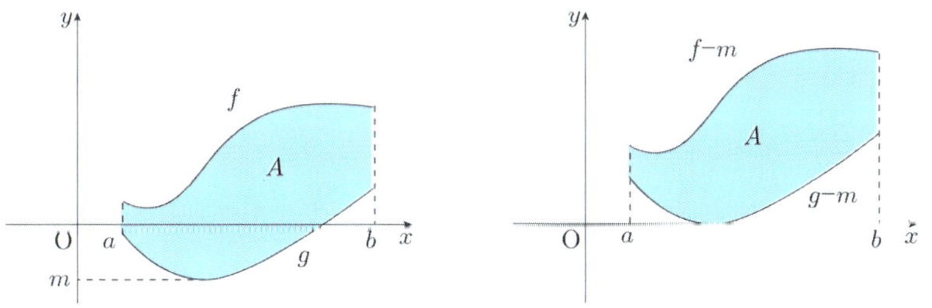

그림 7.13 x축을 기준으로 면적 구하기

함수 $f(x)$, $g(x)$가 연속함수이고, 구간 $[a, b]$에서 $0 \le g(x) \le f(x)$라 하자. 이때, 빗금친 부분의 면적을 A라 놓으면,

$$\begin{aligned} A &= [f \text{ 아래부분의 면적}] - [g \text{ 아래부분의 면적}] \\ &= \int_a^b f(x)\,dx - \int_a^b g(x)\,dx \\ &= \int_a^b [f(x) - g(x)]\,dx \end{aligned}$$

또한, $g(x) \ge 0$라는 조건이 없을 경우를 생각해보자. $g(x)$는 $[a, b]$에서 연속이므로, 최댓값-최솟값의 정리에 의하면, 최솟값 m이 존재한다. 따라서 구간 $[a, b]$에서 $0 \le g(x) - m \le f(x) - m$이므로, 면적은

$$
\begin{aligned}
A &= [f-m\text{아래부분의 면적}]-[g-m\ \text{아래부분의 면적}]\\
&= \int_a^b [f(x)-m]\,dx - \int_a^b [g(x)-m]\,dx\\
&= \int_a^b [f(x)-g(x)]\,dx
\end{aligned}
$$

임을 알 수 있다.

예제 7.6.1 $y=x$와 $y=x^2$으로 둘러싸인 부분의 면적을 구하여라.

풀이 교점의 x좌표는 0과 1이므로

$$
\begin{aligned}
A &= \int_0^1 [x-x^2]\,dx = \left[\frac{1}{2}x^2-\frac{1}{3}x^3\right]_0^1\\
&= \frac{1}{2}-\frac{1}{3}=\frac{1}{6}
\end{aligned}
$$

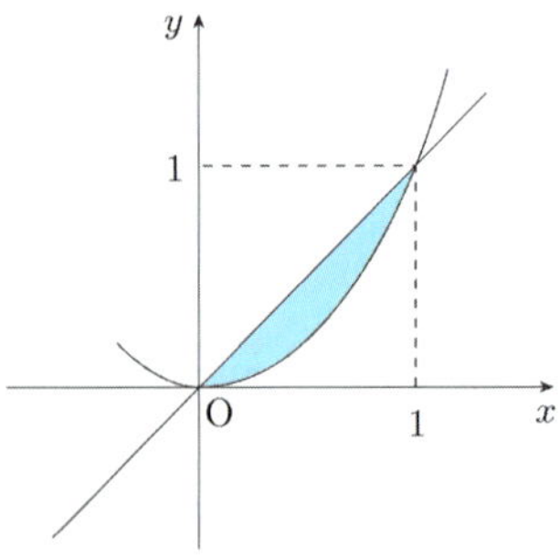

그림 7.14 $y=x$, $y=x^2$ ■

예제 7.6.2 $y=x^2$, $y=4-x^2$과 $x=0$, $x=1$으로 둘러싸인 부분의 면적을 구하여라.

풀이

$$
\begin{aligned}
A &= \int_0^1 [(4-x)-x^2]\,dx\\
&= \int_0^1 [4-2x^2]\,dx\\
&= \left[4x-\frac{2}{3}x^3\right]_0^1\\
&= 4-\frac{2}{3}\\
&= \frac{10}{3}
\end{aligned}
$$

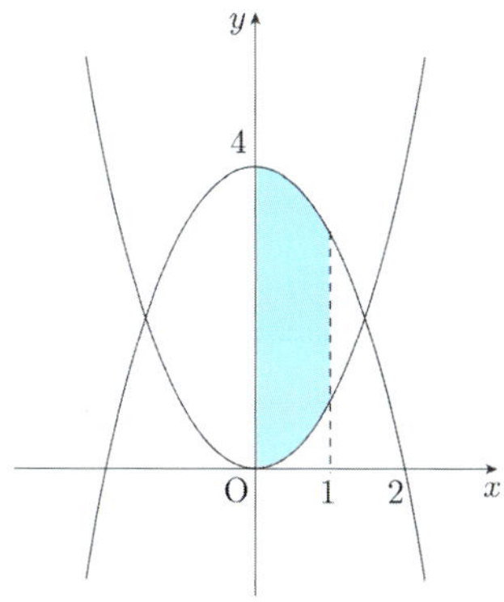

그림 7.15 $y=x^2$, $y=4-x^2$ ■

함수가 y에 관하여 연속함수일 경우(II)

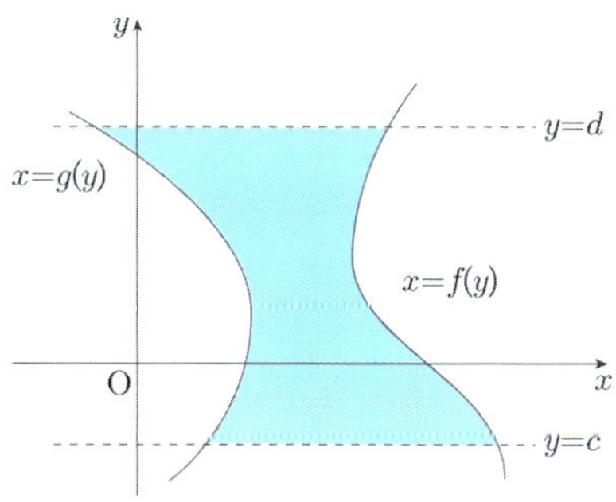

그림 7.16 y축을 기준으로 면적 구하기

함수 $f(y)$, $g(y)$가 연속함수이고, 구간 $[c, d]$에서 $0 \le g(y) \le f(y)$라 하자. 이때, 빗금 친 부분의 면적을 A라 놓으면,

$$
\begin{aligned}
A &= [f \text{ 왼쪽 부분의 면적}] - [g \text{ 왼쪽 부분의 면적}] \\
&= \int_c^d f(y)\,dy - \int_c^d g(y)\,dy \\
&= \int_c^d [f(y) - g(y)]\,dy
\end{aligned}
$$

또한, $g(y) \ge 0$라는 조건이 없을 경우의 면적은 (I)에서와 마찬가지 방법에 의하면

$$A = \int_c^d [f(y) - g(y)]\,dy$$

를 얻는다.

예제 7.6.3 $y=x-2$와 $x=y^2$으로 둘러싸인 제1사분면에 있는 부분의 면적을 구하여라.

풀이

$$\int_0^2 [(y+2)-y^2]\,dy = \left[\frac{y^2}{2}+2y-\frac{1}{3}y^3\right]_0^2 = 2+4-\frac{8}{3}=\frac{10}{3}$$

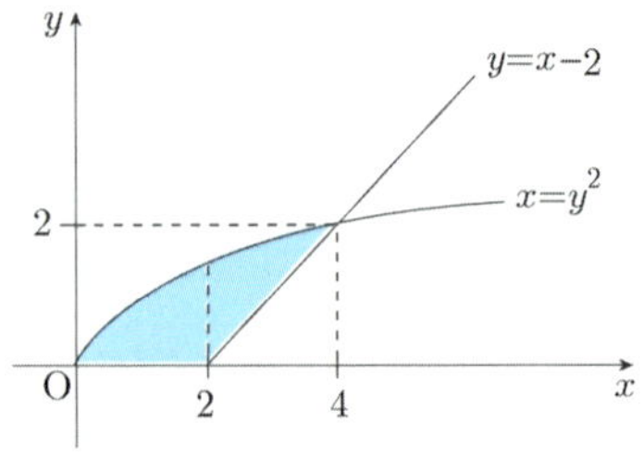

그림 7.17 $y=x-2,\ x=y^2$ ■

위의 예제를 x에 의한 적분으로 면적을 구하면

$$\int_0^2 \sqrt{x}\,dx + \int_2^4 \sqrt{x}-(x-2)\,dx = \left[\frac{2}{3}x^{3/2}\right]_0^2 + \left[\frac{2}{3}x^{3/2}-\frac{x^2}{2}+2x\right]_2^4 = \frac{10}{3}$$

로 같은 값을 얻는다.

7.6 연습문제

(1~4) 다음의 곡선들에 의하여 둘러싸인 부분의 면적을 구하여라.

01 $y = x^2 - 2,\ y = 5$

02 $y = x^2,\ y = x + 6,\ x = 0,\ x = 5$

03 $y = \sqrt{x-4},\ y = 0,\ x = 5$

04 $y = x^4,\ y = 2x - x^2$

(5~8) 다음의 곡선들에 의하여 둘러싸인 부분의 면적을 구하여라.

05 $x = 4 - y^2,\ x + y - 2 = 0$

06 $y^2 - 2x = 0,\ y^2 + 4x - 12 = 0$

07 $y = e^x,\ y = ex$

08 $y = \sin\frac{1}{2}x,\ y = \cos\frac{1}{2}x,\ x = 0,\ x = \pi$

(9~10) 다음 곡선들에 의하여 둘러싸인 부분을 x에 관한 적분과 y에 관한 적분으로 각각 구하여라.

09 $y = x^2,\ y = 5x$

10 $y^2 = 4x,\ y = 2x - 4$

7.7 회전체의 부피

원판에 의한 방법

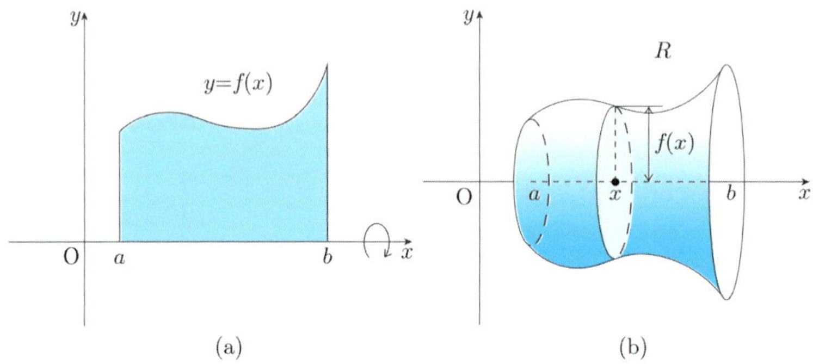

그림 7.18 원판에 의한 회전체의 부피

$[a, b]$에서 $f(x) \geq 0$일 때, $y = f(x)$ $(a \leq x \leq b)$를 x축으로 회전시켜 만들어지는 회전체 V를 구하자. $f(x)$는 반경이며

$$\pi\{f(x)\}^2$$

는 원판이다. 이에, $[a, b]$에서 $\pi\{f(x)\}^2$를 적분하면 부피를 얻는다. 즉,

$$V = \pi\int_a^b \{f(x)\}^2 dx$$

이다.

마찬가지 방법으로, $[c, d]$에서 $f(y) \geq 0$일 때, $x = f(y)$ $(c \leq y \leq d)$를 y축으로 회전시켜 만들어지는 회전체 V를 구하자. $f(y)$는 반경이며

$$\pi\{f(y)\}^2$$

는 원판이다. 이에, $[c, d]$에서 $\pi\{f(y)\}^2$를 적분하면 부피를 얻는다. 즉,

$$V = \pi\int_c^d \{f(y)\}^2 dy$$

예제 7.7.1 $y=\sqrt{x}$ 와 직선 $x=1$, $x=4$와 x축으로 둘러싸인 부분을 x축 둘레로 회전시켰을 때 만들어지는 회전체의 부피를 구하여라.

풀이 $V=\pi\int_1^4 y^2\,dx=\pi\int_1^4 (\sqrt{x})^2\,dx=\pi\int_1^4 x\,dx=\dfrac{15}{2}\pi$

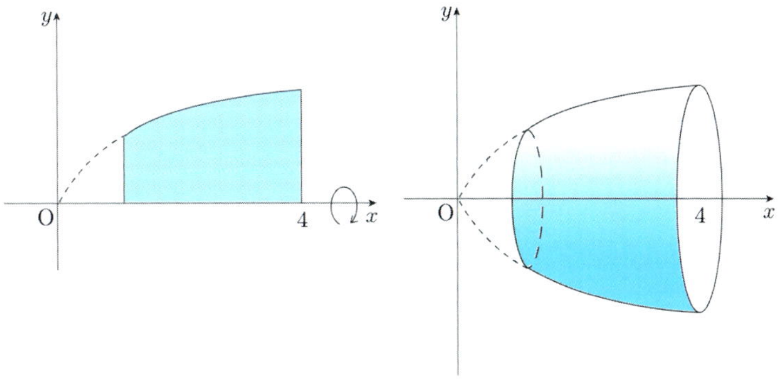

그림 7.19 $y=\sqrt{x}$, $x=1$, $x=4$ ■

예제 7.7.2 $y=\sqrt{x}$ 와 직선 $x=0$, $y=1$로 둘러싸인 부분을 y축 둘레로 회전시켰을 때 만들어지는 회전체의 부피를 구하여라.

풀이 $y=\sqrt{x}$ 에서 $x=y^2$이므로

$$V=\pi\int_0^1 x^2\,dy=\pi\int_0^1 y^4\,dx=\frac{\pi}{5}$$

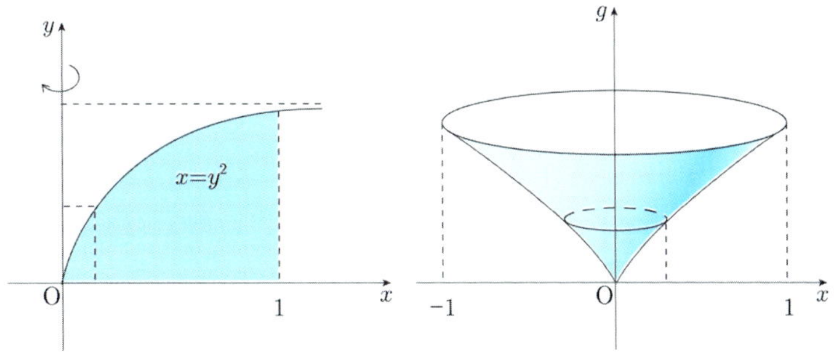

그림 7.20 $y=\sqrt{x}$ 와 직선 $x=0$, $y=1$ ■

예제 7.7.3 $y=x$와 $y=x^2$으로 둘러싸인 부분을 (1) x축 (2) y축 둘레로 회전시켰을 때 만들어지는 회전체의 부피를 구하여라.

풀이 (1) $V=\pi\int_0^1(x^2-x^4)\,dx=\pi\left[\left(\frac{1}{3}x^3-\frac{1}{5}x^5\right)\right]_0^1=\pi\left(\frac{1}{3}-\frac{1}{5}\right)=\frac{2}{15}\pi$

(2) $V=\pi\int_0^1\left(\sqrt{y}^2-y^2\right)dy=\pi\int_0^1(y-y^2)\,dy=\pi\left[\left(\frac{1}{2}y^2-\frac{1}{3}y^3\right)\right]_0^1=\frac{\pi}{6}$ ■

원주면에 의한 방법

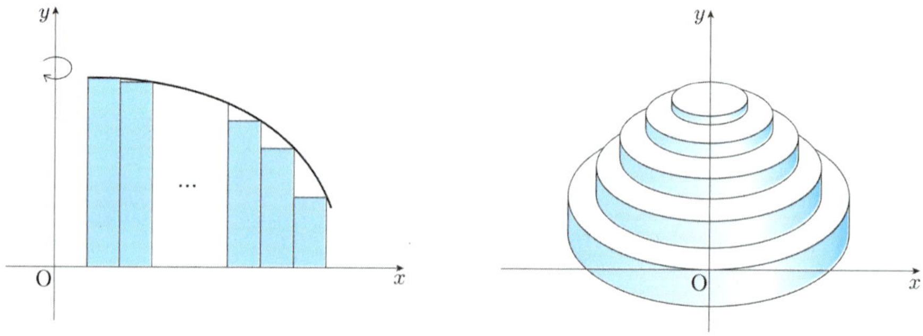

그림 7.21 원주면에 의한 회전체의 부피

함수 $f(x)$를 구간 $[a,b]$에서 연속이라 할 때, 곡선 $y=f(x)$와 직선 $y=0$, $x=a$, $x=b$ $(0\le a<b)$로 둘러싸인 부분을 y축 둘레로 회전시켰을 때 생기는 회전체 V의 부피를 구하고자 한다. $2\pi x$는 원주이며

$$2\pi xf(x)$$

는 원통이다. 이에 $[a,b]$에서 $2\pi xf(x)$를 적분하면 부피를 얻는다. 즉,

$$V=2\pi\int_a^b xf(x)\,dx$$

이다.

한편, 함수 $g(y)$를 구간 $[c,d]$에서 연속이라 할 때, 곡선 $x=g(y)$와 직선 $x=0$, $y=c$, $y=d\,(0\le c<d)$로 둘러싸인 부분을 x축 둘레로 회전시켰을 때 생기는 회전체 V의 부피는

$$V=2\pi\int_c^d yg(y)\,dy$$

임도 알 수 있다.

예제 7.7.4 $y=\sqrt{x}$ 와 직선 $x=1$, $x=4$와 x축으로 둘러싸인 부분을 y축 둘레로 회전시켰을 때 만들어지는 회전체의 부피를 구하여라.

풀이

$$V=2\pi\int_1^4 xy\,dx = 2\pi\int_1^4 x\sqrt{x}\,dx$$

$$=2\pi\int_1^4 x^{3/2}\,dx = \frac{124}{5}\pi$$

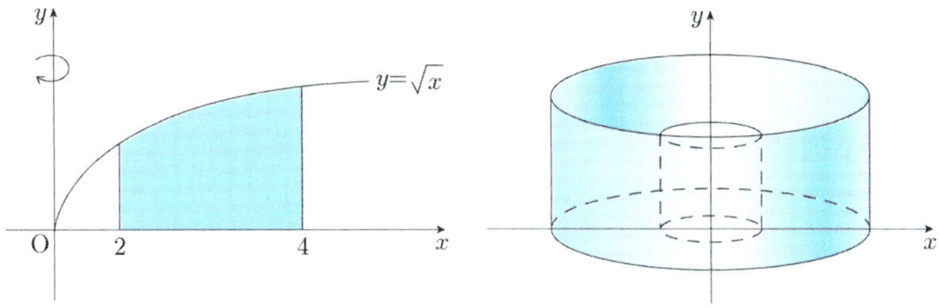

그림 7.22 $y=\sqrt{x}$ 와 직선 $x=1$, $x=4$ ■

예제 7.7.5 구간 $[0,\pi]$에서 $y=\sin x$와 x축으로 둘러싸인 부분을 (1) x축 (2) y축 둘레로 회전시켰을 때 만들어지는 회전체의 부피를 구하여라.

풀이 (1) $V=\pi\int_0^\pi \sin^2 x\,dx = \frac{\pi}{2}\int_0^\pi (1-\cos 2x)dx$

$$=\frac{\pi}{2}\left[\left(x-\frac{\sin 2x}{2}\right)\right]_0^\pi = \frac{\pi^2}{2}$$

(2) $V=2\pi\int_0^\pi x\sin x\,dx$ 이므로 부분적분법에 의하여 다음을 얻는다.

$$V=2\pi\left[(-x\cos x+\sin x)\right]_0^\pi = 2\pi^2$$

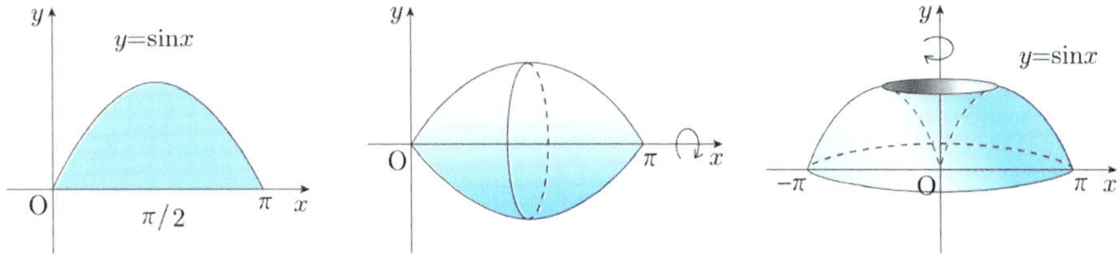

그림 7.23 $y=\sin x$의 x축 회전과 y축 회전 ■

7.7 연습문제

(1~4) 다음에 주어진 곡선들에 의하여 둘러싸인 부분을 x축과 y축 둘레로 회전시켰을 때 생기는 회전체의 부피를 구하여라.

01 $y = x^2, \ x = 4, \ y = 0$

02 $y^2 = x, \ x = 0, \ y = 2$

03 $y = \dfrac{4}{x}, \ x = 1, \ x = 4, \ y = 0$

04 $y = \ln x, \ x = 1, \ x = 3, \ y = 0$

(5~8) 다음에 주어진 곡선들에 의하여 둘러싸인 부분을 y축 둘레로 회전시켰을 때 생기는 회전체의 부피를 원주면에 의한 방법으로 구하여라.

05 $y = \dfrac{1}{2}x^2, \ x = 1, \ y = 0$

06 $y = \dfrac{4}{x}, \ x = 1, \ x = 4, \ y = 0$

07 $y = \ln x, \ x = 1, \ x = 3, \ y = 0$

08 $y = \sin x, \ y = \cos x, \ \left[0, \dfrac{\pi}{4}\right]$

09 반지름이 r이고 높이가 h인 직원뿔의 부피는 $V = \dfrac{1}{3}\pi r^2 h$임을 증명하여라.

10 구간 $[1, \infty]$에서 곡선 $y = \dfrac{1}{x}$과 x축으로 둘러싸인 부분을 x축 둘레로 회전시켰을 때 생기는 회전체의 부피를 구하여라.

7.8 곡선의 길이

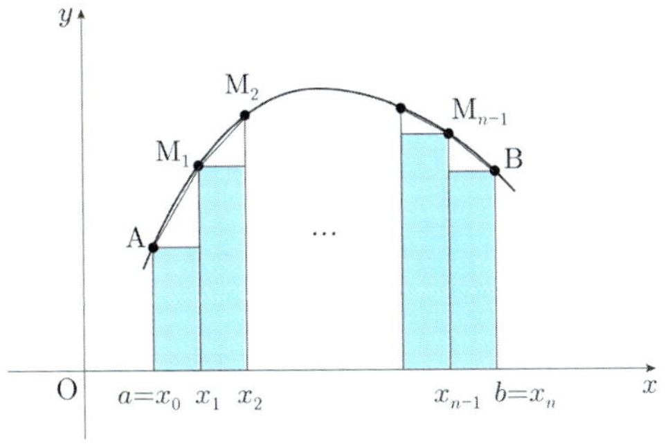

그림 7.24 곡선의 길이

함수 $y=f(x)$가 $[a,b]$에서 연속인 도함수를 갖는다고 할 때, 주어진 구간에서 곡선 위에 여러 개의 점을 잡고 서로 인접한 점을 선분으로 연결하여, 이 선분들의 합을 구하고 이의 극한값을 사용하여 선의 길이를 구하게 된다.

즉, $[a,b]$의 분할

$$P_n = \{a = x_0 < x_1 < x_2 < \cdots < x_n = b\}$$

에 대하여, 선분 AM_1, M_1M_2, $\cdots$, $M_{n-1}B$의 합을 S라 놓으면

$$\begin{aligned} S &= \sum_{k=1}^{n} \sqrt{(x_k - x_{k-1})^2 + (y_k - y_{k-1})^2} \\ &= \sum_{k=1}^{n} \sqrt{(x_k - x_{k-1})^2 + [f(x_k) - f(x_{k-1})]^2} \end{aligned}$$

이다. 이때, 평균값의 정리에 의하여

$$f(x_k) - f(x_{k-1}) = f'(\xi_k)(x_k - x_{k-1})$$

가 성립하는 $\xi_k\,(x_{k-1} < \xi_k < x_k)$가 존재한다. 즉,

$$\begin{aligned} S &= \sum_{k=1}^{n} \sqrt{(x_k - x_{k-1})^2 + [f'(\xi_k)(x_k - x_{k-1})]^2} \\ &= \sum_{k=1}^{n} \sqrt{[1 + f'(\xi_k)]^2}\,(x_k - x_{k-1}) \end{aligned}$$

이다. $f'(x)$가 연속이므로 정적분의 정의에 의하여, 곡선의 길이 L은

$$L = \lim_{n \to \infty} \sum_{k=1}^{n} \sqrt{[1+f'(\xi_k)]^2}\,(x_k - x_{k-1})$$
$$= \int_a^b \sqrt{1+[f'(x)]^2}\,dx$$

를 얻는다.

예제 7.8.1 구간 $[0,1]$에서 곡선 $f(x) = x^{3/2}$의 길이를 구하여라.

풀이 $f'(x) = \frac{3}{2}\sqrt{x}$ 이므로

$$L = \int_0^1 \sqrt{1+(f'(x))^2}\,dx = \int_0^1 \sqrt{1+\left(\frac{3}{2}\sqrt{x}\right)^2}\,dx = \int_0^1 \sqrt{1+\frac{9}{4}x}\,dx$$

이고, $1+\frac{9}{4}x$를 u로 치환하면

$$L = \frac{4}{9}\int_1^{13/4} \sqrt{u}\,du = \frac{4}{9}\left[\frac{2}{3}u^{3/2}\right]_1^{13/4} = \frac{4}{9}\frac{2}{3}\left[\left(\frac{13}{4}\right)^{3/2} - 1\right]$$
$$= \frac{1}{27}(13\sqrt{13} - 8)$$

이다. ■

예제 7.8.2 반지름이 r인 원의 둘레를 구하여라.

풀이 반지름이 r인 원의 방정식은

$$x^2 + y^2 = r^2$$

에서 함수 $f(x) = \pm\sqrt{r^2 - x^2}$를 얻으며 $f'(x) = \pm\frac{x}{\sqrt{r^2 - x^2}}$이다. 따라서 원의 둘레 L은

$$L = 2\int_{-r}^{r} \sqrt{1+(f'(x))^2}\,dx = 2\int_{-r}^{r} \sqrt{1+\frac{x^2}{r^2 - x^2}}\,dx$$
$$= 2\int_{-r}^{r} \frac{r}{\sqrt{r^2 - x^2}}\,dx = 2\int_{-r}^{r} \frac{r}{\sqrt{r^2 - x^2}}\,dx$$
$$= 4r\int_0^r \frac{1}{\sqrt{r^2 - x^2}}\,dx = 4r\lim_{b \to r^-}\int_0^b \frac{1}{\sqrt{r^2 - x^2}}\,dx$$
$$= 4r\lim_{b \to r^-}\left[\left(\sin^{-1}\frac{x}{r}\right)\right]_0^b = 4r\frac{\pi}{2} = 2\pi r$$

이다. ■

이제, 곡선이 매개방정식

$$x = x(t),\ \ y = y(t)\ \ (\alpha \le t \le \beta)$$

로 주어졌을 때 $y = f(x)$의 $a = x(\alpha)$에서 $b = x(\beta)$까지의 곡선의 길이 L은 다음과 같이 구할 수 있다.

$$dx = x'(t)\,dt$$

이고

$$\frac{dy}{dx} = \left(\frac{dy}{dt}\right) \Big/ \left(\frac{dx}{dt}\right) = \frac{y'(t)}{x'(t)}$$

이므로

$$\begin{aligned} L &= \int_a^b \sqrt{1 + (f'(x))^2}\,dx = \int_\alpha^\beta \sqrt{1 + \left(\frac{y'(t)}{x'(t)}\right)^2}\, x'(t)\,dt \\ &= \int_\alpha^\beta \sqrt{(x'(t))^2 + (y'(t))^2}\,dt \end{aligned}$$

이 된다.

예제 7.8.3 원 $x = a\cos t,\ y = a\sin t$의 $t = 0$에서 $t = 2\pi$까지 곡선의 길이를 구하여라.

풀이 $x'(t) = a\sin t,\ \ y'(t) = a\cos t$ 이므로, 구하고자 하는 곡선의 길이 L은

$$\begin{aligned} L &= \int_0^{2\pi} \sqrt{(x'(t))^2 + (y'(t))^2}\,dt \\ &= \int_0^{2\pi} \sqrt{(-a\sin t)^2 + (a\cos t)^2}\,dt \\ &= \int_0^{2\pi} a\,dt = 2\pi a \end{aligned}$$

■

예제 7.8.4 곡선 $x = 5(t - \sin t),\ y = 5(1 - \cos t)$의 $t = 0$에서 $t = 2\pi$까지 곡선의 길이를 구하여라.

풀이 $x'(t) = 5(1 - \cos t),\ \ y'(t) = 5\sin t$ 이고

$$\begin{aligned} \sqrt{(x'(t))^2 + (y'(t))^2} &= \sqrt{(1 - \cos t)^2 + \sin^2 t} = \sqrt{2 - 2\cos t} \\ &= 2\sqrt{\frac{1 - \cos t}{2}} = 2\sqrt{\sin^2\frac{t}{2}} = 2\sin\frac{t}{2} \end{aligned}$$

이므로, 구하고자 하는 곡선의 길이 L은

$$\begin{aligned} L &= \int_0^{2\pi} \sqrt{(x'(t))^2 + (y'(t))^2}\, dt \\ &= 5\int_0^{2\pi} \sqrt{(1-\cos t)^2 + \sin^2 t}\, dt \\ &= 10\int_0^{2\pi} \sin\frac{t}{2}\, dt = 10\left[\left(-2\cos\frac{t}{2}\right)\right]_0^{2\pi} = 40 \end{aligned}$$

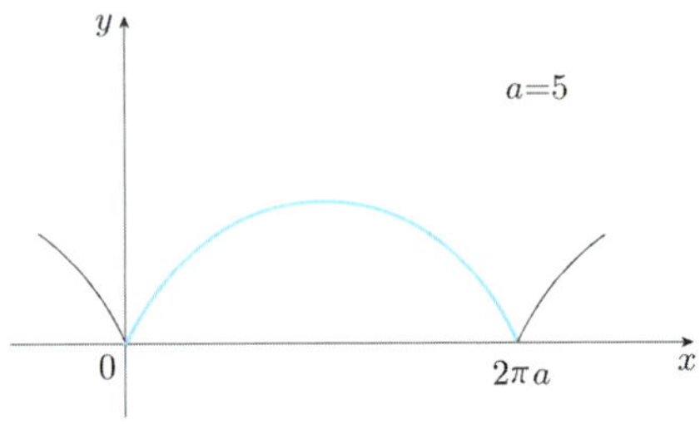

그림 7.25 $x = 5(t-\sin t),\ y = 5(1-\cos t)$ ■

7.8 연습문제

(1~4) 다음 함수에 대한 곡선의 길이를 구하여라.

01 $y=5x+3,\ [0,\ 5]$

02 $y=\ln x,\ [1, e]$

03 $y=(x^2+2)\sqrt{(x^2+2)},\ [0, 3]$

04 $y=2\left(e^{x/4}+e^{-x/4}\right),\ [0, 4]$

(5~8) 다음 매개방정식에 의하여 표현된 곡선의 길이를 구하여라.

05 $x=t^3-3t,\ y=3t^2,\ [0,\ 1]$

06 $x=\cos 2t,\ y=\sin 2t,\ [0,\ \pi]$

07 $x=t-\sin t,\ y=1-\cos t,\ [0,\ 2\pi]$

08 $x=2\sin^3 t,\ y=2\cos^3 t,\ [0,\ 2\pi]$

7.9 회전체의 표면적

함수 $y=f(x)$가 구간 $[a,b]$에서 연속인 도함수를 갖는다고 하자. 이때, $y=f(x)$를 x축 둘레로 회전시켰을 때 만들어지는 회전체의 표면적 S는 반지름이 $f(x)$인 원주율에 앞 절에서 다룬 호의 길이 $\sqrt{1+(f'(x))^2}$를 곱하여, 즉

$$2\pi f(x)\sqrt{1+(f'(x))^2}$$

를 $[a,b]$에서 적분하므로 얻을 수 있다(상세한 증명은 연습문제로 남긴다).

$$S=2\pi\int_a^b f(x)\sqrt{1+(f'(x))^2}\,dx$$

예제 7.9.1 반지름이 r인 구의 표면적이 $4\pi r^2$임을 유도하여라.

풀이 반지름이 r인 구는 곡선 $f(x)=\sqrt{r^2-x^2}$을 x축 둘레로 회전시킨 회전체이며

$$f'(x)=\frac{-x}{\sqrt{r^2-x^2}},\quad \sqrt{1+(f'(x))^2}=\frac{r}{\sqrt{r^2-x^2}}$$

이므로

$$S=2\pi\int_{-r}^{r}\sqrt{r^2-x^2}\,\frac{r}{\sqrt{r^2-x^2}}\,dx=4\pi r^2$$

유도된다. ■

예제 7.9.2 $\left[0,\frac{\pi}{2}\right]$에서 $f(x)=\sin x$를 x축 둘레로 회전시켰을 때 만들어지는 회전체의 표면적을 구하여라.

풀이

$$S=2\pi\int_a^b f(x)\sqrt{1+(f'(x))^2}\,dx=2\pi\int_a^b \sin x\sqrt{1+\cos^2 x}\,dx$$

를 구하면 된다. $\cos x$를 u로 치환하면

$$S=-2\pi\int_1^0\sqrt{1+u^2}\,du=2\pi\int_0^1\sqrt{1+u^2}\,du$$

이며, 정리 6.11에 의하여(u를 $\tan\theta$로 치환)

$$S=\pi\left[\sqrt{2}+\ln(\sqrt{2}+1)\right]$$

을 얻는다.

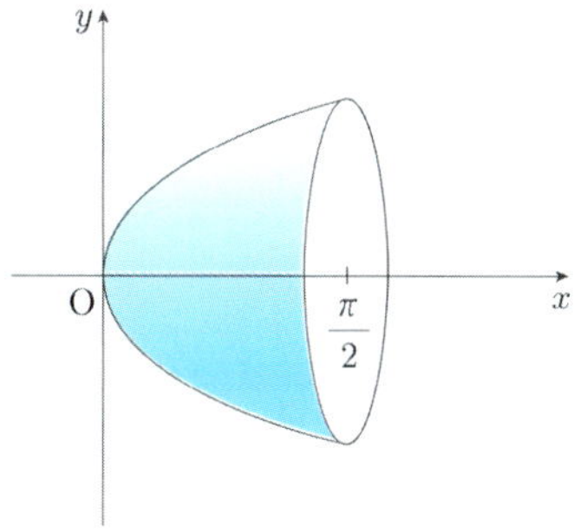

그림 7.26 $f(x) = \sin x$의 회전체의 표면적

또한, 곡선이 매개방정식 $x = x(t)$, $y = y(t)$ $(\alpha \le t \le \beta)$로 주어졌을 경우 $y = f(x)$의 $a = x(\alpha)$에서 $b = x(\beta)$까지의 곡선을 x축 둘레로 회전시킨 회전체의 표면적은

$$S = 2\pi \int_{\alpha}^{\beta} y(t)\sqrt{(x'(t))^2 + (y'(t))^2}\, dt$$

이다. ■

예제 7.9.3 반지름이 r인 구의 표면적을 매개방정식을 이용하여 유도하여라.

풀이 반지름이 r인 구는 곡선 $y = \sqrt{r^2 - x^2}$을 x축 둘레로 회전시킨 회전체이고, 곡선을 매개방정식으로 변형하면

$$x(\theta) = r\cos\theta,\ y(\theta) = r\sin\theta \quad (0 \le \theta \le \pi)$$

이다. 따라서 구의 표면적은

$$\begin{aligned} S &= 2\pi \int_0^{\pi} y(\theta)\sqrt{(x'(\theta))^2 + (y'(\theta))^2}\, d\theta \\ &= 2\pi \int_0^{\pi} r\sin\theta \sqrt{r^2\sin^2\theta + r^2\cos^2\theta}\, d\theta \\ &= 2\pi \int_0^{\pi} r^2 \sin\theta\, d\theta = 4\pi r^2 \end{aligned}$$

■

예제 7.9.4 매개방정식

$$x = 2\cos t - \cos 2t,\ y = 2\sin t - \sin 2t$$

를 $[0, \pi]$에서 x축 둘레로 회전시킨 회전체의 표면적을 구하여라.

풀이 $x'(t) = -2\sin t + 2\sin 2t,\ y'(t) = 2\cos t - \cos 2t$이므로

$$\begin{aligned} S &= 2\pi \int_0^{\pi} y(t)\sqrt{(x'(t))^2 + (y'(t))^2}\ dt \\ &= 2\pi \int_0^{\pi} (2\sin t - \sin 2t)\sqrt{(-2\sin t + 2\sin 2t)^2 + (2\cos t - 2\cos 2t)^2}\ dt \\ &= 8\sqrt{2}\,\pi \int_0^{\pi} \sin t\,(1-\cos t)^{3/2}\,dt \\ &= \frac{16\sqrt{2}}{5}\pi\left[(1-\cos t)^{5/2}\right]_0^{\pi} = \frac{128}{5}\pi \end{aligned}$$

■

7.9 연습문제

(1~4) 다음 곡선을 x축 둘레로 회전시킬 때 생기는 회전체의 표면적을 구하여라.

01 $y=5x,\ [0,1]$

02 $y=x^2,\ [0,2]$

03 $y^2=4x,\ [0,2]$

04 $y=\cos x,\ [0,\pi]$

(5~8) 다음 매개방정식에 의하여 표현된 곡선을 x축 둘레로 회전시킬 때 생기는 회전체의 표면적을 구하여라.

05 $x=t^2-3t, y=5t,\ [0,\ 1]$

06 $x=3\cos t,\ y=2\sin t,\ [0,\pi]$

07 $x=\cos 2\theta,\ y=\sin 2\theta,\ [0,\pi]$

08 $x=5(\theta-\sin\theta),\ y=5(1-\cos\theta),\ [0,\pi]$

09 함수 $y=f(x)$가 구간 $[a,b]$에서 연속인 도함수를 갖는다고 할 때, x축 둘레로 회전시켰을 때 만들어지는 회전체의 표면적 S는

$$S=2\pi\int_a^b f(x)\sqrt{1+(f'(x))^2}\,dx$$

임을 증명하여라.

제8장

공간과 벡터

8.1 3차원 공간 좌표계
8.2 벡터의 정의와 연산
8.3 벡터의 내적
8.4 외적
8.5 직선과 평면의 방정식

8.1 3차원 공간 좌표계

우리가 사는 공간은 흔히 3차원 공간(3-dimensional space)으로 이해된다. 즉 가로, 세로, 높이가 있는 공간을 3차원 공간이라 하고 E^3*로 표시한다. 예를 들어 방안에서 공중에 매달린 전등의 위치를 나타낼 때, 앞면으로부터의 거리(x좌표), 옆면으로부터의 거리(y좌표), 바닥으로부터의 거리(z좌표)를 알면 세 수 x, y, z으로 전등의 위치를 표시할 수 있다.

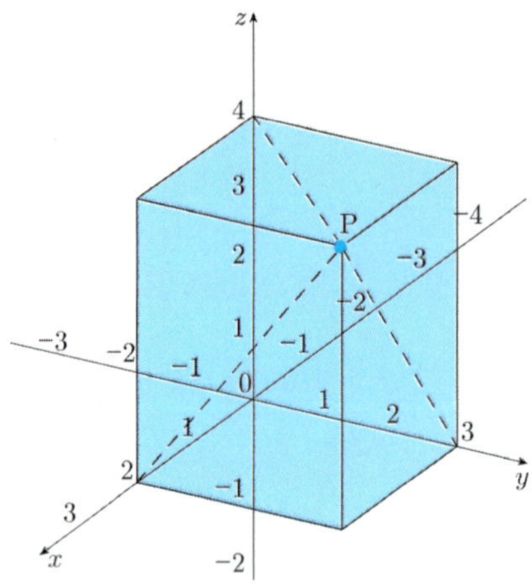

그림 8.1

일반적으로 한 점에서 만나고 서로 수직인 가로축, 세로축, 높이축을 각각 x축, y축, z축이라 하면, 3차원 공간의 점 P의 **좌표**(coordinate)는 P에서 각 축에 내린 수선의 발의 좌표 x, y, z의 순서쌍 (x,y,z)으로 표시된다.†

이와 같이 한 점에서 만나고 서로 수직인 세 개의 축으로 이루어진 좌표계를 **직교좌표계**(orthogonal coordinate system)라고 한다. 이때, x축, y축, z축을 **좌표축**(axis)이라 하고, 세 축이 만나는 점을 **원점**(origin)이라 한다. 이와 같이 좌표계가 주어진 공간을 **좌표공간**(coordinate space)이라고 한다.

한편 3차원 공간에 직교좌표계가 주어졌을 때, 실수 R의 순서쌍으로 이루어진 집합

$$R^3 = \{(x,y,z) \mid x,y,z \in R\}$$

* 여기서 E는 유클리드 공간(Euclidean space)에서 유래한 것이다.
† 이때, 각 축은 실수에 대응하는 실직선이다.

의 각 원소는 3차원 공간의 각 점에 정확히 하나씩 대응되므로 공간 E^3와 순서쌍의 집합 R^3은 일대일 대응관계를 가진다. 그러므로 이 책에서는 혼동의 여지가 없는 한 3차원 좌표 공간을 R^3로 표시하도록 한다.

점 $P \in E^3$의 좌표가 (x, y, z)일 때, $P(x, y, z)$로 표시한다.

예제 8.1.1 다음 좌표를 좌표공간에 표시하여라.

(1) $(3, 2, 4)$ (2) $(1, -3, 2)$

풀이 (1) $(3, 2, 4)$ (2) $(1, -3, 2)$

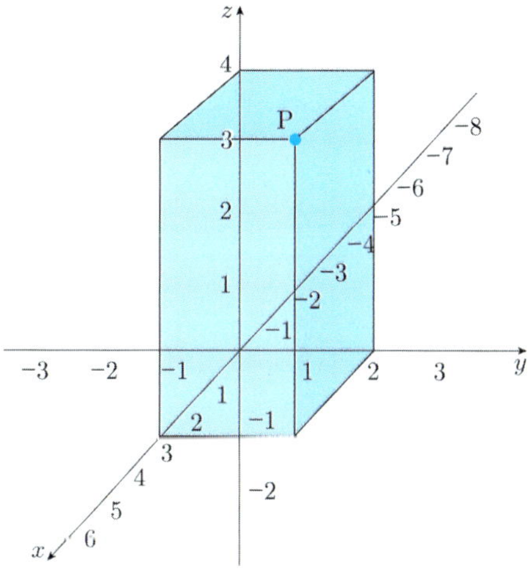

그림 8.2

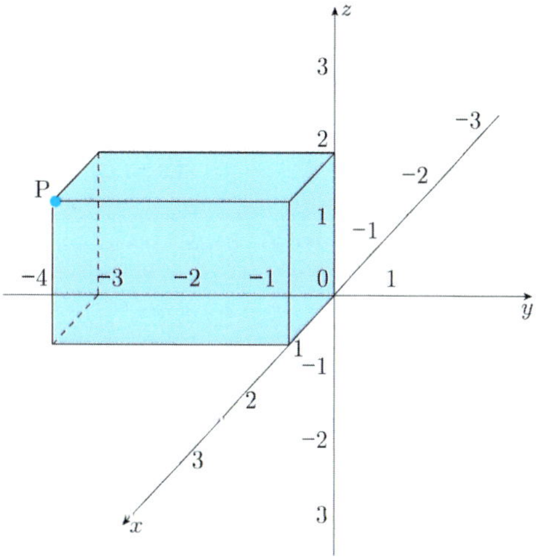

그림 8.3 ■

3차원 좌표공간에서 두 점 $P_1(x_1, y_1, z_1)$와 $P_2(x_2, y_2, z_2)$ 사이의 거리 $|P_1P_2|$는 다음과 같이 주어진다.

$$|P_1P_2| = \sqrt{(x_1 - x_2)^2 + (y_1 - y_2)^2 + (z_1 - z_2)^2}$$

이 식은 피타고라스의 정리로부터 유도될 수 있다.

예제 8.1.2 두 점 $P_1(7, 3, 4)$와 $P_2(2, -2, 5)$ 사이의 거리를 구하여라.

풀이

$$|P_1P_2| = \sqrt{(7-2)^2 + (3-(-2))^2 + (4-5)^2} = \sqrt{51}$$

■

좌표공간 $\mathbb{R}^3$에서 좌표 x, y, z으로 이루어진 방정식을 만족하는 집합은 공간의 특정 도형을 나타낸다. 예를 들면, 한 점 $P_0(x_0, y_0, z_0)$으로부터 일정한 거리 $r>0$에 있는 점들의 집합

$$\{(x,y,z)\in\mathbb{R}^3 \mid \sqrt{(x-x_0)^2+(y-y_0)^2+(z-z_0)^2}=r\}$$

은 중심이 P_0이고 반지름이 r인 구면(sphere)을 나타낸다. 이때, 방정식

$$\sqrt{(x-x_0)^2+(y-y_0)^2+(z-z_0)^2}=r$$

은

$$(x-x_0)^2+(y-y_0)^2+(z-z_0)^2=r^2$$

과 같다. 이 식

$$(x-x_0)^2+(y-y_0)^2+(z-z_0)^2=r^2$$

을 구면의 방정식이라 한다.

예제 8.1.3 방정식 $x^2+y^2+z^2-6x+4y+2z=2$가 나타내는 도형이 무엇인지 알아보아라.

풀이 이 식을 완전제곱식으로 변형하면

$$(x-3)^2+(y+2)^2+(z+1)^2=4^2$$

그러므로 이 식은 중심의 좌표가 $(3,-2,-1)$이고 반지름이 4인 구면을 나타낸다. ■

3차원 공간에서 중요한 도형 중의 하나는 평면이다. 그 중에서도 다음은 가장 간단한 식으로 주어지는 평면이다.

$$\begin{aligned} xy\text{평면}&: z=0 \\ yz\text{평면}&: x=0 \\ zx\text{평면}&: y=0 \end{aligned}$$

이러한 평면을 좌표평면(coordinate plane)이라 한다. 좌표평면의 관점에서 보면 좌표가 모두 양수인 점 P의 x좌표는 P와 yz평면의 거리이고 y좌표는 P와 zx평면의 거리, z좌표는 P와 xy평면의 거리이다.

예제 8.1.4 yz평면과의 거리가 3, zx평면과의 거리가 2인 점들의 집합이 어떤 도형인지 알아보아라.

풀이 점 P의 좌표를 (x,y,z)라 하면, $x=\pm 3$, $y=\pm 2$이므로 다음의 네 직선으로 이루어진 도형이다.

$$\{(3,2,t)\,|\,t\in\mathrm{R}\},\ \{(3,-2,t)\,|\,t\in\mathrm{R}\},$$
$$\{(-3,2,t)\,|\,t\in\mathrm{R}\},\ \{(-3,-2,t)\,|\,t\in\mathrm{R}\}$$

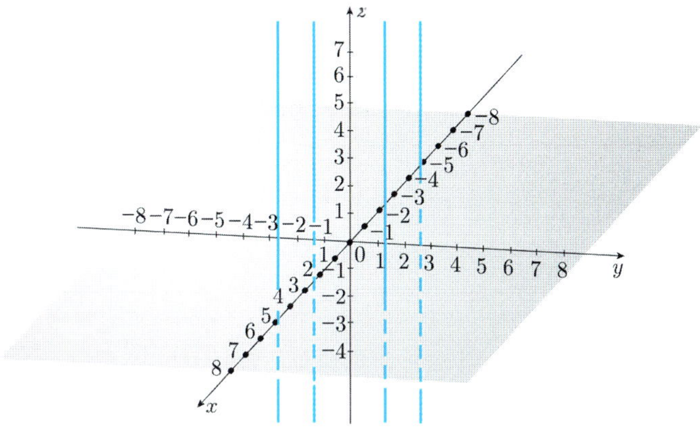

그림 8.4

■

8.1 연습문제

(1~4) 다음 점을 좌표공간에 표시하여라.

01 $\mathrm{A}(-1,0,3)$

02 $\mathrm{B}(2,1,-3)$

03 $\mathrm{C}(5,-2,-4)$

04 $\mathrm{D}(0,-2,3)$

(5~6) 다음 두 점 사이의 거리를 구하여라.

05 $\mathrm{A}(1,0,-2)$, $\mathrm{B}(4,3,1)$

06 $\mathrm{A}(2,1,2)$, $\mathrm{B}(3,7,-1)$

(7~12) 다음 집합 또는 도형의 방정식을 구하여라.

07 중심이 $\mathrm{C}(1,3,2)$이고 반지름이 5인 구면

08 중심이 $\mathrm{C}(1,3,2)$이고 원점을 지나는 구면

09 중심이 $\mathrm{C}(1,3,2)$이고 점 $\mathrm{P}(-2,0,4)$를 지나는 구면

10 두 점 $\mathrm{A}(2,1,-3)$, $\mathrm{B}(4,-3,5)$를 지나고, 중심이 직선 $\overleftrightarrow{\mathrm{AB}}$ 위에 있는 구면

11 xy평면으로부터 거리가 3인 점들의 집합

12 z축으로부터 거리가 2인 점들의 집합

(13~16) 다음 방정식을 만족시키는 집합이 어떤 도형인지 알아보아라.

13 $x=5$

14 $y^2=4$

15 $x^2+z^2=4$

16 $x^2+z^2=4,\ y=3$

17 점 $\mathrm{P}(a,b,c)$와 다음 도형 사이의 거리를 구하여라.

(1) xy평면

(2) xz평면

(3) yz평면

(4) x축

(5) y축

(6) z축

18 두 점 $\mathrm{A}(-1,3,4)$, $\mathrm{B}(5,-7,2)$로부터 같은 거리에 있는 점들의 방정식을 구하여라.

8.2 벡터의 정의와 연산

벡터의 정의

벡터의 정의에는 기하학적 정의와 대수적 정의가 있다. 이것은 마치 기하학적 공간 E^3이 대수적 집합 R^3에 대응되는 것과 비슷한 관계를 가지고 있다. 우선 벡터에 대한 기하학적 정의를 살펴보자.

공간의 두 점 A, B에 대하여 선분(segment) $\overline{AB}$는 두 점 A, B와 두 점 사이의 점들의 집합이고, 유향선분(directed segment) $\overrightarrow{AB}$는 A에서 B로의 방향이 있는 선분을 말한다. 선분 $\overline{AB}$와 유향선분 $\overrightarrow{AB}$의 길이 $|\overline{AB}|$, $|\overrightarrow{AB}|$는 두 점 A, B 사이의 거리이다.

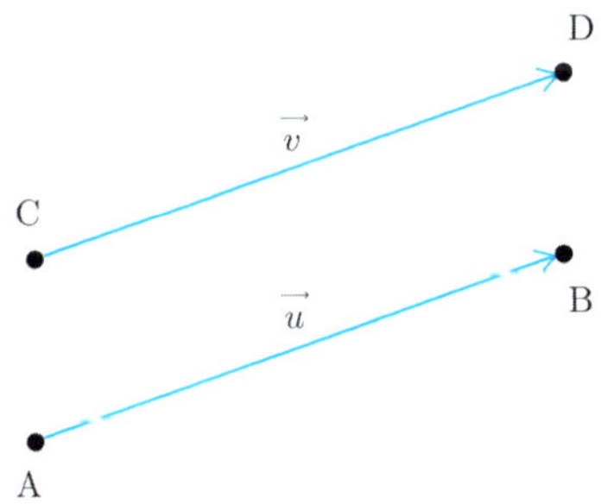

그림 8.5

유향선분 $\overrightarrow{AB}$에 대하여 점 A를 시점(initial point), 점 B를 종점(terminal point)이라고 한다. 유향선분을 벡터(vector)라고도 하는데, 두 유향선분 $\overrightarrow{AB}$와 $\overrightarrow{CD}$가 평행하고 길이가 같을 때, 즉

$$\overrightarrow{AB} // \overrightarrow{CD}, \ |\overrightarrow{AB}| = |\overrightarrow{CD}|$$

일 때, $\vec{u} = \overrightarrow{AB}$와 $\vec{v} = \overrightarrow{CD}$는 벡터로서 동치(equivalent as vectors)라 하고 $\vec{u} = \vec{v}$로 표시한다. 즉, 두 유향선분 $\vec{u}, \vec{v}$는 벡터로서 같다는 것이다.

벡터의 연산

벡터의 합(sum)

두 벡터 $\vec{u} = \overrightarrow{AB}$, $\vec{v} = \overrightarrow{BC}$에 대하여 $\vec{u} + \vec{v} = \overrightarrow{AC}$로 정의된다. 즉, $\vec{u}$의 종점과 $\vec{v}$의 시점이 같으면 벡터 $\vec{u} + \vec{v}$의 시점은 $\vec{u}$의 시점, 종점은 $\vec{v}$의 종점이 된다. 이것은 벡터로 어떤 입자의 움직임을 표현할 때, 점 A에서 점 B로 이동하고, 이어서 점 B에서 점 C로 이동하는 것은 점 A에서 직접 점 C로 이동하는 것과 같다는 것이다.

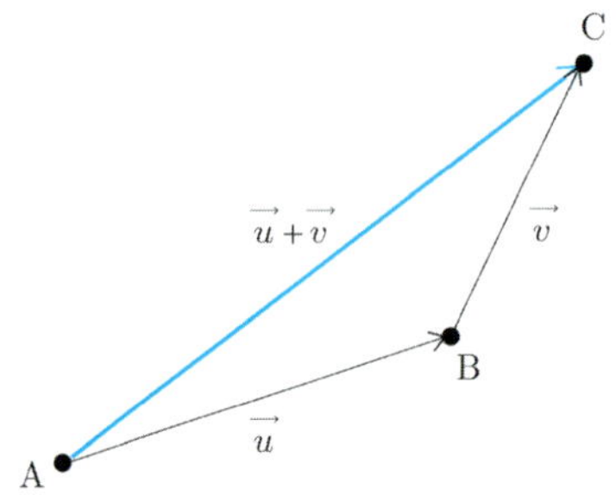

그림 8.6

일반적으로 두 벡터 $\vec{u} = \overrightarrow{AB}$, $\vec{v} = \overrightarrow{CD}$에 대하여 $\vec{v'} = \overrightarrow{BD'}$을 시점이 점 B와 일치하고 $\vec{v}$와 동치인 벡터라 하면 두 벡터의 합(sum)은

$$\vec{u} + \vec{v} = \vec{u} + \vec{v'} = \overrightarrow{AD'}$$

으로 정의된다.

벡터 중에서 길이가 0인 벡터를 영벡터(zero vector) $\vec{0}$라고 한다. 영벡터는

$$\vec{0} = \overrightarrow{AA} = \overrightarrow{BB}$$

등으로 표현되며, 벡터의 덧셈에 대한 항등원이다.

$$\overrightarrow{AB} + \overrightarrow{BB} = \overrightarrow{AA} + \overrightarrow{AB} = \overrightarrow{AB}$$
$$\vec{v} + \vec{0} = \vec{0} + \vec{v} = \vec{v}$$

벡터 $\vec{v}$에 대하여 $\vec{v} + \vec{w} = \vec{0}$을 만족시키는 벡터 $\vec{w}$를 $\vec{v}$의 덧셈에 대한 역원이라 하고, $\vec{w} = -\vec{v}$라 표현한다. 예를 들면, $\overrightarrow{BA} = -\overrightarrow{AB}$이다. 즉, $-\vec{v}$는 $\vec{v}$와 길이가 같고 방향이 반대인 벡터이다.

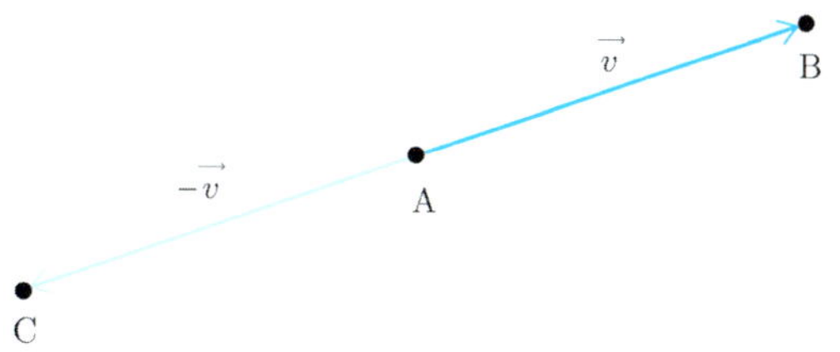

그림 8.7

두 벡터 $\vec{u}, \vec{v}$의 차(difference)는 다음과 같이 정의된다.

$$\vec{u} - \vec{v} = \vec{u} + (-\vec{v})$$

그림 8.8에서

$$\vec{a} = \vec{b} = -\vec{v}$$

$$\vec{u} - \vec{v} = \vec{u} + (-\vec{v}) = \vec{u} + \vec{b} = \vec{c} = \vec{w}$$

이다. 즉, $\overrightarrow{AB} - \overrightarrow{AC} = \overrightarrow{CB}$ 이다.

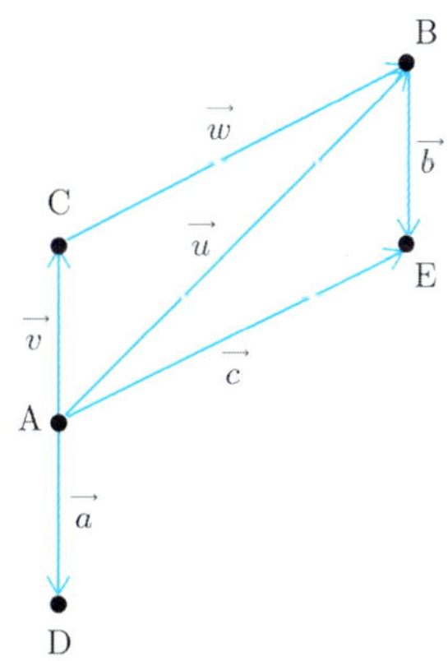

그림 8.8

스칼라배(scalar multiplication)

실수(스칼라, scalar) k에 대하여 벡터 $\vec{v}$의 스칼라배 $\vec{w} = k\vec{v}$는 길이가 $|k| \cdot |\vec{v}|$인 벡터로서 $k > 0$일 때는 방향이 $\vec{v}$와 같고, $k < 0$일 때는 방향이 $-\vec{v}$와 같은 벡터이며 $k = 0$ 또는 $\vec{v} = \vec{0}$이면 $k\vec{v} = \vec{0}$이다. 이때, $k\vec{v}$를 $\vec{v}$의 k 스칼라배(scalar multiple)라고 한다.

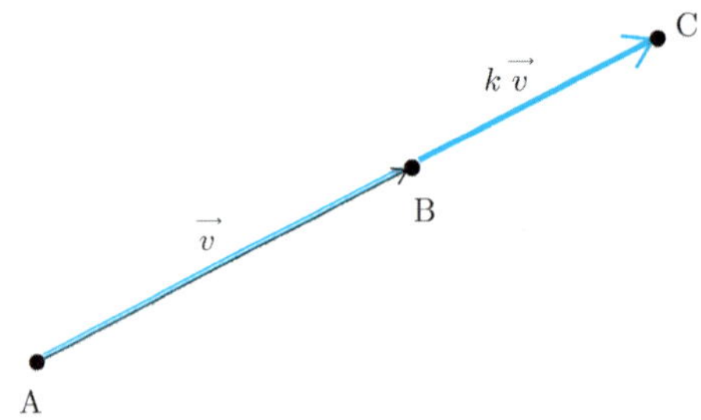

그림 8.9 $(k>0)$ 경우

벡터의 좌표 표현과 연산

공간에 직교좌표를 도입하면 벡터를 성분으로 표현할 수 있다. 예를 들면, 2차원 공간의 벡터는 2개의 성분, 3차원 공간의 벡터는 3개의 성분으로 표현된다.

2차원 벡터

직교좌표가 주어진 2차원 공간의 두 점 $A(a_1, a_2)$, $B(b_1, b_2)$에 대하여 벡터 $\vec{v} = \overrightarrow{AB}$는

$$\vec{v} = (v_1, v_2) = (b_1 - a_1, b_2 - a_2)$$

로 표현된다.

두 벡터 $\vec{u} = (u_1, u_2)$, $\vec{v} = (v_1, v_2)$와 스칼라 k에 대하여 벡터합, 덧셈의 역원, 차, 스칼라배는 다음과 같이 주어진다.

$$\begin{aligned} \vec{u} + \vec{v} &= (u_1 + v_1, u_2 + v_2) \\ -\vec{v} &= (-v_1, -v_2) \\ \vec{u} - \vec{v} &= (u_1 - v_1, u_2 - v_2) \\ k\vec{v} &= (kv_1, kv_2) \end{aligned}$$

예제 8.2.1 두 벡터 $\vec{u} = (1,2)$, $\vec{v} = (-3,4)$에 대하여 $\vec{u} + \vec{v}$, $-\vec{v}$, $\vec{u} - \vec{v}$, $2\vec{u}$를 구하여라.

풀이

$$\begin{aligned} \vec{u} + \vec{v} &= (1-3, 2+4) = (-2, 6) \\ -\vec{v} &= (3, -4) \\ \vec{u} - \vec{v} &= (4, -2) \\ 2\vec{u} &= (2, 4) \end{aligned}$$

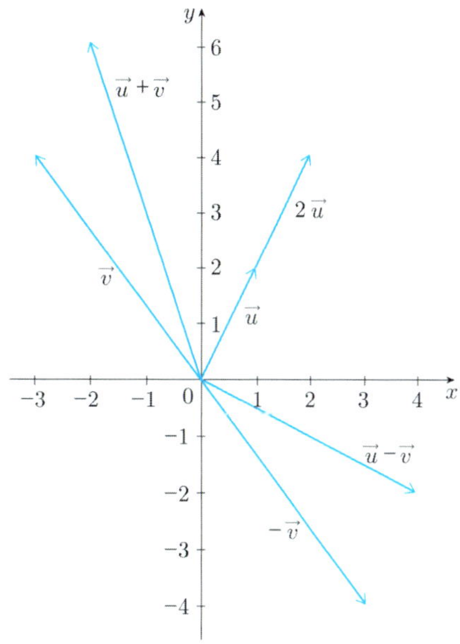

그림 8.10 ■

3차원 벡터

3차원 벡터도 2차원 벡터와 비슷한 방식으로 좌표 표현을 할 수 있다. 직교좌표가 주어진 3차원 공간의 두 점 $\mathrm{A}(a_1, a_2, a_3)$, $\mathrm{B}(b_1, b_2, b_3)$에 대하여 벡터 $\vec{v} = \overrightarrow{\mathrm{AB}}$는

$$\vec{v} = (v_1, v_2, v_3) = (b_1 - a_1, b_2 - a_2, b_3 - a_3)$$

로 표현된다.

두 벡터 $\vec{u} = (u_1, u_2, u_3)$, $\vec{v} = (v_1, v_2, v_3)$와 스칼라 k에 대하여 벡터합, 덧셈의 역원, 차, 스칼라배는 다음과 같이 주어진다.

$$\begin{aligned} \vec{u} + \vec{v} &= (u_1 + v_1, u_2 + v_2, u_3 + v_3) \\ -\vec{v} &= (-v_1, -v_2, -v_3) \\ \vec{u} - \vec{v} &= (u_1 - v_1, u_2 - v_2, u_3 - v_3) \\ k\vec{v} &= (kv_1, kv_2, kv_3) \end{aligned}$$

예제 8.2.2 두 벡터 $\vec{u} = (-2, 5, 3)$, $\vec{v} = (2, -1, 4)$에 대하여 $\vec{u} + \vec{v}$, $-\vec{v}$, $\vec{u} - \vec{v}$, $\frac{1}{2}\vec{v}$를 구하여라.

풀이

$$\vec{u}+\vec{v}=(0,4,7)$$
$$-\vec{v}=(-2,1,-4)$$
$$\vec{u}-\vec{v}=(-4,6,-1)$$
$$\frac{1}{2}\vec{v}=\left(1,-\frac{1}{2},2\right)$$

■

벡터 연산의 성질

벡터의 두 가지 연산(벡터합과 스칼라배)는 다음 성질을 만족시키는데, 이 성질들은 추상적으로 일반적인 벡터공간을 정의할 때 이용되기도 한다.

정리 8.1 벡터 연산의 성질

2차원 또는 3차원 벡터 $\vec{u}$, $\vec{v}$, $\vec{w}$와 스칼라(실수) k, l에 대하여 다음 관계가 성립한다.

(1) $\vec{u}+\vec{v}=\vec{v}+\vec{u}$ (대칭성)

(2) $(\vec{u}+\vec{v})+\vec{w}=\vec{u}+(\vec{v}+\vec{w})$ (결합법칙)

(3) $\vec{v}+\vec{0}=\vec{0}+\vec{v}=\vec{0}$ (덧셈의 항등원)

(4) $\vec{v}+(-\vec{v})=\vec{0}$ (덧셈의 역원)

(5) $k(l\vec{v})=(kl)\vec{v}$ (스칼라배의 결합법칙)

(6) $k(\vec{u}+\vec{v})=k\vec{u}+k\vec{v}$ (배분법칙)

(7) $(k+l)\vec{v}=k\vec{v}+l\vec{v}$ (배분법칙)

(8) $1\vec{v}=\vec{v}$

증명

위 관계에 대한 증명은 좌표를 이용하는 대수적 방법, 그림을 이용하는 기하학적 방법 등으로 증명할 수 있다. 예를 들면, (1)의 경우 두 벡터의 합은 각 좌표의 합이고, 실수의 교환법칙이 성립하므로 $\vec{u}+\vec{v}$와 $\vec{v}+\vec{u}$의 각 성분이 같다(대수적 방법). 기하학적으로 두 벡터의 합은 두 벡터가 이루는 평행사변형의 대각선 방향 벡터이므로 $\vec{u}+\vec{v}=\vec{v}+\vec{u}$이다(기하학적 방법). 나머지 관계도 두 가지 방법으로 증명할 수 있지만, 대수적 방법이 보다 쉽게 사용될 수 있다.

평행이동(parallel translation)

벡터를 이용하여 점의 이동을 표현할 수 있다. 예를 들면 3차원 좌표공간의 점 $\mathrm{P}(x,y,z)$와 3차원 벡터 $\vec{v}=(a,b,c)$에 대하여, P를 $\vec{v}$만큼 평행이동한 점 $\mathrm{P}'(x',y',z')$의 좌표는

$$x'=x+a,\ y'=y+b,\ z'=z+c$$

로 주어지고, $\mathrm{P}'=\mathrm{P}+\vec{v}$로 표현한다.

정리 8.2 평행이동의 순서

임의의 점 P와 임의의 두 벡터 $\vec{u}, \vec{v}$에 대하여 다음이 성립한다.

$$(\mathrm{P}+\vec{u})+\vec{v}=\mathrm{P}+(\vec{u}+\vec{v})=(\mathrm{P}+\vec{v})+\vec{u}$$

즉, 두 개의 벡터에 의한 평행이동이 있을 때, 그 순서는 결과에 영향을 미치지 않는다.

증명

$\mathrm{P}(x,y,z)$, $\vec{u}=(u_1,u_2,u_3)$, $\vec{v}=(v_1,v_2,v_3)$라 하면

$$\begin{aligned}(\mathrm{P}+\vec{u})+\vec{v}&=((x+u_1)+v_1,(y+u_2)+v_2,(z+u_3)+v_3)\\&=(x+(u_1+v_1),y+(u_2+v_2),z+(u_3+v_3))\\&=\mathrm{P}+(\overrightarrow{u+v})\\&=\mathrm{P}+(\overrightarrow{v+u})\\&=(\overrightarrow{\mathrm{P}+v})+\vec{u}\end{aligned}$$

예제 8.2.3 벡터 $\vec{v}=(a,b,c)$의 길이를 구하여라.

풀이 원점 $\mathrm{O}(0,0,0)$에 대하여 $\mathrm{P}=\mathrm{O}+\vec{v}$라 하면 P의 좌표는 (x,y,z)는

$$(x,y,z)=(0,0,0)+(a,b,c)=(a,b,c)$$

그러므로 $|\vec{v}|=|\overline{\mathrm{OP}}|=\sqrt{a^2+b^2+c^2}$ 이다. ■

점 P에 대하여 $\mathrm{P}=\mathrm{O}+\vec{v}$인 벡터 $\vec{v}=\overrightarrow{\mathrm{OP}}$를 P의 위치벡터(position vector)라고 한다.

벡터 공간(vector space)

일정한 형태의 벡터들의 집합을 벡터공간이라고 한다. 예를 들면, 2차원 벡터들의 집합을 2차원 벡터공간, 3차원 벡터들의 집합을 3차원 벡터공간이라 한다. 2차원 벡터공간은 R^2, 3차원 벡터공간은 R^3와 같다. 각 벡터공간에는 덧셈과 스칼라배, 두 가지 연산이 정의되고, 정리 8.1의 성질이 성립한다.

벡터에 대한 대수적 정의는 벡터공간에 대한 정의에서 시작한다. 그런데 벡터공간에 대한 일반적인 정의는 이 책의 범위를 넘어가므로, 여기서는 실수 위에서의 n차원 벡터공간에 대해서만 소개한다.

정의 8.1 벡터공간

다음과 같이 덧셈과 스칼라배가 정의된 집합 $\mathrm{R}^n\,(n \geq 1)$을 n차원 벡터공간(vector space)이라 한다.

임의의 순서쌍 $(x_1, x_2, \cdots, x_n)$, $(y_1, y_2, \cdots, y_n) \in \mathrm{R}^n$와 실수 $a \in \mathrm{R}$에 대하여

(1) $(x_1, x_2, \cdots, x_n) + (y_1, y_2, \cdots, y_n) = (x_1 + y_1, x_2 + y_2, \cdots, x_n + y_n)$ (덧셈, sum)

(2) $a(x_1, x_2, \cdots, x_n) = (ax_1, ax_2, \cdots, ax_n)$ (스칼라배, scalar multiplication)

그리고 벡터공간의 원소를 벡터(vector)라고 한다.

8.2 연습문제

(1~4) 다음 그림에서 점 E가 평행사변형 ACGH의 두 대각선의 교점이고, ABEF, BCDE가 평행사변형일 때, 다음 물음에 답하여라.

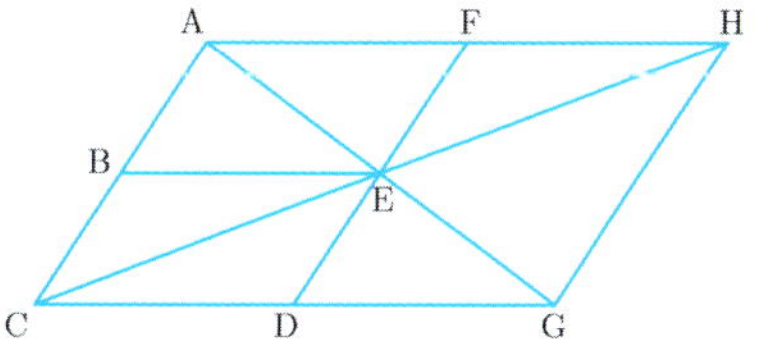

01 벡터 $\overrightarrow{AB}$와 같은 벡터를 모두 찾아보아라.

02 벡터 $\overrightarrow{CE}$와 같은 벡터를 모두 찾아보아라.

03 벡터 $\overrightarrow{BC}+\overrightarrow{DG}$와 같은 벡터를 모두 찾아보아라.

04 벡터 $\overrightarrow{CD}-2\overrightarrow{EF}$와 같은 벡터를 모두 찾아보아라.

(5~6) 두 점 A, B에 대하여 원점을 시점으로 하는 벡터 $\overrightarrow{AB}$의 좌표를 구하고 좌표공간에 그려 보아라.

05 A$(1,2)$, B$(4,-3)$

06 A$(2,1,4)$, B$(5,-2,3)$

(7~10) $\overrightarrow{e_1}=(1,0,0)$, $\overrightarrow{e_2}=(0,1,0)$, $\overrightarrow{e_3}=(0,0,1)$라 할 때, 다음 벡터 $\vec{u}$, $\vec{v}$에 대하여 $\vec{u}+\vec{v}$, $2\vec{u}-3\vec{v}$, $|\vec{u}-\vec{v}|$를 구하여라.

07 $\vec{u}=(2,1)$, $\vec{v}=(4,-1)$

08 $\vec{u}=(7,5,2)$, $\vec{v}=(3,1,-2)$

09 $\vec{u}=4\overrightarrow{e_1}+2\overrightarrow{e_2}-3\overrightarrow{e_3}$, $\vec{v}=6\overrightarrow{e_2}+2\overrightarrow{e_3}$

10 $\vec{u}=3\overrightarrow{e_1}+7\overrightarrow{e_3}$, $\vec{v}=8\overrightarrow{e_1}-\overrightarrow{e_2}-\overrightarrow{e_3}$

(11~12) 점 P를 점 Q로 평행이동 시키는 벡터 $\vec{v}$를 구하여라.

11 P$(12,3)$, Q$(1,6)$

12 P$(5,9,1)$, Q$(2,4,6)$

13 벡터에 대한 기하적 정의와 대수적 정의가 어떤 관계가 있는지 알아보아라.

8.3 벡터의 내적

두 벡터를 곱하는 방법으로서 벡터의 내적(inner produce)이 있다. 2차원 벡터 또는 3차원 벡터에 대한 내적은 비슷하게 정의되므로 여기서는 주로 3차원 벡터에 대하여 소개한다.

정의 8.2 벡터의 내적

두 벡터 $\vec{u} = (u_1, u_2, u_3)$, $\vec{v} = (v_1, v_2, v_3)$에 대하여 내적(inner product) $\vec{u} \cdot \vec{v}$는 다음과 같이 정의된다.

$$\vec{u} \cdot \vec{v} = u_1 v_1 + u_2 v_2 + u_3 v_3$$

즉, 두 벡터의 대응되는 성분을 곱하고 모두 더한 것이 내적이다. 여기서 내적이 점 ・으로 표시되므로 점곱(dot product)이라고도 하고, 내적의 결과가 스칼라로 주어지므로 스칼라곱(scalar product)이라고도 한다.

벡터의 길이는 내적으로 표현될 수 있다.

$$|\vec{v}| = (\vec{v} \cdot \vec{v})^{\frac{1}{2}}$$

이와 같이 내적이 정의되면 내적으로부터 벡터의 길이를 계산할 수 있다. 벡터의 길이(length) $|\vec{v}|$를 $\vec{v}$의 노름(norm)이라고도 한다. 노름이 1인 벡터를 단위벡터(unit vector)라고 한다.

다음 정리는 내적의 기하학적 의미를 나타낸다.

정리 8.3 내적의 기하적 표현

$\vec{0}$이 아닌 두 벡터 $\vec{u}$와 $\vec{v}$ 사이의 각을 θ라 하면 다음이 성립한다.

$$\vec{u} \cdot \vec{v} = |\vec{u}|\,|\vec{v}| \cos\theta$$

증명

다음 그림과 같이 $\vec{w} = \vec{u} - \vec{v}$라 하면, 코사인법칙에 의하여

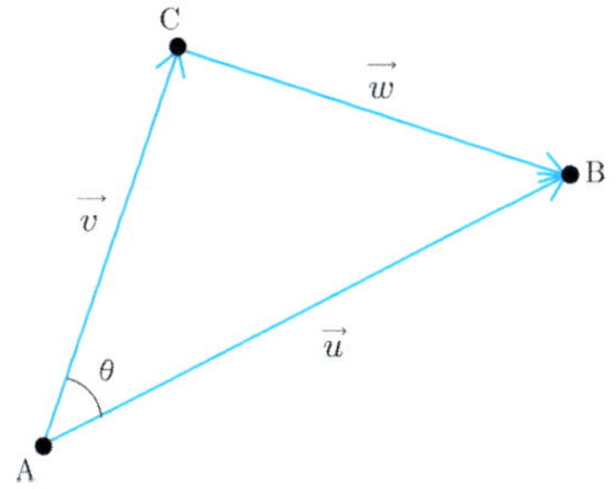

그림 8.11

$$|\vec{w}|^2 = |\vec{u}|^2 + |\vec{v}|^2 - 2|\vec{u}||\vec{v}|\cos\theta$$

이다. 따라서

$$(\vec{u} - \vec{v}) \cdot (\vec{u} - \vec{v}) = \vec{u} \cdot \vec{u} + \vec{v} \cdot \vec{v} - 2|\vec{u}||\vec{v}|\cos\theta$$

위 식을 정리하면,

$$-2\vec{u} \cdot \vec{v} = -2|\vec{u}||\vec{v}|\cos\theta$$

그러므로 $\vec{u} \cdot \vec{v} = |\vec{u}||\vec{v}|\cos\theta$이다.

정리 8.3의 왼쪽은 대수적인 식, 오른쪽은 기하적인 식이다. 왜냐하면, 왼쪽은 대수적 연산(곱셈, 덧셈)으로 주어져 있고, 오른쪽은 벡터의 길이, 사잇각 등으로 표현되기 때문이다. 이 식을 이용하면 내적으로부터 두 벡터의 사잇각을 구할 수 있다.

정리 8.4 사잇각의 공식

$\vec{0}$이 아닌 두 벡터 $\vec{u}$와 $\vec{v}$ 사이의 각을 θ라 하면

$$\cos\theta = \frac{\vec{u} \cdot \vec{v}}{|\vec{u}| \cdot |\vec{v}|}$$

위 따름정리로부터 $\cos\theta$를 구할 수 있지만 θ를 구하는 것은 쉽지 않다. 그러나 내적의 부호로부터 사잇각의 범위는 알 수 있다.

정리 8.5 내적의 부호와 사잇각의 범위

$\vec{0}$이 아닌 두 벡터 $\vec{u}$, $\vec{v}$와 그 사잇각 $\theta\,(0 \le \theta \le \pi)$에 대하여 다음이 성립한다.

(1) $\vec{u} \cdot \vec{v} > 0$이면 $0 \leq \theta < \dfrac{\pi}{2}$

(2) $\vec{u} \cdot \vec{v} = 0$이면 $\theta = 90^\circ$

(3) $\vec{u} \cdot \vec{v} < 0$이면 $\dfrac{\pi}{2} < \theta \le \pi$

다음 내적의 성질은 내적을 규정하는 성질이기도 하다.

정리 8.6 내적의 성질

세 벡터 $\vec{u}, \vec{v}, \vec{w}$와 스칼라 k에 대하여 다음 관계가 성립한다.

(1) $\vec{u} \cdot \vec{v} = \vec{v} \cdot \vec{u}$ 대칭성(symmetry)

(2) $(k\vec{u}) \cdot \vec{v} = k(\vec{u} \cdot \vec{v})$

$(\vec{u} + \vec{v}) \cdot \vec{w} = \vec{u} \cdot \vec{w} + \vec{v} \cdot \vec{w}$ 선형성(linearity)

(3) $\vec{v} \cdot \vec{v} \ge 0$

$\vec{v} \cdot \vec{v} = 0$이면 $\vec{v} = \vec{0}$이다. 양의 정부호(positive definiteness)

영이 아닌 두 벡터 $\vec{u}$, $\vec{v}$에 대하여 $\vec{u}$를 $\vec{v}$와 같은 방향의 성분과 $\vec{v}$와 수직인 성분으로 나눌 수 있다. $\vec{u}$의 $\vec{v}$ 방향 성분을 $\vec{u}$에서 $\vec{v}$로의 정사영이라 한다.

정의 8.3 정사영

$\vec{0}$이 아닌 두 벡터 $\vec{u}$, $\vec{v}$에 대하여, $\vec{u}$에서 $\vec{v}$로의 정사영(orthogonal projection) $proj_v(\vec{u})$는 다음과 같이 정의된다.

$$proj_v(\vec{u}) = |\vec{u}|\cos\theta \frac{\vec{v}}{|\vec{v}|}$$

정리 8.7 정사영 공식

$$proj_v(\vec{u}) = \left(\frac{\vec{u} \cdot \vec{v}}{\vec{v} \cdot \vec{v}}\right)\vec{v}$$

예제 8.3.1 $\vec{u}=(3,-2,1)$에서 $\vec{e_1}=(1,0,0)$, $\vec{e_2}=(0,1,0)$, $\vec{v}=(1,3,4)$ 위로의 정사영을 각각 구하여라.

풀이

$$proj_{e_1}(\vec{u})=\left(\frac{\vec{u}\cdot\vec{e_1}}{\vec{e_1}\cdot\vec{e_1}}\right)\vec{e_1}=(3,0,0)$$

$$proj_{e_2}(\vec{u})=\left(\frac{\vec{u}\cdot\vec{e_2}}{\vec{e_2}\cdot\vec{e_2}}\right)\vec{e_2}=(0,-2,0)$$

$$proj_{v}(\vec{u})=\left(\frac{\vec{u}\cdot\vec{v}}{\vec{v}\cdot\vec{v}}\right)\vec{v}=\frac{1}{26}(1,3,4)=\left(\frac{1}{26},\frac{3}{26},\frac{2}{13}\right)$$ ■

정리 8.8 정사영에 의한 벡터의 합성

영이 아닌 두 벡터 $\vec{u}$, $\vec{v}$에 대하여 $\vec{w_1}=proj_v(\vec{u})$, $\vec{w_2}=\vec{u}-\vec{w_1}$이라 하면, $\vec{w_1}\parallel\vec{v}$, $\vec{w_2}\perp\vec{v}$이고 $\vec{u}=\vec{w_1}+\vec{w_2}$이다.

증명

$\vec{w_1}=proj_v(\vec{u})=\dfrac{\vec{u}\cdot\vec{v}}{\vec{v}\cdot\vec{v}}\vec{v}$이므로 $\vec{w_1}\parallel\vec{v}$이다.

$\vec{w_2}\cdot\vec{v}=\left(\vec{u}-\dfrac{\vec{u}\cdot\vec{v}}{\vec{v}\cdot\vec{v}}\vec{v}\right)\cdot\vec{v}=0$이므로 $\vec{w_2}\perp\vec{v}$이다.

8.3 연습문제

(1~6) $\overrightarrow{e_1}=(1,0,0)$, $\overrightarrow{e_2}=(0,1,0)$, $\overrightarrow{e_3}=(0,0,1)$라 할 때, 벡터 $\vec{u}$, $\vec{v}$에 대하여 $\vec{u}\cdot\vec{v}$를 구하고 $\vec{u}$, $\vec{v}$의 사잇각 θ에 대한 $\cos\theta$를 구하여라.

01 $\vec{u}=(3,-2)$, $\vec{v}=(4,3)$

02 $\vec{u}=\left(\dfrac{1}{3},4\right)$, $\vec{v}=\left(7,\dfrac{1}{2}\right)$

03 $\vec{u}=(5,4,1)$, $\vec{v}=(1,-5,9)$

04 $\vec{u}=(3t-1,t,1-t)$, $\vec{v}=(-5t,7t,3t+1)$

05 $\vec{u}=2\overrightarrow{e_1}+5\overrightarrow{e_2}-9\overrightarrow{e_3}$, $\vec{v}=\overrightarrow{e_1}+4\overrightarrow{e_2}+6\overrightarrow{e_3}$

06 $\vec{u}=\overrightarrow{e_1}+3\overrightarrow{e_3}$, $\vec{v}=2\overrightarrow{e_2}+6\overrightarrow{e_3}$

(7~8) 세 점 A, B, C가 이루는 삼각형에서 가장 작은 각을 찾아라.

07 $\mathrm{A}(-1,-1)$, $\mathrm{B}(2,3)$, $\mathrm{C}(5,-2)$

08 $\mathrm{A}(1,4,-3)$, $\mathrm{B}(-2,5,1)$, $\mathrm{C}(4,1,2)$

(9~10) 벡터 $\vec{u}$, $\vec{v}$에 대하여 $\vec{u}$의 $\vec{v}$ 위로의 정사영 $proj_v(\vec{u})$를 구하여라.

09 $\vec{u}=(3,2)$, $\vec{v}=(-4,3)$

10 $\vec{u}=(5,4,3)$, $\vec{v}=(1,-3,7)$

11 $\overrightarrow{e_1}=(1,0,0)$, $\overrightarrow{e_2}=(0,1,0)$, $\overrightarrow{e_3}=(0,0,1)$라 할 때, 다음을 증명하여라.

$$\overrightarrow{e_i}\cdot\overrightarrow{e_j}=\begin{cases}1 & (i=j)\\ 0 & (i\neq j)\end{cases}$$

12 두 벡터 $\vec{u}=(1,1,0)$, $\vec{v}=(1,0,1)$과 수직인 단위벡터를 구하여라.

13 벡터 $\vec{u}=(4,-3)$과 60°를 이루는 단위벡터를 구하여라.

8.4 외적

3차원 벡터에 대하여 정의되는 외적은 영이 아닌 두 벡터 모두에게 수직인 벡터를 구할 수 있게 해준다.

정의 8.4 외적

영이 아닌 두 벡터 $\vec{u}=(u_1,u_2,u_3)$, $\vec{v}=(v_1,v_2,v_3)$에 대하여 외적(cross product) $\vec{u}\times\vec{v}$는 다음과 같이 정의된다.

$$\vec{u}\times\vec{v}=(u_2v_3-u_3v_2,\ u_3v_1-u_1v_3,\ u_1v_2-u_2v_3)$$

두 벡터의 외적의 결과가 벡터이므로 외적을 벡터적(vector product)이라고도 한다.

예제 8.4.1 벡터 $\vec{u}=(5,-1,3)$, $\vec{v}=(2,1,-4)$의 외적 $\vec{u}\times\vec{v}$, $\vec{v}\times\vec{u}$을 구하여라.

풀이

$$\vec{u}\times\vec{v}=(4-3,6-(-20),5-(-2))=(1,26,7)$$
$$\vec{v}\times\vec{u}=(3-4,-20-6,-2-5)=(-1,-26,-7)$$ ■

외적의 기하학적 의미를 알아보기 위하여 다음 정리를 살펴보자.

정리 8.9 외적의 성질 1

두 벡터 $\vec{u}$, $\vec{v}$와 그 사잇각 $\theta\,(0\le\theta\le\pi)$에 대하여 다음이 성립한다.

(1) $\vec{u}\cdot(\vec{u}\times\vec{v})=0$, $\vec{v}\cdot(\vec{u}\times\vec{v})=0$

즉, 벡터 $\vec{u}\times\vec{v}$는 $\vec{u}$, $\vec{v}$와 수직이다.

(2) $|\vec{u}\times\vec{v}|=|\vec{u}|\,|\vec{v}|\sin\theta$

즉, 벡터 $\vec{u}\times\vec{v}$의 길이는 두 벡터 $\vec{u}$, $\vec{v}$를 두 변으로 하는 평행사변형의 넓이와 같다.

증명

(1) $\vec{u}\cdot(\vec{u}\times\vec{v})=(u_1,u_2,u_3)\cdot(u_2v_3-u_3v_2,u_3v_1-u_1v_3,u_1v_2-u_2v_3)$

$$=u_1(u_2v_3-u_3v_2)+u_2(u_3v_1-u_1v_3)+u_3(u_1v_2-u_2v_3)$$
$$=0$$

$\vec{v}\cdot(\vec{u}\times\vec{v})=0$도 비슷한 계산으로 증명된다.

(2) $|\vec{u}\times\vec{v}|^2=(u_2v_3-u_3v_2)^2+(u_3v_1-u_1v_3)^2+(u_1v_2-u_2v_3)^2$

$$=(u_1^2+u_2^2+u_3^2)(v_1^2+v_2^2+v_3^2)-(u_1v_1+u_2v_2+u_3v_3)^2$$
$$=|\vec{u}|^2|\vec{v}|^2-(\vec{u}\cdot\vec{v})^2$$
$$=|\vec{u}|^2|\vec{v}|^2-|\vec{u}|^2|\vec{v}|^2\cos^2\theta$$
$$=|\vec{u}|^2|\vec{v}|^2(1-\cos^2\theta)$$
$$=|\vec{u}|^2|\vec{v}|^2\sin^2\theta$$

$0\le\theta\le\pi$일 때 $\sin\theta\ge 0$이므로 $|\vec{u}\times\vec{v}|=|\vec{u}||\vec{v}|\sin\theta$이다.

이 정리에 의하면 외적 $\vec{u}\times\vec{v}$의 길이는 $\vec{u},\vec{v}$가 이루는 평행사변형의 넓이이다. $\vec{u}\times\vec{v}\neq\vec{0}$인 경우 $\vec{u}\times\vec{v}$의 방향은 $\vec{u}$, $\vec{v}$ 모두와 수직인 방향이다. 그런데 $\vec{u}$, $\vec{v}$와 수직인 방향은 두 가지인데 $\vec{u}\times\vec{v}$의 방향은 오른손 법칙에 의하여 결정된다. 즉, 오른손 엄지를 $\vec{u}$ 방향, 검지를 $\vec{v}$ 방향으로 일치시키고 중지를 엄지, 검지와 수직으로 세우면 중지 방향이 $\vec{u}\times\vec{v}$의 방향이다.

정리 8.10 두 벡터의 평행 조건

영이 아닌 두 벡터 $\vec{u},\vec{v}$가 평행일 필요충분조건은 $\vec{u}\times\vec{v}=0$이다.

표준단위벡터

벡터 $\vec{e_1}=(1,0,0)$, $\vec{e_2}=(0,1,0)$, $\vec{e_3}=(0,0,1)$를 3차원 좌표공간의 표준단위벡터(standard unit vector)라고 한다. 임의의 벡터 $\vec{v}=(v_1,v_2,v_3)$는 표준단위벡터의 일차결합으로 표현된다.

$$\vec{v}=v_1\vec{e_1}+v_2\vec{e_2}+v_3\vec{e_3}=\sum_{i=1}^{3}v_i\vec{e_i}$$

한편 표준단위벡터 사이의 외적은 다음과 같다.

$$\vec{e_1} \times \vec{e_1} = \vec{0} \qquad \vec{e_2} \times \vec{e_2} = \vec{0} \qquad \vec{e_3} \times \vec{e_3} = \vec{0}$$
$$\vec{e_1} \times \vec{e_2} = \vec{e_3} \qquad \vec{e_2} \times \vec{e_3} = \vec{e_1} \qquad \vec{e_3} \times \vec{e_1} = \vec{e_2}$$
$$\vec{e_2} \times \vec{e_1} = -\vec{e_3} \qquad \vec{e_3} \times \vec{e_2} = -\vec{e_1} \qquad \vec{e_1} \times \vec{e_3} = -\vec{e_2}$$

다음은 외적의 기본적인 성질을 정리한 것이다.

정리 8.11 외적의 성질 2

3차원 공간의 벡터 $\vec{u}$, $\vec{v}$, $\vec{w}$와 스칼라 k에 대하여 다음이 성립한다.

(1) $\vec{u} \times \vec{v} = -\vec{v} \times \vec{u}$ 반대칭성(anti-symmetry)

(2) $\vec{u} \times (\vec{v} + \vec{w}) = \vec{u} \times \vec{v} + \vec{u} \times \vec{w}$ 선형성(linearity)

$(\vec{u} + \vec{v}) \times \vec{w} = \vec{u} \times \vec{w} + \vec{v} \times \vec{w}$

$k(\vec{u} \times \vec{v}) = (k\vec{u}) \times \vec{v} = \vec{u} \times (k\vec{v})$

(3) $\vec{v} \times \vec{0} = \vec{0} \times \vec{v} = \vec{0}$

(4) $\vec{v} \times \vec{v} = \vec{0}$

예제 8.4.2 공간의 세 점 $\mathrm{P}(1,3,4)$, $\mathrm{Q}(5,2,3)$, $\mathrm{R}(2,5,2)$가 이루는 삼각형의 넓이를 구하여라.

풀이 $\vec{u} = \overrightarrow{\mathrm{PQ}} = (4,-1,-1)$, $\vec{v} = \overrightarrow{\mathrm{PR}} = (1,2,-2)$라 하면 삼각형의 넓이는

$$\frac{1}{2}|\vec{u} \times \vec{v}| = \frac{1}{2}|(4,7,9)| = \frac{\sqrt{146}}{2}$$

이다. ■

8.4 연습문제

(1~2) 벡터 $\vec{u}, \vec{v}$에 대하여 $\vec{u}\times\vec{v}$를 구하고, $\vec{u}\times\vec{v}$가 $\vec{u}, \vec{v}$와 수직임을 보여라.

01 $\vec{u}=(5,4,3),\ \vec{v}=(1,-3,7)$

02 $\vec{u}=2\vec{e_1}+5\vec{e_2}-9\vec{e_3},\ \vec{v}=\vec{e_1}+4\vec{e_2}+6\vec{e_3}$

(3~4) 세 점 A, B, C가 이루는 삼각형의 넓이를 구하여라.

03 $\mathrm{A}(-1,-1),\ \mathrm{B}(2,3),\ \mathrm{C}(5,-2)$

04 $\mathrm{A}(1,4,-3),\ \mathrm{B}(-2,5,1),\ \mathrm{C}(4,1,2)$

(5~6) 세 점 A, B, C가 이루는 평면과 수직인 벡터를 구하여라.

05 $\mathrm{A}(-1,1,4),\ \mathrm{B}(5,2,3),\ \mathrm{C}(1,5,-2)$

06 $\mathrm{A}(1,-2,3),\ \mathrm{B}(2,7,1),\ \mathrm{C}(-3,1,2)$

07 네 점 $\mathrm{A}(2,0),\ \mathrm{B}(1,6),\ \mathrm{C}(-4,-3),\ \mathrm{D}(-1,-4)$에 대하여 사각형 ABCD의 넓이를 구하여라.

08 임의의 벡터 $\vec{u}, \vec{v}$에 대하여 다음 등식이 성립함을 보여라.

$$|\vec{u}\times\vec{v}|^2=|\vec{u}|^2|\vec{v}|^2-(\vec{u}\cdot\vec{v})^2$$

8.5 직선과 평면의 방정식

유클리드공간 E^3에서 두 점을 지나는 직선은 유일하다. 이 직선을 표현하는 방법을 알아보자.

한 점을 지나고 주어진 벡터와 평행한 직선

먼저 점 $P_0(x_0,y_0,z_0)$를 지나고 단위벡터 $\vec{u}=(a,b,c)$와 평행한 직선을 l이라 하고, $X(x,y,z)$를 l 위의 점이라 하자. $s=\vec{u}\cdot\overrightarrow{P_0X}$라 하면 $X=P_0+s\vec{u}$이다.

$$(x,y,z)=(x_0+as,\ y_0+bs,\ z_0+cs),\quad s\in\mathbb{R}$$

일반적으로 점 $P_0(x_0,y_0,z_0)$를 지나고 벡터 $\vec{v}=(a,b,c)$와 평행한 직선의 위의 점 X는 실수 $t\in\mathbb{R}$에 대하여 $X=P_0+t\vec{v}$로 표현된다. 이 식을 직선의 매개방정식(parametric equation)이라 하고, t를 매개변수(parameter)라 한다.

예제 8.5.1 점 $P_0(2,1,3)$을 지나고 벡터 $\vec{v}=(5,-1,2)$와 평행한 직선의 매개방정식을 구하여라.

풀이

$$X(x,y,z),\quad x=2+5t,\ y=1-t,\ z=3+2t$$ ■

두 점을 지나는 직선

두 점 $P_0(x_0,y_0,z_0)$, $P_1(x_1,y_1,z_1)$을 지나는 직선을 l이라 하면, l은

$$\vec{v}=\overrightarrow{P_0P_1}=(x_1-x_0,\ y_1-y_0,\ z_1-z_0)$$

와 평행하다. 따라서 직선 l의 매개방정식은

$$X=P_0+t(P_1-P_0)=(1-t)P_0+tP_1$$
$$x=x_0+t(x_1-x_0)=(1-t)x_0+tx_1$$

$$y = y_0 + t(y_1 - y_0) = (1-t)y_0 + ty_1$$
$$z = z_0 + t(z_1 - z_0) = (1-t)z_0 + tz_1$$

예제 8.5.2 두 점 $\mathrm{P}_0(-1,-1,-1)$, $\mathrm{P}_1(1,1,1)$을 지나는 직선의 식을 구하여라.

풀이 직선 위의 점을 $\mathrm{X} = (x,y,z)$라 하면,

$$\mathrm{X} = (1-t)\mathrm{P}_0 + t\mathrm{P}_1$$
$$x = (1-t)\cdot(-1) + t\cdot 1 = 2t-1$$
$$y = (1-t)\cdot(-1) + t\cdot 1 = 2t-1$$
$$z = (1-t)\cdot(-1) + t\cdot 1 = 2t-1$$

따라서 $\mathrm{X} = (2t-1, 2t-1, 2t-1)$이다. ■

위 예제의 답은 공식에 두 점을 적용한 결과이다. $s = 2t-1$로 치환하면

$$\mathrm{X} = (s,s,s)$$

로 표현될 수 있다. 이와 같이 서로 다른 매개방정식이 같은 직선을 표현할 수 있다.

평면의 방정식

다음은 3차원 공간에서 평면을 특정할 수 있는 조건들이다.

(1) 평면 위의 한 점 P와 평면과 수직인 벡터 $\vec{N}$

(2) 평면 위의 일직선 위에 있지 않은 세 점 P, Q, R

먼저 조건 (1)로부터 평면의 식을 구해보자.

$\mathrm{P}(x_0, y_0, z_0)$, $\vec{n} = (a,b,c)$에 대하여, 평면 위의 임의의 점을 $\mathrm{X}(x,y,z)$라 하면 벡터 $\overrightarrow{\mathrm{PX}}$는 $\vec{n}$과 수직이다. 즉, $\overrightarrow{\mathrm{PX}}\cdot\vec{n} = 0$이다. 역으로 $\overrightarrow{\mathrm{PX}}\cdot\vec{n} = 0$을 만족하는 점 X는 평면 위의 점이다.

$$\overrightarrow{\mathrm{PX}} = (x-x_0, y-y_0, z-z_0)$$

이므로 평면의 방정식은

$$a(x-x_0) + b(y-y_0) + c(z-z_0) = 0$$

이다. 일반적으로 표현하면 평면의 방정식은 다음과 같이 쓸 수 있다.

$$ax+by+cz+d=0 \quad (\text{단, } d=-ax_0-by_0-cz_0)$$

평면의 방정식은 이와 같이 공간의 세 좌표 x, y, z에 대한 일차방정식으로 표현된다. 이때, 변수 x, y, z의 세 계수 a, b, c로 이루어진 벡터 (a, b, c)는 평면에 수직이다. 이 벡터를 법선벡터(normal vector)라고 한다.

한편 평면을 특정하는 두 번째 조건 (2)로부터 평면의 방정식을 구하는 방법을 생각해보자. 외적에 대한 정리들을 이용하면, 영이 아니고 서로 평행이 아닌 두 벡터로부터 두 벡터가 이루는 평면에 수직한 벡터를 구할 수 있다. 즉, 영이 아니고 서로 평행이 아닌 두 벡터 $\vec{u}, \vec{v}$가 이루는 평면에 수직한 벡터는 $\vec{u} \times \vec{v}$이다.

예제 8.5.3 두 벡터 $\vec{u}=(1,1,0)$, $\vec{v}=(0,1,1)$가 이루는 평면의 방정식을 구하여라.

풀이 $\vec{u} \times \vec{v}=(1,-1,1)$는 $\vec{u}, \vec{v}$가 이루는 평면에 수직이다. 그러므로 평면의 방정식은 $x-y+z=0$이다. ■

일직선 위에 있지 않은 세 점 P, Q, R을 지나는 평면을 Π라 하자. $\vec{u}=\overrightarrow{PQ}$, $\vec{v}=\overrightarrow{PR}$, $\vec{n}=\vec{u} \times \vec{v}$라 하면, 평면 Π는 점 P를 지나고 벡터 $\vec{n}$과 수직인 평면이다. 그러므로 (1)번의 해법을 이용하면 평면의 방정식을 구할 수 있다.

예제 8.5.4 공간의 세 점 $\mathrm{P}(1,3,4)$, $\mathrm{Q}(5,2,3)$, $\mathrm{R}(2,5,2)$를 지나는 평면의 방정식을 구하여라.

풀이 $\vec{u}=\overrightarrow{PQ}$, $\vec{v}=\overrightarrow{PR}$라 하면 $\vec{n}=\vec{u} \times \vec{v}$는 평면의 법선벡터이다.

$$\vec{u}=\mathrm{Q}-\mathrm{P}=(4,-1,-1),\ \vec{v}=\mathrm{R}-\mathrm{P}=(1,2,-2)$$
$$\vec{n}=\vec{u} \times \vec{v}=(4,7,9)$$

이므로 평면의 방정식은

$$4(x-1)+7(y-3)+9(z-4)=0$$

즉, $4x+7y+9z=61$이다. ■

직선과 평면의 교점

직선 $\ell : \mathrm{X} = \mathrm{P}_0 + t\vec{v}$와 평면 $\Pi : ax + by + cz = d$의 교점을 생각해보자. $\vec{n} = (a,b,c)$이 평면 Π의 법선벡터이므로 $\vec{v} \perp \vec{n}$이면 직선과 평면은 평행하다. 그러므로 다음 세 가지 경우가 있다.

i) $\vec{v} \cdot \vec{n} = 0$이고 $\mathrm{P}_0 \in \Pi$이면 $\ell \subset \Pi$

ii) $\vec{v} \cdot \vec{n} = 0$이고 $\mathrm{P}_0 \notin \Pi$이면 $\ell \parallel \Pi$이고 교점은 없다.

iii) $\vec{v} \cdot \vec{n} \neq 0$이면 직선 ℓ과 평면 Π는 한 점에서 만난다.

예제 8.5.5 직선 $\ell : \mathrm{X} = \mathrm{P}_0 + t\vec{v}$와 평면 $\Pi : ax + by + cz = d$의 법선벡터 $\vec{n} = (a,b,c)$에 대하여 $\vec{v} \cdot \vec{n} \neq 0$일 때, 직선 ℓ과 평면 Π의 교점을 구하여라.

풀이 X의 위치벡터를 $\vec{r}$, P_0의 위치벡터를 $\vec{r_0}$, $\vec{n} = (a,b,c)$라 하자. 평면의 식을 $(a,b,c) \cdot (x,y,z) = d$로 이해할 수 있으므로, 위 식을 연립으로 풀면

$$\vec{n} \cdot (\vec{r_0} + t\vec{v}) = d$$

그러므로 교점에서 $t = \dfrac{d - \vec{n} \cdot \vec{r_0}}{\vec{n} \cdot \vec{v}}$이다. 따라서 교점은 $\mathrm{P}_0 + \dfrac{d - \vec{n} \cdot \vec{r_0}}{\vec{n} \cdot \vec{v}}\vec{v}$이다. ■

예제 8.5.6 두 점 $\mathrm{P}(1,0,3)$, $\mathrm{Q}(0,2,4)$를 지나는 직선 ℓ과 평면 $\Pi : x + y + z = 8$의 교점을 구하여라.

풀이 두 점 $\mathrm{P}(1,0,3)$, $\mathrm{Q}(0,2,4)$를 지나는 직선 ℓ의 식은

$$\begin{aligned} X(t) &= \mathrm{P} + t\overrightarrow{\mathrm{PQ}} \\ &= (1-t)\mathrm{P} + t\mathrm{Q} \\ &= (1-t, 2t, 3+t) \end{aligned}$$

이다. 이것을 평면의 식에 대입하면,

$$\begin{aligned} (1-t) + 2t + (3+t) &= 8 \\ t &= 2 \end{aligned}$$

이다. 그러므로 교점은

$$X(2) = (-1, 4, 5)$$

이다.

점과 평면의 거리

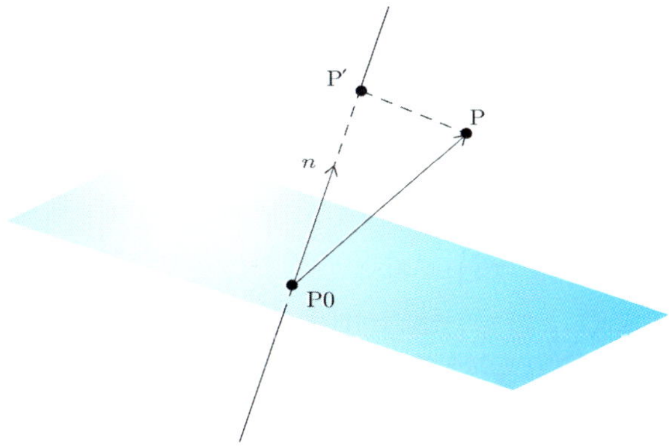

그림 8.12

점 P와 평면 $\Pi : ax+by+cz=d$ 사이의 거리는

$$d(\mathrm{P},\Pi)=\min\{\|\mathrm{P}-\mathrm{X}\|, \mathrm{X}\in\Pi\}$$

이다. 즉 점과 평면 사이의 거리는 그 점과 평면 위의 점의 거리 중에서 가장 짧은 거리이다.

평면 위의 한 점 P_0을 지나고 법선벡터 $\vec{n}=(a,b,c)$와 평행한 직선을 ℓ이라 하고, 점 P에서 직선 ℓ 위로의 수선의 발을 P'이라 하면

$$d(\mathrm{P},\Pi)=d(\mathrm{P}',\mathrm{P}_0)$$

이다. 그러므로

$$d(\mathrm{P},\Pi)=\frac{1}{\|\vec{n}\|}\left|\vec{n}\cdot\overrightarrow{\mathrm{P}_0\mathrm{P}}\right|$$

이다.

예제 8.5.7 평면 $x-y+2z=3$과 점 $\mathrm{P}(3,5,1)$ 사이의 거리를 구하여라.

풀이 $\vec{n}=(1,-1,2)$이 평면의 법선벡터이고, $\mathrm{P}_0(1,0,1)$이 평면 위의 점이므로

$$\overrightarrow{\mathrm{P}_0\mathrm{P}}=(2,5,0),$$

$$d(\mathrm{P},\Pi)=\frac{\vec{n}}{\|\vec{n}\|}\cdot\overrightarrow{\mathrm{P}_0\mathrm{P}}=\frac{1}{\sqrt{1+1+2}}|(1,-1,2)\cdot(2,5,0)|=\frac{3}{2}$$ ■

8.5 연습문제

(1~6) 다음 직선의 매개방정식을 구하여라.

01 점 $A(1,2,3)$을 지나고 벡터 $\vec{v}=(2,1,2)$와 평행한 직선

02 원점과 점 $A(1,2,3)$을 지나는 직선

03 두 점 $A(4,-3,3)$, $B(2,3,1)$을 지나는 직선

04 점 $A(1,2,3)$을 지나고 직선 $X(t)=(1+t, 9-3t, 5)$와 평행한 직선

05 점 $A(3,4,5)$를 지나고 평면 $2x-4y+z=0$과 수직인 직선

06 두 평면 $3x+5y-2z=6$, $6x-4y-z=1$의 교선

(7~12) 다음 평면의 방정식을 구하여라.(단, 두 평면 사이의 각은 두 법선벡터 사이의 각이다.)

07 원점을 지나고 벡터 $\vec{n}=(3,2,7)$과 수직인 평면

08 점 $A(5,2,3)$를 지나고 벡터 $\vec{n}=(3,2,7)$과 수직인 평면

09 점 $A(5,2,3)$를 지나고 평면 $x+y+z=1$과 평행한 평면

10 세 점 $A(1,4,-2)$, $B(2,1,2)$, $C(7,5,1)$을 지나는 평면

11 점 $A(1,5,2)$를 지나고 두 평면 $x+2y-z=4$, $3x-3y+2z=2$와 수직인 평면

12 x절편이 a, y절편이 b, z절편이 c인 평면

(13~14) 다음 교점의 좌표를 구하여라.

13 직선 $X(t)=(1+5t, 2-3t, 3+2t)$와 평면 $x-4y+3z=12$의 교점

14 점 $A(-1,4,3)$을 지나고 평면 $-x+3y+z=6$과 수직인 직선과 평면 $-x+3y+z=6$의 교점

(15~16) 다음 점과 평면의 거리를 구하여라.

15 $(0,0,0)$, $2x-3y+6z=5$

16 $(4,7,3)$, $x+2y-2z=9$

(17~20) 평면 $2x-3y+z=1$은 3차원 공간을 두 영역으로 나눈다. 원점이 속하는 영역을 Ω라 할 때, 다음 중 Ω에 속하는 점을 모두 고르시오.

17 $A(1,2,3)$

18 $B(4,1,1)$

19 $C(3,2,1)$

20 $C(2,1,2)$

제9장

행렬과 선형변환

9.1 행렬의 정의와 연산
9.2 역행렬과 행렬식
9.3 선형변환
9.4 여러 가지 선형변환

이 장에서는 행렬과 선형변환에 대하여 공부한다. 선형변환은 컴퓨터과학을 비롯한 공학과 자연과학, 경영학을 비롯한 사회과학 등에서 가장 많이 사용되는 수학적 도구 중의 하나이다. 선형변환은 많은 경우 행렬로 표현되며 행렬에 정의된 연산과 성질은 선형변환을 이해하는 데 많은 도움을 준다.

9.1 행렬의 정의와 연산

행렬의 정의

아래 표는 어느 가족의 월별 용돈지출을 표로 정리한 것이다.

	엄마	아빠	딸	아들
1월	21	35	25	15
2월	19	30	22	19
3월	25	32	23	22

이 표의 숫자 부분은 위치에 따라서 의미가 있으므로 숫자 부분만 따로 정리하여 표를 나타낼 수 있다.

$$\begin{pmatrix} 21 & 35 & 25 & 15 \\ 19 & 30 & 22 & 19 \\ 25 & 32 & 23 & 22 \end{pmatrix}$$

이처럼 직사각형 형태로 숫자를 나열한 것을 행렬이라 한다.

정의 9.1 행렬

자연수 m, n에 대하여 다음과 같이 mn개의 수를 m개의 행과 n개의 열을 가지는 직사각형 형태로 나열한 것을 $m \times n$ **행렬**(matrix)이라 하고, $m \times n$을 **행렬의 크기**(size)라 한다.

$$\begin{pmatrix} a_{11} & a_{12} & \cdots & a_{1n} \\ a_{21} & a_{22} & \cdots & a_{2n} \\ \vdots & \vdots & \ddots & \vdots \\ a_{m1} & a_{m2} & \cdots & a_{mn} \end{pmatrix}$$

이때, 가로줄을 행(row), 세로줄을 열(column)이라고 한다. 즉, $(a_{11}\ a_{12}\ \cdots\ a_{1n})$을 1행(first row), $(a_{21}\ a_{22}\ \cdots\ a_{2n})$을 2행(second row), $\cdots$, $(a_{m1}\ a_{m2}\ \cdots\ a_{mn})$을 m행(m-th row)이라 하고,
$\begin{pmatrix} a_{11} \\ a_{21} \\ \vdots \\ a_{m1} \end{pmatrix}$을 1열(first column), $\begin{pmatrix} a_{12} \\ a_{22} \\ \vdots \\ a_{m2} \end{pmatrix}$를 2열(second column), $\cdots$, $\begin{pmatrix} a_{1n} \\ a_{2n} \\ \vdots \\ a_{mn} \end{pmatrix}$을 n열(n-th column)이라 한다.

행렬을 다음과 같이 기호를 사용하여 표기하기도 한다.

$$A = \begin{pmatrix} a_{11} & a_{12} & \cdots & a_{1n} \\ a_{21} & a_{22} & \cdots & a_{2n} \\ \vdots & \vdots & \ddots & \vdots \\ a_{m1} & a_{m2} & \cdots & a_{mn} \end{pmatrix}$$

i행 j열의 원소(ij-원소)를 a_{ij}로 표기하면 행렬 A를 다음과 같이 표시할 수도 있다.

$$A = (a_{ij}),\ i = 1, \cdots, m,\ j = 1, \cdots, n$$

이때, i번째 행벡터를 $A_i = (a_{i1}\ a_{i2}\ \cdots\ a_{in})$, j번째 열벡터를 $A^j = \begin{pmatrix} a_{1j} \\ u_{2j} \\ \vdots \\ a_{mj} \end{pmatrix}$로 표기한다.(단, $1 \le i \le m,\ 1 \le j \le n$)

행벡터 또는 열벡터를 이용하면 행렬을 다른 방법으로 나타낼 수 있다.

$$A = \begin{pmatrix} a_{11} & a_{12} & \cdots & a_{1n} \\ a_{21} & a_{22} & \cdots & a_{2n} \\ \vdots & \vdots & \ddots & \vdots \\ a_{m1} & a_{m2} & \cdots & a_{mn} \end{pmatrix} = (A^1\ A^2 \cdots\ A^n) = \begin{pmatrix} A_1 \\ A_2 \\ \vdots \\ A_m \end{pmatrix}$$

정의 9.2 행렬의 상등

두 행렬 $A = (a_{ij})$, $B = (b_{ij})$에 대하여 두 행렬의 행과 열의 개수가 서로 같고, 임의의 i, j에 대하여 $a_{ij} = b_{ij}$일 때, 두 행렬이 같다(equal)고 한다. 즉, $m \times n$행렬 $A = (a_{ij})$와 $p \times q$ 행렬 $B = (b_{ij})$에 대하여

$$A = B \Leftrightarrow m = p,\ n = q,\ a_{ij} = b_{ij}\ \forall i,\ j\ (1 \le i \le m,\ 1 \le j \le n)$$

즉, 같은 크기의 두 행렬의 모든 대응되는 원소가 각각 같으면 두 행렬은 같다.

예제 9.1.1 3×4 행렬 $A = \begin{pmatrix} 1 & 0 & 3 & 4 \\ -5 & 2 & 7 & 6 \\ 10 & 4 & 9 & 3 \end{pmatrix}$에 대하여 행벡터와 열벡터는 다음과 같다.

(1) 행벡터: $A_1 = (1\ 0\ 3\ 4)$, $A_2 = (-5\ 2\ 7\ 6)$, $A_3 = (10\ 4\ 9\ 3)$

(2) 열벡터: $A^1 = \begin{pmatrix} 1 \\ -5 \\ 10 \end{pmatrix}$, $A^2 = \begin{pmatrix} 0 \\ 2 \\ 4 \end{pmatrix}$, $A^3 = \begin{pmatrix} 3 \\ 7 \\ 9 \end{pmatrix}$, $A^4 = \begin{pmatrix} 4 \\ 6 \\ 3 \end{pmatrix}$

예제 9.1.2 행렬 $A = \begin{pmatrix} x & 1 \\ 3 & 5 \end{pmatrix}$, $B = \begin{pmatrix} 7 & 1 \\ 3 & 5 \end{pmatrix}$, $C = \begin{pmatrix} 7 & 1 & y \\ 3 & 5 & z \end{pmatrix}$에 대하여 $x = 7$이면 $A = B$이다. 그러나 어떠한 경우에도 $A \neq C$, $B \neq C$이다. 왜냐하면 C는 A, B와 크기가 다르기 때문이다.

행렬의 연산

행렬의 연산은 스칼라배, 덧셈, 곱셈이 있다.

정의 9.3 행렬의 연산

(1) 스칼라배: 행렬 $A = (a_{ij})$와 스칼라* c에 대하여 cA는 $c\,a_{ij}$를 원소로 하는 행렬이다.

$$cA = (c\,a_{ij})$$

(2) 크기가 같은 두 행렬 $A = (a_{ij})$, $B = (b_{ij})$에 대하여 A, B의 합 $A + B$는 다음 행렬이다.

$$A + B = (a_{ij} + b_{ij})$$

(3) $m \times p$ 행렬 $A = (a_{ik})$와 $p \times n$ 행렬 $B = (b_{kj})$에 대하여 A, B의 곱 AB는 다음 행렬이다.

$$AB = \left(\sum_{k=1}^{p} a_{ik} b_{kj} \right)$$

---

* 스칼라(scalar)에 대한 엄밀한 수학적 정의는 이 책의 범위를 벗어나므로 이 책에서 스칼라는 실수(real number)를 의미하는 것으로 한다.

여기서 주의할 점은 행렬의 덧셈은 두 행렬의 크기가 같을 때 정의되고, 행렬의 곱셈은 A(왼쪽 행렬)의 열의 개수와 B(오른쪽 행렬)의 행의 개수가 같을 때 정의된다는 것이다.

행벡터와 열벡터를 이용하면 행렬곱을 다음과 같이 표현할 수 있다. $AB = C = (c_{ij})$라 하면 $c_{ij} = A_i B^j$이다(단, $1 \le i \le m,\ 1 \le i \le n$). 즉,

$$AB = \left(A_i B^j\right)$$

예제 9.1.3 $\begin{pmatrix} 2 & 1 \\ -3 & 4 \end{pmatrix} + \begin{pmatrix} 0 & 6 \\ 3 & 1 \end{pmatrix} = \begin{pmatrix} 2 & 7 \\ 0 & 5 \end{pmatrix}$,

$$\begin{pmatrix} 1 & 2 & 3 \\ 4 & 5 & 6 \end{pmatrix}\begin{pmatrix} 1 & 2 \\ 3 & 4 \\ 5 & 6 \end{pmatrix} = \begin{pmatrix} 1+\ \ 6+15 & 2+\ \ 8+18 \\ 4+15+30 & 8+20+36 \end{pmatrix} = \begin{pmatrix} 22 & 28 \\ 49 & 64 \end{pmatrix}$$

정의 9.4 영행렬과 단위행렬

(1) 모든 원소가 0인 행렬을 영행렬(zero matrix)이라 한다.

$$O = \begin{pmatrix} 0 & 0 & \cdots & 0 \\ 0 & 0 & \cdots & 0 \\ \vdots & \vdots & & \vdots \\ 0 & 0 & \cdots & 0 \end{pmatrix}$$

(2) 행과 열의 개수가 같은 행렬로서 다음과 같은 행렬을 단위행렬(identity matrix)이라 하고 I로 표기한다.

$$I = \begin{pmatrix} 1 & 0 & \cdots & 0 \\ 0 & 1 & \cdots & 0 \\ \vdots & \vdots & \ddots & \vdots \\ 0 & 0 & \cdots & 1 \end{pmatrix}$$

즉, $I = (\delta_{ij})$, $\delta_{ij} = \begin{cases} 1 & (i = j) \\ 0 & (i \ne j) \end{cases}$

행의 개수가 n인 경우 $I = I_n$으로 표기하기도 한다.

예제 9.1.4 (1) $I_2 = \begin{pmatrix} 1 & 0 \\ 0 & 1 \end{pmatrix}$, $I_3 = \begin{pmatrix} 1 & 0 & 0 \\ 0 & 1 & 0 \\ 0 & 0 & 1 \end{pmatrix}$, $\cdots$

(2) $\begin{pmatrix} 0 & 0 \\ 0 & 0 \end{pmatrix} + \begin{pmatrix} 2 & 1 \\ -3 & 4 \end{pmatrix} = \begin{pmatrix} 2 & 1 \\ -3 & 4 \end{pmatrix} + \begin{pmatrix} 0 & 0 \\ 0 & 0 \end{pmatrix} = \begin{pmatrix} 2 & 1 \\ -3 & 4 \end{pmatrix}$

(3) $\begin{pmatrix} 1 & 2 & 3 \\ 4 & 5 & 6 \end{pmatrix}\begin{pmatrix} 1 & 0 & 0 \\ 0 & 1 & 0 \\ 0 & 0 & 1 \end{pmatrix} = \begin{pmatrix} 1 & 2 & 3 \\ 4 & 5 & 6 \end{pmatrix}$, $\begin{pmatrix} 1 & 0 \\ 0 & 1 \end{pmatrix}\begin{pmatrix} 1 & 2 & 3 \\ 4 & 5 & 6 \end{pmatrix} = \begin{pmatrix} 1 & 2 & 3 \\ 4 & 5 & 6 \end{pmatrix}$

(4) 일반적으로 $AB = BA$는 성립하지 않는다. 예를 들면, $A = \begin{pmatrix} 1 & 3 \\ 0 & 2 \end{pmatrix}$, $B = \begin{pmatrix} 5 & -1 \\ 4 & 3 \end{pmatrix}$에 대하여

$$AB = \begin{pmatrix} 17 & 8 \\ 8 & 6 \end{pmatrix},\ BA = \begin{pmatrix} 5 & 13 \\ 4 & 18 \end{pmatrix},\ AB \neq BA$$

영행렬과 단위행렬은 행렬의 연산에서 중요한 역할을 한다. 즉, 영행렬은 덧셈의 항등원이고, 단위행렬은 곱셈의 항등원이 된다.

행렬의 세 가지 연산(스칼라배, 덧셈, 곱셈)에 대하여 다음과 같은 성질이 성립한다.

정리 9.1 행렬 연산의 성질

임의의 행렬 A, B, C와 스칼라 a, b, c에 대하여 다음식이 성립한다.

(1) $A+B = B+A$

(2) $A+(B+C) = (A+B)+C$

(3) $A(BC) = (AB)C$

(4) $A(B+C) = AB+AC$

(5) $(A+B)C = AC+BC$

(6) $A+O = O+A = A$, $OA = AO = O$

(7) $a(B+C) = aB+aC$

(8) $(a+b)C = aC+bC$

(9) $a(bC) = (ab)C$

(10) $a(BC) = (aB)C = B(aC)$

(11) $(-1)A = -A$

(12) $AI = IA = A$

여러 가지 행렬

정의 9.5 전치행렬

두 행렬 $A = (a_{ij})$, $B = (b_{ij})$에 대하여 $b_{ij} = a_{ji}\ (\forall i,\ j)$일 때, B를 A의 전치행렬 (transpose matrix)이라 하고, $B = A^T$라 쓴다.

$$A^T = B \Leftrightarrow b_{ij} = a_{ji}\ \forall i,\ j$$

전치행렬에서는 원래의 행벡터가 열벡터가 되고, 열벡터가 행벡터가 된다.

예제 9.1.5 $A=\begin{pmatrix} 1 & 0 & 3 & 4 \\ -5 & 2 & 7 & 6 \\ 10 & 4 & 9 & 3 \end{pmatrix}$의 전치행렬은 $A^T=\begin{pmatrix} 1 & -5 & 10 \\ 0 & 2 & 4 \\ 3 & 7 & 9 \\ 4 & 6 & 3 \end{pmatrix}$이다.

정의 9.6 여러 가지 행렬

(1) [정사각행렬] 행의 개수와 열의 개수가 같은 행렬을 정사각행렬(rectangular matrix)이라 한다.

$$\begin{pmatrix} a_{11} & a_{12} & \cdots & a_{1n} \\ a_{21} & a_{22} & \cdots & a_{2n} \\ \vdots & \vdots & \ddots & \vdots \\ a_{n1} & a_{n2} & \cdots & a_{nn} \end{pmatrix}$$

$n\times n$ 행렬을 n차 정사각행렬이라 한다.

(2) [대칭행렬] 임의의 i, j에 대하여 $a_{ij}=a_{ji}$인 n차 정사각행렬 $A=(a_{ij})$를 대칭행렬(symmetric matrix)이라 한다. 즉, 대칭행렬은 주대각선(main diagonal, a_{11}과 a_{nn}을 연결한 선)을 기준으로 대칭인 행렬이다.

$$\begin{pmatrix} a_{11} & a_{12} & \cdots & a_{1n} \\ a_{12} & a_{22} & \cdots & a_{2n} \\ \vdots & \vdots & \ddots & \vdots \\ a_{1n} & a_{2n} & \cdots & a_{nn} \end{pmatrix}$$

(3) [대각행렬] 행렬 $A=(a_{ij})$에 대하여 행 번호와 열 번호가 같은 원소 a_{11}, a_{22}, $\cdots$, a_{ii}, $\cdots$ 를 대각원소(diagonal element)라 한다. 대각원소 이외의 모든 원소가 0인 정사각행렬을 대각행렬(diagonal matrix)이라 한다. 즉, 임의의 서로 다른 $i, j(i\neq j)$에 대하여 $a_{ij}=0$인 정사각행렬 $A=(a_{ij})$는 대각행렬이다. 대각행렬은 다음과 같은 형태이다.

$$\begin{pmatrix} a_{11} & 0 & \cdots & 0 \\ 0 & a_{22} & \cdots & 0 \\ \vdots & \vdots & \ddots & \vdots \\ 0 & 0 & \cdots & a_{nn} \end{pmatrix}$$

이때, 주의할 점은 대각원소가 반드시 0이 아닐 필요는 없다는 것이다. 예를 들면 영행렬도 대각행렬이다.

* M_n을 모든 n차 정사각행렬들의 집합이라 할 때, n차 단위행렬 I_n은 집합 M_n에서 곱셈의 항등원이 된다. 즉, 임의의 $A\in M_n$에 대하여

$$AI_n = I_nA = A$$

일차방정식과 행렬

미지수 x, y에 대한 1차식으로 이루어진 방정식

$$ax + by = c$$

을 일차방정식 또는 선형방정식(linear equation)이라 한다.

일차방정식 $ax + by = c$을 만족하는 x, y의 순서쌍 (x, y)를 방정식의 해(solution)라고 한다. 주어진 방정식의 해를 모두 모으면 해집합이 되는데, 일차방정식의 해집합은

$$\{(x, y) \mid ax + by = c\}$$

이고, xy평면에서 직선을 이룬다.

일반적으로 n개의 미지수 x_1, x_2, $\cdots$, x_n에 대한 일차방정식은 다음과 같이 주어진다.

$$a_1x_1 + a_2x_2 + \cdots + a_nx_n = b$$

예제 9.1.6 다음 일차방정식의 해집합을 그림으로 표시하여라.

(1) $2x + 3y = 6$

(2) $3x + y + 2z = 6$

풀이

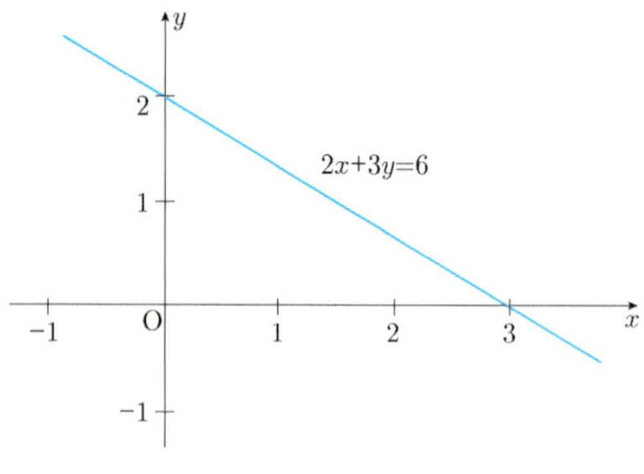

그림 9.1

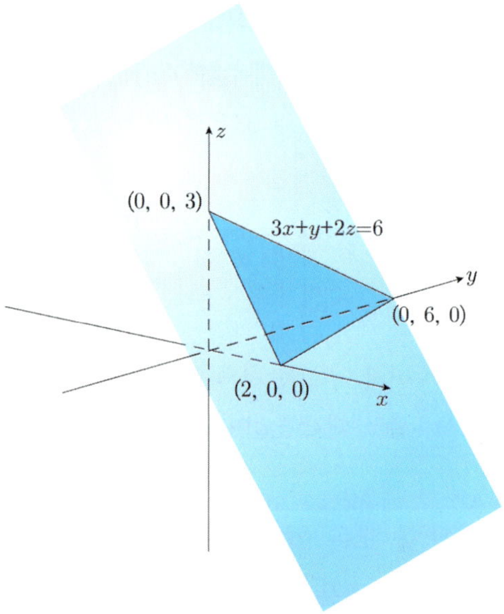

그림 9.2

■

같은 미지수에 대하여 여러 개의 일차방정식이 주어질 때 이 일차방정식들을 **연립 일차방정식**(system of linear equations)이라 한다. 연립방정식(system of equations)에서는 여러 개의 방정식이 미지수를 규정한다. 예를 들면, 미지수 x, y에 대하여 두 개의 일차방정식으로 이루어진 연립 일차방정식은 다음과 같이 주어진다.(단, a, b, c, d, e, f는 실수)

$$\begin{cases} ax+by=e \\ cx+dy=f \end{cases} \qquad (식\ 9.1.1)$$

이때 주어진 일차방정식을 모두 만족시키는 x, y의 순서쌍 (x,y)를 **연립 일차방정식의 해**(solution of the system of linear equations)라 한다.

기하학적으로 미지수가 두 개이고 식이 두 개인 연립 일차방정식의 해는 두 직선 $ax+by=e$, $cx+dy=f$의 교점이다. 두 직선의 기울기가 다르면 두 직선은 한 점에서 만나고, 두 직선의 기울기가 같으면 서로 만나지 않거나 일치한다. 두 직선이 한 점에서 만나면 해가 유일하게 존재하고, 두 직선이 만나지 않으면(평행하면) 해가 없으며, 두 직선이 일치하면 직선 위의 모든 점이 해이다. 이와 같이 두 직선의 위치 관계에 따라서 방정식의 해가 결정된다.

예제 9.1.7 다음 연립 일차방정식의 해를 구하여라.

(1) $\begin{cases} x+y=1 \\ x-y=1 \end{cases}$ (2) $\begin{cases} 2x+3y=1 \\ 4x+6y=3 \end{cases}$ (3) $\begin{cases} 2x+3y=1 \\ 4x+6y=2 \end{cases}$

풀이

(1) 두 식을 더하면 $2x=2$이고, 따라서 $x=1, y=0$이다. 방정식은 유일한 해 $(1,0)$을 가진다.

(2) 첫 번째 식에 2를 곱하면 $\begin{cases} 4x+6y=2 \\ 4x+6y=3 \end{cases}$

두 식을 빼면 $0=1$(모순)이 된다.

그러므로 두 식을 동시에 만족시키는 x,y는 없다. 즉, 해가 없다.

(3) 두 번째 식에 2로 나누면 $\begin{cases} 2x+3y=1 \\ 2x+3y=1 \end{cases}$

그러므로 해집합은 $\{(x,y)\,|\,2x+3y=1\}$이다. 즉, 해가 무수히 많다. ■

일반적으로 n개의 미지수 x_1, x_2, $\cdots$, x_n에 대하여 m개의 일차방정식으로 이루어진 연립 일차방정식은 다음과 같이 주어진다.

$$\begin{cases} a_{11}x_1 + a_{12}x_2 + \cdots + a_{1n}x_n = b_1 \\ a_{21}x_1 + a_{22}x_2 + \cdots + a_{2n}x_n = b_2 \\ \quad\vdots \qquad\qquad \cdots \qquad\quad \vdots \\ a_{m1}x_1 + a_{m2}x_2 + \cdots + a_{mn}x_n = b_m \end{cases} \qquad (식\ 9.1.2)$$

(단, $i=1, \cdots, m$, $j=1, \cdots, n$에 대하여 a_{ij}, b_i는 실수)

예제 9.1.8 다음 연립 일차방정식의 해를 구하여라.

(1) $\begin{cases} x = 0 \\ y - 4z = 0 \\ 3x + y + 2z = 6 \end{cases}$ (2) $\begin{cases} 3x + y + 4z = -5 \\ x - y - 2z = 7 \\ 2x + 3y + z = 4 \end{cases}$ (3) $\begin{cases} 4x + y - 3z = 1 \\ x - y - 2z = 7 \\ 2x + 3y + z = 4 \end{cases}$

풀이 (1) $x = 0,\ y = 4,\ z = 1$

(2) $x = 2,\ y = 1,\ z = -3$

(3) $x - y - 2z = 7$에 2를 곱하여 $2x + 3y + z = 4$와 더하면 $4x + y - 3z = 18$이다. 이것은 첫 번째 식 $4x + y - 3z = 1$과 모순이다. 따라서 해가 존재하지 않는다. ■

연립 일차방정식의 행렬 표현

위의 연립 일차방정식을 행렬을 이용하여 표현할 수 있다. 즉, (식 9.1.1), (식 9.1.2)는 다음과 같이 표현된다.

$$\begin{pmatrix} a & b \\ c & d \end{pmatrix}\begin{pmatrix} x \\ y \end{pmatrix} = \begin{pmatrix} e \\ f \end{pmatrix} \qquad \text{(식 9.1.3)}$$

$$\begin{pmatrix} a_{11} & a_{12} & \cdots & a_{1n} \\ a_{21} & a_{22} & \cdots & a_{2n} \\ \vdots & \vdots & \ddots & \vdots \\ a_{m1} & a_{m2} & \cdots & a_{mn} \end{pmatrix}\begin{pmatrix} x_1 \\ x_2 \\ \vdots \\ x_n \end{pmatrix} = \begin{pmatrix} b_1 \\ b_2 \\ \vdots \\ b_m \end{pmatrix} \qquad \text{(식 9.1.4)}$$

이와 같이 행렬을 이용하여 연립 일차방정식을 표현한 것을 행렬방정식(matrix equation)이라 한다.

$$A = \begin{pmatrix} a_{11} & a_{12} & \cdots & a_{1n} \\ a_{21} & a_{22} & \cdots & a_{2n} \\ \vdots & \vdots & \ddots & \vdots \\ a_{m1} & a_{m2} & \cdots & a_{mn} \end{pmatrix},\ X = \begin{pmatrix} x_1 \\ x_2 \\ \vdots \\ x_n \end{pmatrix},\ B = \begin{pmatrix} b_1 \\ b_2 \\ \vdots \\ b_m \end{pmatrix}$$

이라 하면 (식 9.1.4)는 $AX = B$로 간단히 표현할 수 있다. 이때, $A = (a_{ij})$를 계수행렬(coefficient matrix), $(A|B)$를 확대행렬(augmented matrix)이라 한다.

$$(A|B) = \begin{pmatrix} a_{11} & a_{12} & \cdots & a_{1n} & b_1 \\ a_{21} & a_{22} & \cdots & a_{2n} & b_2 \\ \vdots & \vdots & \ddots & \vdots & \vdots \\ a_{m1} & a_{m2} & \cdots & a_{mn} & b_m \end{pmatrix}$$

연립 일차방정식

$$\begin{cases} a_{11}x_1 + a_{12}x_2 + \cdots + a_{1n}x_n = b_1 \\ a_{21}x_1 + a_{22}x_2 + \cdots + a_{2n}x_n = b_2 \\ \qquad \vdots \qquad\qquad \cdots \qquad\qquad \vdots \\ a_{m1}x_1 + a_{m2}x_2 + \cdots + a_{mn}x_n = b_m \end{cases}$$

의 해를 구할 때는 다음 세 가지 방법을 사용한다.

(1) 두 식의 순서를 바꾼다.

(2) 한 식에 0이 아닌 수를 곱한다.

(3) 한 식에 0이 아닌 수를 곱하여 다른 식에 더한다.

예를 들어 예제 9.1.8의 (2)의 해를 구하는 과정을 살펴보자. 연립 일차방정식

$$\begin{cases} 3x+y+4z=-5 & \text{(i)} \\ x-y-2z=7 & \text{(ii)} \\ 2x+3y+z=4 & \text{(iii)} \end{cases}$$

에 대하여

(a) 식 (i)과 (ii)를 바꾸면

$$\begin{cases} x-y-2z=7 & \text{(ii)} \\ 3x+y+4z=-5 & \text{(i)} \\ 2x+3y+z=4 & \text{(iii)} \end{cases}$$

(b) 식 (ii)에 -3을 곱하여 식 (i)에 더하면

$$\begin{cases} x \quad -y \quad -2z = 7 & \text{(ii)} \\ \qquad 4y+10z=-26 & \text{(iv)} \\ 2x+3y \quad +z = 4 & \text{(iii)} \end{cases}$$

(c) 식 (ii)에 -2를 곱하여 식 (iii)에 더하면

$$\begin{cases} x \quad -y \quad -2z = 7 & \text{(ii)} \\ \qquad 4y+10z=-26 & \text{(iv)} \\ \qquad 5y \quad +5z=-10 & \text{(v)} \end{cases}$$

(d) 식 (v)와 식 (iv)를 바꾸면

$$\begin{cases} x \quad -y \quad -2z = 7 & \text{(ii)} \\ \qquad 5y \quad +5z=-10 & \text{(v)} \\ \qquad 4y+10z=-26 & \text{(iv)} \end{cases}$$

(e) 식 (v)에 $\frac{1}{5}$를 곱하면

$$\begin{cases} x \ - y \ - 2z = 7 & \text{(ii)} \\ \quad y \ + z = -2 & \text{(vi)} \\ \quad 4y + 10z = -26 & \text{(iv)} \end{cases}$$

(f) 식 (vi)에 -4를 곱하여 (iv)에 더하면

$$\begin{cases} x \ - y \ - 2z = 7 & \text{(ii)} \\ \quad y \ + z = -2 & \text{(vi)} \\ \quad\quad 6z = -18 & \text{(iv)} \end{cases}$$

따라서 식 (iv)에 $\frac{1}{3}$을 곱하면 $z=-3$이다. $z=-3$을 식 (vi)에 대입하면 $y=1$, $z=-3$이고 $y=1$을 식 (ii)에 대입하면 $x=2$를 구할 수 있다.

위의 과정에서 주목할 점은 실제 계산이 미지수 x, y, z의 계수와 상수에 대해서만 일어난다는 것이다. 즉, 미지수 x, y, z를 계속해서 쓸 필요 없이 확대행렬에 대한 연산으로 해를 구할 수 있다.

$$\begin{pmatrix} 3 & 1 & 4 & -5 \\ 1 & -1 & -2 & 7 \\ 2 & 3 & 1 & 4 \end{pmatrix}$$

확대행렬에 대한 연산은 다음 세 가지다. 이 연산을 기본 행연산(elementary row operation)이라 한다.

(1) 두 행을 서로 바꾼다(두 행을 교환한다.)

(2) 한 행에 0이 아닌 수를 곱한다.

(3) 한 행에 0이 아닌 수를 곱하여 다른 행에 더한다.

기본 행연산을 위 확대행렬에 적용하여 보자.

(a) 1행과 2행을 서로 바꾸면

$$\begin{pmatrix} 1 & -1 & -2 & 7 \\ 3 & 1 & 4 & -5 \\ 2 & 3 & 1 & 4 \end{pmatrix}$$

(b) 1행에 -3을 곱하여 2행에 더하면

$$\begin{pmatrix} 1 & -1 & -2 & 7 \\ 0 & 4 & 10 & -26 \\ 2 & 3 & 1 & 4 \end{pmatrix}$$

(c) 1행에 -2를 곱하여 3행에 더하면

$$\begin{pmatrix} 1 & -1 & -2 & 7 \\ 0 & 4 & 10 & -26 \\ 0 & 5 & 5 & -10 \end{pmatrix}$$

(d) 2행과 3행을 교환하면

$$\begin{pmatrix} 1 & -1 & -2 & 7 \\ 0 & 5 & 5 & -10 \\ 0 & 4 & 10 & -26 \end{pmatrix}$$

(e) 2행에 $\frac{1}{5}$를 곱히면

$$\begin{pmatrix} 1 & -1 & -2 & 7 \\ 0 & 1 & 1 & -2 \\ 0 & 4 & 10 & -26 \end{pmatrix}$$

(f) 2행에 -4를 곱하여 3행에 더하면

$$\begin{pmatrix} 1 & -1 & -2 & 7 \\ 0 & 1 & 1 & -2 \\ 0 & 0 & 6 & -18 \end{pmatrix}$$

여기까지가 위에서 식을 가지고 연산했던 것을 행렬의 연산으로 나타낸 것이다. 마지막에 얻어진 행렬을 사다리꼴(echelon form)이라 한다. 0을 없는 것으로 생각하면 수의 배열이 (뒤집힌) 사다리꼴 형태임을 볼 수 있다. 모든 행렬은 기본 행연산을 통하여 사다리꼴 형태로 만들 수 있다.

이렇게 사다리꼴 행렬을 얻으면 맨 아래 행(여기서는 3행)으로부터 $z=-3$을 얻는다.(3행은 $6z=-18$을 나타낸다.) 2행은 $y+z=-2$를 나타내므로 $z=-3$를 대입하면 $y=1$을 얻는다. 다시 1행에 $y=1$, $z=-3$을 대입하면 $x=2$를 얻을 수 있다.

이와 같이 사다리꼴 행렬에서 뒤에서부터 미지수를 구하여 대입하면서 해를 구하는 방법을 후진대입법(backward substitution)이라 한다.

여기서 중요한 점은 확대행렬에 기본 행연산을 해도 이 확대행렬이 나타내는 연립 일차 방정식의 해집합이 변하지 않는다는 것이다.

(f)의 사다리꼴에서 후진대입법을 사용하지 않고 행연산을 계속하여 해를 구할 수도 있다.

(g) (f)의 3행에 $\frac{1}{6}$을 곱하면

$$\begin{pmatrix} 1 & -1 & -2 & 7 \\ 0 & 1 & 1 & -2 \\ 0 & 0 & 1 & -3 \end{pmatrix}$$

(h) 3행에 -1을 곱하여 2행에 더하면

$$\begin{pmatrix} 1 & -1 & -2 & 7 \\ 0 & 1 & 0 & 1 \\ 0 & 0 & 1 & -3 \end{pmatrix}$$

(i) 3행에 2를 곱하여 1행에 더하면

$$\begin{pmatrix} 1 & -1 & 0 & 1 \\ 0 & 1 & 0 & 1 \\ 0 & 0 & 1 & -3 \end{pmatrix}$$

(j) 2행을 1행에 더하면

$$\begin{pmatrix} 1 & 0 & 0 & 2 \\ 0 & 1 & 0 & 1 \\ 0 & 0 & 1 & -3 \end{pmatrix}$$

이제 더는 행연산을 통하여 0을 만들어내기 어렵다. 이 확대행렬로부터 $x=2$, $y=1$, $z=-3$를 쉽게 얻을 수 있다.

이렇게 만들어진 (j)의 행렬을 행간소 사다리꼴(row reduced echelon form)이라고 한다. 행간소 사다리꼴의 특징은 다음과 같다.

(1) 각 행의 첫 번째 0이 아닌 원소(주축원소, pivot)가 1이다.

(2) 주축원소의 아래, 위는 모두 0이다.

예제 9.1.9 행연산을 이용하여 다음 연립 일차방정식의 해를 구하여라.

(1) $\begin{cases} 2x-6y+4z=-24 \\ -3x-y+5z=8 \\ 4x+7y-2z=27 \end{cases}$ (2) $\begin{cases} 2x-y+4z+3w=13 \\ -3x-y+5z+4w=24 \\ 4x+3y-2z+w=11 \end{cases}$

풀이 각 경우에 행간소 사다리꼴을 구하면 다음과 같다.

(1) 확대행렬의 행간소 사다리꼴은

$$\begin{pmatrix} 1 & 0 & 0 & -1 \\ 0 & 1 & 0 & 5 \\ 0 & 0 & 1 & 2 \end{pmatrix}$$

이다. 그러므로 해는 $(-1,5,2)$이다.

(2) 확대행렬의 행간소 사다리꼴은

$$\begin{pmatrix} 1 & 0 & 0 & 0 & -1 \\ 0 & 1 & 0 & 1 & 9 \\ 0 & 0 & 1 & 1 & 6 \end{pmatrix}$$

이다. 이것을 식으로 바꾸면

$$\begin{cases} x = -1 \\ y + w = 9 \\ z + w = 6 \end{cases}$$

이 된다. 그러므로 이 방정식의 해집합은 다음과 같은 4차원 공간의 직선이다.

$$\{(-1,\ 9-\mathrm{t},\ 6-\mathrm{t},\ \mathrm{t}) \mid \mathrm{t} \in \mathrm{R}\}$$ ■

9.1 연습문제

(1~10) 행렬 $A=\begin{pmatrix}1 & 5\\ 2 & 3\end{pmatrix}$, $B=\begin{pmatrix}3 & -2 & 5\\ 0 & 6 & 1\end{pmatrix}$, $C=\begin{pmatrix}8 & 1\\ 0 & 4\\ -3 & 5\end{pmatrix}$, $D=\begin{pmatrix}2 & 9\\ 5 & 7\end{pmatrix}$, $I_2=\begin{pmatrix}1 & 0\\ 0 & 1\end{pmatrix}$, $I_3=\begin{pmatrix}1 & 0 & 0\\ 0 & 1 & 0\\ 0 & 0 & 1\end{pmatrix}$ 에 대하여 다음 연산을 하여라.

01 $A+D$

02 $2A-3D$

03 AB

04 $BC-D$

05 $CBC+2C$

06 $BCB-5B$

07 $C(BC+2I_2)$

08 $(CB+2I_3)C$

09 B^T+C

10 $(BC)^T-C^TB^T$

(11~12) 다음 연립 일차방정식을 행렬방정식으로 표현하여라.

11 $\begin{cases}2x-3y=4\\ 7x+5y=1\end{cases}$

12 $\begin{cases}x-4y+2z=0\\ 2y-z=3\\ 5x+7y+6z=9\end{cases}$

(13~14) 다음 행렬방정식을 연립 일차방정식으로 바꾸시오.

13 $\begin{pmatrix}0 & 3 & 1\\ 5 & 4 & 7\end{pmatrix}\begin{pmatrix}x\\ y\\ z\end{pmatrix}=\begin{pmatrix}8\\ -1\end{pmatrix}$

14 $\begin{pmatrix}1 & 2 & 5\\ 12 & 3 & 0\\ -1 & 0 & 8\end{pmatrix}\begin{pmatrix}x\\ y\\ z\end{pmatrix}=\begin{pmatrix}3\\ -2\\ 1\end{pmatrix}$

(15~16) 다음 행렬의 행간소 사다리꼴을 구하여라.

15 $\begin{pmatrix}1 & 5 & 3\\ -1 & 0 & 1\\ 2 & 3 & 4\end{pmatrix}$

16 $\begin{pmatrix}3 & -5 & 0 & 1\\ 5 & 0 & 2 & -2\\ 3 & 1 & 4 & 6\end{pmatrix}$

17 다음 연립 일차방정식을 행렬방정식으로 바꾸고, 행연산을 이용하여 해를 구하여라.

$$\begin{cases}4x-3z+w=2\\ 5x+y-8w=3\\ 3x+y+4z=0\\ 3y-z+7w=2\end{cases}$$

9.2 역행렬과 행렬식

역행렬

행렬 A에 대하여 덧셈의 역원은 $-A$이다. 즉, $A+(-A)=(-A)+A=O$이다. 이와 같이 행렬의 연산에서 덧셈의 역원은 항상 존재한다.

행렬의 곱셈에서도 역원이 항상 존재할까? 이에 대하여 생각해보자. 행렬 A에 대하여

$$AB=BA=I$$

인 행렬 B가 있다면 B를 A의 곱셈에 대한 역원이라 할 수 있다. 행렬의 곱셈에 대한 역원을 역행렬(inverse matrix)이라고 한다.

먼저 실수의 역원에 대하여 생각해보자. 영이 아닌 실수 a에 대하여

$$a\cdot\frac{1}{a}=\frac{1}{a}\cdot a=1$$

이므로 $\frac{1}{a}(=a^{-1})$는 a의 곱셈에 대한 역원이다. 그런데 $a=0$이면 a는 곱셈의 역원을 가지지 않는다. $\frac{1}{0}$은 정의되지 않기 때문이다.

위에서 역행렬의 조건으로 $AB=BA=I$를 제시하였다. 그런데 행렬곱 AB, BA가 정의되고 같아지려면 A, B가 크기가 같은 정사각행렬이어야 한다. 따라서 역행렬은 정사각행렬에 대해서만 정의된다.

정의 9.7 역행렬

n차 정사각행렬 A에 대하여 $AB=I_n$인 B가 존재하면 B를 A의 역행렬(inverse matrix)이라 하고, A는 가역(invertible)이라 한다. 이때 역행렬을 $B=A^{-1}$로 표기한다. 이러한 B가 존재하지 않으면 A를 비가역행렬(non-invertible matrix)이라 한다.

참고 가역행렬을 정칙행렬(nonsingular matrix)이라 하고, 비가역행렬을 특이행렬(singular matrix)이라 하기도 한다.

예제 9.2.1 $A=\begin{pmatrix}3 & 2\\7 & 5\end{pmatrix}$, $B=\begin{pmatrix}5 & -2\\-7 & 3\end{pmatrix}$라 하면 $AB=BA=I$이다. 즉, $B=A^{-1}$이다.

역행렬은 행렬방정식을 푸는데 사용될 수 있다. 다음과 같은 행렬방정식이 있다고 하자.

$$AX=B \text{ (단, } A\text{는 } n\times n \text{ 행렬, } X, B\text{는 } n\times 1 \text{ 행렬)}$$

만일 A가 가역행렬이고 역행렬을 안다면 미지수 벡터 X를 쉽게 구할 수 있다.

$$X=A^{-1}B$$

2차 정사각행렬의 경우 역행렬을 쉽게 구할 수 있다.

정리 9.2 2차 정사각행렬의 역행렬

2×2 행렬 $A=\begin{pmatrix}a & b\\c & d\end{pmatrix}$에 대하여 $ad-bc\neq 0$이면 $A^{-1}=\dfrac{1}{ad-bc}\begin{pmatrix}d & -b\\-c & a\end{pmatrix}$이다.

증명

$$\begin{pmatrix}a & b\\c & d\end{pmatrix}\begin{pmatrix}d & -b\\-c & a\end{pmatrix}=\begin{pmatrix}ad-bc & 0\\0 & ad-bc\end{pmatrix}=(ad-bc)\begin{pmatrix}1 & 0\\0 & 1\end{pmatrix}$$

따라서 $B=\dfrac{1}{ad-bc}\begin{pmatrix}d & -b\\-c & a\end{pmatrix}$라 하면, $AB=BA=I$이다.

정리 9.3 역행렬의 존재 조건

2×2 행렬 $A=\begin{pmatrix}a & b\\c & d\end{pmatrix}$에 대하여 $ad-bc\neq 0$이면 A의 역행렬이 존재한다.

예제 9.2.2 (1) 행렬 $\begin{pmatrix}3 & 4\\1 & 2\end{pmatrix}$의 역행렬을 구하여라.

(2) 연립 일차방정식 $\begin{cases}3x+4y=8\\x+2y=6\end{cases}$의 해를 구하여라.

(3) 행렬 $\begin{pmatrix}3 & x\\1 & 2\end{pmatrix}$이 역행렬을 가지지 않을 때, x의 값은?

풀이 (1) $3\cdot 2-4\cdot 1=2$이므로 $\begin{pmatrix}3 & 4\\1 & 2\end{pmatrix}$의 역행렬은 $\dfrac{1}{2}\begin{pmatrix}2 & -4\\-1 & 3\end{pmatrix}=\begin{pmatrix}1 & -2\\-\frac{1}{2} & \frac{3}{2}\end{pmatrix}$이다.

(2) 이 방정식을 행렬방정식으로 표시하면 다음과 같다.

$$\begin{pmatrix} 3 & 4 \\ 1 & 2 \end{pmatrix}\begin{pmatrix} x \\ y \end{pmatrix} = \begin{pmatrix} 8 \\ 6 \end{pmatrix}$$

그런데

$$\begin{pmatrix} 3 & 4 \\ 1 & 2 \end{pmatrix}^{-1} = \begin{pmatrix} 1 & -2 \\ -\frac{1}{2} & \frac{3}{2} \end{pmatrix}$$

이므로

$$\begin{pmatrix} x \\ y \end{pmatrix} = \begin{pmatrix} 1 & -2 \\ -\frac{1}{2} & \frac{3}{2} \end{pmatrix}\begin{pmatrix} 3 & 4 \\ 1 & 2 \end{pmatrix}\begin{pmatrix} x \\ y \end{pmatrix} = \begin{pmatrix} 1 & -2 \\ -\frac{1}{2} & \frac{3}{2} \end{pmatrix}\begin{pmatrix} 8 \\ 6 \end{pmatrix} = \begin{pmatrix} -4 \\ 5 \end{pmatrix}$$

이다.

(3) $3 \cdot 2 - x \cdot 1 = 0$이므로 $x = 6$이다. ■

3차 이상의 정사각행렬에 대하여 역행렬을 구하는 것은 간단한 일이 아니다. 그 중에서 다음에 제시하는 것은 가장 쉽게 역행렬을 계산하는 방법이다.(그 증명은 생략한다.)

정리 9.4 역행렬

n차 정사각행렬 A에 대하여 다음 행렬

$$(A \mid I_n)$$

을 행연산하여 행간소 사다리꼴을 만들었을 때 다음과 같은 행렬이 되었다고 하자.

$$(I_n \mid B)$$

그러면 A는 가역행렬이고, $A^{-1} = B$이다.

예제 9.2.3 행렬 $\begin{pmatrix} 5 & 2 & 3 \\ 2 & 1 & 0 \\ 1 & 0 & 2 \end{pmatrix}$의 역행렬을 구하여라.

풀이 행렬 $\begin{pmatrix} 5 & 2 & 3 & 1 & 0 & 0 \\ 2 & 1 & 0 & 0 & 1 & 0 \\ 1 & 0 & 2 & 0 & 0 & 1 \end{pmatrix}$을 행연산하여 행간소 사다리꼴을 만들면 $\begin{pmatrix} 1 & 0 & 0 & -2 & 4 & 3 \\ 0 & 1 & 0 & 4 & -7 & -6 \\ 0 & 0 & 1 & 1 & -2 & -1 \end{pmatrix}$이다. 그러므로 $A^{-1} = \begin{pmatrix} -2 & 4 & 3 \\ 4 & -7 & -6 \\ 1 & -2 & -1 \end{pmatrix}$이다. 실제로

$$\begin{pmatrix} 5 & 2 & 3 \\ 2 & 1 & 0 \\ 1 & 0 & 2 \end{pmatrix}\begin{pmatrix} -2 & 4 & 3 \\ 4 & -7 & -6 \\ 1 & -2 & -1 \end{pmatrix} = \begin{pmatrix} 1 & 0 & 0 \\ 0 & 1 & 0 \\ 0 & 0 & 1 \end{pmatrix}$$

임을 확인할 수 있다. ■

다음은 역행렬에 대한 기본적인 성질이다. 이에 대한 증명은 이 책의 범위를 벗어나므로 증명 없이 받아들이기로 한다.

정리 9.5 역행렬의 성질

(1) $AB=I,\ AC=I$이면 $B=C$이다.

(2) $n\times n$ 행렬 A, B가 가역이면 AB도 가역이고 $(AB)^{-1}=B^{-1}A^{-1}$이다.

(3) 가역행렬에 대하여 전치행렬의 역행렬은 역행렬의 전치행렬이다.

$$(A^T)^{-1}=(A^{-1})^T$$

행렬식

2×2 행렬 $A=\begin{pmatrix} a & b \\ c & d \end{pmatrix}$의 역행렬에서 식 $ad-bc$가 0인가 아닌가는 역행렬의 존재를 규정하는 중요한 조건이다. 이 식을 2×2 행렬 $A=\begin{pmatrix} a & b \\ c & d \end{pmatrix}$의 행렬식이라 한다.

정의 9.8 2×2 행렬의 행렬식

2×2 행렬 $A=\begin{pmatrix} a & b \\ c & d \end{pmatrix}$에 대하여 $ad-bc$를 A의 행렬식(determinant)이라 하고

$$\det(A)=ad-bc$$

라 쓴다.

행렬식은 다음과 같이 표기하기도 한다.

$$\det(A)=|A|=\begin{vmatrix} a & b \\ c & d \end{vmatrix}$$

일반적으로 $n\geq 3$인 경우 $n\times n$ 행렬의 행렬식도 역행렬의 존재를 규정하는 역할을 하는데, 이 경우 조금 복잡한 과정을 거쳐서 정의된다.(행렬식의 정의는 여러 가지 버전이 있는데 모두 동치이다.)

정의 9.9 $n \times n$ 행렬의 행렬식

$n \times n$ 행렬 $A = \begin{pmatrix} a_{11} & a_{12} & \cdots & a_{1n} \\ a_{21} & a_{22} & \cdots & a_{2n} \\ \vdots & \vdots & \ddots & \vdots \\ a_{n1} & a_{n2} & \cdots & a_{nn} \end{pmatrix}$ 에 대하여

(1) A의 i,j-소행렬(minor matrix) M_{ij}는 A에서 i-행과 j-열을 뺀 행렬이다. 즉,

$$M_{ij} = \begin{pmatrix} a_{11} & \cdots & a_{1,j-1} & a_{1,j+1} & \cdots & a_{1n} \\ \vdots & \ddots & \vdots & \vdots & \vdots & \vdots \\ a_{i-1,1} & \cdots & a_{i-1,j-1} & a_{i-1,j+1} & \cdots & a_{i-1,n} \\ a_{i+1,1} & \cdots & a_{i+1,j-1} & a_{i+1,j+1} & \cdots & a_{i+1,n} \\ \vdots & \vdots & \vdots & \vdots & \ddots & \vdots \\ a_{n1} & \cdots & a_{n,j-1} & a_{n,j+1} & \cdots & a_{nn} \end{pmatrix}$$

(2) A의 원소 a_{ij}의 여인자(cofactor) C_{ij}는 다음과 같이 정의된다.

$$C_{ij} = (-1)^{i+j} \det(M_{ij})$$

(3) A의 행렬식은 다음과 같이 정의된다.

$$\det(A) = \sum_{j=1}^{n} a_{1j} C_{1j}$$

행렬식을 풀어 쓰면 다음과 같다.

$$\det(A) = \sum_{j=1}^{n} a_{1j} C_{1j} = \sum_{j=1}^{n} \left[a_{1j} \cdot (-1)^{1+j} \det(M_{1j}) \right]$$

위의 정의에서 각 항목은 (논의의 전개로 볼 때) 약간의 불완전성을 포함하고 있다. 예를 들면, $n=4$일 때 M_{ij}는 3×3 행렬이고, 3×3 행렬의 행렬식 $\det(M_{ij})$는 아직 정의되지 않았기 때문에 여인자를 정의할 수 없다. 그러나 위의 정의를 하나의 과정으로 이해하고 $n=3$인 경우부터 차례로 적용해나가면 일반적인 n에 대해서도 여인자와 행렬식이 정의될 수 있다. 이러한 과정을 귀납적 정의(inductive definition)라 한다.

예제 9.2.4 3×3 행렬의 행렬식을 구하여라.

$$\det \begin{pmatrix} a_{11} & a_{12} & a_{13} \\ a_{21} & a_{22} & a_{23} \\ a_{31} & a_{32} & a_{33} \end{pmatrix} = (-1)^{1+1} a_{11} \begin{vmatrix} a_{22} & a_{23} \\ a_{32} & a_{33} \end{vmatrix} + (-1)^{1+2} a_{12} \begin{vmatrix} a_{21} & a_{23} \\ a_{31} & a_{33} \end{vmatrix} + (-1)^{1+3} a_{13} \begin{vmatrix} a_{21} & a_{22} \\ a_{31} & a_{32} \end{vmatrix}$$

$$= a_{11}a_{22}a_{33} - a_{11}a_{23}a_{32} - a_{12}a_{21}a_{33} + a_{12}a_{23}a_{31} + a_{13}a_{21}a_{32} - a_{13}a_{22}a_{31}$$

예제 9.2.5 4×4 행렬 $\begin{pmatrix} 1 & 2 & -3 & 0 \\ 0 & -1 & 1 & -1 \\ 1 & 0 & 0 & 2 \\ 0 & 7 & 2 & 4 \end{pmatrix}$의 행렬식을 구하여라.

풀이

$$\det \begin{pmatrix} 1 & 2 & -3 & 0 \\ 0 & -1 & 1 & -1 \\ 1 & 0 & 0 & 2 \\ 0 & 7 & 2 & 4 \end{pmatrix} = 39$$
■

행렬식의 정의와 관련하여 다음 정리가 성립한다.*

정리 9.6 라플라스 전개

$n \times n$ 행렬 $A = (a_{ij})$에 대하여 C_{ij}를 A의 ij-여인자라 하자. 임의의 $i(1 \leq i \leq n)$와 임의의 $j(1 \leq j \leq n)$에 대하여 다음 식은 항상 같은 값을 가진다.

$$\sum_{k=1}^{n} a_{ik} C_{ik} \qquad (i\text{행 전개})$$

$$\sum_{k=1}^{n} a_{kj} C_{kj} \qquad (j\text{열 전개})$$

이 정리에 의하여 행렬식은 임의의 i, j에 대하여 다음과 같이 표현될 수 있다.

$$\det(A) = \sum_{k=1}^{n} a_{ik} C_{ik} = \sum_{k=1}^{n} a_{kj} C_{kj}$$

이 식을 행렬식의 라플라스 전개(Laplace expansion)라고 한다. 행렬식의 라플라스 전개를 이용하면 행렬식을 보다 쉽게 계산할 수 있다. 예를 들면,

$$\begin{pmatrix} 1 & 2 & -3 & 0 \\ 0 & -1 & 1 & -1 \\ 1 & 0 & 0 & 2 \\ 0 & 7 & 2 & 4 \end{pmatrix}$$

의 행렬식을 구할 때 1행에 대하여 전개하지 않고 0을 많이 포함하고 있는 1열이나 3행에 대하여 전개하면 계산이 쉬워질 수 있다.

---

* 이 정리에 대한 증명은 이 책의 범위를 벗어나므로 생략한다. 자세한 증명에 대해서는 선형대수학 서적을 참고하기 바란다.

$$\det\begin{pmatrix}1 & 2 & -3 & 0\\ 0 & -1 & 1 & -1\\ 1 & 0 & 0 & 2\\ 0 & 7 & 2 & 4\end{pmatrix} = 1\cdot C_{11} + 1\cdot C_{31}$$

또는

$$\det\begin{pmatrix}1 & 2 & -3 & 0\\ 0 & -1 & 1 & -1\\ 1 & 0 & 0 & 2\\ 0 & 7 & 2 & 4\end{pmatrix} = 1\cdot C_{31} + 2\cdot C_{34}$$

정리 9.7 행렬식의 성질

$n\times n$ 행렬 A, B에 대하여 다음 성질이 성립한다.

(1) 행렬식은 각 열에 대하여 선형성(linearity)을 가진다.

$$\det(A^1 \cdots cA^j + dB^j \cdots A^n) = c\det(A^1 \cdots A^j \cdots A^n) + d\det(A^1 \cdots B^j \cdots A^n)$$

(2) 행렬식은 각 행에 대하여 선형성(linearity)을 가진다.

$$\det\begin{pmatrix}\vdots\\ cA_i + dB_i\\ \vdots\end{pmatrix} = c\det\begin{pmatrix}\vdots\\ A_i\\ \vdots\end{pmatrix} + d\det\begin{pmatrix}\vdots\\ B_i\\ \vdots\end{pmatrix}$$

(3) 두 행을 서로 바꾸면 행렬식의 부호가 바뀐다.

$$\det\begin{pmatrix}\vdots\\ A_i\\ \vdots\\ A_j\\ \vdots\end{pmatrix} = -\det\begin{pmatrix}\vdots\\ A_j\\ \vdots\\ A_i\\ \vdots\end{pmatrix}$$

(4) 두 행이 같으면 행렬식의 값은 0이다. 즉, $A_i = A_j$ $(i \neq j)$이면 $\det(A) = 0$이다.

(5) 두 열이 같으면 행렬식의 값은 0이다. 즉, $A^i = A^j$ $(i \neq j)$이면 $\det(A) = 0$이다.

(6) $\det(kA) = k^n\det(A)$

(7) $\det(AB) = \det(A)\cdot\det(B)$

(8) $\det(A^{-1}) = \dfrac{1}{\det(A)}$

(9) A가 가역일 필요충분조건은 $\det(A) \neq 0$이다.

이 성질들로부터 행렬에 기본 행연산을 했을 때 행렬식의 값이 얼마나 달라지는지 알 수 있다.

정리 9.8 기본 행연산과 행렬식

$n\times n$ 행렬 A에 대하여 다음 성질이 성립한다.

(1) A의 한 행 또는 한 열에 k를 곱하여 만들어진 행렬을 B라 하면 $\det(B)=k\det(A)$이다. 즉,

$$\det\left(A^1\cdots kA^j\cdots A^n\right)=k\det\left(A^1\cdots A^j\cdots A^n\right),\ \det\begin{pmatrix}A_1\\ \vdots\\ kA_i\\ \vdots\\ A_n\end{pmatrix}=\det\begin{pmatrix}A_1\\ \vdots\\ A_i\\ \vdots\\ A_n\end{pmatrix}$$

(2) 두 행을 서로 바꾸면 행렬식의 부호가 바뀐다.

$$\det\begin{pmatrix}\vdots\\ A_i\\ \vdots\\ A_j\\ \vdots\end{pmatrix}=-\det\begin{pmatrix}\vdots\\ A_j\\ \vdots\\ A_i\\ \vdots\end{pmatrix}$$

(3) 한 행에 k를 곱하여 다른 행에 더하면 행렬식의 값이 변하지 않는다. 즉,

$$\det\begin{pmatrix}\vdots\\ A_i\\ \vdots\\ A_j+kA_i\\ \vdots\end{pmatrix}=\det\begin{pmatrix}\vdots\\ A_i\\ \vdots\\ A_j\\ \vdots\end{pmatrix}$$

이 정리를 이용하면 라플라스 전개로 행렬식을 구하기 전에 행렬의 모양을 간단히 하여 쉽게 행렬식을 구할 수 있다. 예를 들면,

$$\begin{pmatrix}1 & 2 & -3 & 0\\ 0 & -1 & 1 & -1\\ 1 & 0 & 0 & 2\\ 0 & 7 & 2 & 4\end{pmatrix}$$

의 행렬식을 구할 때 먼저 1행에 -1을 곱하여 3행에 더하면 다음과 같다.

$$\det\begin{pmatrix}1 & 2 & -3 & 0\\ 0 & -1 & 1 & -1\\ 1 & 0 & 0 & 2\\ 0 & 7 & 2 & 4\end{pmatrix}=\det\begin{pmatrix}1 & 2 & -3 & 0\\ 0 & -1 & 1 & -1\\ 0 & -2 & 3 & 2\\ 0 & 7 & 2 & 4\end{pmatrix}=\det\begin{pmatrix}-1 & 1 & -1\\ -2 & 3 & 2\\ 7 & 2 & 4\end{pmatrix}=\det\begin{pmatrix}-1 & 1 & -1\\ 0 & 1 & 4\\ 0 & 9 & -3\end{pmatrix}$$

$$=(-1)\det\begin{pmatrix}1 & 4\\ 9 & -3\end{pmatrix}=39$$

참고 행렬식의 표기법을 이용하면 벡터의 외적을 간단하게 표현할 수 있다. x, y, z 축 방향의 단위벡터 $\overrightarrow{e_1} = (1,0,0)$, $\overrightarrow{e_2} = (0,1,0)$, $\overrightarrow{e_3} = (0,0,1)$에 대하여 두 벡터 $\vec{u} = (u_1, u_2, u_3)$, $\vec{v} = (v_1, v_2, v_3)$의 외적은 다음과 같이 표현된다.

$$\vec{u} \times \vec{v} = \begin{vmatrix} \overrightarrow{e_1} & \overrightarrow{e_2} & \overrightarrow{e_3} \\ u_1 & u_2 & u_3 \\ v_1 & v_2 & v_3 \end{vmatrix}$$

9.2 연습문제

(1~4) 다음 행렬에 대하여 역행렬이 존재하는지 알아보고, 존재하면 역행렬을 구하여라.

01 $\begin{pmatrix} 3 & 2 \\ 9 & 6 \end{pmatrix}$

02 $\begin{pmatrix} 5 & 7 \\ 2 & 3 \end{pmatrix}$

03 $\begin{pmatrix} 1 & 3 & 0 \\ 2 & 4 & 1 \\ 4 & 5 & 8 \end{pmatrix}$

04 $\begin{pmatrix} 2 & 5 & 3 \\ 1 & 6 & 4 \\ 0 & 7 & 5 \end{pmatrix}$

(5~6) 다음 행렬의 행렬식과 역행렬을 구하여라.

05 $\begin{pmatrix} 1 & 0 & 0 & 0 \\ 1 & 2 & 0 & 0 \\ 1 & 2 & 3 & 0 \\ 1 & 3 & 3 & 4 \end{pmatrix}$

06 $\begin{pmatrix} 0 & 1 & 7 & 8 \\ -1 & 3 & 4 & 2 \\ 0 & 5 & 0 & 1 \\ 2 & 7 & 3 & 6 \end{pmatrix}$

(7~8) 다음 행렬에서 행렬식이 0이 되게 하는 λ의 값을 구하여라.

07 $\begin{pmatrix} \lambda-2 & 3 \\ -1 & \lambda+1 \end{pmatrix}$

08 $\begin{pmatrix} \lambda-1 & 0 & -2 \\ 0 & \lambda+4 & 3 \\ -5 & 1 & \lambda \end{pmatrix}$

(9~12) 다음 행렬의 행렬식과 역행렬을 구하여라.

09 $\begin{pmatrix} \cos\theta & -\sin\theta \\ \sin\theta & \cos\theta \end{pmatrix}$

10 $\begin{pmatrix} 1 & a & b \\ 0 & 1 & c \\ 0 & 0 & 1 \end{pmatrix}$

11 $\begin{pmatrix} \cos\theta & 0 & \sin\theta \\ 0 & 1 & 0 \\ -\sin\theta & 0 & \cos\theta \end{pmatrix}$

12 $\begin{pmatrix} 1 & 0 & 0 \\ 0 & 1 & 0 \\ 0 & 0 & -1 \end{pmatrix}$

9.3 선형변환

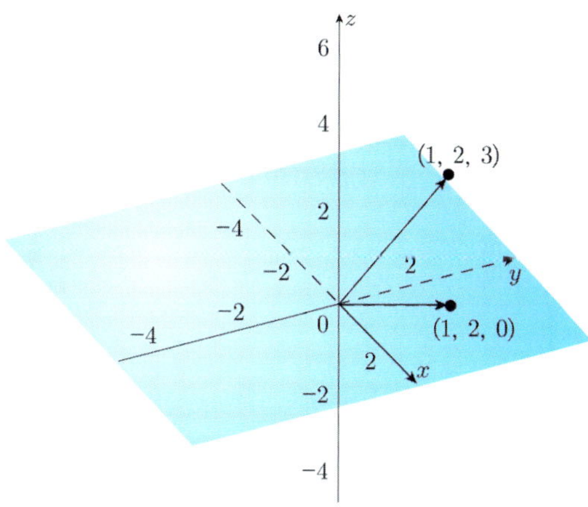

그림 9.3

다음과 같이 정의되는 두 벡터공간 $\mathbb{R}^2$, $\mathbb{R}^3$ 사이의 함수 $T: \mathbb{R}^2 \to \mathbb{R}^3$ 에 대하여 생각해 보자.

$$T(x,y) = (x+y, 2x+2y, 3y)$$

정의역의 두 벡터 $\overrightarrow{e_1} = (1,0)$, $\overrightarrow{e_2} = (0,1)$에 대한 함숫값을 구해보면

$$T\left(\overrightarrow{e_1}\right) = (1,2,0),\ T\left(\overrightarrow{e_2}\right) = (1,2,3)$$

이다.

이 함수 T의 몇 가지 특성을 살펴보자.

(1) 함숫값의 각 식은 변수 x, y, z 에 대한 일차항으로 이루어져 있다. 즉, 상수항도 없고, 이차 이상의 항도 없다.

(2) $T(0,0) = (0,0,0)$이다. 즉, 치역은 원점 $(0,0,0)$을 포함하고 있다

(3) $Y_1 = T\left(\overrightarrow{e_1}\right)$, $Y_2 = T\left(\overrightarrow{e_2}\right)$라 하면, 임의의 벡터 $(x,y) \in \mathbb{R}^2$에 대하여

$$T(x,y) = xY_1 + yY_2$$

이다.

(4) 그림과 같이 함수 T의 치역은 두 벡터 Y_1, Y_2를 포함하는 평면이다. 즉, T의 치역은 원점 $O(0,0,0)$와 두 점 $(1,2,0)$, $(1,2,3)$을 포함하는 평면이다.

벡터공간 R^2, R^3의 벡터를 열벡터로 표시하면, $X=\begin{pmatrix} x \\ y \end{pmatrix} \in \mathrm{R}^2$, $Y=\begin{pmatrix} u \\ v \\ w \end{pmatrix} \in \mathrm{R}^3$에 대하여

$$Y = T(X) = \begin{pmatrix} 1 & 1 \\ 2 & 2 \\ 0 & 3 \end{pmatrix} \begin{pmatrix} x \\ y \end{pmatrix}$$

로 표시할 수 있다. 즉, 이 함수는 행렬을 이용하여 간단히 표현할 수 있다. 이와 같이 행렬을 이용하여 표현되는 함수를 행렬변환(matrix transformation)이라고 한다.

정의 9.10 행렬변환

$m \times n$ 행렬 A에 대하여 다음과 같이 정의되는 변환 $T : \mathrm{R}^n \to \mathrm{R}^m$를 행렬변환(matrix transformation)이라 한다. $(x_1, x_2, \cdots, x_n) \in \mathrm{R}^m$에 대하여

$$T(x_1, x_2, \cdots, x_n) = \begin{pmatrix} a_{11} & a_{12} & \cdots & a_{1n} \\ a_{21} & a_{22} & \cdots & a_{2n} \\ \vdots & \vdots & \ddots & \vdots \\ a_{m1} & a_{m2} & \cdots & a_{mn} \end{pmatrix} \begin{pmatrix} x_1 \\ x_2 \\ \vdots \\ x_n \end{pmatrix}$$

이때, $A = \begin{pmatrix} a_{11} & a_{12} & \cdots & a_{1n} \\ a_{21} & a_{22} & \cdots & a_{2n} \\ \vdots & \vdots & \ddots & \vdots \\ a_{m1} & a_{m2} & \cdots & a_{mn} \end{pmatrix}$, $X = \begin{pmatrix} x_1 \\ x_2 \\ \vdots \\ x_n \end{pmatrix}$라 하면, $T(X) = AX$로 쓸 수 있다.

함수의 경우와 마찬가지로 $T(X)$를 X의 상(image)이라 한다.

참고 함수를 나타내는 영어 표현은 여러 가지가 있다. 많이 사용되는 용어로는 function, map, mapping, transformation 등이 있다. 이들 영어 단어에 대응하는 우리말도 있는데 function은 함수, map은 사상, mapping은 매핑(영어를 소리나는 대로 한글로 바꾼 것), transformation은 변환이라 한다. 여기서 변환(transformation)은 정의역의 도형이 치역으로 옮겨졌을 때 형태를 바꾸는 작용을 한다는 의미를 내포하고 있다. 일반적으로 정의역과 공변역이 벡터공간일 때 변환이라는 용어를 사용한다.

행렬변환은 다음 두 가지 성질을 가지고 있다. $m \times n$ 행렬 A에 대하여 $T : \mathrm{R}^n \to \mathrm{R}^m$가 $T(X) = AX$로 정의되는 행렬변환이라 하면,

(1) 임의의 실수 a와 임의의 벡터 $X \in \mathrm{R}^n$에 대하여

$$T(aX) = aT(X)$$

(2) 임의의 두 벡터 $X_1, X_2 \in \mathrm{R}^n$에 대하여

$$T(X_1 + X_2) = T(X_1) + T(X_2)$$

이것은 행렬 연산의 성질로부터 쉽게 증명할 수 있다. 이 두 가지 성질을 선형성(linearity)이라 한다. 일반적으로 선형성을 가지는 함수 또는 변환을 선형변환이라 한다.

정의 9.11 선형변환

두 벡터공간 V, W에 대하여 다음 조건을 만족시키는 변환 $T: V \to W$를 선형변환(linear transformation)이라 한다. 임의의 벡터 $X_1, X_2 \in \mathrm{R}^n$와 실수 $a \in \mathbb{R}$에 대하여

(1) $T(aX) = aT(X)$

(2) $T(X_1 + X_2) = T(X_1) + T(X_2)$

선형성은 1차항으로만 이루어진 함수의 성질을 일반화한 것이다. 이는 위에서 설명하였듯이 행렬변환의 성질이기도 하다.

예제 9.3.1 다음 함수가 선형변환인지 판별하여라.

(1) $T: R^2 \to R^2$, $T(x, y) = (x^2 - y^2, xy)$

(2) $T: R^2 \to R^2$, $T(x, y) = (2x + y, x - y)$

(3) $T: R^2 \to R^2$, $T(x, y) = (x + y, 2x + 1)$

풀이 (1) $T(3x, 3y) = (9x^2 - 9y^2, 9xy) = 9T(x, y) \neq 3T(x, y)$. 따라서 선형이 아니다.

(2) 임의의 $X_1 = (x_1, y_1)$, $X_2 = (x_2, y_2) \in R^2$와 임의의 실수 $a \in R$에 대하여

(i) $T(aX_1) = (2ax_1 + ay_1, ax_1 - ay_1) = a(2x_1 + y_1, x_1 - y_1) = aT(X_1)$

(ii) $T(X_1 + X_2) = (2(x_1 + x_2) + (y_1 + y_2), (x_1 + x_2) - (y_1 + y_2))$

$= (2x_1 + y_1 + 2x_2 + y_2, x_1 - y_1 + x_2 - y_2) = T(X_1) + T(X_2)$

따라서 T는 선형변환이다.

(3) $T(3x,3y)=(3x+3y,\ 6x+1)$, $3T(x,y)=(3x+3y, 6x+3)$

따라서 $T(3x,3y)\neq 3T(x,y)$

그러므로 T는 선형이 아니다. ■

예제 9.3.2 다음 두 변환이 같은 변환임을 보여라.

$$T: R^2 \rightarrow R^2,\ T(x,y)=(2x+y, x-y)$$

$$S: R^2 \rightarrow R^2,\ S(x,y)=\begin{pmatrix}2 & 1\\ 1 & -1\end{pmatrix}\begin{pmatrix}x\\ y\end{pmatrix}$$

풀이

$$S(x,y)=\begin{pmatrix}2 & 1\\ 1 & -1\end{pmatrix}\begin{pmatrix}x\\ y\end{pmatrix}=\begin{pmatrix}2x+y\\ x-y\end{pmatrix}$$

열벡터와 행벡터를 같은 것으로 이해하면 $S=T$이다. ■

위의 예제에서 보듯이 R^n, R^m 사이의 선형변환 $T:\mathrm{R}^n\rightarrow\mathrm{R}^m$은 행렬로 표현될 수 있다.

정리 9.9 선형변환과 행렬변환

두 유한차원 벡터공간 R^n, R^m 사이의 선형변환은 행렬변환이다. 즉, 선형변환 $T:\mathrm{R}^n\rightarrow\mathrm{R}^m$가 주어지면, T에 대한 행렬 A가 존재하여 $T(X)=AX$로 표현된다. 이때, A는 $m\times n$ 행렬이다.

증명

R^n의 벡터

$$\overrightarrow{e_1}=(1,0,\cdots 0),\ \overrightarrow{e_2}=(0,1,0,\cdots,0),\ \cdots,\ \overrightarrow{e_n}=(0,0,\cdots,0,1)$$

에 대하여 임의의 벡터 $(x_1,x_2,\cdots,x_n)\in\mathrm{R}^n$은

$$(x_1,\ x_2,\ \cdots,\ x_n)=x_1\overrightarrow{e_1}+x_2\overrightarrow{e_2}+\ \cdots\ +x_n\overrightarrow{e_n}$$

으로 표현된다.

선형변환 $T:\mathrm{R}^n\rightarrow\mathrm{R}^m$에 대하여

$$\begin{aligned}T(x_1,\ x_2,\ \cdots,\ x_n)&=T(x_1\overrightarrow{e_1}+x_2\overrightarrow{e_2}+\ \cdots\ +x_n\overrightarrow{e_n})\\ &=x_1T(\overrightarrow{e_1})+x_2T(\overrightarrow{e_2})+\ \cdots\ +x_nT(\overrightarrow{e_n})\end{aligned}$$

이다.

$$T(\overrightarrow{e_1})=\begin{pmatrix} a_{11} \\ a_{21} \\ \vdots \\ a_{m1} \end{pmatrix}, T(\overrightarrow{e_2})=\begin{pmatrix} a_{12} \\ a_{22} \\ \vdots \\ a_{m2} \end{pmatrix}, \cdots , T(\overrightarrow{e_n})=\begin{pmatrix} a_{1n} \\ a_{2n} \\ \vdots \\ a_{mn} \end{pmatrix}$$

이라 하면

$$T(x_1,x_2, \cdots ,x_n)=\begin{pmatrix} a_{11} & a_{12} & \cdots & a_{1n} \\ a_{21} & a_{22} & \cdots & a_{2n} \\ \vdots & \vdots & \ddots & \vdots \\ a_{m1} & a_{m2} & \cdots & a_{mn} \end{pmatrix}\begin{pmatrix} x_1 \\ x_2 \\ \vdots \\ x_n \end{pmatrix}$$

이다.

$$A=\begin{pmatrix} a_{11} & a_{12} & \cdots & a_{1n} \\ a_{21} & a_{22} & \cdots & a_{2n} \\ \vdots & \vdots & \ddots & \vdots \\ a_{m1} & a_{m2} & \cdots & a_{mn} \end{pmatrix}$$

이라 하면 $T(X)=AX$이다.

정의 9.12 선형변환의 행렬

$$T(x_1,x_2, \cdots ,x_n)=\begin{pmatrix} a_{11} & a_{12} & \cdots & a_{1n} \\ a_{21} & a_{22} & \cdots & a_{2n} \\ \vdots & \vdots & \ddots & \vdots \\ a_{m1} & a_{m2} & \cdots & a_{mn} \end{pmatrix}\begin{pmatrix} x_1 \\ x_2 \\ \vdots \\ x_n \end{pmatrix}$$

일 때,

$$A=\begin{pmatrix} a_{11} & a_{12} & \cdots & a_{1n} \\ a_{21} & a_{22} & \cdots & a_{2n} \\ \vdots & \vdots & \ddots & \vdots \\ a_{m1} & a_{m2} & \cdots & a_{mn} \end{pmatrix}$$

를 T의 행렬(matrix of T)이라 하고 $A=M(T)$라 쓴다.

예제 9.3.3 변환 $T:\mathrm{R}^3 \to \mathrm{R}^2$, $T(x,y,z)=(ax+by+cz, dx+ey+fz)$의 행렬을 구하여라.

풀이

$$T(1,0,0)=\begin{pmatrix} a \\ d \end{pmatrix}, T(0,1,0)=\begin{pmatrix} b \\ e \end{pmatrix}, T(0,0,1)=\begin{pmatrix} c \\ f \end{pmatrix}$$

이고, $T(x,y,z)=\begin{pmatrix} a & b & c \\ d & e & f \end{pmatrix}\begin{pmatrix} x \\ y \\ z \end{pmatrix}$이다. 그러므로 T의 행렬은 $\begin{pmatrix} a & b & c \\ d & e & f \end{pmatrix}$이다. ■

선형변환의 성질

선형변환의 성질을 알아보기 전에 몇 가지 기본적인 개념을 알아보자.

정의 9.13 선형변환의 핵과 치역, 영변환

선형변환 $T: \mathrm{R}^n \to \mathrm{R}^m$에 대하여

(1) T에 의한 상(image)이 영벡터 O인 정의역의 벡터들의 집합을 T의 핵(kernel)이라 하고, $\ker(T)$라 쓴다.

$$\ker(T) = \{v \in \mathrm{R}^n \mid T(v) = 0\}$$

(2) T의 상(image)들의 집합을 T의 치역(image)라 하고, $Im(T)$ 또는 $T(\mathrm{R}^n)$이라 쓴다.

$$Im(T) = \{T(v) \mid v \in \mathrm{R}^n\}$$

(3) $T: \mathrm{R}^n \to \mathrm{R}^m$의 행렬 $M(T)$가 영행렬 O일 때, T를 영변환(zero transformation)이라 한다.

선형변환의 핵은 영벡터의 역상(inverse image)이고, 선형변환의 치역은 함수의 치역과 동일하다.

이제부터는 정의역과 공변역이 같은 경우에 대하여 생각해보자.

정의 9.14 항등변환과 역변환

(1) 선형변환 $T: \mathrm{R}^n \to \mathrm{R}^n$의 행렬이 단위행렬 I일 때, T를 항등변환(identity transformation)이라 하고

$$I: \mathrm{R}^n \to \mathrm{R}^n$$

로 표시한다.

(2) 두 선형변환 $S, T: \mathrm{R}^n \to \mathrm{R}^n$에 대하여 $A = M(T), B = M(S)$라 하자. A, B가 서로 역행렬이면 S와 T는 서로 역변환(inverse transformation)이라 하고 $T = S^{-1}$ 또는 $S = T^{-1}$이라 쓴다. 즉, S는 T의 역변환이고, T는 S의 역변환이다.

이제 선형변환의 성질을 알아보자.

정리 9.10 선형변환의 성질

(1) $T:\mathrm{R}^n \to \mathrm{R}^m$가 선형변환이면 $T(O)=O$이다. 즉, $O\in \ker(T)$
(2) T가 영변환이면, $Im(T)=\{O\}$이다.
(3) $I:\mathrm{R}^n \to \mathrm{R}^n$가 항등변환이면 $\forall v\in R^n$, $I(v)=v$이다.
(4) S와 T가 서로 역변환이면 $S\circ T=I$, $T\circ S=I$이다.
(5) 선형변환 $T:\mathrm{R}^n \to \mathrm{R}^n$에 대하여, $\ker(T)=\{0\}$이면 T는 단시함수이다.

증명

(1) ~ (4)에 대한 증명은 간단하므로 생략한다.
(5) $v, w\in \mathrm{R}^n$에 대하여 $T(v)=T(w)$이면 $T(v-w)=0$이므로 $v=w$이다. 따라서 T는 단사이다.

예제 9.3.4 선형변환 $T(x,y)=(4x+9y, 3x+7y)$의 역변환을 구하여라.

풀이 $M(T)=\begin{pmatrix}4&9\\3&7\end{pmatrix}$이다. $\begin{pmatrix}4&9\\3&7\end{pmatrix}^{-1}=\begin{pmatrix}7&-9\\-3&4\end{pmatrix}$이므로

$T^{-1}(x,y)=(7x-9y,-3x+4y)$이다. ■

9.3 연습문제

(1~4) 다음 변환이 선형변환인지 알아보아라.

01 $T(x,y)=(x+4y,5x-y)$

02 $T(x,y)=(x-y,2x+y+1)$

03 $T(x,y)=(x-2y,2xy)$

04 $T(x,y,z)=(x+y,y+z,z+x,x+y+z)$

(5~6) 다음 선형변환의 행렬을 구하고 핵과 치역을 구하여라.

05 $T(x,y)=(2x-3y,5x,x+7y)$

06 $T(x,y,z)=(-x+2y,3x+y-5z)$

(7~8) 다음 선형변환의 역변환을 구하여라.

07 $T(x,y)=\begin{pmatrix}3 & 4\\ 1 & 2\end{pmatrix}\begin{pmatrix}x\\ y\end{pmatrix}$

08 $T(x,y,z)=\begin{pmatrix}-2 & 3 & 6\\ 1 & 5 & 0\\ 4 & 7 & 1\end{pmatrix}\begin{pmatrix}x\\ y\\ z\end{pmatrix}$

9.4 여러 가지 선형변환

정의역과 공변역이 같은 경우 선형변환 $T: \mathrm{R}^n \to \mathrm{R}^n$는 공간 내의 벡터를 이동시키는 것으로 이해할 수 있다. 선형변환은 벡터를 변환시키지만, 그 벡터가 위치벡터가 되는 점(벡터의 끝점)을 변환시키는 것이기도 하다. 그러므로 선형변환에 의하여 공간 내의 도형이 위치를 바꾸기도 하고, 모양이 바뀌기도 한다. 회전변환은 모양을 유지하면서 도형을 위치와 자세를 바꾸는 변환이고, 확대 축소, 밀림변환 등은 도형의 형태를 바꾸는 변환이다.

확대-축소변환(scaling)

확대-축소변환(scaling)은 다음과 같이 대각행렬로 표현되는 선형변환이다.

$$\begin{pmatrix} a_{11} & 0 & \cdots & 0 \\ 0 & a_{22} & \cdots & 0 \\ \vdots & \vdots & \ddots & \vdots \\ 0 & 0 & \cdots & a_{nn} \end{pmatrix}$$

이때, $a_{11}, a_{22}, \cdots, a_{nn}$를 확대-축소인자(scaling factor)라고 한다. 예를 들면, 2차원 확대-축소변환은

$$T(x, y) = (ax, by)$$

이다. 만일 $T(x, y) = \left(2x, \frac{1}{3}y\right)$이면 x좌표는 2배로 늘어나고, y좌표는 $\frac{1}{3}$로 줄어든다. 이 변환에 의하면 그림과 같이 한 변의 길이가 1인 정사각형이 가로 2, 세로 $\frac{1}{3}$인 직사각형이 된다.

3차원 확대-축소변환의 경우도 비슷하다.

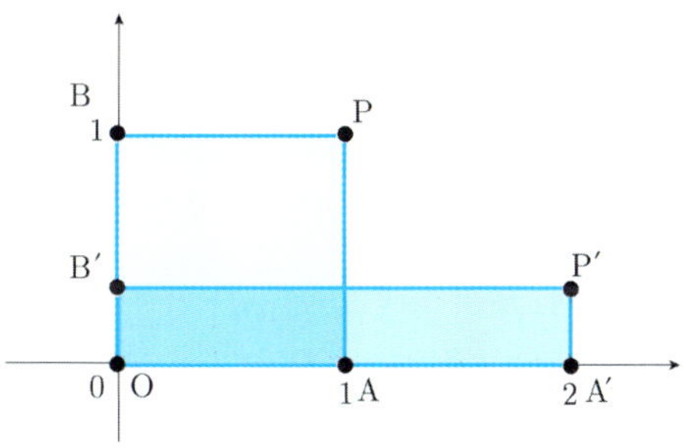

그림 9.4

회전변환(rotation)

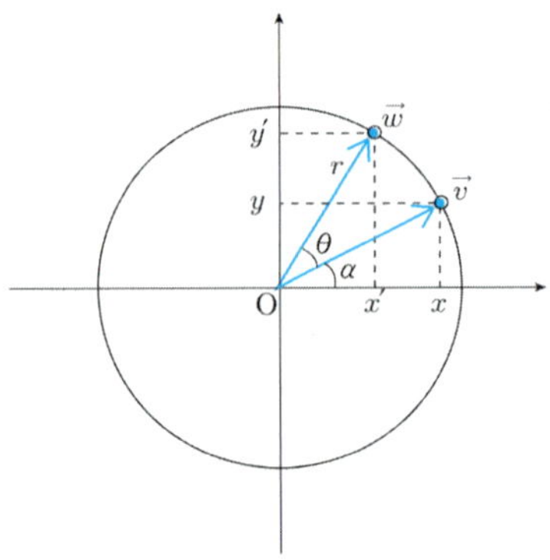

그림 9.5

먼저 2차원 회전에 대하여 알아보자. 그림과 같이 원점 O를 중심으로 벡터 $\vec{v}=(x,y)$를 θ만큼 회전시킨 벡터를 $\vec{w}=(x',y')$이라고 하자. 각 벡터의 길이를 r라 하면, 삼각함수의 정의에 의하여

$$x = r\cos\alpha,\ y = r\sin\alpha$$
$$x' = r\cos(\alpha+\theta),\ y' = r\sin(\alpha+\theta)$$

이다. 삼각함수의 가법정리

$$\cos(\alpha+\beta) = \cos\alpha\cos\beta - \sin\alpha\sin\beta$$
$$\sin(\alpha+\beta) = \sin\alpha\cos\beta + \cos\alpha\sin\beta$$

를 적용하면

$$x' = r\cos(\alpha+\theta) = r\cos\alpha\cos\theta - r\sin\alpha\sin\theta = x\cos\theta - y\sin\theta$$
$$y' = r\sin(\alpha+\theta) = r\sin\alpha\cos\theta + r\cos\alpha\sin\theta = x\sin\theta + y\cos\theta$$

이다. 따라서

$$\begin{pmatrix} x' \\ y' \end{pmatrix} = \begin{pmatrix} \cos\theta & -\sin\theta \\ \sin\theta & \cos\theta \end{pmatrix}\begin{pmatrix} x \\ y \end{pmatrix}$$

이다. 즉, 2차원 공간에서 원점을 중심으로 θ만큼 회전시키는 변환의 행렬은

$$\begin{pmatrix} \cos\theta & -\sin\theta \\ \sin\theta & \cos\theta \end{pmatrix}$$

이다.

정리 **9.11 2차원 회전변환**

2차원 공간에서 원점을 중심으로 θ 만큼 회전시키는 **회전변환**(rotation) $R[\theta]$의 행렬은

$$M(R[\theta]) = \begin{pmatrix} \cos\theta & -\sin\theta \\ \sin\theta & \cos\theta \end{pmatrix}$$

이다.

3차원 공간에서 회전을 이야기하려면 먼저 회전축 l과 회전각 θ가 필요하다. 그런데 축이 정해지고 회전각이 주어져도 회전 방향은 두 가지가 있을 수 있다. 이러한 모호함을 명확히 하기 위해서는 어느 방향이 양의 방향인지 정해야 한다.

먼저 z축을 중심으로 한 회전에 대하여 생각해보자. 벡터 $\vec{v} = (x, y, z)$를 z축을 중심으로 회전시키면 z 좌표는 변하지 않는다. 즉, z축의 방향에서 xy 평면을 바라보면 회전에 의한 벡터 $\vec{v}$의 이동은 xy 평면에서의 벡터의 회전과 동일하다. 이때, 회전각의 양의 방향은 반시계방향이다. 이를 3차원에서 보면, 오른손의 엄지가 z축의 양의 방향을 향할 때 나머지 손가락이 도는 방향이 회전각의 양의 방향이 된다.

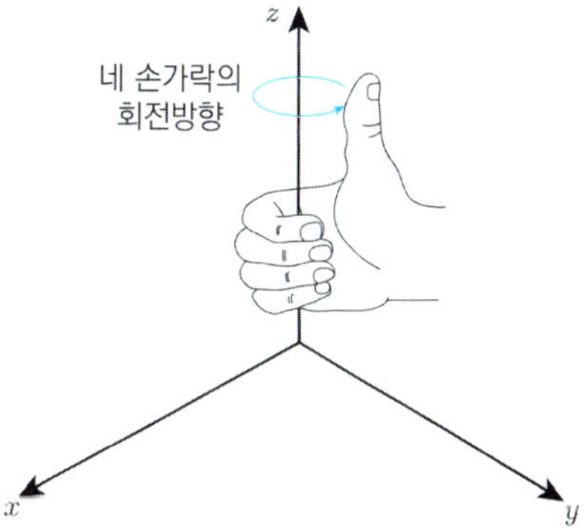

그림 9.6

일반적으로 3차원 공간의 회전변환을 정의하기 위해서는 방향이 있는 회전축과 회전각이 주어져야 한다. 이때, 회전의 양의 방향은 오른손의 엄지를 회전축의 방향과 일치시킬 때 나머지 손가락의 방향으로 정한다.

한편 z축을 중심으로 한 회전변환에서 z좌표는 변하지 않고 x, y좌표는 평면에서의 회전변환과 같으므로, z축을 중심으로 θ 만큼 회전시키는 변환 R_z에 대하여

$$(x', y', z') = R_z(x, y, z)$$

라 하면

$$\begin{aligned} x' &= x\cos\theta - y\sin\theta \\ y' &= x\sin\theta + y\cos\theta \\ z' &= z \end{aligned}$$

이다. 그러므로 R_z의 행렬은

$$M(R_z)=\begin{pmatrix}\cos\theta & -\sin\theta & 0\\ \sin\theta & \cos\theta & 0\\ 0 & 0 & 1\end{pmatrix}$$

이다.

마찬가지로 x축을 중심으로 θ만큼 회전시키는 변환 R_x에 대하여

$$(x',y',z')=R_x(x,y,z)$$

라 하면

$$\begin{aligned}y'&=y\cos\theta-z\sin\theta\\ z'&=y\sin\theta+z\cos\theta\\ x'&=x\end{aligned}$$

이다. 그러므로 R_x의 행렬은

$$M(R_x)=\begin{pmatrix}1 & 0 & 0\\ 0 & \cos\theta & -\sin\theta\\ 0 & \sin\theta & \cos\theta\end{pmatrix}$$

이다.

마지막으로 y축을 중심으로 θ만큼 회전시키는 변환 R_y에 대하여

$$(x',y',z')=R_y(x,y,z)$$

라 하면

$$\begin{aligned}z'&=z\cos\theta-x\sin\theta\\ x'&=z\sin\theta+x\cos\theta\\ y'&=y\end{aligned}$$

이다. 그러므로 R_y의 행렬은

$$M(R_y)=\begin{pmatrix}\cos\theta & 0 & \sin\theta\\ 0 & 1 & 0\\ -\sin\theta & 0 & \cos\theta\end{pmatrix}$$

이다.

정리 9.12 3차원 회전변환

(1) x축 중심 θ 회전변환: $\begin{pmatrix} 1 & 0 & 0 \\ 0 & \cos\theta & -\sin\theta \\ 0 & \sin\theta & \cos\theta \end{pmatrix}$

(2) y축 중심 θ 회전변환: $\begin{pmatrix} \cos\theta & 0 & \sin\theta \\ 0 & 1 & 0 \\ -\sin\theta & 0 & \cos\theta \end{pmatrix}$

(3) z축 중심 θ 회전변환: $\begin{pmatrix} \cos\theta & -\sin\theta & 0 \\ \sin\theta & \cos\theta & 0 \\ 0 & 0 & 1 \end{pmatrix}$

참고 일반적으로 회전축은 0이 아닌 벡터로 표시할 수 있다. 일반적인 회전축에 대한 회전변환은 선형변환의 합성을 이용하여 구할 수 있다.

밀림변환(shearing)

다음 행렬로 주어지는 선형변환을 밀림변환(shearing)이라 한다.

(1) 2차원 밀림변환:

$$\begin{pmatrix} 1 & b \\ 0 & 1 \end{pmatrix},\quad T(x, y) = (x + by, y)$$

$$\begin{pmatrix} 1 & 0 \\ a & 1 \end{pmatrix},\quad T(x, y) = (x, ax + y)$$

(2) 3차원 밀림변환:

$$\begin{pmatrix} 1 & a & b \\ 0 & 1 & c \\ 0 & 0 & 1 \end{pmatrix},\quad T(x, y, z) = (x + ay + bz, y + cz, z)$$

아래 그림은 밀림변환 행렬 $\begin{pmatrix} 1 & 2 \\ 0 & 1 \end{pmatrix}$로 표현되는 밀림변환에 의하여 점 $(0,0)$, $(0,1)$, $(1,1)$, $(1,0)$로 이루어진 정사각형이 점 $(0,0)$, $(2,1)$, $(3,1)$, $(1,0)$로 이루어진 평행사변형으로 변환되는 것을 보여준다. 밀림변환의 특징은 x좌표가 y좌표의 값에 비례하여 증가(또는 감소)한다는 것이다.

$$x' = x + 2y$$

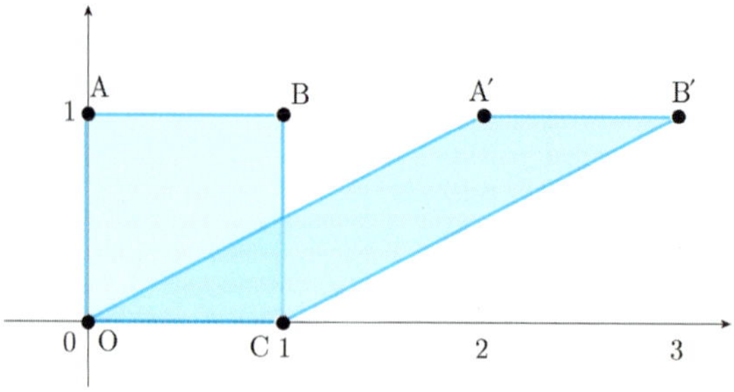

그림 9.7

반사변환(reflection)

반사변환(reflection)은 마치 거울에 사물이 반사되듯이 점이 대칭이동하는 변환이다.

(1) 2차원 반사변환

ㄱ. x축에 대한 반사: $\begin{pmatrix} 1 & 0 \\ 0 & -1 \end{pmatrix}$, $T(x, y) = (x, -y)$

ㄴ. y축에 대한 반사: $\begin{pmatrix} -1 & 0 \\ 0 & 1 \end{pmatrix}$, $T(x, y) = (-x, y)$

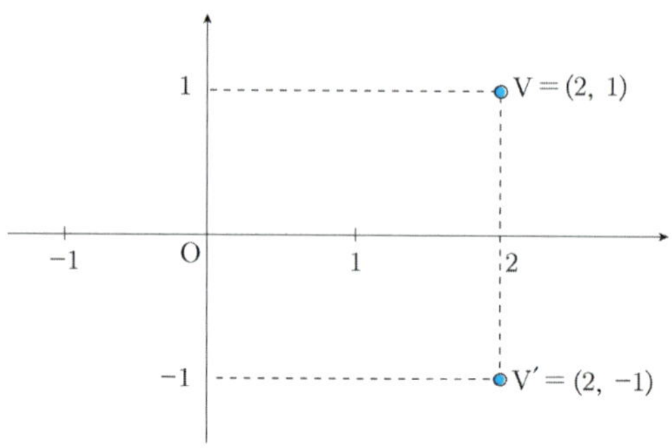

그림 9.8

(2) 3차원 반사변환

ㄱ. xy평면에 대한 반사: $\begin{pmatrix} 1 & 0 & 0 \\ 0 & 1 & 0 \\ 0 & 0 & -1 \end{pmatrix}$

ㄴ. yz평면에 대한 반사: $\begin{pmatrix} -1 & 0 & 0 \\ 0 & 1 & 0 \\ 0 & 0 & 1 \end{pmatrix}$

ㄷ. xz평면에 대한 반사: $\begin{pmatrix} 1 & 0 & 0 \\ 0 & -1 & 0 \\ 0 & 0 & 1 \end{pmatrix}$

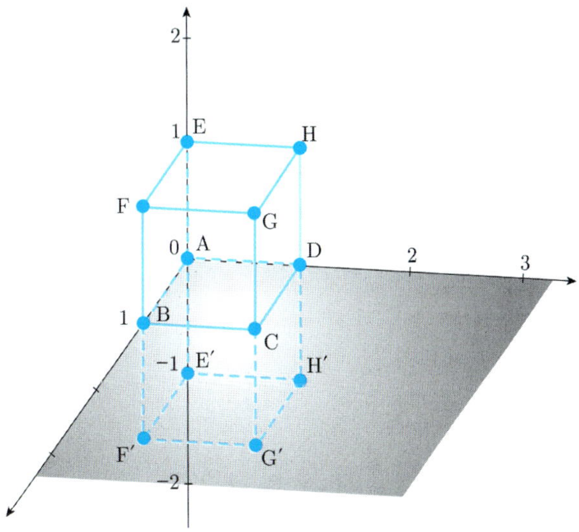

그림 9.9

그림 9.8과 9.9는 x축에 대한 2차원 반사변환, xy평면에 대한 3차원 반사에 의하여 점 또는 도형이 변환되는 모습이다.

9.4 연습문제

(1~6) 다음 행렬 A에 의하여 주어지는 변환 $T(X)=AX$가 확대-축소, 회전, 밀림, 반사 중 어떤 변환인지 알아보아라.

01 $\begin{pmatrix} 0 & -1 \\ 1 & 0 \end{pmatrix}$

02 $\begin{pmatrix} -1 & 0 \\ 0 & -1 \end{pmatrix}$

03 $\begin{pmatrix} 2 & 0 \\ 0 & -1 \end{pmatrix}$

04 $\begin{pmatrix} 1 & 2 \\ 0 & 1 \end{pmatrix}$

05 $\begin{pmatrix} 1 & 0 & 5 \\ 0 & 1 & 0 \\ 0 & 0 & 1 \end{pmatrix}$

06 $\begin{pmatrix} 1 & 0 & 0 \\ 0 & -1 & 0 \\ 0 & 0 & -1 \end{pmatrix}$

(7~10) 3차원 공간에서 다음 변환을 하는 행렬을 구하여라.

07 x축을 중심으로 30° 회전하고, y축을 중심으로 60° 회전

08 xy평면에 대하여 반사변환하고, yz평면에 대하여 반사변환

09 x축 방향으로 2배 확대하고, z축 방향으로 $\dfrac{1}{3}$만큼 축소

10 점 $(0,0,1)$이 점 $(0,1,1)$로 이동하는 밀림변환

11 다음 변환의 행렬을 구하여라.

(1) $T_1(x,y,z)=(x,0,0)$, $T_2(x,y,z)=(0,y,0)$, $T_3(x,y,z)=(0,0,z)$

(2) $T_{12}(x,y,z)=(x,y,0)$, $T_{23}(x,y,z)=(0,y,z)$, $T_{31}(x,y,z)=(x,0,z)$

(이 변환들을 직교사영(orthogonal projection)이라 한다. T_1, T_2, T_3는 각각 x, y, z축 위로의 직교사영이고, T_{12}, T_{23}, T_{31}은 각각 xy평면, yz평면, xz평면 위로의 직교사영이다.)

12 평면에서 직선 $y=x$에 대한 반사(대칭)변환의 행렬을 구하여라.

제10장

다변수 함수의 미분과 적분

10.1 다변수 함수
10.2 편도함수
10.3 연쇄법칙
10.4 방향도함수와 그래디언트 벡터
10.5 이중적분

지구상의 위치는 경도와 위도로 표현된다. 즉 경도를 x, 위도를 y라 하면 각 위치는 경도와 위도의 순서쌍 (x,y)로 표시된다. 각 위치 (x,y)에서의 높이를 h라 하면 h는 x와 y의 함수이다. 이와 같이 변수가 두 개인 함수를 이변수 함수라 하고, $h(x,y)$로 표시할 수 있다.

가로 x, 세로 y, 높이 z인 직육면체의 부피 V는 다음 식으로 주어진다.

$$V = xyz$$

이때 V는 x,y,z의 세 변수의 함수이다. 변수가 세 개인 함수를 삼변수 함수라 한다. 그리고 이변수 함수, 삼변수 함수 등 변수의 개수가 두 개 이상인 함수를 다변수 함수라 한다.

이 장에서는 다변수 함수를 수학적으로 정의하고, 다변수 함수의 미분과 적분에 대하여 알아본다.

10.1 다변수 함수

이변수 함수

이변수 함수의 정의는 다음과 같다.

정의 10.1 이변수 함수의 정의

실수 집합 $\mathbb{R}$의 데카르트 곱 $\mathbb{R}^2 = \{(x,y) \mid x,y \in \mathbb{R}\}$의 부분집합 D에서 정의된 함수 f를 이변수 함수(two variable function)라고 한다.

$$f : D \to \mathbb{R}$$

함숫값을 z라 하면 $(x,y) \in D$에 대하여 $z = f(x,y)$로 표시할 수 있다. 이때 D를 f의 정의역(domain)이라 하고, $D = Dom(f)$이라 쓴다. 그리고 함숫값의 집합

$$Im(f) = \{f(x,y) \mid (x,y) \in D\}$$

를 f의 치역(image)이라 한다.

위의 정의에서 식 $z=f(x,y)$는 함수의 값을 할당하는 대응 규칙을 나타낸다. 하나의 함수를 정의하려면 정의역과 공변역, 대응 규칙이 정해져야 한다. 예를 들면,

$$f:\mathrm{R}^2 \to \mathrm{R},\ f(x,y)=x^2-y^2$$
$$g:\mathrm{Z}^2 \to \mathrm{R},\ g(x,y)=x^2-y^2$$

는 다른 함수이다. 두 함수의 대응 규칙은 같지만, 정의역이 다르기 때문이다.

그런데 흔히 정의역을 명시하지 않고 대응 규칙만으로 함수를 정의하기도 한다. 이때 정의역은 함수가 정의될 수 있는 최대의 집합이다. 예를 들면 $f(x,y)=xy^2$의 정의역은 R^2이고, $g(x,y)=\dfrac{1}{x^2+y^2}$의 정의역은 $\mathrm{R}^2-\{(0,0)\}$이다.

예제 10.1.1 다음 함수의 정의역과 치역을 구하여라.

(1) $f(x,y)=\sqrt{1-x^2-y^2}$

(2) $z=\dfrac{1}{x-y}$

풀이

(1) $D=\{(x,y)\,|\,x^2+y^2\le 1\}$, $Im(f)=[0,1]$

(2) $D=\{(x,y)\,|\,x=y\}$, $Im(f)=\{z\in\mathrm{R}\,|\,z\neq 0\}$ ■

정의 10.2 이변수 함수의 그래프

이변수 함수 $f:D\subset\mathrm{R}^2\to\mathrm{R}$의 그래프(graph) $graph(f)$는 변수와 함숫값의 순서쌍의 집합이다.

$$graph(f)=\{(x,y,f(x,y))\,|\,(x,y)\in D\}$$

예제 10.1.2 함수 $f(x,y)=\sqrt{4-x^2-y^2}$의 정의역과 치역을 구하고, 그래프를 그려라.

풀이 정의역은 $D=\{(x,y)\,|\,4-x^2-y^2\ge 0\}=\{(x,y)\,|\,x^2+y^2\le 2^2\}$이다. 즉, 원점을 중심으로 반지름 2인 원의 내부(경계 포함)이다.

제곱근의 정의에서 $\sqrt{4-x^2-y^2}\ge 0$이고, $4-x^2-y^2$의 최댓값이 4이므로

$$0\le\sqrt{4-x^2-y^2}\le 2$$

따라서 $Im(f)=[0,2]$이다.

함수 f의 그래프는 다음과 같이 반지름 2인 구의 윗부분이다.

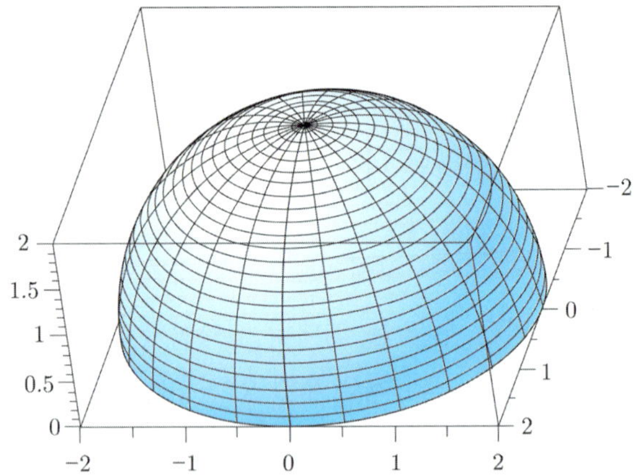

그림 10.1 ■

등고선

이변수 함수의 그래프는 많은 경우 삼차원 공간의 곡면을 이룬다. 이러한 곡면의 모양을 알아내기 위한 방법 중의 하나는 그 단면을 알아보는 것이다. 함숫값 $z=f(x,y)$을 높이라고 생각할 때, 같은 높이 $z=c$를 가지는 변수 (x,y)들의 집합을 등고선이라 하는데, 이는 그래프에 대한 각 높이의 단면이다.

정의 10.3

이변수 함수 $z=f(x,y)$와 실수 $c\in\mathbb{R}$에 대하여 다음 집합을 f의 등고선(level curve)라고 한다.

$$L_c=\{(x,y)\,|\,f(x,y)=c\}$$

예제 10.1.3 함수 $f(x,y)=xy$의 등고선을 그려라.

풀이 c-등고선은

$$L_c=\{(x,y)\,|\,xy=c\}$$

이다. 그러므로 $c=0$이면 $xy=0$이므로 L_0는 $x=0,\, y=0$ 두 직선이다.

$c \neq 0$이면 c-등고선은 $y = \frac{c}{x}$의 그래프이므로 $c < 0$이면 2, 4분면에 그려지는 그래프, $c > 0$이면 1, 3분면에 그려지는 그래프이다. c의 절댓값이 커지면 곡선은 밖으로 그려진다. c가 -3, -2, 1, 0, 1 ,2, 3, 4, 5일 때의 등고선은 그림 10.2와 같다. 그림 10.3은 함수 $z = xy$의 그래프에 등고선을 표시한 것이다.

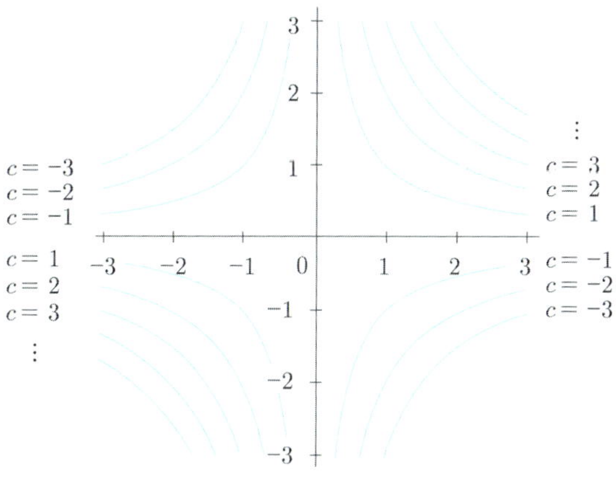

그림 10.2

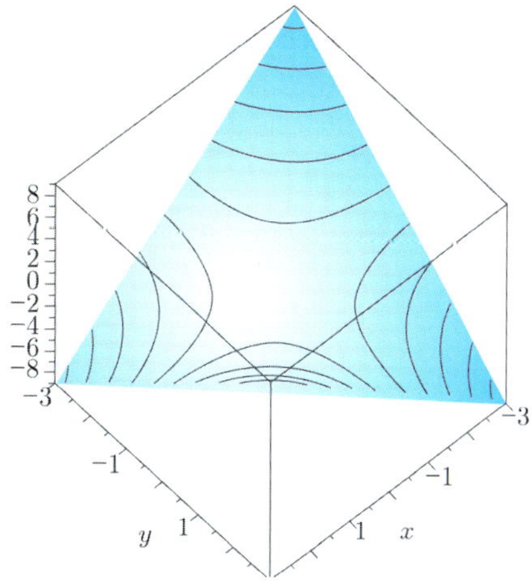

그림 10.3 ■

다변수 함수

변수가 세 개인 함수를 삼변수 함수라 한다. 삼변수 함수 $f(x,y,z)$에 대하여 다음 집합을 c-등위면(level surface)이라 한다(단, c는 실수).

$$L_c = \{(x,y,z) \mid f(x,y,z) = c\}$$

예를 들면 함수 $f(x,y,z) = x^2 + y^2 + z^2$에 대하여 양수 c에 대한 c-등위면 L_c는 반지름이 $\sqrt{c}$인 구(sphere)이다. 또한 $c < 0$이면 $L_c = \phi$이고, $c = 0$이면 $L_0 = \{O\}$이다.

일반적으로 변수가 2개 이상인 함수를 다변수 함수라 한다. 즉, 자연수 n에 대하여 R^n의 부분집합 $D \subset \mathrm{R}^n$에서 정의된 함수 $f : D \subset \mathrm{R}^n \to \mathrm{R}$를 n변수 함수라 한다.

다변수 함수 f의 그래프 $graph(f)$는 다음과 같이 정의된다.

$$graph(f) = \{(x_1, x_2, \cdots, x_n, f(x_1, \cdots, x_n)) \mid (x_1, x_2, \cdots, x_n) \in D\}$$

다변수 함수의 극한과 연속

다변수 함수의 극한과 연속은 정의역의 차원과 관계없이 본질적으로 유사하므로 이변수 함수의 극한과 연속에 대하여 알아보기로 하자.

이변수함수 $z=f(x,y)$와 점 $\mathrm{P}(a,b)$, 변수 $\mathrm{X}(x,y)$에 대하여 "점 (a,b)에서 f의 극한이 L이다"의 의미는 "P가 X에 가까이 갈 때 $f(\mathrm{X})$도 L에 가까이 간다"는 것이고 다음과 같이 표현한다.

$$\lim_{(x,y)\to(a,b)} f(x,y)=L$$

예제 10.1.4 다음은 극한의 의미를 설명하는 동치 명제들이다.

(1) $\lim_{(x,y)\to(a,b)} f(x,y)=L$

(2) $(x,y)\to(a,b) \Rightarrow f(x,y)\to L$

(3) $\|\mathrm{X}-\mathrm{P}\|\to 0 \Rightarrow |f(x,y)-L|\to 0$

(4) $\sqrt{(x-a)^2+(y-b)^2}\to 0 \Rightarrow |f(x,y)-L|\to 0$

정의 10.4 이변수함수의 연속

이변수함수 $z=f(x,y)$가 다음을 만족시킬 때 **f는 점 $\mathrm{P}(a,b)$에서 연속**(continuous)이라 한다.

$$\lim_{(x,y)\to(a,b)} f(x,y)=f(a,b)$$

그리고 f가 정의역의 모든 점에서 연속일 때, **f는 연속함수**(continuous function)라고 한다.

예를 들면, $f(x,y)=x+3y$에 대하여 $\lim_{(x,y)\to(2,1)} f(x,y)=5=f(2,1)$이므로 f는 점 $(2,1)$에서 연속이다.

예제 10.1.5 함수 $f(x,y)=\begin{cases} \dfrac{xy}{x^2+y^2}, & (x,y)\neq(0,0) \\ 0, & (x,y)=(0,0) \end{cases}$가 $(0,0)$에서 연속인지 알아보아라.

풀이 $y=x$이면 $f(x,y)=\dfrac{x^2}{2x^2}=\dfrac{1}{2}$이다.

$y = 2x$이면, $f(x, y) = \dfrac{2x^2}{x^2 + 4x^2} = \dfrac{2}{5}$이다.
그러므로 (x, y)가 직선 $y = x$를 따라서 $(0,0)$에 수렴할 때와 직선 $y = 2x$를 따라서 수렴할 때의 극한이 다르다. 그러므로 극한 $\lim_{(x,y)\to(0,0)} f(x, y)$는 존재하지 않는다. 따라서 함수 f는 $(0,0)$에서 연속이 아니다. ■

참고 극한에 대한 엄밀한 수학적 정의는 다음과 같다.
$D \subset \mathrm{R}^2$에서 정의된 함수 $f(x, y)$와 $(a, b) \in D$에 대하여 다음 명제가 성립할 때, $\lim_{(x,y)\to(a,b)} f(x, y) = L$이라 한다.
임의의 $\varepsilon > 0$에 대하여 $\delta > 0$가 존재하여 $\sqrt{(x-a)^2 + (y-b)^2} < \varepsilon$이면 $|f(x, y) - L| < \delta$이다.

10.1 연습문제

01 이변수 함수 $f(x,y)=2x-y^2+5$에 대하여 $f(1,2)$, $f(-2,3)$을 구하여라.

02 삼변수 함수 $g(x,y,z)=x^2\ln(y^2-z^2)$에 대하여 $g(2,5,3)$, $g(-1,12,-5)$를 구하여라.

(3~6) 다음 함수의 정의역과 치역을 구하여라.

03 $f(x,y)=\sqrt{y-x^2}$

04 $f(x,y)=\dfrac{x^2-y^2}{x+y}$

05 $f(x,y,z)=x^2\ln(y^2-z^2)$

06 $f(x,y,z)=e^{xy}\tan z$

(7~12) 다음 함수의 등고선과 그래프를 그려라.

07 $f(x,y)=2x-y+1$

08 $f(x,y)=x^2+y^2$

09 $f(x,y)=\dfrac{x^2}{4}+\dfrac{y^2}{9}$

10 $f(x,y)=\dfrac{x^2}{4}-\dfrac{y^2}{9}$

11 $f(x,y)=-\dfrac{x^2}{4}-\dfrac{y^2}{9}$

12 $f(x,y)=\sqrt{x^2+4y^2}$

(13~16) 다음 삼변수 함수의 주어진 값 $c=-2,\ -1,\ 0,\ 1,\ 2$에 대한 등위면 L_c를 구하고 그림으로 나타내어라.

13 $f(x,y,z)=4x^2+y^2+\dfrac{z^2}{4}-2$

14 $f(x,y,z)=z^2-x^2-y^2-5$

15 $f(x,y,z)=z-2x^2-3y^2$

16 $f(x,y,z)=z+x^2-y^2$

(17~20) 다음 극한이 수렴하는지 알아보고, 수렴하면 그 극한을 구하여라.

17 $\displaystyle\lim_{(x,y)\to(1,3)}(x^3y^2-4x^2+y^3)$

18 $\displaystyle\lim_{(x,y)\to(\pi,\frac{\pi}{2})}x\sin(x-y)$

19 $\displaystyle\lim_{(x,y)\to(0,0)}\frac{x^2-y^2}{x^2+y^2}$

20 $\displaystyle\lim_{(x,y)\to(0,0)}\frac{x^2y-xy^2}{x^2+y^2}$

(21~22) 다음 함수가 점 $(0,0)$에서 연속인지 알아보아라.

21 $f(x,y)=\begin{cases}\dfrac{2xy}{x^2+y^2} & (x,y)\neq(0,0)\\ 1 & (x,y)=(0,0)\end{cases}$

22 $f(x,y)=\begin{cases}\dfrac{x^3-y^3}{x^2+3y^2} & (x,y)\neq(0,0)\\ 0 & (x,y)=(0,0)\end{cases}$

10.2 편도함수

다변수 함수의 변화율을 다루는 미분은 여러 가지가 있는데, 그중 가장 기본적인 것이 편미분(partial differentiation)이다. 편미분은 각 변수에 대한 변화율에 주목하는 것으로서 다음과 같이 정의된다.(다변수 함수에 대한 편미분과 편도함수도 비슷하게 정의되므로 여기서는 일단 이변수함수의 편미분에 대하여 다루겠다.)

정의 10.5 편미분, 편도함수

이변수함수 $z=f(x,y)$에 대하여 점 (a,b)에서의 x에 대한 편미분 $\left.\frac{\partial z}{\partial x}\right|_{(a,b)}$ 와 y에 대한 편미분 $\left.\frac{\partial z}{\partial y}\right|_{(a,b)}$ 는 다음과 같이 정의된다.

$$\left.\frac{\partial z}{\partial x}\right|_{(a,b)}=\lim_{h\to 0}\frac{f(a+h,b)-f(a,b)}{h}$$
$$\left.\frac{\partial z}{\partial y}\right|_{(a,b)}=\lim_{k\to 0}\frac{f(a,b+k)-f(a,b)}{k}$$

정의역의 각 점에서 편미분을 대응시키는 함수를 편도함수(partial derivative)라고 한다.

$$\frac{\partial z}{\partial x}=\lim_{h\to 0}\frac{f(x+h,y)-f(x,y)}{h}$$
$$\frac{\partial z}{\partial y}=\lim_{k\to 0}\frac{f(x,y+k)-f(x,y)}{k}$$

위의 정의는 극한의 형태로 되어 있지만, $\frac{\partial z}{\partial x}$는 y를 상수로 보고 x에 대하여 미분하는 것이고, $\frac{\partial z}{\partial y}$는 x를 상수로 보고 y에 대하여 미분하는 것이다. 즉, 점 (a,b)에서 $g(x)=f(x,b)$라 하면

$$\left.\frac{\partial z}{\partial x}\right|_{(a,b)}=\left.\frac{dg}{dx}\right|_{x=a}$$

이다. 마찬가지로 $h(y)=f(a,y)$라 하면

$$\left.\frac{\partial z}{\partial y}\right|_{(a,b)}=\left.\frac{dh}{dy}\right|_{x=b}$$

이다. 예를 들면, 함수 $z=xy^2$에 대하여 $\frac{\partial z}{\partial x}=y^2$, $\frac{\partial z}{\partial y}=2xy$이다.

표기법

함수 $z=f(x,y)$에 대하여 편미분을 표시하는 방법은 다음과 같이 여러 가지가 있다.

$$\frac{\partial z}{\partial x}=\frac{\partial f}{\partial x}=\frac{\partial}{\partial x}f=f_x=D_x f=D_1 f,$$

$$\frac{\partial z}{\partial y}=\frac{\partial f}{\partial y}=\frac{\partial}{\partial y}f=f_y=D_y f=D_2 f$$

예제 10.2.1 다음 함수의 편도함수를 구하고 (3,2)에서의 편미분을 구하여라.

(1) $f(x,y)=x^2\sin y$ (2) $g(x,y)=\ln(x^2+y)$

풀이 (1) $f_x=2x\sin y$, $f_y=x^2\cos y$, $f_x(3,2)=6\sin 2$, $f_y(3,2)=9\cos 2$

(2) $g_x=\dfrac{2x}{x^2+y}$, $g_y=\dfrac{1}{x^2+y}$, $g_x(3,2)=\dfrac{6}{11}$, $g_y(3,2)=\dfrac{1}{11}$ ■

정의 10.6 이변수함수의 미분가능성

이변수함수 $z=f(x,y)$에 대하여 한 점 $P(a,b)$에서 모든 편도함수가 존재하고 연속이면 f는 점 P에서 **미분가능하다**(differentiable at P)고 한다.
또 정의역의 모든 점에서 미분가능할 때, **f는 미분가능하다**고 한다.

예를 들면, 위의 예제에서 $f(x,y)=x^2\sin y$는 미분가능한 함수이다.

편미분의 기하학적 의미

이변수함수 $f(x,y)=x^2-y^2$에 대하여 편도함수의 기하학적 의미를 알아보자. 점 (1,1)에서 f의 편미분은 각각 $f_x(1,1)=2$, $f_y(1,1)=-2$이다. $f_x(1,1)$는 y를 상수 1로 보고 $g(x)=f(x,1)=x^2-1$을 미분한 것이다. 그래프로 보면 $f_x(1,1)$는 그래프 위의 점 (1,1,0)에서 x축 방향의 곡선(f의 그래프와 평면 $y=1$의 교선)의 기울기이다(그림 10.4). 마찬가지로 $f_y(1,1)$는 $h(y)=f(1,y)=1-y^2$의 미분이고 y축 방향 곡선(f의 그래프와 평면 $x=1$의 교선)의 기울기이다(그림 10.5).

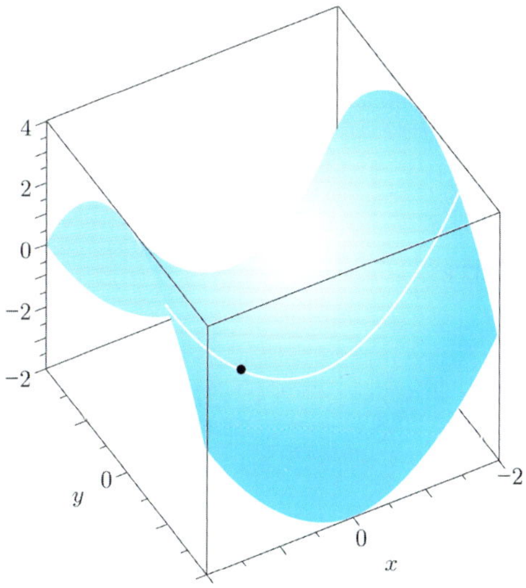

그림 10.4

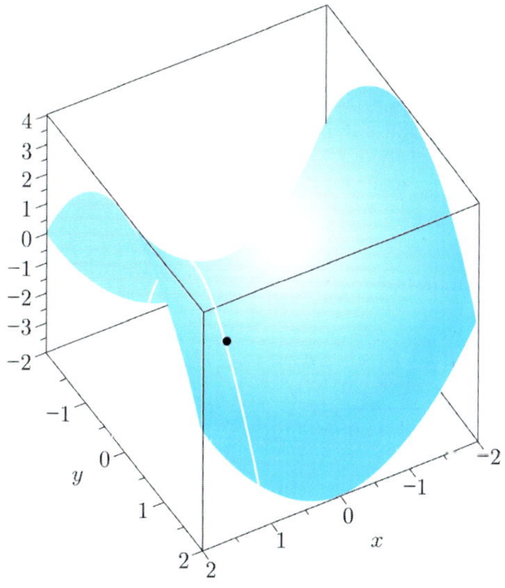

그림 10.5

고계 편도함수

이변수함수의 편도함수는 그 자체로 이변수함수이다. 그러므로 편도함수에 대한 편미분, 편도함수를 생각할 수 있다. 이와 같이 여러번 편미분한 것을 고계 편미분이라 하고, 이때 얻어지는 편도함수를 고계 편도함수라 한다.

이변수함수 $z = f(x,y)$에 대하여 다음 편도함수를 이계 편도함수라 한다.

$$f_{xx},\ f_{xy},\ f_{yx},\ f_{yy}$$

이들 이계 편도함수는 다음과 같이 표현될 수 있다.

$$f_{xx} = \frac{\partial}{\partial x}\left(\frac{\partial f}{\partial x}\right) = \frac{\partial^2 f}{\partial x^2} = \frac{\partial^2 z}{\partial x^2}$$

$$f_{xy} = \frac{\partial}{\partial y}\left(\frac{\partial f}{\partial x}\right) = \frac{\partial^2 f}{\partial y \partial x} = \frac{\partial^2 z}{\partial y \partial x}$$

$$f_{yx} = \frac{\partial}{\partial x}\left(\frac{\partial f}{\partial y}\right) = \frac{\partial^2 f}{\partial x \partial y} = \frac{\partial^2 z}{\partial x \partial y}$$

$$f_{yy} = \frac{\partial}{\partial y}\left(\frac{\partial f}{\partial y}\right) = \frac{\partial^2 f}{\partial y^2} = \frac{\partial^2 z}{\partial y^2}$$

예제 10.2.2 다음 함수의 이계 편도함수를 구하여라.

(1) $f(x,y)=x^3+y^2-4x^2y^3$ (2) $g(x,y)=e^x\cos y$

풀이 (1) $f_x=3x^2-8xy^3,\ f_y=2y-12x^2y^2,$

$f_{xx}=6x-8y^3,\ f_{xy}=-24xy^2,$

$f_{yx}=-24xy^2,\ f_{yy}=2-24x^2y$

(2) $g_x=e^x\cos y,\ g_y=-e^x\sin y,$

$g_{xx}=e^x\cos y,\ g_{xy}=-e^x\sin y,$

$g_{yx}=-e^x\sin y,\ g_{yy}=-e^x\cos y$ ■

n변수함수의 편도함수

n변수 함수 $f(x_1,\cdots,x_n)$에 대하여 k번째 변수 x_k에 대한 편도함수는 다음과 같이 주어진다($k=1,\cdots,n$).

$$\frac{\partial f}{\partial x_k}=\lim_{h\to 0}\frac{f(x_1,\cdots,x_k+h,\cdots,x_n)-f(x_1,\cdots,x_k,\cdots,x_n)}{h}$$

그리고 x_k에 대한 편도함수는 다음과 같이 표현될 수 있다.

$$\frac{\partial f}{\partial x_k}=f_{x_k}=f_k=D_kf$$

예제 10.2.3 삼변수 함수 $f(x,y,z)=x^2y\ln z$의 편도함수와 이계 편도함수를 구하여라.

풀이

$$f_x=2xy\ln z,\ f_y=x^2\ln z,\ f_z=\frac{x^2y}{z}$$

$$f_{xx}=2y\ln z,\ f_{xy}=2x\ln z,\ f_{xz}=\frac{2xy}{z}$$

$$f_{yx}=2x\ln z,\ f_{yy}=0,\ f_{yz}=\frac{x^2}{z}$$

$$f_{zx}=\frac{2xy}{z},\ f_{zy}=\frac{x^2}{z},\ f_{zz}=-\frac{x^2y}{z^2}$$ ■

위의 예제에서 주목할 점은 이계 미분에서 순서가 달라도 결과적으로 같은 변수에 대하여 미분하면 그 값도 같다는 것이다.[2)]

$$f_{xy} = f_{yx},\ f_{xz} = f_{zx},\ f_{yz} = f_{zy}$$

2) 일반적으로 이계 편도함수가 연속이면 미분의 순서에 관계없이 같은 값을 가진다는 것이 알려져 있다.

10.2 연습문제

(1~8) 다음 함수의 편도함수를 구하여라.

01 $f(x,y) = x^3 + 5x^2y^3$

02 $f(x,y) = x^2e^y$

03 $f(x,y) = \sqrt{3x - 4y + 5xy}$

04 $f(x,y) = \ln(x + 2y^3)$

05 $z = \dfrac{x}{y}$

06 $z = y^2\cos(xy)$

07 $f(x,y,z) = xy^2z - 3yz^2 + 5$

08 $f(x,y,z) = \dfrac{x^y}{z}$

(9~10) $(0,0)$에서 다음 함수 f의 편미분계수 $f_x(0,0)$, $f_y(0,0)$을 구하여라.

09 $f(x,y) = \begin{cases} \dfrac{x^3 + y^3}{x^2 + 3y^2} & (x,y) \neq (0,0) \\ 0 & (x,y) = (0,0) \end{cases}$

10 $f(x,y) = \begin{cases} \dfrac{x^4 - 2x^3}{x^2 + y^2} & (x,y) \neq (0,0) \\ 0 & (x,y) = (0,0) \end{cases}$

(11~14) 다음 함수의 이계 편도함수를 구하여라.

11 $f(x,y) = 4x^3y^2 + 3x + 5y^3$

12 $f(x,y) = \sqrt{x^2y + y^3}$

13 $\ln(2x + 3y)$

14 $f(x,y) = e^{y^2}\sin x$

15 함수 $f(x,y) = \begin{cases} \dfrac{x^3y - 2xy^3}{x^2 + y^2} & (x,y) \neq (0,0) \\ 0 & (x,y) = (0,0) \end{cases}$에 대하여 $f_{xy}(0,0)$, $f_{yx}(0,0)$를 구하여라.

10.3 연쇄법칙

합성함수의 미분법을 연쇄법칙(chain rule)이라 한다. 일변수함수의 경우 $z=f(y)$, $y=g(x)$이면 $z=(f\circ g)(x)=f(g(x))$이고

$$\frac{dz}{dx}=\frac{dz}{dy}\frac{dy}{dx}$$

또는

$$(f\circ g)'(x)=f'(g(x))g'(x)$$

이다. 이 식은 합성함수의 미분(도함수)이 개별 함수의 미분으로 어떻게 표현되는가를 보여 준다.

다변수 함수가 합성되는 것은 여러 가지 경우가 있는데, 각 상황에서 합성함수의 편미분이 개별함수의 (편)미분에 의하여 어떻게 주어지는지 알아보자.

$\mathrm{R}\xrightarrow{g}\mathrm{R}^2\xrightarrow{f}\mathrm{R}$, $h=f\circ g$인 경우

정리 10.1 합성함수의 편미분 1[3)]

$z=f(x,y)$, $x=g(t)$, $y=h(t)$라 하고, $f(x,y)$, $g(t)$, $h(t)$가 미분가능하면

$$\frac{dz}{dt}=\frac{\partial z}{\partial x}\frac{dx}{dt}+\frac{\partial z}{\partial y}\frac{dy}{dt}$$

이다. 함수로 표현하면 다음과 같다.

$$\frac{dz}{dt}=\frac{\partial f}{\partial x}\frac{dg}{dt}+\frac{\partial f}{\partial y}\frac{dh}{dt}$$

3) 이 정리에 대한 증명은 이 책의 범위를 넘어가므로 생략한다.

예제 10.3.1 $z = \sin x \cos y,\ x = t^2 + 1,\ y = 2t$일 때 $\dfrac{dz}{dt}$를 구하여라.

풀이 $f(x,y) = \sin x \cos y$라 하면 $\dfrac{dz}{dt} = \dfrac{\partial z}{\partial x}\dfrac{dx}{dt} + \dfrac{\partial z}{\partial y}\dfrac{dy}{dt}$이므로

$$\frac{\partial z}{\partial x} = \cos x \cos y,\quad \frac{\partial z}{\partial y} = -\sin x \sin y$$

$$\begin{aligned}\frac{dz}{dt} &= \cos x \cos y \cdot 2t + (-\sin x \sin y) \cdot 2 \\ &= 2t\cos(t^2+1)\cos 2t - 2\sin(t^2+1)\sin 2t\end{aligned}$$ ■

$\mathrm{R}^2 \xrightarrow{g} \mathrm{R}^2 \xrightarrow{f} \mathrm{R},\ h = f \circ g$인 경우

정리 10.2 합성함수의 편미분 2[4)]

$z = f(x,y),\ x = g(u,v),\ y = h(u,v)$이고 $f(x,y), g(u,v), h(u,v)$가 미분가능하면

$$\frac{\partial z}{\partial u} = \frac{\partial z}{\partial x}\frac{\partial x}{\partial u} + \frac{\partial z}{\partial y}\frac{\partial y}{\partial u},\quad \frac{\partial z}{\partial v} = \frac{\partial z}{\partial x}\frac{\partial x}{\partial v} + \frac{\partial z}{\partial y}\frac{\partial y}{\partial v}$$

이다. 함수로 표시하면 다음과 같다.

$$\frac{\partial z}{\partial u} = \frac{\partial f}{\partial x}\frac{\partial g}{\partial u} + \frac{\partial f}{\partial y}\frac{\partial h}{\partial u},\quad \frac{\partial z}{\partial v} = \frac{\partial f}{\partial x}\frac{\partial g}{\partial v} + \frac{\partial f}{\partial y}\frac{\partial h}{\partial v}$$

예제 10.3.2 $z = e^x \ln y,\ x = 2uv,\ y = u^4 + v^3$일 때 $\dfrac{\partial z}{\partial u},\ \dfrac{\partial z}{\partial v}$를 구하여라.

풀이

$$\frac{\partial z}{\partial u} = e^x \ln y \cdot 2v + \frac{e^x}{y} \cdot 4u^3 = 2e^{2uv}\left\{v\ln(u^4+v^3) + \frac{2u^3}{u^4+v^3}\right\}$$

$$\frac{\partial z}{\partial v} = e^x \ln y \cdot 2u + \frac{e^x}{y} \cdot 3v^2 = e^{2uv}\left\{2u\ln(u^4+v^3) + \frac{3v^2}{u^4+v^3}\right\}$$ ■

---

4) 정리 10.1(합성함수의 편미분 1)을 이용하면 정리10.2(합성함수의 편미분 2)를 증명할 수 있다.

$\mathbb{R}^m \xrightarrow{g} \mathbb{R}^n \xrightarrow{f} \mathbb{R}$, $h = f \circ g$인 경우

정리 10.3 합성함수의 편미분 3

$z = f(y_1, \cdots, y_n)$가 미분가능하고 각 $y_k(k = 1, \cdots, n)$가 $x_1, \cdots, x_m$의 미분가능한 함수이면

$$\frac{\partial z}{\partial x_i} = \sum_{k=1}^{n} \frac{\partial z}{\partial y_k} \frac{\partial y_k}{\partial x_i}, \quad i = 1, \cdots, m$$

이다.

예제 10.3.3 $w = xy - yz$, $x = \cos u \cos v$, $y = \cos u \sin v$, $z = \sin u$일 때 $\frac{\partial w}{\partial u}$, $\frac{\partial w}{\partial v}$를 구하여라.

풀이 정리를 이용하면 다음 결과를 얻을 수 있다.

$$\frac{\partial w}{\partial u} = \frac{\partial w}{\partial x} \frac{\partial x}{\partial u} + \frac{\partial w}{\partial y} \frac{\partial y}{\partial u} + \frac{\partial w}{\partial z} \frac{\partial z}{\partial u},$$

$$\frac{\partial w}{\partial v} = \frac{\partial w}{\partial x} \frac{\partial x}{\partial v} + \frac{\partial w}{\partial y} \frac{\partial y}{\partial v} + \frac{\partial w}{\partial z} \frac{\partial z}{\partial v}$$

따라서

$$\frac{\partial w}{\partial u} = -\sin v (2\cos u \cos v \sin u + 2\cos^2 u - 1)$$

$$\frac{\partial w}{\partial v} = \cos u (2\cos u \cos^2 v - \cos v \sin u - \cos u)$$

이다. ■

10.3 연습문제

(1~4) 연쇄법칙을 이용하여 $\frac{dz}{dt}$를 구하여라.

01 $z = x^2y - xy^2$, $x = t^2 + t$, $y = t^2 - t$

02 $z = \frac{x-y}{2x+y}$, $x = e^t$, $y = e^{-t}$

03 $z = \cos x \sin y$, $x = t^2$, $y = \sqrt{t}$

04 $z = e^y \ln(\cos x)$, $x = t$, $y = t^2$

(5~8) 연쇄법칙을 이용하여 $\frac{\partial z}{\partial u}$, $\frac{\partial z}{\partial v}$를 구하여라.

05 $z = \sin(x^2y)$, $x = u^2 - v^2$, $y = 2uv$

06 $z = \ln(2x + 3y)$, $x = ue^v$, $y = ve^{-u}$

07 $z = e^x \cos y$, $x = 1 + uv$, $y = u^2 + v^2$

08 $z = \cos^{-1}(x - y)$, $x = \sqrt{1 - u^2 - v^2}$, $y = 1 - uv$

09 $z = f(x, y)$, $x = r\cos\theta$, $y = r\sin\theta$일 때 $\frac{\partial z}{\partial r}$, $\frac{\partial z}{\partial \theta}$를 구하고 다음 식이 성립함을 증명하여라.

$$\left(\frac{\partial z}{\partial x}\right)^2 + \left(\frac{\partial z}{\partial y}\right)^2 = \left(\frac{\partial z}{\partial r}\right)^2 + \frac{1}{r^2}\left(\frac{\partial z}{\partial \theta}\right)^2$$

10.4 방향도함수와 그래디언트 벡터

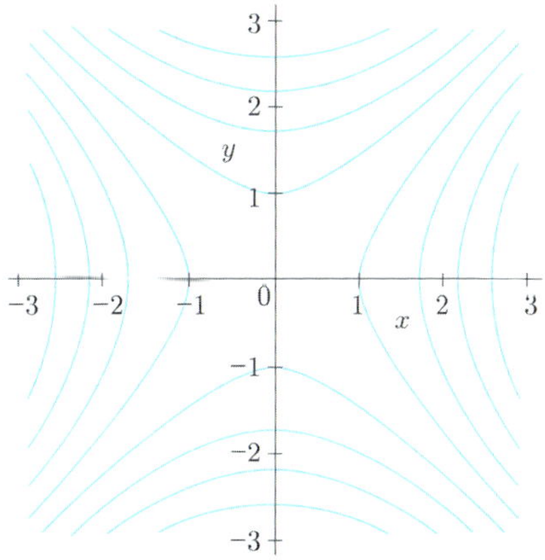

그림 10.6

기울어진 바닥에 물을 부으면 물이 어디로 흘러갈까? 아마도 물이 떨어진 지점에서 가장 기울어진 방향으로 흘러갈 것이다. 만일 그 바닥이 함수 $f(x,y)=y^2-x^2$의 그래프라면 등고선은 위 그림과 같을 것이다. 물을 $(1,0)$ 지점에 부으면 물은 x축 양의 방향을 따라서 흘러갈 것이다. 왜냐하면 점 $\mathrm{P}(1,0)$에서 x축 양의 방향이 가장 경사가 심한 방향이기 때문이다. 수학적으로 이와 같은 사실을 밝힐 수 있는 방법은 무엇인가?

방향도함수

벡터 $\mathrm{e}_1=(1,0)$, $\mathrm{e}_2=(0,1)$를 2차원 좌표공간의 표준단위벡터(standard unit vector)라 한다. 점 $\mathrm{P}(x,y)$에서 이변수함수 $z=f(x,y)$의 편미분

$$f_x=\lim_{h\to 0}\frac{f(x+h,y)-f(x,y)}{h}$$
$$f_y=\lim_{k\to 0}\frac{f(x,y)-f(x,y+k)}{k}$$

를 표준단위벡터로 표현하면 다음과 같다.

$$f_x=\lim_{h\to 0}\frac{f(\mathrm{P}+h\,\mathrm{e}_1)-f(\mathrm{P})}{h}$$

$$f_y = \lim_{h\to 0}\frac{f(\mathrm{P}+h\,\mathrm{e}_2)-f(\mathrm{P})}{h}$$

이 식의 의미는 점 P에서 벡터 e_1, e_2의 방향으로 움직일 때 함수 f의 변화율이 편도함수라는 것이다. 그렇다면 임의의 방향으로 점이 움직일 때의 변화율도 생각할 수 있다.

점 P에서 벡터 $\vec{v}$의 속도로 점 X가 움직일 때 함수 f의 변화율은 다음과 같이 표현될 수 있다.

$$f_v(\mathrm{P}) = \lim_{h\to 0}\frac{f(\mathrm{P}+tv)-f(\mathrm{P})}{h}$$

그런데 이 값은 v의 길이에 따라서 달라지므로, 단순히 방향에 따른 변화율을 파악하기 위해서 다음과 같이 방향도함수를 정의한다.

정의 10.7 방향도함수

n차원 단위벡터 u와 n변수함수 f에 대하여 다음 극한이 존재할 때, 그 극한을 f의 u-방향도함수(directional derivative)라고 한다.

$$f_{\mathrm{u}}(\mathrm{P}) = \lim_{h\to 0}\frac{f(\mathrm{P}+h\,\mathrm{u})-f(\mathrm{P})}{h}$$

정리 10.4

n변수함수 f와 n차원 벡터 u에 대하여 $g(t)=f(\mathrm{P}+t\mathrm{u})$라 하면 $f_{\mathrm{u}}(\mathrm{P})=g'(0)$이다.

증명

$$f_{\mathrm{u}}(\mathrm{P}) = \lim_{h\to 0}\frac{f(\mathrm{P}+h\,\mathrm{u})-f(\mathrm{P})}{h} = \lim_{h\to 0}\frac{g(t)-g(0)}{h} = g'(0)$$

참고 $f_{\mathrm{u}}(\mathrm{P})$는 $g(t)=f(\mathrm{P}+t\mathrm{u})$를 t에 대하여 미분하여 $t=0$에서 값을 구한 것이다.

예제 10.4.1 이변수함수 $f(x,y)=y^2-x^2$과 점 $\mathrm{P}(1,0)$, 벡터 $\mathrm{v}=(1,1)$, $\mathrm{w}=(2,2)$에 대하여 f_{v}, f_{w}를 구하여라.

풀이

$$\mathrm{P} + h\mathrm{v} = (1,0) + h(1,1) = (1+h, h)$$
$$\mathrm{P} + h\mathrm{w} = (1,0) + h(2,2) = (1+2h, 2h)$$
$$f(\mathrm{P} + h\mathrm{v}) = h^2 - (1+h)^2 = -1 - 2h$$
$$f(\mathrm{P} + h\mathrm{w}) = 4h^2 - (1+2h)^2 = -1 - 4h$$
$$f(\mathrm{P}) = -1$$

따라서

$$f_{\mathrm{v}}(\mathrm{P}) = \lim_{h \to 0} \frac{-1-2h+1}{h} = -2$$
$$f_{\mathrm{w}}(\mathrm{P}) = \lim_{h \to 0} \frac{-1-4h+1}{h} = -4$$

■

위의 예제에서 $\mathrm{w} = 2\mathrm{v}$이다. 즉, w는 v와 방향이 같고 길이가 두 배이다. 그리고 $f_{\mathrm{w}}(\mathrm{P}) = f_{\mathrm{v}}(\mathrm{P})$이다. 이와 같이 벡터의 길이가 늘어나면 그에 비례하여 f_{v}의 절댓값도 커진다. 이는 점이 움직이는 속도가 증가하면 그 변화율도 증가한다는 것을 의미한다.

만일 순수하게 방향에만 의존하는 함수의 변화율을 비교하고 싶다면 벡터의 길이를 표준화할 필요가 있다. 이것이 방향도함수를 정의할 때 단위벡터를 사용하여 f_{u}를 구하는 이유이다.

그래디언트 벡터

정의 10.8 그래디언트 벡터

이변수함수 $f(x,y)$에 대하여 편도함수로 이루어진 벡터 $\left(\frac{\partial f}{\partial x}, \frac{\partial f}{\partial y}\right)$를 그래디언트 벡터(gradient vector) ∇f라 한다.

$$\nabla f = \left(\frac{\partial f}{\partial x}, \frac{\partial f}{\partial y}\right)$$

일반적으로 n변수함수 $f(x_1, \cdots, x_n)$의 그래디언트 벡터는 다음이 정의된다.

$$\nabla f = \left(\frac{\partial f}{\partial x_1}, \cdots, \frac{\partial f}{\partial x_n}\right)$$

∇f는 일종의 함수이며, 점 $\mathrm{P} \in \mathrm{R}^n$에서 ∇f의 값, 즉 점 P에서 f의 그래디언트 벡터는 $\nabla f(\mathrm{P})$로 표시한다.

$$\nabla f(\mathrm{P}) = (f_{x_1}(\mathrm{P}), \cdots, f_{x_n}(\mathrm{P}))$$

예제 10.4.2 점 $(1,0,0)$, $(0,1,0)$에서 $f(x,y,z) = e^{xy}\cos z$의 그래디언트 벡터를 구하여라.

풀이

$$\nabla f = (ye^{xy}\cos z,\ xe^{xy}\cos z,\ -e^{xy}\sin z)$$
$$\nabla f(1,0,0) = (0,1,0),\ \nabla f(0,1,0) = (1,0,0)$$ ■

방향도함수와 그래디언트

위 보조정리로부터 다음 정리를 얻을 수 있다.

정리 10.5 방향도함수와 그래디언트

n변수 함수 $f(x_1, \cdots, x_n)$와 n차원벡터 $\mathrm{u} = (u_1, \cdots, u_n)$, 점 $\mathrm{P}(x_1, \cdots, x_n) \in \mathrm{R}^n$에 대하여

$$f_{\mathrm{u}} = \nabla f \cdot \mathrm{u} \text{ 또는 } f_{\mathrm{u}}(\mathrm{P}) = \nabla f(\mathrm{P}) \cdot \mathrm{u}$$

이다.

증명

간단한 표현을 위하여 이변수함수에 대하여 증명을 서술해보기로 하자.
보조정리에 의하여 $g(t) = f(\mathrm{P} + t\mathrm{u})$라 하면 $f_{\mathrm{u}}(\mathrm{P}) = g'(0)$이다. 그런데 연쇄법칙에 의하여

$$\begin{aligned}\frac{dg}{dt} &= \frac{\partial f}{\partial x_1}\frac{dx_1}{dt} + \cdots + \frac{\partial f}{\partial x_n}\frac{dx_n}{dt}\\ &= \sum_{k=1}^{n}\frac{\partial f}{\partial x_k}\frac{dx_k}{dt} = \left(\frac{\partial f}{\partial x_1}, \cdots, \frac{\partial f}{\partial x_n}\right) \cdot (u_1, \cdots, u_n)\\ &= \nabla f \cdot \mathrm{u}\end{aligned}$$

따라서

$$f_{\mathrm{u}}(\mathrm{P}) = \left.\frac{dg}{dt}\right|_{t=0} = \nabla f(\mathrm{P}) \cdot \mathrm{u}$$

이제 이 절의 처음 문제를 생각해보자. 이변수함수 $f(x,y)=y^2-x^2$의 그래디언트는

$$\nabla f(x,y)=(-2x,2y)$$

이다. 점 $P(1,0)$에서 임의의 단위벡터 $u=(\cos\theta,\sin\theta)$에 대한 f의 방향도함수를 구하면

$$f_u(1,0)=\nabla f(1,0)\cdot u=(-2,0)\cdot(\cos\theta,\sin\theta)=-2\cos\theta$$

이다. 그러므로 방향도함수 $f_u(1,0)$는 $\theta=0$일 때 최솟값 -2, $\theta=\pi$일 때 최댓값 2를 가진다. 즉, 처음에 추측하였듯이 f의 값은 점이 x축의 양의 방향 $u=(1,0)$으로 움직일 때 가장 빨리 감소한다는 것을 알 수 있다.

일반적으로 $\nabla f\neq O$일 때, ∇f와 단위벡터 u가 이루는 각을 θ라 하면

$$f_u(P)=\|\nabla f(P)\|\cos\theta$$

이다. 그러므로 방향도함수 $f_u(P)$의 값은 $\theta=0$일 때 최대, $\theta=\pi$일 때 최소이다.

$$\max f_u(P)=\|\nabla f(P)\| \quad ((f_u(P))\text{와 } u\text{의 방향이 같을 때, } \theta=0)$$
$$\min f_u(P)=-\|\nabla f(P)\| \quad (f_u(P))\text{와 } u\text{의 방향이 반대일 때, } \theta=\pi)$$

예제 10.4.3 (1) 점 $P(1,1)$에서 이변수함수 $f(x,y)=y^2-x^2$의 방향도함수의 최솟값과 그 방향을 구하여라.

(2) 바닥면이 이변수함수 $f(x,y)+y^2 \quad x^2$의 그래프일 때(즉, f가 높이 함수), 정확히 점 $P(1,1)$에 떨어진 물이 흘러가는 경로를 구하여라.(물은 항상 가장 경사가 심한 방향 — 방향도함수가 가장 작은 방향 — 으로 움직인다고 가정한다.)

풀이 (1) $\nabla f(x,y)=(-2x,2y)$, $\nabla f(1,1)=(-2,2)$이다. 그러므로 방향도함수의 최솟값은 $-\|\nabla f(1,1)\|=-2\sqrt{2}$이고 방향은 $(2,-2)$이다.

(2) 물이 흘러가는 경로를 $r(t)=(x(t),y(t))$라 하면 물은 매순간 $-\nabla f$ 방향으로 움직이므로 다음을 만족시키는 $k(\neq 0)$가 존재한다.

$$\frac{dr}{dt}=-k\nabla f$$

즉

$$(x'(t),y'(t))=-k(-2x(t),2y(t))$$

$$x'(t) = 2kx(t),\ y'(t) = -2ky(t)$$

이다. 이와 같은 방정식을 미분방정식(differential equation)이라 하는데 다음과 같은 형태의 해가 있다.

$$x(t) = Ae^{2kt},\ y(t) = Be^{-2kt}$$

초기 상태($t=0$)에 $(1,1)$에 있었으므로 $x(0)=1, y(0)=1$이다. 따라서 $A=B=1$이다.

$$x(t) = e^{2kt},\ y(t) = e^{-2kt}$$

주목할 것은 $x(t)y(t)=1$이라는 것이다. 그러므로 물은 곡선 $y=\dfrac{1}{x}$을 따라서 움직인다.

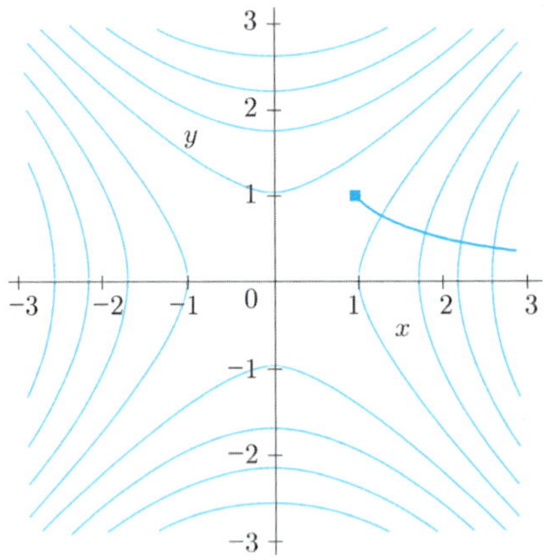

그림 10.7 점 $P(1, 1)$에 떨어진 물이 흘러가는 경로 ■

10.4 연습문제

(1~4) 다음 함수 f와 점 P, 벡터 v에 대하여 f_{v}를 구하여라.

01 $f(x,y)=xy^3-x^2y+y^2$, $\mathrm{P}(1,3)$, $\mathrm{v}=(2,-1)$

02 $f(x,y)=x\sin(xy)$, $\mathrm{P}(1,2)$, $\mathrm{v}=\left(1,\dfrac{1}{2}\right)$

03 $f(xy,z)=x^2y\ln z$, $\mathrm{P}(1,2,-4)$, $\mathrm{v}=(-1,0,2)$

04 $f(x,y,z)=\sqrt{x^2+yz^2}$, $\mathrm{P}(2,0,3)$, $\mathrm{v}=(0,3,4)$

(5~8) 주어진 점에서 함수 f의 그래디언트 벡터와 v-방향도함수를 구하여라.

05 $f(x,y)=e^x\cos y$, $\left(2,\dfrac{\pi}{3}\right)$, $\mathrm{v}=(-3,4)$

06 $f(x,y)=y+x^2y^3$, $(3,4)$, $\mathrm{v}=(12,5)$

07 $f(x,y,z)=xy^2z+x^2y-yz^2$, $(1,2,3)$, $\mathrm{v}=(2,3,6)$

08 $f(x,y,z)=x^2y\sin^{-1}z$, $\left(2,3,\dfrac{1}{2}\right)$, $\mathrm{v}=(2,1,-2)$

(9~10) 주어진 점에서 f의 방향도함수의 최댓값과 그 방향을 구하여라.

09 $f(x,y)=\dfrac{x^2}{y+2}$, $(2,1)$

10 $f(x,y,z)=xe^y\ln z$, $(3,1,e)$

10.5 이중적분

일변수함수의 적분은 어떤 구간에서 함숫값을 모두 더하는 것이다. 마찬가지로 다변수 함수의 값을 어떤 영역에서 더할 수 있는데, 이것을 다중적분이라 한다. 이 절에서는 다변수 함수, 특히 이변수함수의 적분을 정의하고, 이를 이용하여 도형의 넓이, 부피 등을 구하는 방법에 대하여 알아본다.

구간 $[a,b]$에서 정의된 함수 $y=f(x)$의 값이 항상 양이라 하자. 적분

$$\int_a^b f(x)dx$$

는 $f(x)$의 그래프와 x축, $x=a$, $x=b$로 둘러싸인 부분의 넓이인데, 이것은 x축에서 그래프까지 수직으로 그은 선분의 길이 L_x를 구간 $[a,b]$에서 적분한 것과 같다.

$$\int_a^b f(x)dx = \int_a^b L_x dx$$

즉, 영역은 선분들의 합집합으로 이해할 수 있고, 그 넓이는 선분들의 길이를 정의역에서 적분한 것이다.

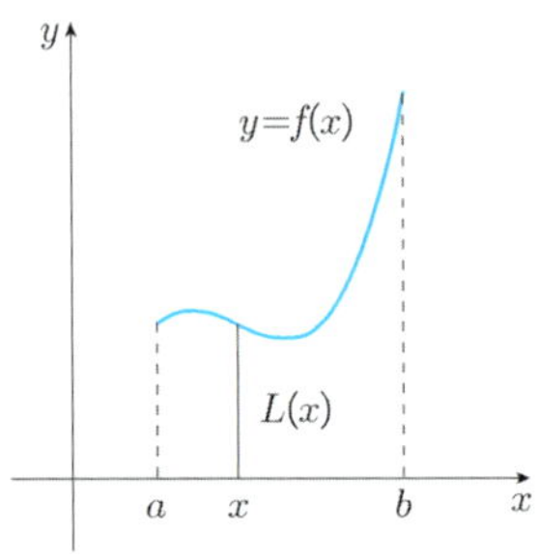

그림 10.8

이와 같은 것을 부피에 적용하면, 어떤 3차원 입체는 각 단면의 합집합으로 이해할 수 있고 그 부피는 단면의 넓이를 적분한 것이다. 즉, 그림 10.9와 같이 어떤 입체에 대하여 x축에 수직인 단면의 넓이를 $A(x)$라 하면 $x=a$에서의 단면과 $x=b$에서의 단면 사이의 부피 V는 다음과 같이 계산할 수 있다.

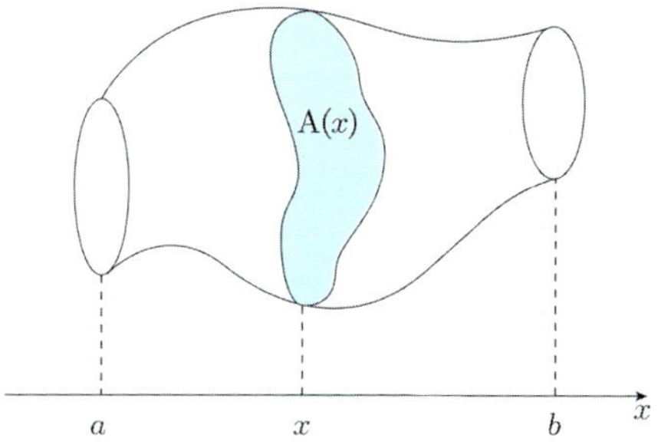

그림 10.9

$$V = \int_a^b A(x)dx$$

예를 들면, 3차원 공간에서 포물면 $x = y^2 + z^2$과 평면 $x = 4$로 둘러싸인 부분의 부피 V는 다음과 같이 계산될 수 있다. 포물면과 평면 $x = t$가 만나서 생기는 원의 반지름이 $\sqrt{t}$이므로 $x = t$일 때 단면의 넓이는 $\pi\sqrt{t}^2 = \pi t$이다. 그러므로

$$V = \int_0^4 \pi t dt = 8\pi$$

이다.

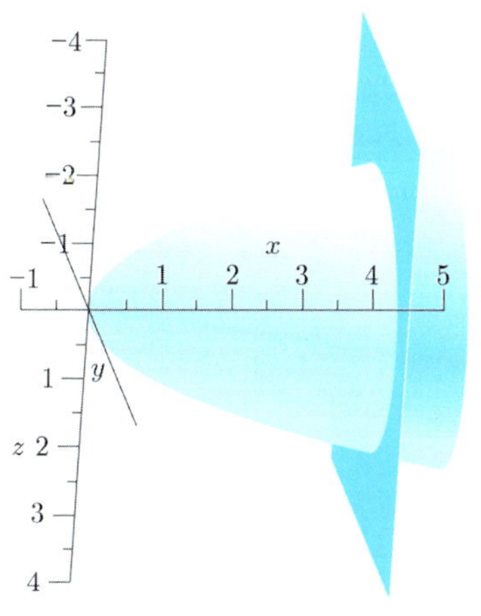

그림 10.10

이제 이변수함수의 적분에 대하여 알아보자. 먼저 양의 값을 가지는 이변수함수 $f:[a,b]\times[c,d]\to\mathbb{R}$에 대하여 f의 그래프와 xy평면 사이의 입체를 S라 하고, S의 부피 V를 구하는 방법을 생각해보자.

$$S = \{(x,y,z)\,|\,a \le x \le b,\ c \le y \le d,\ 0 \le z \le f(x,y)\}$$

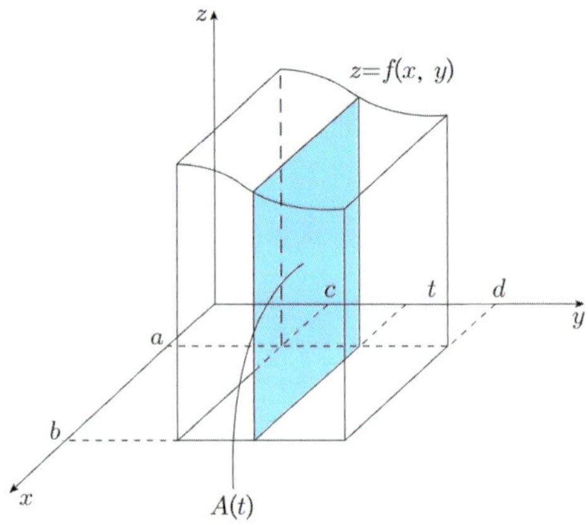

그림 10.11

$y=t$일 때 입체 S의 단면은 입체 S와 평면 $y=t$의 공통부분이다. 이 단면의 넓이를 $A(t)$라 하면

$$A(t)=\int_a^b f(x,t)dx$$

이다. 그러므로 $A(t)$를 적분하여 S의 부피 V를 구할 수 있다.

$$V=\int_c^d A(t)dt$$

적분 변수를 바꾸어 다시 쓰면 다음과 같다.

$$V=\int_c^d\left(\int_a^b f(x,y)dx\right)dy$$

이와 같이 이변수 함수에 대하여 그래프와 xy평면 사이의 부피를 적분을 이용하여 구할 수 있다.

이처럼 적분을 반복하여서 하는 것을 반복 적분(iterated integral)이라 한다. 그리고 위 식에서 괄호를 생략하여 다음과 같이 쓴다.

$$V=\int_c^d\int_a^b f(x,y)dx\,dy$$

예제 10.5.1 $x=1$, $x=4$, $y=0$, $y=2$, $z=0$, $z=x^2+y^2$으로 둘러싸인 입체의 부피 V를 구하여라.

풀이

$$V=\int_0^2\int_1^4 (x^2+y^2)dxdy=\int_0^2\left[\frac{x^3}{3}+y^2x\right]_1^4 dy$$
$$=\int_0^2 (21+3y^2)dy=\left[21y+y^3\right]_0^2=50$$ ■

이 적분을 일반적인 이변수함수 $f:[a,b]\times[c,d]\to\mathbb{R}$에 대하여 적용하면

$$\int_c^d\int_a^b f(x,y)dx\,dy$$

는 영역 $R=[a,b]\times[c,d]$에서 함숫값 $f(x,y)$를 모두 합한 것으로 이해할 수 있다. 평면 $\mathbb{R}^2$의 어떤 영역에서 함숫값을 모두 합한 것을 이중적분이라 하며 다음과 같이 정의된다.

정의 10.9 직사각형 영역에서의 이중적분

직사각형 영역 $R=[a,b]\times[c,d]$에서 정의된 이변수 함수 $z=f(x,y)$에 대하여 다음을 R에서 f의 **이중적분**(double integral)이라 한다.

$$\iint_R f(x,y)dxdy=\int_c^d\int_a^b f(x,y)dx\,dy$$

예제 10.5.2 $R=[-1,2]\times\left[0,\frac{\pi}{2}\right]$, $f(x,y)=2x\cos y$에 대하여 $\iint_R f(x,y)dxdy$를 구하여라.

풀이

$$\iint_R f(x,y)dxdy=\int_0^{\frac{\pi}{2}}\int_{-1}^2 2x\cos y\,dxdy$$
$$=\int_0^{\frac{\pi}{2}}\left[x^2\cos y\right]_{-1}^2 dy=\int_0^{\frac{\pi}{2}} 3\cos y\,dy$$
$$=\left[3\sin y\right]_0^{\frac{\pi}{2}}=3$$ ■

이제 일반적인 영역에서의 적분에 대하여 생각해보자. 일반적으로 평면의 영역은 다음 두 가지 종류의 영역의 합집합으로 표현될 수 있다.

(1) 제1영역: $D_1=\{(x,y)\,|\,a\le x\le b,\ g_1(x)\le y\le h_1(x)\}$

(2) 제2영역: $D_2=\{(x,y)\,|\,c\le y\le d,\ g_2(y)\le x\le h_2(y)\}$

물론 이 두 가지 영역은 전혀 다른 영역은 아니고 영역을 두 가지 방식으로 표현한 것이다. 예를 들면, 원판(disk) $D=\{(x,y)|x^2+y^2 \le 1\}$는 다음 두 가지 방식으로 표현될 수 있다.

$$D_1=\left\{(x,y)|-1\le x\le 1,\ -\sqrt{1-x^2}\le y\le \sqrt{1-x^2}\right\}$$

$$D_2=\left\{(x,y)|-1\le y\le 1,\ -\sqrt{1-y^2}\le y\le \sqrt{1-y^2}\right\}$$

이렇게 영역을 표시하는 이유는 중적분을 반복 적분으로 표시하기 위한 것이다.

영역 $D_1=\{(x,y)|a\le x\le b,\ g_1(x)\le y\le h_1(x)\}$에서 함수 $f(x,y)$의 적분에 대하여 생각해보자. 직사각형 영역에서와 마찬가지로

$$A_1(t)=\int_{g_1(t)}^{h_1(t)} f(t,y)dy$$

라 하면 $A_1(t)$는 $x=t$일 때 영역 D_1에서 $f(x,y)$의 적분이다. 그리고 이것을 구간 $[a,b]$에서 적분한 것이 영역 D_1에서 함수 $f(x,y)$의 이중적분(double integral)이다.

$$\int\int_{D_1} f(x,y)dxdy=\int_a^b\int_{g_1(x)}^{h_1(x)} f(x,y)dydx$$

마찬가지로 영역 $D_2=\{(x,y)|c\le y\le d,\ g_2(y)\le x\le h_2(y)\}$에서 함수 $f(x,y)$의 이중적분은 다음과 같다.

$$\int\int_{D_2} f(x,y)dxdy=\int_c^d\int_{g_2(y)}^{h_2(y)} f(x,y)dx\,dy$$

예제 10.5.3 다음 이중적분을 구하여라.

(1) $\displaystyle\int_0^1\int_0^x (1-xy)dydx$ (2) $\displaystyle\int_{-1}^2\int_0^{y^2}(xy^2-y)dxdy$

풀이 (1) $\displaystyle\int_0^1\int_0^x(1-2xy)dydx=\int_0^1\left[y-xy^2\right]_0^x dx=\int_0^1(x-x^3)dx$

$$=\left[\frac{x^2}{2}-\frac{x^4}{4}\right]_0^1=\frac{1}{4}$$

(2) $\displaystyle\int_{-1}^2\int_0^{y^2}(xy^2-y)dxdy=\int_{-1}^2\left[\frac{x^2y^2}{2}-xy\right]_0^{y^2}dy=\int_{-1}^2\left(\frac{y^6}{2}-y^3\right)dy$

$$=\left[\frac{y^7}{14}-\frac{y^4}{4}\right]_{-1}^2=\frac{36}{7}$$ ■

영역이 주어지면 적당한 구간을 찾아서 적분할 수도 있다.

예제 10.5.4 영역 $D=\{(x,y)|0\le y\le 1-x^2\}$에 대하여 다음 적분을 구하여라.

$$\int\int_D (1-x)dxdy$$

풀이

$$\begin{aligned}\int\int_D (1-x)dxdy &= \int_{-1}^{1}\int_0^{1-x^2}(1-x)dydx = \int_{-1}^{1}[y-xy]_0^{1-x^2}dx \\ &= \int_{-1}^{1}(1-x^2-x(1-x^2))dx \\ &= \left[x-\frac{x^2}{2}-\frac{x^3}{3}+\frac{x^4}{4}\right]_{-1}^{1} = \frac{4}{3}\end{aligned}$$

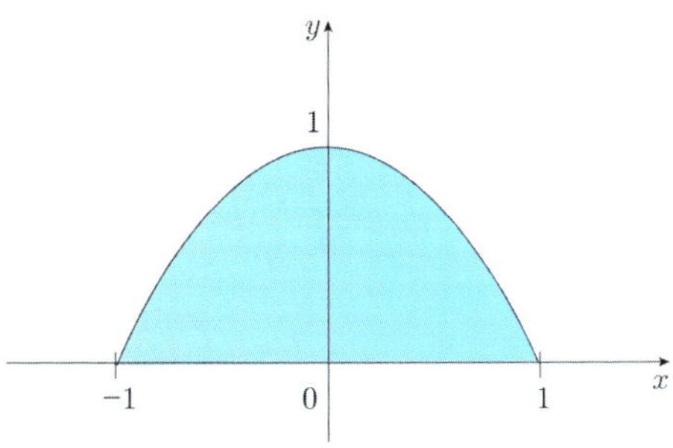

그림 10.12 ■

부정적분이 잘 구해지지 않는 경우에 주어진 이중적분의 순서를 바꾸어 해결할 수도 있다. 다음이 그 예이다.

예제 10.5.5 이중적분 $\int_0^1\int_y^1 e^{x^2}dxdy$의 값을 구하여라.

풀이 부정적분 $\int e^{x^2}dx$를 구하기 어려우므로 적분의 순서를 바꾸어 시도해본다.

$$\int_0^1\int_y^1 e^{x^2}dxdy = \int_0^1\int_0^x e^{x^2}dy\,dx = \int_0^1 xe^{x^2}dx$$

$x^2=u$로 치환하면, $2xdx=du$이므로

$$\int_0^1\int_y^1 e^{x^2}dxdy = \frac{1}{2}\int_0^1 e^u du = \frac{1}{2}(e-1)$$

이다. ■

이중적분을 이용한 넓이와 부피

이중적분을 이용하여 영역의 넓이를 구할 수 있다. 주어진 영역에서 상수함수 $f(x, y)=1$ 을 적분하면 된다.

$$area(D)=\int\int_D 1dxdy$$

함수 $f(x,y)=1$인 경우 함수를 생략하고 쓰기도 한다.

$$area(D)=\int\int_D dxdy$$

예제 10.5.6 이중적분을 이용하여 반지름 1인 원의 넓이를 구하여라.

풀이 $D=\{(x,y)|x^2+y^2 \le 1\}$이므로

$$area(D)=\int_{-1}^{1}\int_{-\sqrt{1-x^2}}^{\sqrt{1-x^2}}dydx=4\int_0^1\int_0^{\sqrt{1-x^2}}dydx$$

$$=4\int_0^1\sqrt{1-x^2}\,dx$$

$x=\sin\theta$로 치환하면

$$area(D)=4\int_0^{\frac{\pi}{2}}\cos\theta\cdot\cos\theta\,d\theta=4\int_0^{\frac{\pi}{2}}\frac{1+\cos2\theta}{2}d\theta$$

$$=4\left[\frac{\theta}{2}+\frac{\sin2\theta}{2}\right]_0^{\frac{\pi}{2}}$$

$$=4\cdot\frac{\pi}{4}=\pi$$ ■

이 절의 도입 부분에서 보았듯이 이중적분을 이용하면 입체의 부피를 구할 수 있다.

예제 10.5.7 네 개의 점 O$(0,0,0)$, A$(1,0,0)$, B$(0,1,0)$, C$(0,0,1)$로 이루어진 사면체의 부피를 구하여라.

풀이 삼각형 $\triangle ABC$를 포함하는 평면의 식은

$$x+y+z=1$$

이다. 그러므로 부피 V는 삼각형 $\triangle \mathrm{OAB}$에서 함수 $z=1-x-y$를 적분한 것이다.

$$\triangle \mathrm{OAB} = \{(x,y) \mid 0 \le x \le 1,\ 0 \le y \le 1-x\}$$

이므로

$$V = \int_0^1 \int_0^{1-x} (1-x-y)\,dy\,dx = \frac{1}{6}$$

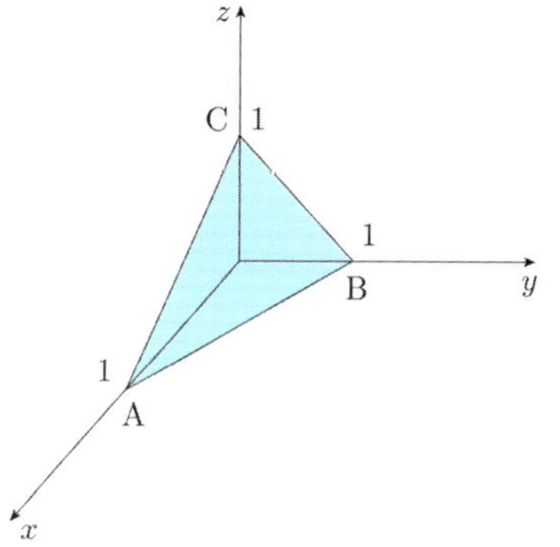

그림 10.13 ■

10.5 연습문제

(1~4) 다음 반복 적분을 구하여라.

01 $\int_0^1 \int_0^3 xy^2 dxdy$

02 $\int_0^2 \int_1^3 e^{x-y} dydx$

03 $\int_0^1 \int_0^y (3x^2 - 2xy) dxdy$

04 $\int_0^2 \int_1^{\sqrt{4-x^2}} (xy + y^3) dydx$

(5~8) 영역 D에서 f의 이중적분 $\iint_D f(x,y)dxdy$를 구하여라.

05 $D = \{(x,y) | 1 \le x \le 2,\ 2 \le y \le 4\},\ f(x,y) = xy^2 - 3y^{-2}$

06 $D = \{(x,y) | 0 \le x \le 1,\ x^2 \le y \le 2 - x^2\},\ f(x,y) = x^2 - 3xy^2$

07 $D = \{(x,y) | 0 \le y \le 2,\ -\sqrt{y} \le x \le \sqrt{y}\},\ f(x,y) = x^3 + y^3$

08 $D = \{(x,y) | x^2 + y^2 \le 1\},\ f(x,y) = x + 2y + 3$

(9~10) 적분 순서를 바꾸어 다음 이중적분을 구하여라.

09 $\int_0^1 \int_{x^2}^1 \sqrt{y} \cos y \, dy \, dx$

10 $\int_0^1 \int_y^1 e^{\frac{x}{y}} dxdy$

11 이중적분을 이용하여 두 곡선 $y = x$, $y = x^2$으로 둘러싸인 부분의 넓이를 구하여라.

12 구 $x^2 + y^2 + z^2 \le 4$를 평면 $z = 1$로 잘라서 생기는 두 부분을 S_1, S_2라 할 때, S_1, S_2의 부피를 구하여라.

제11장

수열과 급수

11.1 수열
11.2 급수
11.3 멱급수

수직선 위의 점 P가 원점을 향하여 움직이는 상황을 생각해보자. 좌표 1에서 출발한 점 P가 1초 동안 원점 O까지 남은 거리의 반만큼 움직인다고 하자.

$$1\text{초 후의 위치는 } \frac{1}{2},\ 2\text{초 후의 위치는 } \frac{1}{4},\ 3\text{초 후의 위치는 } \frac{1}{8}\ \cdots$$

점 P는 원점 O에 도달할 수 있을까?

이것을 보다 구체적으로 적어보자. n초 후에 P의 좌표를 (a_n)이라 하면

$$a_0 = 1,\ a_1 = \frac{1}{2},\ a_2 = \left(\frac{1}{2}\right)^2,\ a_3 = \left(\frac{1}{2}\right)^3,\ \cdots$$

이다. 즉 n초 후의 P의 좌표는 $a_n = \left(\frac{1}{2}\right)^n$이고 모든 자연수 n에 대하여 $a_n > 0$이다. 그러므로 점 P는 영원히 원점에 도달할 수 없다.(하지만 가까이 갈 수는 있다.)

점 P의 위치를 나열해보면 다음과 같다.

$$1,\ \frac{1}{2},\ \left(\frac{1}{2}\right)^2,\ \left(\frac{1}{2}\right)^3,\ \left(\frac{1}{2}\right)^4,\ \left(\frac{1}{2}\right)^5,\ \cdots$$

$$1,\ \frac{1}{2},\ \frac{1}{4},\ \frac{1}{8},\ \frac{1}{16},\ \frac{1}{32},\ \cdots$$

이와 같이 나열된 수를 수열(sequence)이라 한다. 그리고 나열된 수를 모두 더한 것을 급수(series)라고 한다. 이 장에서는 수열과 급수에 대하여 알아본다.

11.1 수열

수를 나열한 것을 수열(sequence)이라 한다.

$$a_1,\ a_2,\ a_3,\ \cdots,\ a_n,\ \cdots$$

나열된 수를 수열의 항(term)이라 하고 a_1을 초항, a_n을 n항 또는 일반항이라 한다. 원소의 개수가 유한하면 유한수열(finite sequence), 원소가 무한히 많으면 무한수열(infinite sequence)이라 한다. 이 장에서는 특별한 언급이 없으면 무한수열에 대하여 다룬다.

수열을 표현할 때는 항을 나열하거나 일반항을 중괄호로 묶어 표시한다.

$$\{a_1, a_2, a_3, \cdots, a_n, \cdots\},\ \{a_n\},\ \{a_n\}_{n=1}^{\infty}$$

예제 11.1.1 다음 수열을 5항까지 나열하여 표시하여라.

(1) $\left\{\dfrac{1}{n}\right\}$

(2) $\{a_n\}, a_n = (-2)^{n-1}$

(3) $\left\{\cos\dfrac{n\pi}{2}\right\}_{n=1}^{\infty}$

풀이 (1) $\left\{1, \dfrac{1}{2}, \dfrac{1}{3}, \dfrac{1}{4}, \dfrac{1}{5}, \cdots\right\}$

(2) $\{1, -2, 4, -8, 16, \cdots\}$

(3) $\{0, -1, 0, 1, 0, \cdots\}$ ■

수열의 항을 나열하여 표시할 때 주의할 것은 '몇 개의 항에서 발견되는 규칙이 무한히 반복될 것이라는 가정'이다. 이러한 가정에 기반하여 일반항을 구할 수 있다.

예제 11.1.2 다음 수열의 일반항 a_n을 구하여라.

$$\left\{\frac{1}{3}, \frac{1}{3}, \frac{5}{27}, \frac{7}{81}, \frac{9}{243}, \cdots\right\}$$

풀이 수열을 다시 쓰면

$$\left\{\frac{1}{3}, \frac{3}{3^2}, \frac{5}{3^3}, \frac{7}{3^4}, \frac{9}{3^5}, \cdots\right\}$$

이다. 그러므로 일반항은 $a_n = \dfrac{2n-1}{3^n}$이다. ■

수열을 표현하는 또 하나의 방법은 이웃한 항 사이의 관계로부터 항이 결정되도록 하는 것이다. 예를 들면 피보나치 수열(Fibonacci sequence) $\{f_n\}$은 다음 조건에 의하여 결정된다.

$$f_1 = 1,\ f_2 = 1,\ f_n = f_{n-1} + f_{n-2}$$

여기서 f_1과 f_2는 처음부터 주어져 있고, f_3는 f_1, f_2로부터 계산된다. f_4는 f_2, f_3로부터 계산되고, f_5는 f_3, f_4로부터 계산된다. 이러한 계산은 무한히 반복될 수 있으며 임의의 f_n이 같은 방법으로 계산될 수 있으므로 수열 $\{f_n\}$은 잘 정의된 수열이 된다.

이와 같이 수열을 결정하는 관계식을 점화식(recursive formula)이라 한다. 점화식에 의하여 수열을 정의하는 방법에서 필요한 것은 초깃값(initial value, 몇 개의 항의 값)과 점화식이다.

예제 11.1.3 다음 점화식에 의하여 정의되는 수열 $\{a_n\}$의 일반항을 구하여라.

(1) $a_1 = 1,\ a_n = a_{n-1} + 3$

(2) $a_1 = 2,\ a_n = \dfrac{a_{n-1}}{5}$

풀이 (1) $a_n = 3n - 2$

(2) $a_n = 2\left(\dfrac{1}{5}\right)^{n-1}$ ■

무한수열의 주요 관심 사항은 궁극적으로 수열의 항이 어디를 향하는가 하는 것이다. 수열의 항은 어떤 수를 향하여 그 실수 주위에 모일수도 있고, 항의 값이 뿔뿔이 흩어져버릴 수도 있다. 어떤 수를 향하여 수열의 항이 모일 때 수렴한다(converge)고 한다. 즉,

"수열 $\{a_n\}$이 실수 L로 수렴한다"

는 것은

"n이 커짐에 따라서 a_n과 L 사이의 거리 $|a_n - L|$이 0에 가까워진다"

는 것이다. 수열 $\{a_n\}$이 L로 수렴할 때 L을 수열 $\{a_n\}$의 극한(limit)이라 하고, 다음과 같이 표현한다.

$$\lim_{n\to\infty} a_n = L \text{ 또는 } n \to \infty \Rightarrow a_n \to L$$

이 개념을 보다 엄밀하게 정의하면 다음과 같다.

정의 11.1 수열의 수렴과 발산

(1) 수열 $\{a_n\}$이 극한 L로 수렴한다는 것은 임의의 $\varepsilon > 0$에 대하여 다음을 만족시키는 자연수 N이 존재한다는 것이다.

$$n > N\text{인 모든 } n\text{에 대하여 } |a_n - L| < \varepsilon$$

(2) 수열 $\{a_n\}$이 어떤 L로도 수렴하지 않을 때 발산한다(diverge)고 한다.

(3) 임의의 $M > 0$에 대하여 자연수 N이 존재하여 다음을 만족시킬 때, 수열 $\{a_n\}$이 무한대로 발산한다고 하고 $\lim_{n\to\infty} a_n = \infty$라 표현한다.

$$n > N\text{인 모든 } n\text{에 대하여 } a_n > M$$

(4) 임의의 $M>0$에 대하여 자연수 N이 존재하여 다음을 만족시킬 때, 수열 $\{a_n\}$이 음의 무한대로 발산한다고 하고 $\lim_{n\to\infty} a_n = -\infty$라 표현한다.

$$n > N \text{인 모든 } n \text{에 대하여 } a_n < -M$$

예제 11.1.4 다음 수열이 수렴하는지 알아보고 수렴하면 그 극한을 구하여라.

(1) $\left\{\frac{1}{n}\right\}$ (2) $\left\{\left(\frac{1}{2}\right)^n\right\}$ (3) $\left\{\frac{n+1}{n}\right\}$

풀이 (1) 수열의 항을 나열해보면 $\left\{1, \frac{1}{2}, \frac{1}{3}, \frac{1}{4}, \frac{1}{5}, \cdots, \frac{1}{100}, \cdots, \frac{1}{1000}, \cdots\right\}$이다. 그러므로 항 $\frac{1}{n}$이 0에 수렴하는 것을 짐작할 수 있다. 이제 실제로 엄밀한 정의에 의하여 $\lim_{n\to\infty}\frac{1}{n}=0$임을 증명해보자. 임의의 $\varepsilon>0$에 대하여 $N>\frac{1}{\varepsilon}$인 N을 잡으면 $n>N$인 모든 n에 대하여

$$\left|\frac{1}{n}-0\right| = \frac{1}{n} < \frac{1}{N} < \varepsilon$$

이다. 따라서 $\lim_{n\to\infty}\frac{1}{n}=0$이다.

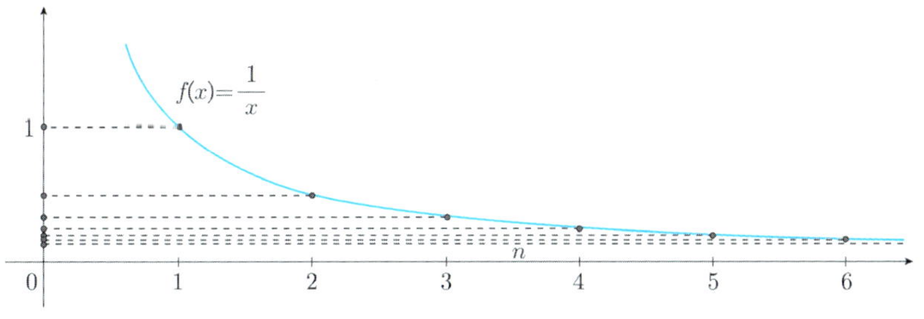

그림 11.1

(2) 수열의 항을 나열해보면 $\left\{\frac{1}{2}, \frac{1}{4}, \frac{1}{8}, \frac{1}{16}, \cdots, \frac{1}{1024}, \cdots\right\}$이다. 그러므로 항 $\left(\frac{1}{2}\right)^n$이 0에 수렴하는 것을 짐작할 수 있다. 이제 실제로 엄밀한 정의에 의하여 $\lim_{n\to\infty}\left(\frac{1}{2}\right)^n=0$임을 증명해보자. 임의의 $\varepsilon>0$에 대하여 $N>\log_2\frac{1}{\varepsilon}$인 N을 잡으면 $\frac{1}{2^N}<\varepsilon$이므로 $n>N$인 모든 n에 대하여

$$\left|\left(\frac{1}{2}\right)^n-0\right| = \left(\frac{1}{2}\right)^n < \left(\frac{1}{2}\right)^N < \varepsilon$$

이다. 따라서 $\lim_{n\to\infty}\left(\frac{1}{2}\right)^n=0$이다.

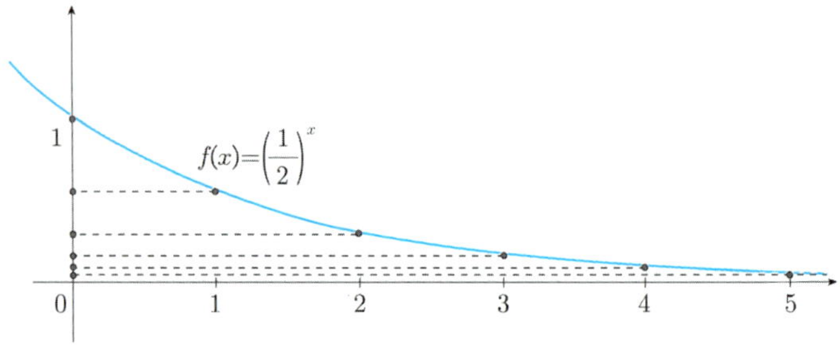

그림 11.2

(3) 수열의 항을 나열해보면 $\left\{2, \frac{3}{2}, \frac{4}{3}, \frac{5}{4}, \frac{6}{5}, \cdots, \frac{101}{100}, \cdots, \frac{1001}{1000}, \cdots\right\}$이다. 그러므로 항 $\frac{n+1}{n}$이 1에 수렴하는 것을 짐작할 수 있다. 이제 실제로 엄밀한 정의에 의하여 $\lim_{n\to\infty}\frac{n+1}{n}=1$임을 증명해보자. 임의의 $\varepsilon>0$에 대하여 $N>\frac{1}{\varepsilon}$인 N을 잡으면 $n>N$인 모든 n에 대하여

$$\left|\frac{n+1}{n}-1\right|=\left|\frac{1}{n}\right|<\frac{1}{N}<\varepsilon$$

이다. 따라서 $\lim_{n\to\infty}\frac{n+1}{n}=1$이다. ■

다음은 극한의 성질이다. 이들에 대한 증명은 약간 지루한 과정이 될 수 있으므로 증명없이 받아들이기로 하자.

정리 11.1 극한의 성질

수렴하는 두 수열 $\{a_n\}, \{b_n\}$과 상수 c에 대하여 다음이 성립한다.

(1) $\lim_{n\to\infty} c = c$

(2) $\lim_{n\to\infty}(a_n \pm b_n) = \lim_{n\to\infty} a_n \pm \lim_{n\to\infty} b_n$

(3) $\lim_{n\to\infty} ca_n = c\lim_{n\to\infty} a_n$

(4) $\lim_{n\to\infty}(a_n b_n) = \lim_{n\to\infty} a_n \cdot \lim_{n\to\infty} b_n$

(5) $\lim_{n\to\infty} b_n \neq 0$일 때, $\lim_{n\to\infty}\frac{a_n}{b_n} = \frac{\lim_{n\to\infty} a_n}{\lim_{n\to\infty} b_n}$

(6) $p>0$이고 충분히 큰 모든 n에 대하여 $a_n>0$일 때, $\lim_{n\to\infty}(a_n)^p = \left(\lim_{n\to\infty} a_n\right)^p$

예제 11.1.5 극한의 성질을 이용하여 다음 극한을 구하여라.

(1) $\lim\limits_{n\to\infty}\dfrac{2n+1}{n}$ (2) $\lim\limits_{n\to\infty}\dfrac{2^n-2^{-n}}{2^n+2^{-n}}$ (3) $\lim\limits_{n\to\infty}\sqrt{\dfrac{n+1}{n}}$

풀이

(1) $\lim\limits_{n\to\infty}\dfrac{2n+1}{n}=\lim\limits_{n\to\infty}\left(2+\dfrac{1}{n}\right)=\lim\limits_{n\to\infty}2+\lim\limits_{n\to\infty}\dfrac{1}{n}=2$

(2) $\lim\limits_{n\to\infty}\dfrac{2^n-2^{-n}}{2^n+2^{-n}}=\lim\limits_{n\to\infty}\dfrac{1-2^{-2n}}{1+2^{-2n}}=\dfrac{\lim\limits_{n\to\infty}1-\left(\lim\limits_{n\to\infty}2^{-n}\right)^2}{\lim\limits_{n\to\infty}1+\left(\lim\limits_{n\to\infty}2^{-n}\right)^2}=1$

(3) $\lim\limits_{n\to\infty}\sqrt{\dfrac{n+1}{n}}=\lim\limits_{n\to\infty}\left(\dfrac{n+1}{n}\right)^{\frac{1}{2}}=\left(\lim\limits_{n\to\infty}\dfrac{n+1}{n}\right)^{\frac{1}{2}}=1$ ■

다양한 수열의 극한을 구할 수 있기 위해서는 또 다른 정리가 필요하다. 다음 정리는 극한이 알려진 수열로부터 새로운 수열의 극한을 구하는 방법을 제공한다.

정리 11.2 비교 정리, 압박 정리

$\lim\limits_{n\to\infty}a_n=a$, $\lim\limits_{n\to\infty}b_n=b$, $\lim\limits_{n\to\infty}c_n=c$라 하자.

(1) 임의의 n에 대하여 $a_n\le b_n$이면 $a\le b$이다.

(2) 임의의 n에 대하여 $a_n\le b_n\le c_n$이고 $a=c=L$이면 $b=L$이다.

(3) $\left|\lim\limits_{n\to\infty}a_n\right|\le\lim\limits_{n\to\infty}|a_n|$

예제 11.1.6 다음 극한을 구하여라.

(1) $\lim\limits_{n\to\infty}\dfrac{\sin n}{n}$ (2) $\lim\limits_{n\to\infty}\dfrac{(-1)^n}{n^2}$ (3) $\lim\limits_{n\to\infty}\left(\dfrac{1}{3}\right)^n$

풀이

(1) $\left|\dfrac{\sin n}{n}\right|\le\left|\dfrac{1}{n}\right|\to 0$이므로 $\lim\limits_{n\to\infty}\dfrac{\sin n}{n}=0$

(2) $\left|\dfrac{(-1)^n}{n^2}\right|\le\left|\dfrac{1}{n^2}\right|\le\left|\dfrac{1}{n}\right|$이므로 $\lim\limits_{n\to\infty}\dfrac{(-1)^n}{n^2}=0$

(3) $\dfrac{1}{3}\le\dfrac{1}{2}$, $\left(\dfrac{1}{3}\right)^n\le\left(\dfrac{1}{2}\right)^n$이므로 $0\le\lim\limits_{n\to\infty}\left(\dfrac{1}{3}\right)^n\le\lim\limits_{n\to\infty}\left(\dfrac{1}{2}\right)^n=0$이다.

따라서 $\lim\limits_{n\to\infty}\left(\dfrac{1}{3}\right)^n=0$ ■

수열의 극한을 구하기 위하여 사용될 수 있는 또 다른 방법은 함수의 연속성을 이용하는 것이다. 함수 f가 $x=a$에서 연속이라는 것은 함수의 극한과 함숫값이 존재하고 같다는 것이다.

$$\lim_{x \to a} f(x) = f(a)$$

이 식을 다시 쓰면

$$\lim_{x \to a} f(x) = f\left(\lim_{x \to a} x\right)$$

이 식을 수열에 적용하면 다음 정리를 얻을 수 있다.

정리 11.3

$\lim_{n \to \infty} a_n = L$이고 함수 f가 $x=L$에서 연속이면 다음이 성립한다.

$$\lim_{n \to \infty} f(a_n) = f(L)$$

예제 11.1.7 다음 극한을 구하여라.

(1) $\lim_{n \to \infty} \{\ln(3n-2) - \ln(n+1)\}$　　(2) $\lim_{n \to \infty} \cos\left(\frac{\pi n^2}{3n^2+1}\right)$

풀이 (1) $\lim_{n \to \infty} \{\ln(3n-2) - \ln(n+1)\} = \lim_{n \to \infty} \ln\left(\frac{3n-2}{n+1}\right) = \ln 3$

(2) $\lim_{n \to \infty} \cos\left(\frac{\pi n^2}{3n^2+1}\right) = \cos\frac{\pi}{3} = \frac{1}{2}$ ■

11.1 연습문제

(1~4) 일반항 a_n이 다음과 같이 주어지는 수열 $\{a_n\}$의 항을 5항까지 나열하시오.

01 $a_n = \dfrac{n}{2n^2-1}$

02 $a_n = (-2)^n$

03 $a_1 = 2,\ a_{n+1} = 3a_n - 5$

04 $a_1 = 2,\ a_2 = 4,\ a_{n+1} = \dfrac{a_n + 1}{a_{n-1}}$

(5~8) 다음 수열의 일반항 a_n을 구하여라.

05 $\{2, 5, 8, 11, 14, 17, \cdots\}$

06 $\{3, 6, 12, 24, 48, 96, \cdots\}$

07 $a_1 = 5,\ a_{n+1} = a_n + 2$

08 $a_1 = 4,\ a_{n+1} = 3a_n$

09 실수 a, d에 대하여 $a_1 = a,\ a_{n+1} = a_n + d$를 만족시키는 수열 $\{a_n\}$을 초항 a, 공차 d인 **등차수열**이라 한다. 이 등차수열의 일반항 a_n을 구하고 n항까지의 합 $s_n = a_1 + a_2 + \cdots + a_n$을 구하여라.

10 실수 a, r에 대하여 $a_1 = a,\ a_{n+1} = ra_n$을 만족시키는 수열 $\{a_n\}$을 초항 a, 공비 r인 **등비수열**이라 한다. 이 등비수열의 일반항 a_n을 구하고 n항까지의 합 $s_n = a_1 + a_2 + \cdots + a_n$을 구하여라.

(11~18) 다음 수열이 수렴하는지 알아보고, 수렴하면 그 극한을 구하여라.

11 $a_n = \dfrac{2n^2 + n^3}{n + 3n^2}$

12 $a_n = \dfrac{7n - 4n^2}{2n^2 + 1}$

13 $a_n = 2^{n+1}3^{-n}$

14 $a_n = e^{\frac{n}{2n+1}}$

15 $a_n = n\cos\dfrac{1}{n}$

16 $a_n = n\sin\dfrac{1}{n}$

17 $a_n = (-1)^n$

18 $a_n = 2\ln(n+1) - \ln(2n^2+1)$

19 다음 수열의 일반항과 극한을 구하여라.

$$\left\{\sqrt{2}, \sqrt{2\sqrt{2}}, \sqrt{2\sqrt{2\sqrt{2}}}, \sqrt{2\sqrt{2\sqrt{2\sqrt{2}}}}, \cdots\right\}$$

20 수열 $\left\{\dfrac{n!}{n^n}\right\}$의 극한을 구하여라.

11.2 급수

무한수열의 모든 항의 합을 급수(series)라고 한다. 급수는 다음과 같이 표현된다.

$$\sum_{n=1}^{\infty} a_n \text{ 또는 } \sum a_n$$

예를 들면 다음은 급수이다.

$$\sum_{n=1}^{\infty} n = 1+2+3+4+5+\cdots+n+\cdots$$

$$\sum_{n=1}^{\infty} (-1)^n = -1+1-1+1-1+\cdots+(-1)^n+\cdots$$

$$\sum_{n=1}^{\infty} \frac{1}{3^n} = \frac{1}{3}+\frac{1}{3^2}+\frac{1}{3^3}+\cdots+\frac{1}{3^n}+\cdots$$

$$e = 2.7182818284\cdots = 2+\frac{7}{10}+\frac{1}{10^2}+\frac{8}{10^3}+\frac{2}{10^4}+\cdots$$

위에서 네 번째는 $\sum$으로 표시되지 않지만 급수이다.

급수가 수열의 항을 모두 더하지만 그 결과가 항상 어떤 실수가 되는 것은 아니다. 위에서 첫번째 급수는 그 합이 한없이 커지고, 두번째 급수는 합이 커지지는 않지만 하나의 값으로 결정되지 않는다. 급수의 값이 하나의 값으로 결정될 때 급수가 수렴한다(converge)고 하고, 급수가 수렴하지 않을 때 급수가 발산한다(diverge)고 한다.

급수의 수렴과 발산은 다음 개념에 의하여 구체적으로 정의할 수 있다.

정의 11.2 부분합과 수렴, 발산

(1) 급수 $\sum_{n=1}^{\infty} a_n$의 부분합(partial sum) s_n은 다음과 같이 정의된다.

$$s_n = \sum_{k=1}^{n} a_k = a_1 + a_2 + \cdots + a_n$$

(2) 급수 $\sum_{n=1}^{\infty} a_n$의 부분합 s_n이 수렴할 때 급수 $\sum_{n=1}^{\infty} a_n$이 수렴한다(converge)고 하고

$$\sum_{n=1}^{\infty} a_n = \lim_{n\to\infty} s_n$$

이다. s_n이 발산할 때 급수 $\sum_{n=1}^{\infty} a_n$이 발산한다(diverge)고 한다.

예제 11.2.1 다음 급수의 수렴, 발산을 판정하여라.

(1) $\sum_{n=1}^{\infty} n$ (2) $\sum_{n=1}^{\infty} (-1)^n$

풀이 (1) $\sum_{n=1}^{\infty} n$에 대하여 $s_n = \sum_{k=1}^{n} k = \frac{n(n+1)}{2}$이므로 $\lim_{n\to\infty} s_n = \infty$이다. 그러므로 급수는 발산한다.

(2) $\sum_{n=1}^{\infty} (-1)^n$에 대하여 $s_n = \begin{cases} -1 & (n\text{이 홀수}) \\ 0 & (n\text{이 짝수}) \end{cases}$이므로 급수는 발산(진동)한다. ■

등비수열 $a_n = ar^{n-1}$의 합 $\sum_{n=1}^{\infty} ar^{n-1}$을 등비급수 또는 기하급수라 한다.

정리 11.4 기하급수의 수렴과 발산

기하급수 $\sum_{n=1}^{\infty} ar^{n-1}$에 대하여 부분합은

$$s_n = \frac{a(1-r^n)}{1-r}$$

이다. 그러므로 기하급수 $\sum_{n=1}^{\infty} ar^{n-1}$는 $|r| < 1$일 때 $\frac{a}{1-r}$로 수렴하고, $|r| \geq 1$일 때 발산한다.(단, $a \neq 0$)

증명

(i) $r = 1$일 때

$$\sum_{n=1}^{\infty} ar^{n-1} = \sum_{n=1}^{\infty} a = a + a + a + \cdots + a + \cdots$$

는 발산한다.

(ii) $r \neq 1$일 때

$$s_n = a + ar + ar^2 + ar^3 + \cdots + ar^{n-1}$$

$$rs_n = ar + ar^2 + ar^3 + ar^4 + \cdots + ar^{n-1} + ar^n$$

$$s_n - rs_n = a - ar^n$$

그러므로 $s_n = \dfrac{a(1-r^n)}{1-r}$이다. 따라서 $|r|<1$일 때

$$\sum_{n=1}^{\infty} ar^{n-1} = \lim_{n\to\infty} \frac{a(1-r^n)}{1-r} = \frac{a}{1-r}$$

이다. $|r|>1$ 또는 $r=-1$이면 r^n이 발산하므로 $s_n = \dfrac{a(1-r^n)}{1-r}$도 발산한다. 그러므로 급수 $\sum_{n=1}^{\infty} ar^{n-1}$도 발산한다.

예제 11.2.2 다음 급수가 수렴하는지 알아보고, 수렴하면 그 값을 구하여라.

(1) $\sum_{n=1}^{\infty} \dfrac{1}{2^n}$ (2) $\sum_{n=1}^{\infty} 3^n$

풀이 (1) $r=\dfrac{1}{2}$이므로 수렴한다. 그리고 $\sum_{n=1}^{\infty} \dfrac{1}{2^n} = \dfrac{\frac{1}{2}}{1-\frac{1}{2}} = 1$

(2) $r=3$이므로 발산한다. ■

기하급수를 이용하면 순환소수를 분수로 바꿀 수 있다.

예제 11.2.3 기하급수를 이용하여 순환소수 $3.\dot{1}\dot{4} = 3.141414\cdots$의 값을 구하여라.

풀이

$$A = 3.\dot{1}\dot{4} = 3.141414\cdots = 3 + \frac{14}{100} + \frac{14}{10000} + \cdots$$

그러므로

$$\begin{aligned} A-3 &= \frac{14}{100} + \frac{14}{100^2} + \frac{14}{100^3} + \cdots = \sum_{n=1}^{\infty} \frac{14}{100}\left(\frac{1}{100}\right)^{n-1} \\ &= \frac{14}{100} \cdot \frac{1}{1-\frac{1}{100}} = \frac{14}{99} \end{aligned}$$

따라서 $A = 3 + \dfrac{14}{99} = \dfrac{311}{99}$이다. ■

급수 $\sum_{n=1}^{\infty} a_n$에서 궁극적으로 중요한 것은 급수의 값이지만, 그보다 먼저 필요한 것은 "급수가 수렴할 것인가?"이다. 이제 급수의 수렴, 발산과 관련된 성질을 알아보자.

정리 11.5 급수 수렴의 필요조건

급수 $\sum_{n=1}^{\infty} a_n$이 수렴하면 $\lim_{n\to\infty} a_n = 0$이다.

증명

$s_n = \sum_{k=1}^{n} a_k$라 할 때, $\sum_{n=1}^{\infty} a_n$이 실수 s로 수렴한다면 $\lim_{n\to\infty} s_n = s$이다. $n \geq 2$인 n에 대하여 $a_n = s_n - s_{n-1}$이므로

$$\lim_{n\to\infty} a_n = \lim_{n\to\infty}(s_n - s_{n-1}) = \lim_{n\to\infty} s_n - \lim_{n\to\infty} s_{n-1} = s - s = 0$$

이다.

이 정리는 급수가 발산하는 경우를 증명하는 데 사용될 수 있다. 즉, $\lim_{n\to\infty} a_n \neq 0$이면 $\sum_{n=1}^{\infty} a_n$은 발산한다.

예제 11.2.4 급수 $\sum_{n=1}^{\infty} \frac{n+1}{3n-1}$이 수렴하는지 알아보아라.

풀이 $\lim_{n\to\infty} \frac{n+1}{3n-1} = \frac{1}{3} \neq 0$이므로 $\sum_{n=1}^{\infty} \frac{n+1}{3n-1}$는 수렴하지 않는다. 즉, 발산한다. ■

다음은 급수의 연산에 대한 일반적인 성질이다.

정리 11.6 급수의 성질

두 급수 $\sum_{n=1}^{\infty} a_n$, $\sum_{n=1}^{\infty} b_n$이 수렴하면, 실수 $c \in \mathbb{R}$에 대하여 $\sum_{n=1}^{\infty} ca_n$, $\sum_{n=1}^{\infty}(a_n + b_n)$ $\sum_{n=1}^{\infty}(a_n - b_n)$도 수렴하고 다음이 성립한다.

(1) $\sum_{n=1}^{\infty} ca_n = c\sum_{n=1}^{\infty} a_n$

(2) $\sum_{n=1}^{\infty}(a_n + b_n) = \sum_{n=1}^{\infty} a_n + \sum_{n=1}^{\infty} b_n$

(3) $\sum_{n=1}^{\infty}(a_n - b_n) = \sum_{n=1}^{\infty} a_n - \sum_{n=1}^{\infty} b_n$

증명

이 정리는 부분합 $s_n=\sum_{k=1}^{n}a_k$, $t_n=\sum_{k=1}^{n}b_k$에 대하여 위 성질이 성립한다는 것과 급수 $\sum_{n=1}^{\infty}a_n$, $\sum_{n=1}^{\infty}b_n$이 수렴한다는 것으로부터 유도된다. $\sum_{n=1}^{\infty}a_n=\lim_{n\to\infty}s_n=s$, $\sum_{n=1}^{\infty}b_n=\lim_{n\to\infty}t_n=t$라 하자.

(1) $\sum_{n=1}^{\infty}ca_n=\lim_{n\to\infty}\sum_{k=1}^{n}ca_k=\lim_{n\to\infty}c\sum_{k=1}^{n}a_k=c\sum_{n=1}^{\infty}a_n$

(2) $$\sum_{n=1}^{\infty}(a_n+b_n)=\lim_{n\to\infty}\sum_{k=1}^{n}(a_k+b_k)=\lim_{n\to\infty}\left(\sum_{k=1}^{n}a_k+\sum_{k=1}^{n}b_k\right)=\lim_{n\to\infty}\sum_{k=1}^{n}a_k+\lim_{n\to\infty}\sum_{k=1}^{n}b_k$$
$$=\sum_{n=1}^{\infty}a_n+\sum_{n=1}^{\infty}b_n$$

(3) $\sum_{n=1}^{\infty}b_n$이 수렴하면 $\sum_{n=1}^{\infty}(-b_n)=-\sum_{n=1}^{\infty}b_n$이므로 (1), (2)로부터 성립한다.

예제 11.2.5 급수 $\sum_{n=1}^{\infty}\left(\frac{1}{5^n}+\frac{2}{n^2+n}\right)$의 값을 구하여라.

풀이

$$\sum_{n=1}^{\infty}\frac{1}{5^n}=\frac{\frac{1}{5}}{1-\frac{1}{5}}=\frac{1}{4}$$

$$\begin{aligned}\sum_{n=1}^{\infty}\frac{2}{n^2+n}&=2\sum_{n=1}^{\infty}\frac{1}{n(n+1)}=2\lim_{n\to\infty}\sum_{k=1}^{n}\left(\frac{1}{k}-\frac{1}{k+1}\right)\\&=2\lim_{n\to\infty}\left\{\left(1-\frac{1}{2}\right)+\left(\frac{1}{2}-\frac{1}{3}\right)+\cdots+\left(\frac{1}{n}-\frac{1}{n+1}\right)\right\}\\&=2\lim_{n\to\infty}\left(1-\frac{1}{n+1}\right)\\&=2\end{aligned}$$

이므로 $\sum_{n=1}^{\infty}\left(\frac{1}{5^n}+\frac{2}{n^2+n}\right)=\frac{1}{4}+2=\frac{9}{4}$이다. ■

급수 $\sum_{n=1}^{\infty}a_n$이 주어졌을 때, 급수의 값을 구하는 것이 궁극적인 목표가 될 수 있다. 그러나 급수가 수렴하지 않는다면 값을 구하는 것은 무의미하다. 그리고 급수가 수렴하더라도 정확한 값을 구하는 것이 항상 가능한 것은 아니다. 그러므로 급수에 대하여 1차적으로 중요한 것은 수렴, 발산 여부이다. 어떤 급수가 수렴한다는 것을 안다면 정확한 값을 구하지 못하더라도 최소한 그 근삿값은 구할 수 있고, 이것은 실제 문제에서 매우 중요하다.

다음은 급수의 수렴, 발산을 판정하는 기본적인 방법이다. 이들에 대해서는 증명없이 소개하도록 하겠다.

비교판정법(comparison test)

어떤 자연수 N에 대하여 $n \geq N$를 만족시키는 모든 자연수 n에 대하여 $0 \leq a_n \leq b_n$이라고 하자.

(1) $\sum_{n=1}^{\infty} b_n$이 수렴하면 $\sum_{n=1}^{\infty} a_n$도 수렴한다.

(2) $\sum_{n=1}^{\infty} a_n$이 발산하면 $\sum_{n=1}^{\infty} b_n$도 발산한다.

비교판정법에서 어떤 자연수 N을 언급하는 것은 급수의 수렴에서 유한개의 항의 값은 수렴에 영향을 미치지 않기 때문이다. 이것은 모든 판정법에 대해서도 마찬가지로 적용된다.

예제 11.2.6 비교판정법을 이용하여 $\sum_{n=1}^{\infty} \frac{1}{n^2}$이 수렴함을 보여라.

풀이 $\sum_{n=1}^{\infty} \frac{1}{n^2} = 1 + \sum_{n=1}^{\infty} \frac{1}{(n+1)^2}$이고, 모든 자연수 n에 대하여 $\frac{1}{(n+1)^2} \leq \frac{1}{n^2+n}$이다. 그런데 $\sum_{n=1}^{\infty} \frac{1}{n^2+n}$이 수렴하므로 $\sum_{n=1}^{\infty} \frac{1}{(n+1)^2}$도 수렴한다. 따라서 $\sum_{n=1}^{\infty} \frac{1}{n^2}$은 수렴한다. ■

극한비교판정법(limit comparison test)

$a_n > 0$, $b_n > 0$이고 극한 $\lim_{n \to \infty} \frac{a_n}{b_n} = c$이 존재하고 $c > 0$일 때, 다음은 동치이다.

(1) $\sum_{n=1}^{\infty} a_n$이 수렴한다.

(2) $\sum_{n=1}^{\infty} b_n$이 수렴한다.

예제 11.2.7 급수 $\sum_{n=1}^{\infty}\frac{1}{\sqrt{1+3n^4}}$의 수렴성을 조사하여라.

풀이 $a_n=\frac{1}{n^2}$, $b_n=\frac{1}{\sqrt{1+3n^4}}$이라 하자.

$$\lim_{n\to\infty}\frac{a_n}{b_n}=\lim_{n\to\infty}\frac{\frac{1}{n^2}}{\frac{1}{\sqrt{1+3n^4}}}=\lim_{n\to\infty}\frac{\sqrt{1+3n^4}}{n^2}=\sqrt{3}$$

이고 $\sum_{n=1}^{\infty}a_n$이 수렴하므로 $\sum_{n=1}^{\infty}b_n$도 수렴한다. ■

적분판정법(integral test)

연속함수 $f:[1,\infty)\to(0,\infty)$에 대하여 $a_n=f(n)$이라 할 때,

(1) $\int_1^{\infty}f(x)dx$가 수렴하면, $\sum_{n=1}^{\infty}a_n$도 수렴한다.

(2) $\int_1^{\infty}f(x)dx$가 발산하면, $\sum_{n=1}^{\infty}a_n$도 발산한다.

양수 p에 대하여 급수 $\sum_{n=1}^{\infty}\frac{1}{n^p}$를 p급수라 한다. 적분판정법을 이용하면 p급수가 p의 값에 따라서 수렴, 발산이 결정된다는 것을 알 수 있다.

정리 11.7 p급수의 수렴조건

(1) $p>1$이면 급수 $\sum_{n=1}^{\infty}\frac{1}{n^p}$는 수렴한다.

(2) $p\le 1$이면 급수 $\sum_{n=1}^{\infty}\frac{1}{n^p}$는 발산한다.

증명

$A_N=\int_1^N\frac{1}{x^p}dx$이라 하면 $\int_1^{\infty}\frac{1}{x^p}dx=\lim_{N\to\infty}A_N$이다.

$p\ne 1$일 때,

$$A_N = \left[\frac{1}{1-p}x^{1-p}\right]_1^N = \frac{1}{1-p}(N^{1-p}-1)$$

이다. 따라서

i) $p>1$이면 $1-p<0$이고, 따라서 $\int_1^\infty \frac{1}{x^p}dx$는 수렴한다. 그러므로 적분판정법에 의하여 급수 $\sum_{n=1}^\infty \frac{1}{n^p}$도 수렴한다.

ii) $p<1$이면 $1-p>0$이고, 따라서 $\int_1^\infty \frac{1}{x^p}dx$는 발산한다. 그러므로 적분판정법에 의하여 급수 $\sum_{n=1}^\infty \frac{1}{n^p}$도 발산한다.

iii) $p=1$이면,

$$A_N = \int_1^N \frac{1}{x}dx = [\ln x]_1^N = \ln N$$

이다. 따라서 $\int_1^\infty \frac{1}{x^p}dx$는 발산한다. 그러므로 적분판정법에 의하여 급수 $\sum_{n=1}^\infty \frac{1}{n^p}$도 발산한다.

정의 11.3 절대수렴

$\sum_{n=1}^\infty |a_n|$이 수렴할 때, 급수 $\sum_{n=1}^\infty a_n$이 절대수렴하다(absulutely convergent)고 한다.

정리 11.8 절대수렴과 수렴

절대수렴하는 급수는 수렴한다. 즉, $\sum_{n=1}^\infty |a_n|$이 수렴하면 $\sum_{n=1}^\infty a_n$도 수렴한다.

비율판정법(ratio test)

(1) $\lim_{n\to\infty}\left|\frac{a_{n+1}}{a_n}\right| = L < 1$이면 $\sum_{n=1}^\infty a_n$은 절대수렴한다.

(2) $\lim_{n\to\infty}\left|\frac{a_{n+1}}{a_n}\right| = L > 1$이면 $\sum_{n=1}^\infty a_n$은 발산한다.

근호판정법(root test)

(1) $\lim_{n\to\infty} |a_n|^{\frac{1}{n}} = L < 1$이면 $\sum_{n=1}^{\infty} a_n$은 절대수렴한다.

(2) $\lim_{n\to\infty} |a_n|^{\frac{1}{n}} = L > 1$ 또는 $\lim_{n\to\infty} |a_n|^{\frac{1}{n}} = \infty$이면 $\sum_{n=1}^{\infty} a_n$은 발산한다.

예제 11.2.8 비율판정법과 근호판정법을 각각 이용하여 급수 $\sum_{n=1}^{\infty} \left(\frac{3n-1}{5n+2}\right)^n$의 수렴 여부를 판정하여라.

풀이

$$\lim_{n\to\infty} \left|\frac{a_{n+1}}{a_n}\right| = \lim_{n\to\infty} \left|\frac{\left(\frac{3n-1}{5n+2}\right)^{n+1}}{\left(\frac{3n-1}{5n+2}\right)^{n}}\right| = \lim_{n\to\infty} \left|\frac{3n-1}{5n+2}\right| = \frac{3}{5} < 1$$

$$\lim_{n\to\infty} |a_n|^{\frac{1}{n}} = \lim_{n\to\infty} \left|\frac{3n-1}{5n+2}\right| = \frac{3}{5} < 1$$

따라서 급수는 수렴한다. ■

11.2 연습문제

(1~4) 다음 급수가 수렴하는지 알아보고, 수렴하면 그 값을 구하여라.

01 $\sum_{n=1}^{\infty} \frac{(-4)^n}{3^n}$

02 $\sum_{n=1}^{\infty} 3^n 5^{-n}$

03 $\sum_{n=1}^{\infty} \frac{1}{n(n+2)}$

04 $\sum_{n=1}^{\infty} \frac{n^2+1}{2n^2+3n-1}$

(5~6) 다음 순환소수를 분수로 바꾸시오.

05 $0.\bar{9} = 0.9999\cdots$

06 $3.5\overline{724}$

(7~18) 다음 급수의 수렴, 발산을 판정하여라.

07 $\sum_{n=1}^{\infty} n^{-3}$

08 $\sum_{n=1}^{\infty} \frac{1}{\sqrt{n}}$

09 $\sum_{n=1}^{\infty} \frac{1}{3n^2-4}$

10 $\sum_{n=1}^{\infty} \frac{n}{5n^2+n+2}$

11 $\sum_{n=1}^{\infty} \frac{\sin n}{n\sqrt{n}}$

12 $\sum_{n=1}^{\infty} \left(\sqrt{n^2+4n+1}-n\right)$

13 $\sum_{n=1}^{\infty} \frac{256^n}{n!}$

14 $\sum_{n=1}^{\infty} \frac{n}{e^n}$

15 $\sum_{n=1}^{\infty} \frac{2n+3}{n\sqrt{n}}$

16 $\sum_{n=1}^{\infty} \frac{n!}{n^n}$

17 $\sum_{n=1}^{\infty} \left(\frac{2n^2+n}{3n^2+1}\right)^n$

18 $\sum_{n=1}^{\infty} \left(1+\frac{1}{n}\right)^{n^2}$

11.3 멱급수

다음과 같은 급수를 멱급수(power series)라 한다.

$$\sum_{n=0}^{\infty} c_n x^n$$

여기서 c_n은 계수(coefficient)이고 x는 변수(variable)이다. 따라서 엄밀하게 말하면 멱급수는 급수가 아니라 급수 함수라 할 수 있다. 즉, x의 값에 따라서 급수가 결정되고, 수렴 여부와 값이 결정된다.

그러므로 멱급수에 대해서는 "어떤 x에 대하여 급수가 수렴하는가?" 하는 것이 중요한 문제이다.

예제 11.3.1 멱급수 $\sum_{n=0}^{\infty} x^n$이 수렴하는 x의 범위를 알아보아라.

풀이 이 급수에 대하여 근호판정법을 적용해보자. $a_n = x^n$이라 할 때,

$$\lim_{n\to\infty} |x^n|^{\frac{1}{n}} = \lim_{n\to\infty} |x| = |x|$$

이다. 따라서 $|x| < 1$이면 급수가 수렴하고, $|x| > 1$이면 발산한다.

이제 남은 것은 $x = 1$, $x = -1$인 경우이다.

$x = 1$이면 $\sum_{n=0}^{\infty} x^n = \sum_{n=0}^{\infty} 1$, $x = -1$이면 $\sum_{n=0}^{\infty} x^n = \sum_{n=0}^{\infty} (-1)$이므로 두 경우 모두 발산한다. 그러므로 멱급수 $\sum_{n=0}^{\infty} x^n$가 수렴하는 x의 범위는 $|x| < 1$이다. ■

위 예제에서는 근호판정법을 이용하여 수렴구간을 구하였는데, 비율판정법을 이용해도 비슷한 방식으로 수렴구간을 구할 수 있다.

멱급수의 일반적인 형태는 다음과 같다.

$$\sum_{n=0}^{\infty} c_n (x-a)^n$$

이것은 $\sum_{n=0}^{\infty} x^n$의 변수 x를 $x-a$로 변수변환한 형태이다. 그러므로 $\sum_{n=0}^{\infty} x^n$의 수렴구간이 $|x| < R$이면 $\sum_{n=0}^{\infty} c_n (x-a)^n$의 수렴구간은 $|x-a| < R$이다. 이때 R를 급수의 수렴반경

(radius of convergence)라고 한다.

마지막으로 소개할 것은 테일러 급수(Taylor series)이다. 테일러 급수는 미분가능한 함수를 멱급수로 표현하는 데 사용된다. 예를 들면, 함수 $f(x)=\dfrac{1}{1-x}$는 $-1<x<1$인 실수 x에 대하여 다음과 같이 표현된다.

$$\frac{1}{1-x}=\sum_{n=0}^{\infty} x^n$$

정의 11.4 테일러 급수

$x=a$를 포함하는 영역에서 미분가능한 함수 $f(x)$에 대하여 다음 멱급수를 $x=a$에서 f의 테일러 급수(Taylor series of a function f at $x=a$)라고 한다.

$$\sum_{n=0}^{\infty} \frac{f^{(n)}(a)}{n!}(x-a)^n$$

예제 11.3.2 $x=0$에서 함수 $f(x)=\dfrac{1}{1-x}$의 테일러 급수를 구하여라.

풀이

$$f(x)=(1-x)^{-1},\ f(0)=1$$
$$f'(x)=(-1)\cdot(1-x)^{-2}\cdot(-1)=(1-x)^{-2},\ f'(0)=1$$
$$f''(x)=(1-x)^{-3},\ f'''(0)=1$$
$$\vdots$$
$$f^{(n)}(x)=(1-x)^{-(n+1)},\ f^{(n)}(0)=1$$

따라서 $f(x)=\dfrac{1}{1-x}$의 테일러 급수는 $\sum_{n=0}^{\infty} x^n$이다. 단, 이 급수는 범위 $|x|<1$에서 수렴한다. ■

다음은 여러 가지 함수를 $x=0$에서의 테일러 급수로 표현한 것이다. 여기서 주의할 것은 각 급수가 수렴하는 x의 범위가 있다는 것이다.

(1) $\dfrac{1}{1-x}=\sum_{n=0}^{\infty} x^n,\ |x|<1$

(2) $e^x=\sum_{n=0}^{\infty} \dfrac{x^n}{n!},\ x\in\mathrm{R}$

(3) $\sin x = \sum_{n=0}^{\infty}(-1)^n \frac{x^{2n+1}}{(2n+1)!}$, $x \in \mathrm{R}$

(4) $\cos x = \sum_{n=0}^{\infty}(-1)^n \frac{x^{2n}}{(2n)!}$, $x \in \mathrm{R}$

테일러 급수의 부분합을 테일러 다항식이라 한다.

정의 11.5 테일러 다항식

$x=a$에서 미분가능한 함수 $f(x)$에 대하여 테일러 급수의 부분합

$$T_n(x) = \sum_{k=0}^{n} \frac{f^{(k)}(a)}{k!}(x-a)^k$$

를 $x=a$에서 f의 n차 테일러 다항식(n-th degree Taylor polynomial of f at a)이라 한다.

테일러 다항식 $T_n(x)$는 함수의 근삿값을 구하는 데 사용될 수 있는데, 이때 오차(remainder)

$$R_n(x) = f(x) - T_n(x)$$

의 범위는 다음 정리에 의하여 주어진다. (이에 대한 증명은 생략한다.)

정리 11.9 테일러 다항식의 오차

범위 $|x-a|<r$에서 $|f^{(n+1)}(a)| \le M$이면 구간 $|x-a|<r$에서 다음 부등식이 성립한다.

$$|R_n(x)| \le \frac{M}{(n+1)!}|x-a|^{n+1}$$

이 정리를 이용하면 수렴구간에서 필요한 오차 범위 내에서 함수의 근삿값을 구할 수 있다.

예제 11.3.3 $\sqrt{e}$의 값을 소수점 2자리까지 구하여라.

풀이 함수 $f(x) = e^x$에 대하여 $T_n(x) = \sum_{k=0}^{n} \frac{x^k}{k!}$이다. $e < 3$이므로 구간 $|x| \le \frac{1}{2}$에서 $e^{\frac{1}{2}} \le 2$이다. 따라서

$$\left|R_n\left(\frac{1}{2}\right)\right| \le \frac{2}{(n+1)!} \cdot \left(\frac{1}{2}\right)^{n+1} < 10^{-2}$$

인 n을 구하면 된다.

$$a_n = 10^{-2} \cdot 2^n (n+1)!$$

이라 하면

$$a_2 = 10^{-2}\, 2^2\, 3! < 1, \ a_3 = 10^{-2}\, 2^3\, 4! > 1$$

이므로 근삿값은

$$T_3(x) = 1 + x + \frac{x^2}{2} + \frac{x^3}{6}$$
$$T_3\left(\frac{1}{2}\right) = \frac{79}{48} \simeq 1.64$$

이고 오차는 $\frac{1}{100}$보다 작다. ■

11.3 연습문제

(1~6) 다음 멱급수의 수렴반경과 수렴구간을 구하여라.

01 $\sum_{n=0}^{\infty} nx^n$

02 $\sum_{n=0}^{\infty} \frac{x^n}{2n+1}$

03 $\sum_{n=0}^{\infty} \frac{(n+1)x^n}{3^n(n^2+1)}$

04 $\sum_{n=2}^{\infty} \frac{(x-2)^n}{\ln n}$

05 $\sum_{n=0}^{\infty} n!(x-1)^n$

06 $\sum_{n=0}^{\infty} \frac{(2x+1)^n}{n!}$

07 $x=3$에서 $f(x)=x^4-3x^2+5x-1$의 테일러 급수를 구하여라.

08 $x=2$에서 $f(x)=\sqrt{x+2}$의 테일러 급수를 구하여라.

09 $x=0$에서 $f(x)=\tan^{-1}x$의 테일러 급수를 구하여라.

10 $x=0$에서 $f(x)=\ln(x+1)$의 테일러 급수를 구하여라.

11 테일러 급수를 이용하여 $\sin 1$의 근삿값을 구하여라.

12 $\tan^{-1}x$의 테일러 급수를 이용하여, π의 근삿값을 구하여라.

찾아보기

ㄱ

가역 311
감소상태 165
감소한다 165
감소함수 165
같다 297
계수 390
고계도함수 117
곱 298
공변역 32
관계 32
구면 268
구면의 방정식 268
귀납적 정의 315
극값 171
극댓값 171
극솟값 171
극좌표 26
극형식 표현 26
급수 372, 380
급수가 발산한다 380
급수가 수렴한다 380
기함수 35

ㄴ

내적 280
노름 280
뉴턴 148

ㄷ

단사함수 43
단위벡터 280
단위행렬 299
대각원소 301
대각행렬 301
대응 32
대칭행렬 301
도함수 107
동치 271
등고선 340
등비수열 379
등차수열 379

ㄹ

라니안 56
라플라스 전개 316
로그함수 52

ㅁ

매개방정식 289
매개변수 289
멱급수 390
멱집합 6
명제 9
명제함수 9
무한수열 372
미분 144
미분가능 107
미분가능하다 346
미분계수 107
미분방정식 360
미분한다 107
밀림변환 333

ㅂ

반복 적분 364
반사변환 334
발산한다 236, 374, 380
방정식의 해 302
방향도함수 356
법선벡터 291
법선의 방정식 106
벡터 271, 278
벡터공간 278
벡터적 285
변곡점 180
변수 390
복소수 24
본질적 불연속 90
부분합 380
부정적분 190
비가역행렬 311

ㅅ

사다리꼴 307
삼계도함수 117
상 32, 33, 322
상용로그 55

서로소 4
선분 271
선형방정식 302
선형변환 36, 323
선형성 323
소수생성방정식 9
소행렬 315
속도 104
수렴반경 390
수렴한다 236, 374, 380
수열 372
수열의 항 372
순간속도 104
술어 9
스칼라곱 40, 280
스칼라배 273, 298
시점 271
실수 22
실수 부분 24

ㅇ

아래로 오목 179
아크사인 136
아크코사인 137
아크탄젠트 138
양함수 120
없앨 수 있는 불연속 90
여인자 315
역변환 326
역원법칙 6
역행렬 311
연립 일차방정식 303
연립 일차방정식의 해 303
연속 90, 94
영벡터 272
영변환 326
영행렬 299
오차 392
외적 285
우극한 70
우연속 92
우함수 35
원소 2
원시함수 190
원점 266
위로 오목 179
위치벡터 277
유한수열 372
유향선분 271
음함수 120
음함수의 미분법 120
이계도함수 117
이상적분 236
이중적분 365
일대일 대응관계 45
일반항 372
일차결합 40
일차방정식 302
임계점 153

ㅈ

자연로그 55
자연지수함수 51
적분가능하다 221
적분 평균값 228
적분한다 191
전단사함수 45
전사함수 44
전치행렬 300
절대수렴한다 387
점곱 280
점화식 373
접선의 기울기 106
접선의 방정식 106
정사각행렬 301
정의역 32
정칙행렬 311
조임정리 87
종점 271
좌극한 70
좌연속 92
좌표 266
좌표공간 266
좌표축 266
좌표평면 268
중간값 정리 99
증가상태 165
증가한다 165
증가함수 165
증분 144
지수함수 48
직교좌표계 266
집합 2

ㅊ

차 273
초기값 373
초항 372
최댓값 100
최솟값 100
치역 33, 326

ㅌ

테일러 급수 391
테일러 다항식 392
특이행렬 311

ㅍ

편도함수 345
편미분 345
평균값 228
피보나치 수열 373

ㅎ

한정자 9
함수 32
함수 f를 폐구간 $[a,b]$에서 연속 97
함숫값 33
함축 13
합 272, 298
항등법칙 6
항등변환 326
핵 326
행간소 사다리꼴 308
행렬 296
행렬변환 322
행렬식 314
행렬의 크기 296
허수 부분 24
호도법 56
확대-축소변환 329
확대-축소인자 329
황금비율 21
회전변환 331
후진대입법 307
흡수법칙 6

기타

dom 32
f는 미분가능하다 346
f는 연속함수 342
f는 점 $\mathrm{P}(a,b)$에서 연속 342
p급수 386
ran 33

대학수학 제2판

지은이 김주목 · 김창한 · 전명진
펴낸이 조경희
펴낸곳 경문사
펴낸날 2020년 3월 2일 1판 1쇄
2021년 3월 2일 2판 1쇄
등 록 1979년 11월 9일 제1979-000023호
주 소 04057, 서울특별시 마포구 와우산로 174
전 화 (02)332-2004 팩스 (02)336-5193
이메일 kyungmoon@kyungmoon.com

값 26,000원

ISBN 979-11-6073-435-5